Am Ende des realen Sozialismus (2)
Die wirtschaftliche und ökologische Situation
der DDR in den 80er Jahren

Am Ende des realen Sozialismus

Beiträge zu einer Bestandsaufnahme der
DDR-Wirklichkeit in den 80er Jahren

Herausgegeben von

Eberhard Kuhrt
in Verbindung mit
Hannsjörg F. Buck und
Gunter Holzweißig

im Auftrag des Bundesministeriums des Innern

Band 2

Die wirtschaftliche und ökologische Situation der DDR in den 80er Jahren

Herausgegeben von

Eberhard Kuhrt
in Verbindung mit
Hannsjörg F. Buck und
Gunter Holzweißig

im Auftrag des Bundesministerium des Innern

Leske + Budrich, Opladen 1996

Die einzelnen Beiträge in diesem Band stehen in der Verantwortung ihrer Autoren.

Die Deutsche Bibliothek – CIP-Einheitsaufnahme

Am Ende des realen Sozialismus : Beiträge zu einer Bestandsaufnahme der DDR-Wirklichkeit in den 80er Jahren / Eberhard Kuhrt... (Hrsg.) – Opladen : Leske und Budrich, 1996
NE: Kuhrt, Eberhard [Hrsg.]; GT

Die wirtschaftliche und ökologische Situation. der DDR in den 80er Jahren – 1996
   ISBN 978-3-8100-1609-6   ISBN 978-3-322-95835-8 (eBook)
   DOI 10.1007/978-3-322-95835-8

Das Werk einschließlich aller seiner Teile ist urheberrechtlich geschützt. Jede Verwertung außerhalb der engen Grenzen des Urheberrechtsgesetzes ist ohne Zustimmung des Verlages unzulässig und strafbar. Das gilt insbesondere für Vervielfältigungen, Übersetzungen, Mikroverfilmungen und die Einspeicherung und Verarbeitung in elektronischen Systemen.

Satz: Leske + Budrich

Inhalt

Gernot Gutmann, Hannsjörg F. Buck
Die Zentralplanwirtschaft der DDR – Funktionsweise, Funktionsschwächen
und Konkursbilanz 7

Maria Haendcke-Hoppe-Arndt
Außenwirtschaft und innerdeutscher Handel 55
Anhang 63

Hannsjörg F. Buck
Wohnungsversorgung, Stadtgestaltung und Stadtverfall 67
Anhang 94

Gernot Schneider
Lebensstandard und Versorgungslage 111

Klaus Krakat
Probleme der DDR-Industrie im letzten Fünfjahrplanzeitraum
(1986 – 1989/1990) 137

Rosemarie Schneider
Das Verkehrswesen unter besonderer Berücksichtigung der Eisenbahn 177
Anhang 201

Hannsjörg F. Buck
Umweltpolitik und Umweltbelastung 223
Anhang 258

Diethard Mager
Wismut – Die letzten Jahre des ostdeutschen Uranbergbaus 267
Anhang 283

Günter Buch
Biographische Notizen 297

Bildquellenverzeichnis 315

Verzeichnis der Autorinnen und Autoren dieses Bandes 317

Gernot Gutmann und Hannsjörg F. Buck

Die Zentralplanwirtschaft der DDR – Funktionsweise, Funktionsschwächen und Konkursbilanz

1. Überlegenheitsanspruch, Systemmängel und Zusammenbruch

In dem in mehreren Auflagen und in großen Stückzahlen verbreiteten parteiamtlichen Standardlehrbuch der „Politischen Ökonomie" der DDR hieß es:

> „Im Gegensatz zum Kapitalismus ist die sozialistische Wirtschaft frei von Wirtschaftskrisen [...] und ermöglicht die sparsamste und wirkungsvollste Ausnutzung aller Ressourcen sowohl im Rahmen des Betriebes als auch im Maßstab der gesamten Volkswirtschaft".[1]

Diese dogmatische Verkündigung der SED erwies sich Ende 1989 endgültig als Reinfall. Nach einem Siechtum von mehr als einem Jahrzehnt brach innerhalb von nur wenigen Wochen die administrative Kommandowirtschaft der DDR wie ein Kartenhaus zusammen. Der Bankrott des sowjet-sozialistischen Systems in Ostdeutschland war die konsequente Quittung für eine verfehlte Wirtschafts- und Sozialpolitik, welche die *„führende politische Kraft in der DDR"*, die SED und ihre Führung, zu verantworten hatte. Ausschlaggebend für den Niedergang der DDR-Wirtschaft und den Zusammenbruch der Befehlswirtschaft war jedoch nicht in erster Linie das Abenteurertum, die Überschätzung der Kommandiergewalt (Voluntarismus) und die ökonomische Inkompetenz einer Handvoll politischer Machthaber und ihrer Erfüllungsgehilfen. Der Absturz war vielmehr in erster Linie das Ergebnis der irreparablen Defekte und der ökonomischen Erfolglosigkeit eines jahrzehntelang als überlegen gepriesenen Wirtschaftssystems. Der DDR-Sozialismus ist nicht am kapitalistischen Konkurrenten, sondern an sich selbst gescheitert. Zu der Reformunfähigkeit des politischen und des Wirtschaftssystems, die durch unzählige Reparatur- und Modernisierungsversuche während der 40 Jahre DDR erwiesen wurde, kam – den Untergang beschleunigend – seit Anfang der 80er Jahre der Reformunwille der SED-Führung hinzu. Auch ihn „bestrafte das Leben" und die „Wir sind das Volk"-Bewegung.

Unmittelbar nach dem mit eitlem Pomp gefeierten 40. Jahrestag der Gründung der DDR stürzte innerhalb kurzer Zeit das in Ost und West von vielen Zeitzeugen als stabil beurteilte System des „real existierenden Sozialismus" in sich zusammen. Die DDR war am Ende.

Die über die DDR-Wirtschaft eröffnete Konkursbilanz förderte folgende fatale Ergebnisse zutage, die der SED-Staat bis dahin versucht hatte, strikt geheimzuhalten.

A. Trotz immer neu entdeckter und genutzter statistischer Aufblähungstricks erreichte die DDR-Wirtschaft im Zeitraum von 1986 bis 1989 nur noch zwei Drittel des jahresdurchschnittlichen *Wachstums* des „produzierten Nationaleinkommens" als im Zeitraum der fünf Jahre zuvor. Die Zunahme der gesamtwirtschaftlichen Leistung betrug 1986–1989 nur noch 3,1 v.H. im Durchschnitt pro Jahr (1981–1985 = 4,5 v.H.). Damit blieb die Leistungsentwicklung deutlich hinter der Planzielstellung zurück. Der Fünfjahrplan 1986–1990 hatte ein durchschnittliches jährliches Wachstum von 4,8 v.H. verlangt.

B. Nach den unter Verwertung von Ost-Berliner Originalmaterialien durchgeführten Berechnungen des Statistischen Bundesamtes lag die *Wirtschaftsleistung je Einwohner* in der ehemaligen DDR (Bruttoinlandsprodukt je Einwohner *in DM*) im Jahre 1990 bei *knapp einem Drittel* derjenigen im Westen Deutschlands.[2] Die DDR stand somit nicht, wie von der SED-Führung immer wieder behauptet, auf Platz 10 der Weltrangliste der Industriestaaten. Zudem hatte sie im Leistungsvergleich auch nicht die gleiche Stufe wie Großbritannien und Italien erklommen, sondern stand auf der von Portugal und Griechenland. Das sozialistische Experiment der SED in Ostdeutschland hatte somit nach 40 Jahren DDR ein auf immense Entwicklungshilfe angewiesenes Schwellenland zurückgelassen.[3]

C. Die *Arbeitsproduktivität* je Beschäftigten in der Volkswirtschaft hatte Ende der 80er Jahre einen Rekordtiefstand erreicht. Sie betrug nach westlichen Schätzungen höchstens *ein Drittel* des in der früheren Bundesrepublik erreichten Produktivitätsniveaus. Entscheidend für den negativen Ausgang des Produktivitätswettbewerbs zwischen den beiden alternativen Wirtschaftssystemen war, daß die DDR in dieser Konkurrenz seit den 60er Jahren ständig an Boden verloren hatte und der Abstand zwischen Ost und West immer größer geworden war. *Ulbricht* hatte noch das „Glück", im Januar 1963 vor den Delegierten des VI. Parteitages der SED nur folgenden Rückstand eingestehen zu müssen: „*Gegenwärtig liegen wir, was die Arbeitsproduktivität betrifft, durchschnittlich noch um etwa 25 v.H. niedriger als Westdeutschland*".[4] Rund 20 Jahre später mußte *Honecker* vor dem 5. Plenum des Zentralkomitees der SED im November 1982 zugeben, daß der Abstand nicht kleiner, sondern größer geworden war: „*Gegenwärtig ... liegt die Arbeitsproduktivität bei uns um rund 30 Prozent niedriger als in Frankreich oder der BRD*".[5] Als kurz nach dem Sturz Honeckers (17./18. Oktober 1989) der neue Generalsekretär der SED, *Egon Krenz*, am 24. Oktober 1989 den Vorsitzenden der Staatlichen Plankommission, *Gerhard Schürer*, aufforderte, zusammen mit einem Krisen-Komitee „*eine Analyse der tatsächlichen volkswirtschaftlichen Situation*" vorzulegen, welche in deutlichem Kontrast zu den bisher üblichen schönfärberischen Lageberichten stehen sollte, schrieb dieser darin: „*Im internationalen Vergleich der Arbeitsproduktivität liegt die DDR gegenwärtig um 40 % hinter der BRD zurück*".[6]

Durch dieses Versagen im Leistungswettbewerb konnte die DDR die wichtigste Bedingung für den Sieg des Sozialismus über den Kapitalismus und für den Aufbau des Kommunismus nicht erfüllen, die einst *Lenin* aufgestellt hatte. Dieser hatte am 28. Juni 1919 zur Mobilisierung des Leistungsaufschwungs der Arbeiter und Bauern im jungen Sowjetstaat geschrieben: „*Die Arbeitsproduktivität ist in letzter Instanz das allerwichtigste, das ausschlaggebende für den Sieg der neuen Gesellschaftsordnung. Der Kapitalismus hat eine Arbeitsproduktivität geschaffen, wie sie unter dem Feudalismus unbekannt war. Der Kapitalismus kann endgültig besiegt werden und wird dadurch endgültig besiegt werden, daß der Sozialismus eine neue, weit höhere Arbeitsproduktivität schafft".*[7]

D. Kennzeichnend für die in den 80er Jahren immer mehr erlahmende Kraft der DDR-Wirtschaft und für die Aussichtslosigkeit, eine Rundum-Modernisierung der Produktionsanlagen zustandezubringen, war die *Abnutzung* und der *Alterungsprozeß des Kapitalstocks.*

Nach Ostberliner Regierungsunterlagen, die bis zum Februar 1990 geheimgehalten wurden, waren 1989 im Durchschnitt rund 47 v.H. der Produktionsanlagen der ostdeutschen Industrie (Gebäude und Ausrüstungen) buchungsmäßig verschlissen. In der Bauwirtschaft, im Verkehrswesen und im Post- und Fernmeldebereich lag die *Verschleißquote* im Durchschnitt sogar über 50 v.H.

Besonders stark heruntergewirtschaftet waren die Produktionsaggregate (Energieerzeugungsanlagen, Maschinen, Geräte, Armaturen, Transportmittel). Im Durchschnitt trugen 1989 nach amtlichen Angaben in der Industrie der DDR über 54 v.H. und in der Bauwirtschaft rund 69 v.H. der maschinellen Ausrüstungen das Etikett „schrottreif".[8]

Dabei muß zur Beurteilung und beim Vergleich mit westdeutschen Verhältnissen berücksichtigt werden, daß die Wirtschaftsadministration der DDR die normierten Abschreibungssätze stets zu niedrig festgesetzt und die per Dekret „normierte Nutzungsdauer" von Maschinen fast immer zu hoch veranschlagt hatte.[9] Einen Abschreibungszuschlag zur kalkulatorischen Absicherung gegen die Gefahr einer schnellen technischen Überholung in Produktionszweigen mit raschem technischen Fortschritt (= wirtschaftliche Entwertung), von Marx als „moralischer Verschleiß" bezeichnet, kannte die Planwirtschaftspraxis der DDR nicht.

Realistisch betrachtet, hätten somit im Osten die Verschleißquoten um mindestens zehn bis 15 Punkte höher angesetzt werden müssen, als dies in der geheimen Statistik über das Anlagevermögen der DDR-Wirtschaft geschehen ist.

E. Parallel dazu führten die insbesondere seit Beginn der 80er Jahre immer drückender werdenden Versorgungsmängel, die zunehmende Vernachlässigung selbst dringendster Instandsetzungs- und Modernisierungsinvestitionen sowie die rigorose Konzentration der knappen Investitionsmittel auf die Energiewirtschaft und einige prestigeträchtige Vorzeige-Projekte (Elektrotechnik, Mikroelektronik und einige exportintensive Kombinate) zu einer immer schlechter werdenden *Altersstruktur* der maschinellen Produktionsausrüstungen. Allein das Hochfahren der Braunkohlenförderung ab 1980 zur Ablösung der Ölimporte und der Ausbau der auf diesem heimischen Energieträger beruhenden Energieerzeugung verschlang während der 80er Jahre zumeist *ein Drittel* aller aufbietbaren Investitionen. Dadurch nahm – vor allem in den investitionspolitisch nicht privilegierten Wirtschafts- und Industriezweigen – seit Mitte der 70er Jahre das Alter der Produktionsausrüstungen und ihre Reparaturanfälligkeit ständig zu und ihre internationale Wettbewerbsfähigkeit ab.

Mehr als 50 v.H. der in der DDR-Industrie installierten technischen Produktionsausrüstungen waren im „Wende"-Jahr 1989 älter als 10 Jahre. Einen relati-

ven Neuheitswert besaßen lediglich 27 v.H. der industriellen Produktionsanlagen (Altersgruppe 0,1–5 Jahre).
In den Unternehmen aller Wirtschaftsbereiche der Bundesrepublik hatten demgegenüber im gleichen Jahr nur 30 v.H. aller Produktionsausrüstungen ein Alter von über 10 Jahren erreicht. Über 40 v.H. aller in den westdeutschen Unternehmen arbeitenden Maschinen und sonstigen Ausrüstungen waren jünger als 5 Jahre.[10]
In der früheren Bundesrepublik waren seit Beginn der 80er Jahre die Produktionsausrüstungen aller Wirtschaftsunternehmen im Durchschnitt nicht älter als 8 Jahre. Im Gegensatz dazu hatten zu Beginn des Jahres 1989 die Produktionsausrüstungen in der DDR-Industrie bereits ein nahezu biblisches Alter von 18 Jahren erreicht. Während Maschinen in der Bundesrepublik während der 80er Jahre in der Regel nach 14 Jahren ausgesondert wurden (= Ist-Nutzungszeit), mußten diese in der DDR infolge fehlender Zuteilungen von Ersatzinvestitionen fast immer mehr als 20 Jahre dienen.

F. Infolge der ungenügenden Produktion von Investitionsmitteln und der allerorten fehlenden Ausrüstungen für Ersatzinvestitionen bekämpfte die Wirtschaftsführung intern *Aussonderungsbestrebungen* der Kombinate bei Produktionsmitteln und drängte diese zur Weiterbeschäftigung von Aggregaten bis zu deren Zusammenbruch. Auch diese selbst hatten zumeist kein Interesse, kostentreibende Einzelmaschinen oder maschinelle Produktionsketten an der Wrackgrenze auszusondern, da sie in diesem Falle Schwierigkeiten bei der Planerfüllung bekommen und möglicherweise einen Teil ihrer Prämieneinnahmen verloren hätten.
Aus diesem Grunde wurde im „produzierenden Bereich" der DDR-Wirtschaft während der *Honecker-Mittag-*"Ära" von 1971 bis 1988 (wertmäßig) nur jeweils 0,9 v.H. des Kapitalstocks im Jahr ausgesondert. In der Industrie lag die „Aussonderungsrate" lediglich bei 1,1 v.H.[11] Dieser geringe Abgang abgenutzter Produktionsmittel senkte die Brauchbarkeit der eingesetzten Anlagen, erhöhte die Verschleißquote, vermehrte die Reparaturanfälligkeit der Maschinen, verursachte einen übermäßig hohen Ersatzteilbedarf, trieb die Instandhaltungs-, Reparatur- und Produktionskosten in die Höhe und erhöhte häufig auch den Subventionsbedarf zur Aufrechterhaltung solcher unrentablen Produktionen.
So wurden allein 1988 in der chemischen Industrie der DDR 60 000 Beschäftigte für Reparaturarbeiten eingesetzt. Diese Einsatzmenge entsprach etwa *einem Fünftel* der in diesem Industriezweig insgesamt beschäftigten Produktionsarbeiter. Demgegenüber umfaßten die Reparaturbrigaden der Chemiewerker im Jahre 1970 erst 10 000 Personen.[12]
Dieser „überhöhte und uneffektive Instandhaltungs- und Reparaturbedarf" war auch dafür verantwortlich, *„daß der Anteil der Beschäftigten mit manueller Tätigkeit in der Industrie seit 1980 nicht gesunken ist, sondern mit 40% etwa gleichblieb".*[13]
Der Einbruch der Investitionstätigkeit besonders ab 1981, der ausschließlich zu Lasten der *„produzierenden Bereiche"* ging, war erheblich *„schwerwiegender als [er von der SED-Führung bis 1987] eingeschätzt"* wurde. *„Der Rückgang der produktiven Akkumulation"* und eine zunehmende Zahl von Disproportionen zwischen den Produktionszweigen waren nach *Schürers* Krisen-Analyse vom Ende Oktober 1989 *„die Hauptursache für das Abschwächen des Wachstumstempos*

Die Zentralplanwirtschaft der DDR

der Produktion und des Nationaleinkommens, das vor allem ab 1986 wirksam wurde".[14]

So sank in den Jahren von 1970 bis 1986/87 die „Akkumulationsquote" der Volkswirtschaft der DDR von 29,0 v.H. auf 21,3 bzw. 21,7 v.H.. Zugleich halbierte sich sogar in gleichem Zeitraum die „Nettoinvestitionsquote" für „produktive Investitionen" in den produzierenden Bereichen (1970 = 16,1 v.H.; 1985 = 8,1 v.H.; 1986 = 8,7 v.H.; 1987 = 9,9 v.H. siehe Tabelle 1).

Tabelle 1: Erreichte Akkumulationsquote und Investitionsquote in der Volkswirtschaft der DDR, 1970 bis 1989

Jahr	Akkumulationsquote[1]	Nettoinvestitionsquote in den „produzierenden Bereichen"[2]
	in v.H.	
1970	29,0	16,1
1975	26,9	13,8
1980	26,2	12,4
1981	25,3	12,2
1982	21,6	10,8
1983	21,5	10,3
1984	21,2	8,3
1985	21,4	8,1
1986	21,3	8,7
1987	21,7	9,9
1988	22,7	10,5
1989[3]	21,8	10,1

1 „Akkumulationsquote"= Anteil der Nettoinvestitionen in der Volkswirtschaft (Gesamtinvestitionen minus Abschreibungen) plus Bestandserhöhungen bei Investitionsgütern an „im Inland verwendeten Nationaleinkommen".
2 Zu den „produzierenden Bereichen" gehörten die Industrie und das produzierende Handwerk (ohne Bauhandwerk), die Bauwirtschaft (einschließlich Bauhandwerk), die Land- und Forstwirtschaft, das Verkehrs-, Post- und Fernmeldewesen, der Binnenhandel und „sonstige produzierende Zweige" (Verlage, Reinigungsbetriebe, Forschungs- und Entwicklungszentren, Reparaturkombinate).
3 Vorläufige Angaben.
Quelle: Statistisches Jahrbuch der DDR 1990, S. 14, 15, 101, 103 und 106.

G. Durch die unzureichende Investitionskraft und durch die Vergeudung von Investitionskapital infolge der ständig befohlenen Kurswechsel in der „Strukturpolitik" (Produktionsprofilgestaltung) nutzte sich der Kapitalstock der Volkswirtschaft immer mehr ab. Dies und andere Mängel der Planwirtschaft führten ab Mitte der 70er Jahre zu einem tendenziellen Verfall der Kapitalrentabilität.

Waren 1975 in der Industrie der DDR „erst" 42 v.H. des Produktivvermögens buchungsmäßig verschlissen, so mußte 1989 dieses Negativ-Testat bereits an 47 v.H. des industriellen Sachkapitals vergeben werden. Die Bauwirtschaft mußte sogar noch ein erheblich höheres Abnutzungstempo erdulden (Verschleißquote 1975 = 41,5 v.H.; 1989 = 51,2 v.H.). Am härtesten wurde das Handwerk (ohne Bauhandwerk) durch die mangelbedingte Aussperrung von der Zuteilung von

Investitionsmitteln für Ersatz- und Erweiterungsinvestitionen betroffen. Hier kletterte die „Verschleißquote" des Grundmittelbestandes innerhalb von 14 Jahren (1975–1989) von 32 v.H. auf 54 v.H.[15]

Hieraus folgt: Die DDR-Wirtschaft verlor in den letzten eineinhalb Jahrzehnten ihrer Existenz immer mehr ihre Kraft zur Stabilisierung und Steigerung der Leistungsfähigkeit ihres Kapitalstocks. Sie lebte von der überkommenden Substanz und zehrte diese immer mehr auf.

H. Im ersten Jahrzehnt der *Honecker-Mittag*-"Ära" (1971–1980) wurden in der DDR 210,5 Mrd. Mark (Ost) Sozialprodukt (Nationaleinkommen) mehr verbraucht als durch die eigene Wirtschaft erzeugt wurde (siehe Tabelle 2 und Graphik I).[16] Ein beträchtlicher Teil der in diesen 10 Jahren erreichten Investitionssteigerungen, Verbesserungen bei der Konsumgüterversorgung und der verteilten sozialpolitischen Wohltaten ist somit nicht aus eigener Kraft erreicht worden, sondern wurde von außen kreditiert. Die auf dem VIII. Parteitag der SED im Juni 1971 beschlossene „Hauptaufgabe" der Wirtschaft in der „Phase der entwickelten sozialistischen Gesellschaft" überforderte somit von Anfang an die Leistungskraft der DDR.[17] Infolgedessen mußte bereits während der Laufzeit der beiden ersten *Honecker*-Fünfjahrpläne ein stattlicher Teil der sozialen Verbesserungen, die nach dem Konzept der „Einheit von Wirtschafts- und Sozialpolitik" beschlossen wurden, entweder durch eine Verschuldung gegenüber Westdeutschland und den westlichen Industriestaaten mitfinanziert oder durch Geldbeschaffung bei der Staatsbank bezahlt werden (= „Verschuldung" gegenüber dem inländischen Kreditsystem/Geldschöpfung). In seiner Krisenbilanz Ende 1989 kritisierte daher auch *Schürer* dieses unsolide Finanzierungsgebaren und die abenteuerliche Verschuldungspolitik gegenüber dem Ausland: *"Im Zeitraum seit dem VIII. Parteitag*

Tabelle 2: Entwicklung der gesamtwirtschaftlichen Leistung der DDR 1971–1980
(Nationaleinkommen bewertet zu vergleichbaren Preisen – Preisbasis 1985)

Jahr	Produziertes Nationaleinkommen	Im Inland verwendetes Nationaleinkommen	Mehrverbrauch von Nationaleinkommen über die Inlandserzeugung hinaus[1]
		in Millionen Mark (Ost)	
1971	126 956	144 837	17 881
1972	134 130	153 078	18 948
1973	141 646	162 847	21 201
1974	150 807	173 207	22 400
1975	158 157	177 916	19 759
1976	163 618	188 991	25 373
1977	171 884	198 731	26 847
1978	178 240	200 294	22 054
1979	185 455	202 332	16 877
1980	193 644	212 761	19 117
1971 bis 1980	1 604 537	1 814 994	210 457

1 Die Tabelle zeigt, daß in der Volkswirtschaft der DDR während des gesamten ersten Jahrzehnts der Honecker-Mittag-"Ära" im Inland mehr verbraucht als erzeugt wurde.

Quelle: Statistisches Jahrbuch der DDR 1990, S. 13/14.

wuchs insgesamt der Verbrauch schneller als die eigenen Leistungen. [...] Das bedeutet, daß die Sozialpolitik seit dem VIII. Parteitag nicht in vollem Umfang auf eigenen Leistungen beruht, sondern zu einer wachsenden Verschuldung im NSW [Nichtsozialistisches Wirtschaftsgebiet] *führte ".*[18]

Graphik I: Entwicklung des Außenhandelssaldos der DDR in den Jahren 1969–1988 in Mrd. Valuta-Mark = effektive Preise

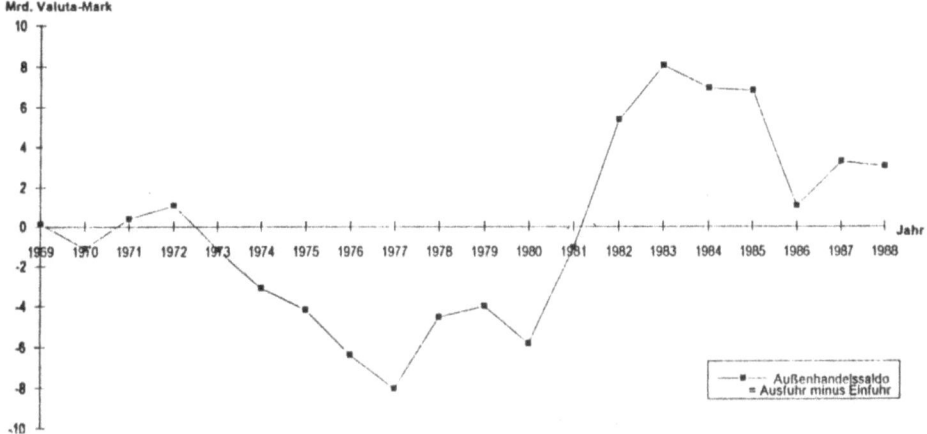

Quelle: Statistische Jahrbücher der DDR, insbesondere Ausgabe 1990, S. 32/33.

Prekär und abenteuerlich zugleich war die Verschuldung besonders deshalb, weil sie gegenüber den westlichen Industriestaaten und der Bundesrepublik Deutschland eingegangen wurde. Auf diesem Weltmarkt Exporterfolge zur späteren Abbezahlung der Schulden zu erzielen, fiel jedoch der Planwirtschaft der DDR vergleichsweise am schwersten. Die so leichtsinnig aufgehäuften Abzahlungslasten wurden dann ab Ende der 70er Jahre für die DDR vor allem deshalb immer drückender, weil die Wettbewerbsfähigkeit ihrer Erzeugnisse – besonders bei intelligenzintensiven Industriewaren – im Westhandel und im innerdeutschen Handel immer mehr abnahm. Außerdem kettete die DDR damit das Schicksal ihrer Wirtschaft auch an die Turbulenzen der internationalen Geld- und Kapitalmärkte. So brachte z.B. die Ende der 70er Jahre weltweit einsetzende Hochzinsphase für Leihkapital und die Einstellung des Schuldendienstes durch *Polen* und *Rumänien* (Staatsmoratorien) die DDR erstmals 1981/82 an den Abgrund der Zahlungsunfähigkeit bei Hartwährungsvaluta.

In den letzten neun Lebensjahren (1981–1989) übertraf das durch die Wirtschaft der DDR produzierte Nationaleinkommen das innerhalb dieses Staates verbrauchte Sozialprodukt um 88,1 Mrd. Mark (Ost). Während das „produzierte Nationaleinkommen" zu vergleichbaren Preisen in diesem Zeitraum um rund 41 v.H. stieg, erhöhte sich das „im Inland verwendete Nationaleinkommen" nur um etwa 23 v.H. Die befohlenen Importdrosselungen und die mit dem Überschußprodukt erzielten Handelsbilanzüberschüsse dienten der Abwendung des weiterhin stets drohenden Staatsbankrotts, der zeitweisen Vermeidung eines weiteren Anstiegs der Verschuldung und der Verminderung des Schuldendienstes. Dieser Kraftakt brachte der DDR zwar eine Atempause gegenüber ihren Gläubigern, sie führte jedoch zu keiner grundlegenden „Wende" ihrer Verschuldungssituation. Die Verschuldung gegenüber den westlichen Industriestaaten, die im Jahre 1970 nur 2 Mrd. Valutamark (VM = DM/West) betragen hatte, erreichte Ende 1988 die schwindelnde Höhe von 49 Mrd. Valutamark. Sie stellte nach *Schürer* erneut „die Zahlungsfähigkeit der DDR in Frage".

Die der DDR-Wirtschaft von der SED-Führung auferlegten *Zwangsexporte* „um jeden Preis", durch die der Staatswirtschaft die dringend selbst benötigten Investitionsmittel besserer Qualität entzogen wurden, hinterließen „tiefe Schleifspuren" im Kapitalstock. Auch sie trugen dazu bei, seine Brauchbarkeit zur Erzeugung international wettbewerbfähiger Güter weiter zu verringern.

I. Auch die *Staatsfinanzen* liefen der SED ab Anfang der 80er Jahre durch ausufernde Rüstungs- und Machtsicherungsmaßnahmen und durch eine auf Dauer unfinanzierbare Sozial- und Subventionspolitik aus dem Ruder. Innerhalb der acht Jahre von 1981–1988 wurden die „Ausgaben für die Streitkräfte"[19] von 9,4 Mrd. Mark auf 15,7 Mrd. Mark hochgetrieben (= + 66,5 v.H.). Die Kosten für das Imperium des *Ministeriums für Staatssicherheit* und für die „Sicherung der Staatsgrenze" (Grenztruppen, Grenzbefestigungen, „Modernisierung" der Mauer und der Abriegelungssperren nach Westen) stiegen im gleichen Zeitraum von 3,7 Mrd. auf 6,0 Mrd. Mark (= + 63 v.H.).

Eine noch gewaltigere Ausgabenexpansion fand bei den Subventionen zur Stützung niedriger Verbraucherpreise für Grundnahrungsmittel und für „sozialpolitisch bedeutsame Industriewaren" (z.B. Kinderbekleidung, Schulbücher, Lehrmittel) sowie für die Beibehaltung der auf einem Mini-Niveau eingefrorenen Tarife im Personennah- und Personenfernverkehr statt. Sie verdreifachten sich in den 80er Jahren und erreichten 1988 die gigantische Summe von 49,8 Mrd. Mark (Ost) (Ausgabensumme 1980 = 16,9 Mrd. Mark; Steigerung 1989:1980 = + 194 v.H.).[20] Die Haushaltssubventionen für die Wärme-, Warmwasser- und Energieversorgung der Wohnhäuser und für die Entsorgung der Siedlungsabfälle stiegen in dieser Zeit nicht minder dramatisch. Sie erreichten 1988 das Zweieinhalbfache der Ausgabensumme des Jahres 1980 (Budgetausgaben 1988 = 4,2 Mrd. M).

Der in den meisten Jahren ab 1971 schnellere Anstieg der Budgetausgaben gegenüber den Staatseinnahmen führte zu ständigen *Einnahmelücken* im Staatsetat. Diese wurden regelmäßig durch eine im Staatsfinanzsystem der DDR eigentlich nicht vorgesehene direkte Kreditaufnahme bei der Staatsbank geschlossen (Geldschöpfung). Die Jahr um Jahr öffentlich verkündete Ausgeglichenheit des „sozialistischen Staatshaushalts" war somit eine Täuschung.

Eine weitere unsolide Finanzierung der ungebremsten Ausgabenexpansion erfolgte dadurch, daß den VEB und Kombinaten über eine konfiskatorische Besteuerung der Gewinne und durch die weitgehende Beschlagnahme der erwirtschafteten Armortisationen fast die gesamten erzielten Bruttogewinne entzogen wurden. Nicht selten belegte der DDR-Fiskus bei der Nettogewinnabführung Kombinate auch mit Steuerforderungen, ausgedrückt in Festbeträgen, die größer waren als der erzielte Nettogewinn. Die hierdurch in den Kombinaten entstandenen Finanzierungslücken mußten diese durch Kredite schließen. Letztlich ist so ein beträchtlicher Teil der „Staatseinnahmen aus der volkseigenen Wirtschaft" durch Kredite finanziert worden (= kaschierte Geldschöpfung des Staates über den Umweg über die Unternehmensfinanzen bei den Staatsbetrieben). Die so von der Wirtschaftsführung selbst begangenen Verletzungen des „Prinzips der Eigenerwirtschaftung der Mittel" und die zudem durch sie ständig vorgenommenen Eingriffe in die finanzielle „Eigenverantwortung" der Staatsbetriebe, welche diese doch kompetent im Interesse einer gedeihlichen Unternehmenszukunft nutzen sollten, zerstörten nicht selten die letzten Reste an Leistungsmotivation bei den Leitungen der Kombinate und Betriebe.

Da die Wirtschaftsführung der DDR nicht die Kraft besaß, eine ungezügelte Expansion der Staatsausgaben zu verhindern, nahm die *Staatsverschuldung* seit 1970 dramatisch zu. Sie stieg von rd. 12 Mrd. M 1970 auf 43 Mrd. M 1980 und zuletzt auf 123 Mrd. M 1988. Dies entspricht einer *Verzehnfachung* der Staatsschulden innerhalb von 18 Jahren.[21]

J. Eine der am hartnäckigsten verbreiteten Legenden über die Vorzüge der sowjet-sozialistischen Wirtschaft war, daß diese – aufgrund der planmäßig gesteuerten Wirtschaftsentwicklung – keinen zyklischen Schwankungen der Wirtschaftsaktivitäten und der Auslastung der Produktionskapazitäten unterworfen sei. Sie habe daher auch nicht unter Wirtschaftskrisen mit Massenarbeitslosigkeit, sozialen Konflikten und einer Verelendung breiter Bevölkerungskreise zu leiden. Wie die Zeitreihen über das Auf und Ab der Zuwachsraten beim „Nationaleinkommen", beim „Investitionsvolumen", beim „Einzelhandelsumsatz" und beim „Außenhandelsumsatz" ebenfalls für die *Honecker-Mittag-*„Ära" eindeutig belegen, weisen auch diese makroökonomischen Aggregate der DDR mehr oder weniger starke Schwankungen auf (siehe hierzu Tabelle 3 und die Graphik II).[22] So ist letzlich auch der Untergang des politischen und des Wirtschaftssystems der DDR in erheblichem Maße durch eine nicht bewältigte Wirtschaftskrise ausgelöst worden.

Systemtypisch ist hierbei allerdings, daß wirtschaftliche Aktivitätsschwankungen in Zentralplanwirtschaften (Instabilitäten), die durch binnen- oder außenwirtschaftliche Störungen und Schocks ausgelöst werden, in diesem Wirtschaftssystem viel schwerer wieder geglättet werden können, um so die Wirtschaft wieder auf einen Wachstumspfad mit verstetigten Zuwachsraten der makroökonomischen Aggregate zurückzuführen. Dies liegt daran, daß es im Unterschied zur Marktwirtschaft in diesem System keine ausgeprägten *Selbstheilungskräfte* – angetrieben von autonom entscheidenden Wirtschaftseinheiten und gesteuert durch flexible Preise – gibt.

Infolge der Schwerfälligkeit der Wirtschaftsadministration benötigten daher dort Umsteuerungsmaßnahmen eine vergleichsweise lange Reifezeit. Außerdem warteten die zu Gehorsam verpflichteten Betriebe in der Regel erst den Erhalt von Befehlen ab, bevor sie selber Sanierungsinitiativen ergriffen. Dies führte dazu, daß Umsteuerungsmaßnahmen, die der Krisenbewältigung dienen sollten, erst nach einer erheblichen Verzögerung griffen, was die Wohlfahrtsverluste erhöhte. Verschärfend kam in der DDR noch hinzu, daß in dieser chronischen Mangelwirtschaft zumeist keine Reserven (Läger) ausreichender

Größe vorhanden waren, die z.B. bei Produktionsausfällen als Puffer dienen konnten.

Tabelle 3: Wachstum des produzierten und des im Inland verwendeten Nationaleinkommens der Volkswirtschaft der DDR 1971 bis 1989[1]
(Bewertung zu vergleichbaren Preisen – Preisbasis 1985)

Jahr	Produziertes Nationaleinkommen	Im Inland verwendetes Nationaleinkommen
	in v.H.	
1971	4,4	3,5
1972	5,7	5,7
1973	5,6	6,4
1974	6,5	6,2
1975	4,9	2,7
1971–1975	*30,1*	*27,1*
1976	3,5	6,2
1977	5,1	5,2
1978	3,7	0,8
1979	4,0	1,0
1980	4,4	5,1
1976–1980	*22,4*	*19,6*
1981	4,8	1,0
1982	2,6	minus 3,4
1983	4,6	0,1
1984	5,5	3,4
1985	5,2	4,8
1981–1985	*24,9*	*5,7*
1986	4,3	4,2
1987	3,3	4,5
1988	2,8	5,1
1989	2,1	1,6
1986–1989	*13,2*	*16,2*
1981–1989	*41,3*	*22,9*

1 Das „im Inland verwendete Nationaleinkommen" weicht je nach dem positiven oder negativen Saldo aus der Einfuhr und Ausfuhr vom „produzierten Nationaleinkommen" ab. Ein positiver Außenbeitrag zum im Inland verwendeten Nationaleinkommen ergibt sich z. B. durch einen Überschuß der Einnahmen aus Waren- und Dienstleistungsexporten über die Ausgaben für Waren- und Dienstleistungsimporte.

Quelle: Statistisches Jahrbuch der DDR 1990, S. 13/14.

Die Zentralplanwirtschaft der DDR

Graphik II: Wachstum des produzierten und im Inland verwendeten Nationaleinkommens der Volkswirtschaft der DDR 1971 bis 1989

(Bewertung zu vergleichbaren Preisen – Preisbasis 1985)

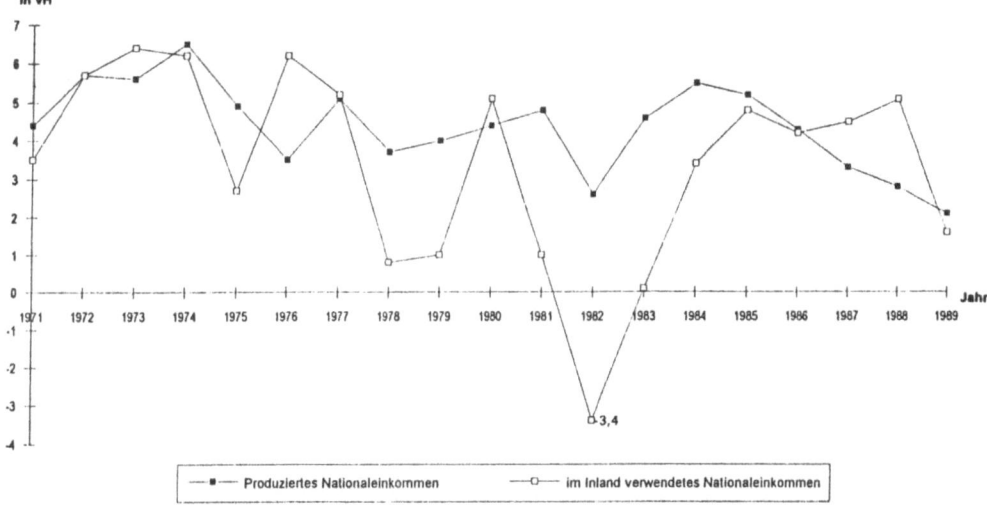

Entwicklung der gesamtwirtschaftlichen Leistung der DDR 1981–1980 ermittelt nach der östlichen Methode der Sozialproduktsrechnung

(Nationaleinkommen bewertet zu vergleichbaren Preisen – Preisbasis 1985)

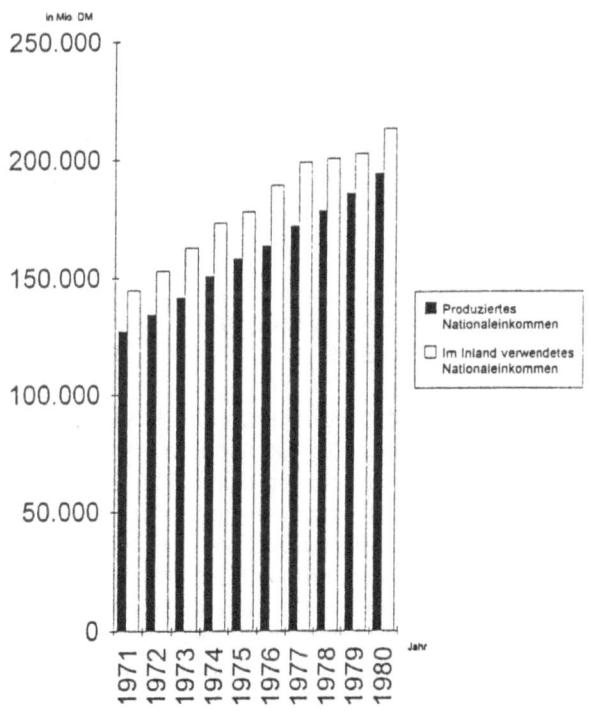

2. Effiziente Wirtschaftslenkung und Wirtschaftsrechnung – systemunabhängige Grundprobleme bei der Organisation jeder Volkswirtschaft –

Um zu begreifen, weshalb die nach den Rezepten des Marxismus-Leninismus konstruierte Zentralplanwirtschaft der DDR ebenso wie die der anderen sozialistischen Staaten zusammengebrochen ist und sich als eine den sozialen Marktwirtschaften der westlichen Industriestaaten unterlegene Wirtschaftsordnung erwiesen hat, ist es unumgänglich, noch einmal kurz die Grundprobleme zu benennen, die bei der Organisation jeder Volkswirtschaft gelöst werden müssen, um eine zufriedenstellende Bedarfsdeckung aller Mitglieder einer Gesellschaft zu erreichen. Vereinfacht formuliert lautet die Hauptaufgabe, wie muß eine Wirtschaft organisiert und gelenkt werden, damit sie „wirtschaftlich" ist.

2.1. Hauptaufgabe der Wirtschaft: Deckung des Bedarfs der Individuen und Staaten

Die von einer Gesellschaft nachgefragten Güter und Dienstleistungen werden fast ausnahmslos von der Natur nicht in solchen Mengen und in jener Aufbereitung (z. B. Qualität) zur Verfügung gestellt, daß hierdurch die Wünsche der Menschen völlig erfüllt und ihr Bedarf gedeckt wird. Gemessen am Bedarf sind von ihnen fast immer zu wenig vorhanden. Dies gilt sowohl für die Waren und Dienstleistungen, welche die Menschen als Individuen, als Familien oder als Gruppen begehren als auch für diejenigen Güter, deren Bereitstellung nach dem Willen der Gesellschaft durch die öffentlichen Verbände erfolgen soll (= Nachfrage nach „öffentlichen Gütern" bei den Gemeinden, Kreisen, Ländern/Bezirken, dem Gesamtstaat).[23] Aufgabe jeder Wirtschaft ist es somit, die Menschen mit all jenem zu versorgen, was sie zur Erfüllung ihrer Ziele der Lebenserhaltung und Lebensgestaltung brauchen. Somit steht im Mittelpunkt des Wirtschaftens die *Minderung der Knappheiten* auf der Angebotsseite, um Angebot und Nachfrage zur Übereinstimmung zu bringen. Dies gilt für jede Wirtschaft, ganz gleich wie diese organisiert ist.

2.2. Zweckmäßige Informationsbeschaffung und -verarbeitung und effiziente Lenkung der Wirtschaft

Um den Bedarf der Nachfrager zu decken, müssen die Entscheidungsträger in der Wirtschaft laufend Dispositionen über den ökonomisch zweckmäßigsten Einsatz der nur in begrenzten Mengen vorhandenen Produktionsfaktoren (Boden, Arbeitskräfte und Kapitalgüter) treffen. Dies geschieht durch *Planung*. Wirtschaftspläne stehen stets am Anfang jeder wirtschaftlichen Aktion. Darin wird festgelegt, welche Bedarfsziele der Menschen als besonders dringlich betrachtet werden und als erstes erfüllt werden sollen. Ausgehend hiervon wird dann geplant, welche Sachgüter und Dienstleistungen mit der gegebenen landwirtschaftlich nutzbaren Fläche (Boden), den natürlichen Hilfsquellen des Landes (Bodenschätzen, Wäldern, Wasserkraft), dem vorhandenen Arbeitsvermögen, den bestehenden Produktionsanlagen (Kapital)

Die Zentralplanwirtschaft der DDR

und den jüngst entdeckten Produkt- und Verfahrensinnovationen hergestellt werden sollen.

Um in diesem Planungsprozeß die jeweils zweckmäßigste Lösung zu entdecken, braucht jede Wirtschaft ein Sortiment von Problemlösungs-„Institutionen". Mit ihrer Hilfe werden die jeweiligen Entscheidungsträger in die Lage versetzt, durch Erfassung und Verarbeitung von Informationen jenes Maß an Wissen über ihre ökonomische Umwelt zu erlangen, welches sie benötigen, um ihren eigenen Nutzen zu maximieren und um zugleich im Dienste der Gesamtgesellschaft die jeweils ökonomisch zweckmäßigsten Entscheidungen zu treffen. Dazu gehört auch, daß die Entscheidungsträger durch die eingeführten verhaltensleitenden „Institutionen" (Gewinnchancen, Leistungslohnsysteme, sozial-psychologischen Antriebskräfte, leistungsfördernden Besteuerungsformen, Patentschutzbestimmungen, Normen, Verbotsvorschriften usw.) dazu motiviert werden, aus eigenem Antrieb nach neuem Wissen zu suchen und dieses dann nicht nur in eigenem Interesse zu nutzen, sondern davon auch die Gesamtgesellschaft profitieren zu lassen.

Das durch diese Steuerungsmittel erreichte Tempo des wissenschaftlich-technischen Fortschritts ist ein maßgebendes Kriterium für die „institutionelle" oder „systembedingte" Leistungsfähigkeit einer Wirtschaftsordnung. Denn von diesem Schrittmaß hängt entscheidend die Steigerung der Wohlfahrt der Gesamtgesellschaft ab.

2.3. Verhaltensleitende „Institutionen" zur Steuerung des ökonomischen Entscheidungs- und Handlungsprozesses

Die „Institutionen", welche in einer Wirtschaft als Erfüllungsgehilfen des Planungsprozesses Art und Intensität der Informationsgewinnung und -nutzung der wirtschaftlichen Akteure steuern und zur Suche nach neuem, ökonomisch nutzbarem Wissen anspornen, sind vielfältiger Art: Dazu gehören die Planungsrechte der Planungsinstanzen und die Formen der Planung des arbeitsteilig organisierten Wirtschaftsprozesses sowie die Eigentumsrechte an ökonomisch verwertbaren Ressourcen (= Zuordnung der Nutzungs-, Verfügungs- und Ausschließungsrechte über Wirtschaftsgüter auf natürliche und juristische Personen). Konstitutiv für den Grundtyp einer Wirtschaftsordnung und für den Ablauf des Wirtschaftsprozesses ist ferner, wie die von den Planungsinstanzen zunächst isoliert voneinander aufgestellten Wirtschaftspläne (= Zielprogramme der wirtschaftlichen Akteure) miteinander zu einem disproportionsfreien Geflecht von Plänen verknüpft werden (= Lösung des Koordinierungsproblems).

In der Zentralplanwirtschaft der DDR wurden die *materiellen* (güterwirtschaftlichen) und *finanziellen* Einzelpläne durch die Wirtschaftsverwaltung aufeinander abgestimmt. Sie orientierte sich dabei an den von der politischen Führung diktatorisch festgesetzen Prioritäten für Produktion, Investition und Außenhandel. Die der Wirtschaftsverwaltung aufgebürdeten arbeitsaufwendigen Abstimmungsprozeduren beschränkten sich dabei nicht nur auf Koordinierungsmaßnahmen bei der jedes Jahr fälligen Aufstellung der gesamtstaatlichen Volkswirtschaftspläne, sondern sie umfaßten auch die „Feuerwehr-Einsätze" während des laufenden Planjahres, um aufgetretene Disproportionen im Plangefüge zu beseitigen. Hauptkoordinierungsinstrument der Planbehörden war die *„Bilanzierungsmethode"*. Ausgehend vom jeweiligen Zielprogramm der politischen Führung diente sie dazu, Aufkommen und Verwendung der in den Planungsprozeß einbezogenen Güter und Gütergruppen in Übereinstimmung zu bringen, und zwar sowohl in Mengen- als auch in Werteinheiten (= Herstellung eines gesamtwirtschaftlichen Rechnungszusammenhangs).

Der „Kranz der Institutionen" einer Wirtschaftsordnung umfaßt ferner die Art der Informationsgewinnung über die Knappheitsverhältnisse (= dies geschieht entweder durch auf Märkten gebildete Geldpreise oder durch die Feststellung der Plansalden in einem von Planbehörden hierarchisch aufgebauten System von Güterbilanzen). Außerdem gehören dazu noch die Verfahren zur Geldschöpfung und Geldvernichtung, die Formen der Willensbildung innerhalb der Unternehmen über die jeweiligen Ziele der Firmenpolitik und letztlich die Formen der Leistungskontrolle.

Innerhalb der beiden möglichen Grundordnungen zur Gestaltung von Wirtschaftssystemen (= Marktwirtschaft oder Zentralplanwirtschaft) kann jedes dieser Formelemente recht unterschiedlich konstruiert werden. Die zu einer bestimmten Zeit jeweils charakteristische Ausprägung aller dieser Ordnungsformen in einer Volkswirtschaft (= institutionelle Arrangements) bildet dann die konkrete Wirtschaftsordnung.

2.4. Die Errichtung einer sowjet-sozialistischen Wirtschaftsordnung in der SBZ/DDR

Nach dem II. Weltkrieg wurde im Westen Deutschlands eine im Grundsatz marktwirtschaftliche Ordnung errichtet. Sie ist vor allem dadurch geprägt, daß die arbeitsteilig angegangenen Wirtschaftsaktivitäten *dezentral* durch Millionen von Einzelwirtschaften geplant werden. Ferner sind für diese Ordnung folgende Konstruktionsmerkmale konstitutiv: Die Dominanz des privaten Eigentums an den Produktionsmitteln, die Vertragsfreiheit der Wirtschaftsbürger und Unternehmen bei der Verfolgung ihrer persönlichen Interessen (= Privatautonomie und Tauschfreiheit), die Gewerbefreiheit, die Konsumentensouveränität, die Bildung von Marktpreisen als Knappheitsanzeiger, die Schaffung offener, wettbewerbsfördernder Austauschmärkte, die Schöpfung und Vernichtung von Geld im Rahmen eines weitverzweigten Netzes entscheidungsautonomer Banken, das Streben der Unternehmen nach Gewinn und Rentabilität bei der Erzeugung von Gütern und Dienstleistungen, die Bewertung aller Leistungsangebote durch Wettbewerbskämpfe auf Märkten, die freie Berufs- und Arbeitsplatzwahl und die Tarifautonomie der Arbeitsmarktparteien.

Mit Unterstützung der sowjetischen Siegermacht bauten demgegenüber ab 1945/46 die deutschen Kommunisten in der SBZ/DDR eine *Zentralplanwirtschaft* nach dem Muster der Sowjetunion auf. Nach ihrer Überzeugung war die in der SBZ/DDR übernommene Zentralplanwirtschaft sowjetischen Typs das der Marktwirtschaft überlegene und einzig zukunftsträchtige Ordnungsmodell. In seinen theoretischen Grundlagen fußte dieses Modell auf den Dogmen und Handlungsanweisungen der Ideologie des Marxismus-Leninismus-Stalinismus. Ein entscheider sozialrevolutionärer Programmpunkt der Kommunisten war dabei die Aufhebung des Privateigentums an den Produktionsmitteln. Durch sie sollte die Ausbeutung der Lohnabhängigen durch die Kapitaleigentümer beseitigt, die Kapitalistenklasse entmachtet und das Leistungspotential der Arbeiterklasse und der Bauern von seinen produktivitätshemmenden kapitalistischen Fesseln befreit werden.[24] Erst durch die Enteignung könnten die „Klassenkämpfe" zwischen Kapital und Arbeit überwunden und die Voraussetzungen für die Errrichtung einer echten „Volksdemokratie" geschaffen werden.

Außerdem lasse sich die von den Kommunisten gewünschte zentrale *überbetriebliche* und *überregionale* Planung der Wirtschaftsentwicklung und die daran anschließende *Planbindung* der Betriebe erst dann durchsetzen, wenn den Kapitalisten die Verfügungsgewalt über die Produktionsmittel entzogen und die Befehlsmacht über den Einsatz der Produktionskapazitäten dem Staat übertragen worden sei. Solange dies nicht erreicht worden ist, würde die Verwirklichung des zentral festgesetzten Wirtschaftsprogramms stets am Widerstand der profitsüchtigen Produktionsmitteleigentümer scheitern. Nach Auffassung der SED war somit die Eroberung der privaten Wirtschaftsbetriebe (= „Klassenkampf von oben") die unabdingbare Voraussetzung für die Verwirklichung einer umfassenden zentralen Wirtschaftsplanung.[25]

Bei dieser Eigentumsideologie aus marxistischer Sicht wird jedoch die für das Wirtschaften fundamentale Erkenntnis ignoriert, daß Privateigentum unverzichtbar ist für die Motivation der Menschen zu ökonomisch effizientem Verhalten. Es ist theoretisch längst bekannt und empirisch nachgewiesen, daß sich bei Staatseigentum – auch wenn man es als „Volkseigentum" bezeichnet – deshalb kein Interesse an rationellem Wirtschaften entwickelt, weil die Verfügungsrechte über die Produktionsmittel von den Nutzungsrechten über die Erträge dieser Verfügung getrennt werden. Nur wenn diese Rechte grundsätzlich den gleichen Personen zustehen, kann es zu einem sparsamen Ressourceneinsatz und zu einem auf hohe Produktivität ausgerichteten Wirtschaften kommen.

Die Enteignung und Vertreibung von Tausenden von Privatunternehmern und die Verstaatlichung der Betriebe, die von der SED-Propaganda als „Vergesellschaftung" hingestellt wurde, vereinigte die politische mit der ökonomischen Macht in einer Hand. Die Konsequenz der Errichtung sozialistischer Produktionsverhältnisse war somit, daß ein beschränkter Kreis von Personen (= SED-Führung) eine nahezu unbeschränkte Macht über alle ökonomischen Ressourcen erhielt. Über das Zielprogramm der Wirtschaft entschieden von da an nicht mehr – wie in den westlichen Marktwirtschaften – die Bedürfnisse von Millionen von Wirtschaftseinheiten (private Haushalte, Genossenschaften, Unternehmen, öffentliche Verbände) und die Ergebnisse von Millionen von Aushandlungsprozessen auf Märkten, sondern die Zielvorstellungen einer einzigen Partei, der SED. Damit verlor die individuelle Nachfrage ihre unmittelbare Direktionskraft zur Programmierung des Angebotes der Produzenten (= Aufhebung der *Konsumentensouveränität*). Sie wurde zu einer von mehreren Zielgrößen degradiert. Über deren Stellenwert entschied allein die Wirtschaftsführung der DDR bei der Aufstellung der Volkswirtschaftspläne. Seitdem wurden die Wünsche der Konsumenten nur noch soweit berücksichtigt, daß der Unmut der Bevölkerung über die miserable Versorgung nicht in ein massenhaftes planwidriges Verhalten umschlug. Ein solcher passiver Widerstand vor allem am Arbeitsplatz hätte auch die Erfüllung der staatspolitischen Vorrangziele verhindert.

Die den Konsumenten belassene *Konsumfreiheit* konnten diese somit nur noch innerhalb der ihnen vom Staat vordiktierten Warenbereitstellung ausüben.
Die Verstaatlichung der Betriebe und die Errichtung der Zentralplanwirtschaft zerstörte die Vielfalt des Arbeitsplätzeangebotes privater Unternehmen zu mehr oder minder unterschiedlichen Arbeitsbedingungen und Entlohnungschancen. An ihre Stelle trat der SED-Staat als *Alleinanbieter von Arbeitsplätzen*. Seit Beginn der 50er Jahre unterwarf er alle Erwerbstätigen einheitlichen Arbeitsbedingungen (z. B. einheitlichen Arbeitsnormen) und diktierte per Dekret die Höhe der zugebilligten Löhne und Prämien. Allein von ihm und dem Wohlwollen der übergeordneten „Kaderorgane" der SED hing es ab, welche Ausbildungsmöglichkeiten (Berufsbilder, akademischen Abschlüsse), Aufstiegschancen, Beförderungen, Leitungspositionen, Prämien und Ehrungen den Führungskräften und Beschäftigten geboten wurden. Es bestand *Arbeitspflicht* (Art. 24 der DDR-Verfassung). Sie war mit der Staatsgarantie gekoppelt, dem Werktätigen einen Arbeitsplatz zu beschaffen.

Wurden einzelne Berufstätige politisch aufmüpfig, so sprach der SED-Staat zur Disziplinierung der Opponenten und zur Abschreckung von Gleichgesinnten Degradierungen aus und verhängte Berufsverbote. Seiner Macht als *Angebotsmonopolist* von Arbeitsplätzen stand seit den 50er Jahren nur eine verstreute, faktisch machtlose Nachfrage der Werktätigen nach Arbeitsplätzen gegenüber. Da der *Freie Deutsche Gewerkschaftsbund* (FDGB) sich in erster Linie als *„Transmissionsriemen des Parteiwillens gegenüber den Massen der Werktätigen"* betrachtete und seine Hauptaufgabe darin sah, „sozialistische Wettbewerbe" zur Steigerung der Arbeitsproduktivität zu organisieren, stand dieser Anbietermacht auch keine gleichwertige Gegenmacht zur Vertretung der Interessen der Werktätigen gegenüber. Infolgedessen war das den Arbeitnehmern der DDR *formal* zugesicherte Menschenrecht auf eine freie Wahl von Ausbildung, Beruf und Arbeitsplatz (Art. 21 und 24 der DDR-Verfassung) *faktisch* stark eingeschränkt. Die rd. 2,3 Millionen Mitglieder der SED konnten sich auf diese „Verfassungsgarantien" sowieso nicht berufen. Hier galt der Grundsatz: „Parteiauftrag" bricht Verfassungsrecht. Sie mußten sich mit der Aufnahme in den SED-Orden verpflichten, überall dort ihren Dienst zu tun, wohin sie ein Parteibefehl rief.

Ein Streikrecht gewährte die Rechtsordnung der DDR nicht. Streiks seien im „Arbeiter- und Bauernstaat" unnötig und zudem „konterrevolutionär" und „staatsfeindlich".

Die dem sowjetischen Vorbild nachgebaute Wirtschaftsordnung der SBZ/ DDR war während der 40 Jahre SED-Staat ständigen Wandlungen unterworfen. Diese bezogen sich jedoch zur Hauptsache nur auf einen ständigen Umbau der bürokratischen Wirtschaftsverwaltung und auf Detailexperimente mit unterschiedlichen Formen der in den Wirtschaftsplänen verankerten „Kennziffern" (= Leistungsanforderungen der Planbehörden an die Betriebe). Bis 1963 betrafen sie jedoch nicht den Grad der Zentralisierung von Planungsbefugnissen in den Planbehörden und nicht die Methodik des ökonomischen Lenkungsinstrumentariums in seiner Gesamtheit.

3. Die Wirtschaftsreform 1963-1968/69

Einzig der im Zeitabschnitt von 1963 bis 1968/69 unternommene Versuch, die inzwischen als funktionsuntüchtig erkannte *stalinistische* Planwirtschaft einer umfassenden Modernisierung zu unterziehen, verdient demgegenüber den Namen „Reform". Dieses Reformwerk, das 1963 unter dem Namen „Neues ökonomisches System der Planung und Leitung" (NÖS)[26] begonnen und 1968 unter dem Etikett „Ökonomisches System des Sozialismus" (ÖSS)[27] fortgeführt wurde, scheiterte jedoch nach knapp 7 Jahren an seinen inneren Widersprüchen. Schuld daran war u.a., daß die SED-Führung unnachgiebig an der zentralen Planung und administrativen Festsetzung der Preise, Zinsen, Abschreibungssätze, Mieten und Pachten festhielt. Daher übermittelten die Preise als wichtigste „ökonomische Hebel" den ab 1963/64 mit erweiterten Planungsbefugnissen ausgestatteten Betriebsleitungen weiterhin keine ökonomisch begründeten Informationen über die in der Wirtschaft vorhandenen Knappheitsverhältnisse. Die Fehlleitung der Leistungsinteressen der Betriebe bei Produktions- und Investitionsentscheidungen blieb somit auch in der Reformzeit erhalten.

Das neue *Mischsystem* aus zentralen und dezentralen Wirtschaftslenkungselementen und das *konfliktreiche Nebeneinander* von Schwerpunktplanung und begrenzter Selbststeuerung der Staatsbetriebe (Eigenverantwortung) führte zwangsläufig nach wenigen Jahren zu immer größeren Disproportionen zwischen den Produktionszweigen und zwischen Bedarf und Warenbereitstellung. Die erhoffte allgemeine Erhöhung der Effizienz der Wirtschaftsaktivitäten blieb aus. Auch die vor allem durch nicht knappheitsgerechte Planpreise angeheizte Verschwendung knapper ökonomischer Ressourcen (insbesondere von teurer Energie) lief ungebremst weiter. Dies zwang die SED-Führung Ende 1970, das Reformexperiment abrupt abzubrechen.[28]

Innerhalb nur eines Jahres erfolgte die vollständige Rückkehr zu einer straffen, administrativ gelenkten Kommandowirtschaft.[29] Der zentral beschlossene und weitgefächerte *Volkswirtschaftsplan*, bestückt mit einer Fülle von vollzugsverbindlichen Planbefehlen (= Kennziffern), wurde erneut zur alleinigen Handlungsanweisung für alle Betriebe.

4. Das Grundmodell der Zentralplanwirtschaft der ehemaligen DDR

Die Zentralplanwirtschaft der DDR ruhte auf zwei konstitutiven Fundamenten: dem sozialistischen Eigentum an den Produktionsmitteln in sämtlichen führenden Wirtschaftsbereichen und der zentralen staatlichen Planung aller wichtigen Wirtschaftsprozesse. Diese beiden grundlegenden Bausteine der sozialistischen Wirtschaftsordnung in der DDR waren auch in der *Ulbricht*-Verfassung von 1968 und in der *Honecker*-Verfassung von 1974 verankert worden. Dort heißt es in *Artikel 2* und *9*:

> „Das sozialistische Eigentum an Produktionsmitteln [und] die Leitung und Planung der gesellschaftlichen Entwicklung [...] bilden unantastbare Grundlagen der sozialistischen Gesellschaftsordnung". [...] „Die Volkswirtschaft der DDR beruht auf dem sozialistischen Eigentum an den Produktionsmitteln. [...] In der DDR gilt der Grundsatz der

Leitung und Planung der Volkswirtschaft sowie aller anderen gesellschaftlichen Bereiche. Die Volkswirtschaft der DDR ist sozialistische Planwirtschaft."[30]

Im Untergangsjahr der DDR (1989) stammten rd. 96 v.H. des „produzierten Nationaleinkommens" (= gesamtwirtschaftliches Nettoprodukt)[31] aus „sozialistischen Betrieben". Mit einem Anteil von rd. 86 v.H. stellten dabei die staatseigenen Betriebe den bei weitem größten Beitrag zum gesamtwirtschaftlichen Jahresergebnis. Der Anteil der „sozialistischen Genossenschaften" zum Nettoprodukt belief sich auf rd. 10 v.H. Der Leistungsbeitrag der Privatwirtschaft war inzwischen auf nur noch 4 v.H. des „produzierten Nationaleinkommens" geschrumpft.[32]

Die *imperative* Planung hatte für das ideologische Selbstverständnis aller kommunistischen Parteien einen hohen Stellenwert. Denn Ausrichtung und Ablauf des Wirtschaftsprozesses mußten in jeder Wirtschaftsperiode im Dienste des von den Klassikern des Marxismus-Leninismus verheißenen Geschichtsprozesses stehen, der zum Endziel des Kommunismus führen sollte. Wichtigster Wegweiser und ein unverzichtbares Vollzugsmittel beim Aufbau der „materiell-technischen Basis des Kommunismus", die in ferner Zukunft der Gesellschaft einen Überfluß an Gütern bescheren sollte, war der verbindliche Wirtschaftsplan. In ihm wurde das von der Führung der kommunistischen Staatspartei formulierte taktische Zielprogramm der jeweiligen Aufbauetappe des Sozialismus/Kommunismus festgelegt.

Planung, Lenkung und Kontrolle der Produktion, der Verteilung und der Verwendung aller volkswirtschaftlich wichtigen Güter (= Wirtschaftsprozesse) hatte ein die gesamte Volkswirtschaft überdeckender Wirtschaftsverwaltungsapparat übernommen. Bei ihm und nicht bei den Unternehmen waren alle wesentlichen Planungsbefugnisse konzentriert. Dieser Apparat unterstand der politischen Führung des Landes (Politbüro und Zentralkomitee der SED). Damit die von *einer* Befehlszentrale an der Spitze des Zentralstaates gefaßten Beschlüsse überall in der Wirtschaftspraxis des Landes befolgt und durchgesetzt wurden, war das gesamte Instanzengebäude der Wirtschaftsverwaltung *hierarchisch* aufgebaut und jede Instanz mit der Zentrale nach dem Liniensystem verbunden worden (= Verwaltungsaufbau nach dem „Prinzip des demokratischen Zentralismus").

Um die dem Staat aufgebürdete ungeheure Arbeitslast bei der zentralen Lenkung der Wirtschaft zweckmäßig auf zentrale und territoriale Staatsorgane zu verteilen, hatte die Wirtschaftsführung der DDR die Betriebe und Kombinate der Staatswirtschaft in zwei Gruppen eingeteilt. Dabei war für die Zuordnung eines Staatsbetriebes zu einer dieser beiden Gruppen maßgebend, welche gesamtwirtschaftliche oder regionale Bedeutung dieser für die Erfüllung der Staatspläne und für die Deckung des Bedarfs besaß. In der ersten Gruppe, der *„zentralgeleiteten Industrie und Bauwirtschaft"*, wurden alle VEB und Kombinate zusammengefaßt, die für die Erreichung der Hauptziele der Wirtschaftspläne von herausragender Wichtigkeit waren. Ihr Absatzgebiet umschloß das gesamte Territorium der DDR und die Auslandsmärkte. Betriebe dieser Kombinate hatten an verschiedenen Standorten im gesamten Territorium der DDR ihren Sitz. Alle Staatsunternehmen dieser Gruppe wurden – nach dem *Branchenprinzip* – den Industrie- und Fachministerien in Ost-Berlin *direkt* unterstellt.

Demgegenüber umfaßte der Kundenkreis der *„bezirks- und örtlich geleiteten Betriebe und Kombinate"* diejenigen Abnehmer, welche zumeist in der gleichen

Region oder am gleichen Ort wie der Lieferbetrieb ihren Sitz und Arbeitsplatz hatten. Zu den typischen Branchen der *„bezirks- und örtlich geleiteten Betriebe"* gehörten die Leichtindustrie, die Nahrungs- und Genußmittelindustrie, der Wohnungsbau, das Dienstleistungsgewerbe und die kommunale Versorgungs- und Entsorgungswirtschaft. Im Unterschied hierzu umfaßte die *„zentralgeleitete Staatswirtschaft"* vor allem die kapitalintensiv produzierenden Betriebe und Kombinate der Industriezweige Bergbau, Energieerzeugung, Eisen- und Stahlgewinnung, Chemie, Schwermaschinen-, Schiff- und Fahrzeugbau, Elektrotechnik und Elektronik.

Die der *„bezirks- und örtlich geleiteten Wirtschaft"* angehörenden Kombinate wurden nach dem Territorialprinzip von den Staatsorganen und Wirtschaftsbehörden auf der Ebene der 15 Bezirke (Bezirksplankommission und Bezirkswirtschaftsrat) und der 227 Stadt- und Landkreise geleitet.

Die Lenkung der DDR-Wirtschaft erfolgte auf *bürokratische* Weise. Dazu gehörte vor allem die bürokratische Erfassung der betrieblichen Produktionsmöglichkeiten und Produktionsergebnisse über ein papieraufwendiges Meldewesen (Planangebote und Planerfüllungsabrechnungen) und die Lenkung der Wirtschaftsaktivitäten der Betriebe a) mit Hilfe von administrativ übermittelten Leistungsanforderungen in Plänen (Planbefehle) und b) durch laufend erteilte behördliche Anweisungen.

5. Aufgaben, Organisation und Befugnisse der Wirtschaftsverwaltung

Oberstes staatliches Leitungsorgan für die Verwaltung des Staates und für die Lenkung der Wirtschaft war der „Ministerrat der DDR".[33] Auf dem Papier stellte er die „Regierung der DDR" dar. Im letzten Jahrzehnt vor dem Untergang der DDR gehörten ihm in der Regel 45 Minister an (ein Vorsitzender, zwei Erste Stellvertreter des Vorsitzenden, neun Stellvertreter und dreiunddreißig Fachminister und Leiter oberster Staatsbehörden im Ministerrang). Von den insgesamt 45 Mitgliedern des Ministerrates befaßten sich 30 Amtsträger mit wirtschaftsleitenden Aufgaben. Allein für die staatliche Entwicklungsplanung und operative Leitung der Industrie, des Bergbaus (einschließlich geologische Erkundung) und des Bauwesens waren 12 Ministerien zuständig (vgl. hierzu das Schaubild auf der nächsten Seite).

Formalrechtlich regierte der Ministerrat Staat und Wirtschaft im Auftrag der „obersten Volksvertretung". Sie trug in der DDR den Namen „Volkskammer". In der Praxis jedoch leitete der Ministerrat die Staatsgeschäfte ausschließlich nach den Weisungen des Generalsekretärs der SED, des Politbüros und des Zentralkomitees der SED (Plenum und Parteiverwaltung des ZK).

Im Mittelpunkt seiner Tätigkeit stand die strategische Planung und operative Leitung des gesamten Wirtschaftsprozesses und die gesetzliche und administrative Umsetzung der von der SED-Führung beschlossenen Maßnahmen in der Innen- und Außenpolitik.

Schaubild: **Hierarchischer Aufbau der Wirtschaftsverwaltung der DDR in Bereich der zentralgeleiteten Industrie 1989**
(vereinfachte Darstellung)

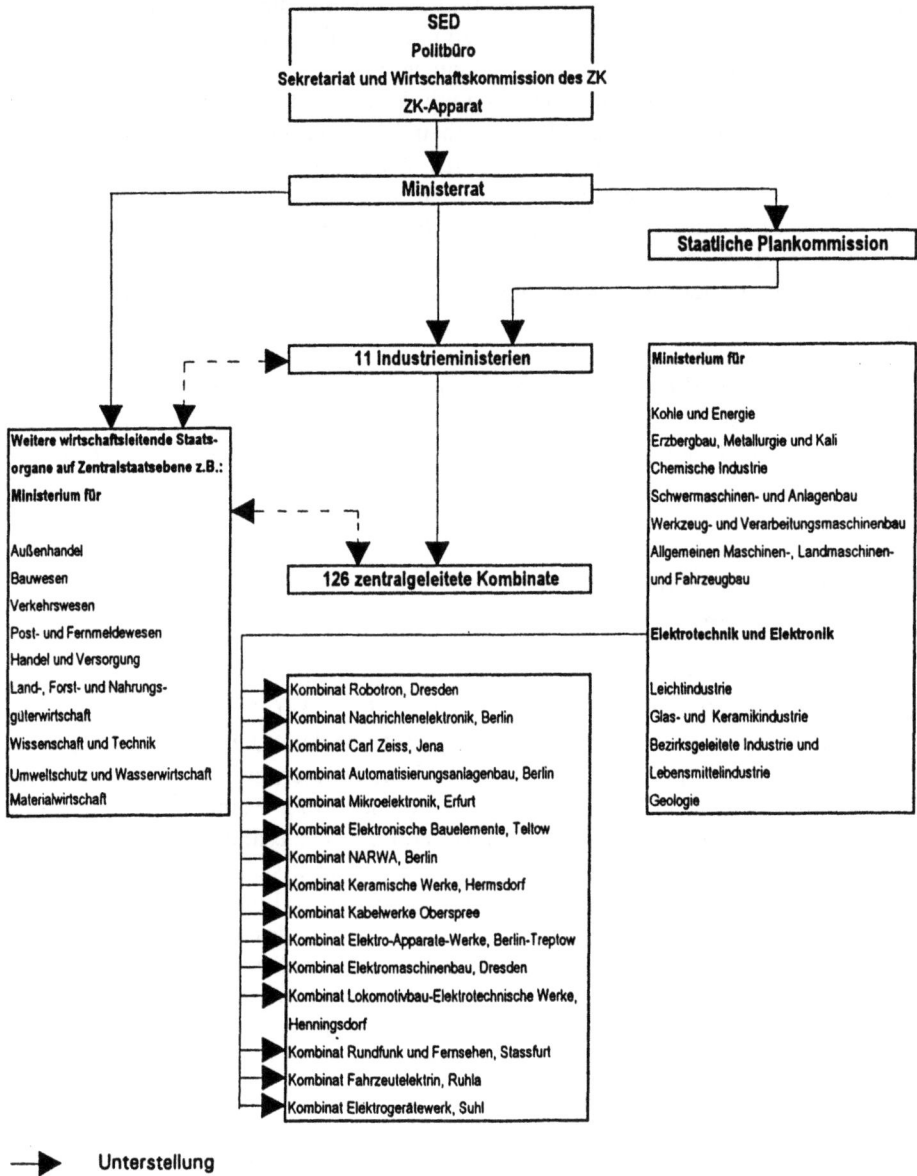

Er überprüfte und verabschiedete am Ende jedes Planjahres die zuvor vom ZK der SED gutgeheißenen Entwürfe des Volkswirtschafts- und Staatshaushaltsplanes und leitete diese dann der „Volkskammer" zur Akklamation zu. Mit der in allen Jahren stets einstimmigen Verabschiedung dieser Planentwürfe durch die Kammer erhielten diese Gesetzeskraft und wurden damit zur verbindlichen Handlungsanweisung für alle Planträger (Staatsorgane, VEB, Kombinate, Produktionsgenossenschaften).[34]

Die Planung der Wirtschaftsentwicklung über ein Jahr oder über mehrere Jahre im voraus war einem speziellen Planungsstab übertragen, der *Staatlichen Plankommission*. Als Organ des Ministerrates war diese Behörde der *Generalstab* für die konzeptionelle Erarbeitung der Wirtschaftsstrategie der DDR. Die Kommission war mit erheblichen Machtbefugnissen ausgestattet. In Fragen der Wirtschaftsplanung und bei der Durchsetzung der vollzugsverbindlichen Wirtschaftspläne in der Praxis (Planerfüllung) konnte sie sowohl den Branchenministerien als auch den wirtschaftsleitenden Fachministerien Weisungen erteilen.[35]

Neben der Staatlichen Plankommission und der Gruppe der 30 „Wirtschaftsministerien" befaßten sich noch *zwei* verselbständigte Staatssekretariate (für Arbeit und Löhne und für Berufsbildung) und neun Ämter mit Spezialfragen der Wirtschaftslenkung. Unter diesen neun Behörden besaßen das Amt für Preise, für Außenwirtschaftsbeziehungen, für Erfindungs- und Patentwesen und für Atomsicherheit und Strahlenschutz die größte Bedeutung. Die restlichen noch nicht verteilten Leitungsaufgaben hatte die Wirtschaftsführung der Zentralverwaltung für Statistik, der Zollverwaltung und der Verwaltung der Staatsreserve zugewiesen. Unterstützt wurde die Leitungstätigkeit und Planerfüllungskontrolle der Plankommission und der „Wirtschaftsministerien" letztlich noch durch zwei spezielle Überwachungs- und Schlichtungsinstitutionen, und zwar durch den Kontrollapparat der „Arbeiter- und Bauerninspektion" (ABI) und durch das „Staatliche Vertragsgericht".

Auf der Ebene des Zentralstaats (Verwaltungszentrum Berlin/Ost) umfaßte 1987 das Leitungs- und Verwaltungspersonal in den wirtschaftsleitenden Ministerien und Staatsorganen der DDR 26 171 Personen.[36] Die meisten Leitungs- und Verwaltungskräfte waren dabei in der Staatlichen Plankommission (= 1 918 Personen), im Ministerium der Finanzen (einschließlich Staatliche Finanzrevision) (= 2 234 Personen), im Ministerium für Bauwesen (= 2 124 Personen) und im Ministerium für Bezirksgeleitete Industrie und Lebensmittelindustrie (einschließlich der Wirtschaftsräte der Bezirke als Nebenstellen des Ressorts) (= 1 930 Personen) beschäftigt.[37]

Den 11 Industrieministerien der DDR (ohne Geologie) unterstanden zuletzt (1988/89) in der Industrie 126 und in der Bauwirtschaft 21 zentralgeleitete Kombinate. 1988 umfaßten diese in der Industrie etwa 3 000 und in der Bauindustrie über 300 Betriebe.

6. Methodik der zentralen Wirtschaftsplanung und Wirtschaftslenkung

6.1. Laufzeit der Wirtschaftspläne

Die in der DDR aufgestellten Wirtschaftspläne wurden in „Perspektivpläne" und „laufende Pläne" unterschieden. In die „Perspektivpläne" nahm die Staats- und Wirtschaftsführung die von ihr langfristig angestrebten wirtschaftspolitischen Ziele auf. Sie erstreckten sich in der Regel über 5 bis 7 Jahre. Die Bedeutung der Mehrjahrespläne bestand vor allem darin, daß in ihnen eine langsame Veränderung der Daten (Produktionsbedingungen) und Strukturen (z. B. der Wirtschaftszweigstruktur und des Produktionsprofils) vorprogrammiert werden konnte. Bei der Aufstellung der „laufenden Volkswirtschaftspläne" für das jeweils nächste Planjahr waren demgegenüber die am Ende der auslaufenden Planperiode vorgefundenen Produktionsbedingungen und Außenhandelsvereinbarungen in hohem Maße Datum.

Mit den von ihr konzipierten „Perspektivplänen" hatte die Wirtschaftsführung kein Glück. Seit Ende der 50er Jahre scheiterten sämtliche beschlossenen Mehrjahrespläne. Daran ändern auch die Planabrechnungstricks während der *Honecker*-„Ära" nichts. Mit ihnen wurde versucht, durch geschickte Auswahl der Abrechnungsgrößen, durch schönfärberische Änderungen der statistischen Leistungserfassung und durch plumpe Fälschungen von Planerfüllungsziffern (siehe Wohnungsbau) eine weit vorausschauende Programmierungskraft der staatlichen Wirtschaftsplanung vorzutäuschen.

Die größte Bedeutung unter den Wirtschaftsplänen unterschiedlicher Fristigkeit kam den *Jahresvolkswirtschaftsplänen* zu. Sie besaßen die vergleichsweise größte Direktionskraft für die unmittelbare Steuerung des Wirtschaftsprozesses. Durch sie wurden die einzelnen Kombinate, Betriebe und Arbeitskräfte direkt für konkrete staatliche Ziele eingespannt.

6.2. Das Plankennziffernwerk der Volkswirtschaftspläne

Alle Volkswirtschaftspläne bestanden aus einem – je nach Lenkungsbereich unterschiedlich stark detaillierten – Konglomerat **a)** von *materiellen* (güterwirtschaftlichen) und *finanziellen* Planzielen (Orientierungs- und Plankennziffern) und **b)** von *quantitativen* und *qualitativen* Vorgaben (Normen, Richtwerte, Gütestandards). Grob gesehen umfaßte das Plankennziffernprogramm einerseits Planaufgaben auf allen Gebieten der Leistungserstellung (Produktionsziele und Leistungsanforderungen in Form von *output*-Vorgaben) und andererseits Planaufgaben zur Sicherung einer möglichst sparsamen Verwendung von Produktionsfaktoren (Vorgaben über den Höchstverbrauch von Einsatzfaktoren/*inputs* – Materialverbrauchsnormen). Ergänzt wurden diese Zielgrößen dann noch durch Anweisungen und Normative für die Gewinnermittlung und die Verwendung der Erträge (z.B. Normative zur Verschleiß- und Abschreibungsberechnung, Gewinnverwendung und zur Vorratsbildung).

6.3. Staatsplanpositionen

Kernstück jedes Volkswirtschaftsplanes war der in der „Staatsplannomenklatur" erfaßte Block der „Staatsplanpositionen". Hierbei handelte es sich um die für das Wachstum und die Stabilität der Volkswirtschaft sowie für die Planerfüllung wichtigsten Güter (= Gütergerüst der Volkswirtschaft). Dazu zählten alle wichtigen Roh- und Baustoffe, Energieträger, hochwertigen Werkstoffe und Bauelemente, Geräte der Betriebsmeß-, Steuerungs- und Regelungstechnik, Maschinen, Roboter, Fahr- und

Hebezeuge, Industrieanlagen und hochwertige Exporterzeugnisse. Die Festlegung der Produktionsziele sämtlicher „Staatsplanpositionen" erfolgte sowohl in Mengen- als auch in Werteinheiten. Für jede „Staatsplanposition" wurde eine eigene Güterbilanz aufgestellt. Die Bilanzverantwortung hierfür lag bei der Staatlichen Plankommission.

6.4. Sicherung der Einheitlichkeit der Planausarbeitung

Um die Informationsbeziehungen zwischen Planern und Planträgern verbindlich festzulegen, den Ablauf der Planausarbeitung sachlich zu ordnen und zeitlich zu regeln sowie eine *einheitliche* Ermittlung und Begründung der Planziele (Plankennziffern, Normative) für alle Planungsinstanzen sicherzustellen, verabschiedete die Wirtschaftsführung vor jeder neuen Perspektivplanperiode eine detaillierte „Planungsordnung"[38] und eine oder mehrere umfängliche „Rahmenrichtlinien für die Jahresplanung in den Kombinaten und Betrieben".[39] Diese von vielen Planökonomen sicher nur sehr schwer bezwungenen Regelwerke waren allein deshalb so kompliziert und voluminös (allein die „Planungsordnung" für 1981–1985 umfaßte 742 Seiten), weil hierdurch versucht wurde, möglichst alle ökonomischen, finanziellen, technischen und wissenschaftlichen (innovationsbezogenen) Leistungskomponenten der Betriebe und Kombinate einem lückenlosen Staatsdiktat zu unterwerfen. So umfaßte Ende der 80er Jahre jeder der rund 4 200 „Betriebspläne" der Kombinate und Betriebe der Industrie und Bauwirtschaft acht Planteile[40] mit jeweils mindestens einem Dutzend Planauflagen.

6.5. Zentrale Wirtschaftslenkung bei hoher Außenhandelsabhängigkeit

Der zu Beginn des jährlichen Planungsprozesses von der Zentrale (ZK-Apparat, Ministerrat, Plankommission) aufgestellte vorläufige Volkswirtschaftsplan für das nächste Jahr basierte *erstens* auf dem Kenntnisstand der Planbehörden über die bei den Inlandsbetrieben vorhandenen Produktionsmöglichkeiten. Von mindestens ebenso großer Wichtigkeit für die Planausarbeitung waren jedoch *zweitens* die Ergebnisse, welche die DDR bei der Abstimmung ihrer Perspektiv- und Jahrespläne mit denen der Staaten des „Rates für gegenseitige Wirtschaftshilfe" (RGW) erreicht, und die Vereinbarungen, die sie durch den Abschluß von Außenhandelsverträgen erzielt hatte.

Jedes hochfliegende wirtschaftliche Zielprogramm, das die DDR-Führung aufstellte, mußte als Begrenzungs- und Formierungsfaktoren folgende real existierenden Abhängigkeiten in Rechnung stellen: Die *Rohstoffarmut* des Landes, die hohe *Außenhandelsabhängigkeit* der Volkswirtschaft, die *Blockbindung* an die Wirtschaftsallianz der sozialistischen Staaten (RGW) und die enorme *Ostorientierung* des Außenhandels.

Mehr als 60 v.H. der Rohstoffe, die jährlich in der DDR für die Erzeugung von Gütern und Dienstleistungen benötigt wurden, mußten aus dem Ausland und aus der Bundesrepublik Deutschland eingeführt werden. Bei weitem größter Rohstofflieferant der DDR war die Sowjetunion.

Mehr als die Hälfte des Sozialprodukts der DDR (nach östlicher Berechnungsmethode) wurde auf der Grundlage von Außenwirtschaftsbeziehungen erzeugt.[41]

Die *Exportquote* der DDR lag schätzungsweise bei 30 v.H. bezogen auf das „produzierte Nationaleinkommen".[42]

Rund zwei Drittel des Außenhandels wickelte die DDR mit den Mitgliedsländern des RGW ab. Im Außenhandel nahm die UdSSR den ersten Platz ein: Rund 40 v.H. des gesamten Außenhandelsvolumens und weit mehr als die Hälfte des RGW-Handels der DDR entfielen auf die Sowjetunion.

Für eine einigermaßen verläßliche Planung der Produktionsziele und des Wirtschaftswachstums und für eine vorausschauende Bilanzierung des Aufkommens und der Verwendung des Sozialprodukts benötigte die DDR somit möglichst sichere Daten über die künftigen Importmöglichkeiten vor allem bei Rohstoffen, Energieträgern und Halbfabrikaten und möglichst zutreffende Informationen und Abmachungen über die bestehenden Exportchancen bei Fertigwaren. Deshalb suchte sie nicht nur aus politischen, sondern vor allem auch aus plan-ökonomischen Gründen sowie aus Devisenmangel außenwirtschaftlich eine enge Anlehnung an die anderen sozialistischen Zentralplanwirtschaften. Für die Wirtschaftsplaner der DDR war somit die langfristige Stabilität der wechselseitigen Lieferungen und Bezüge zu den anderen RGW-Staaten eine unverzichtbare Voraussetzung für eine einigermaßen realistische Zukunftsprogrammierung. Systementsprechend war daher auch die zwischenstaatliche Koordinierung der Perspektiv- und Volkswirtschaftspläne die Hauptmethode zur Lenkung von zwei Dritteln der Außenhandelsströme. Ihre Ergebnisse wurden dann in Handelsabkommen mit längeren Laufzeiten und in Handelsprotokollen über den Warenverkehr für ein Jahr verankert.

Erreichte einer der RGW-Staaten nicht die angestrebten Ziele seiner Wirtschafts- und Außenhandelspläne und vermochte infolgedessen seine Liefer- und Abnahmeverpflichtungen nicht zu erfüllen, so führte dies bei den Partnerländern im RGW zu einer Kettenreaktion von Produktionsstörungen, Stillstandszeiten in Betrieben, Disproportionen im Produktionsprozeß, Produktivitätsverlusten, Kostenerhöhungen, Gewinneinbußen und Zahlungsbilanzproblemen. „Externe Schocks" auf den plangesteuerten Produktionsprozeß der RGW-Mitgliedsländern traten jedoch auch dadurch ein, wenn in den Hartwährungsländern stattgefundene unerwartete Preiserhöhungen für Ost-Rohstoffe und -Fertigwaren eine spontane Umlenkung der Exporte in die westlichen Industriestaaten attraktiv machten. Da das Wohlwollen der „Bruderländer" weniger wert war als die Steigerung der Einnahmen bei West-Devisen, wurden rigoros vereinbarte Liefermengen an die RGW-Partner gekürzt.

Infolge der bürokratischen Schwerfälligkeit der Zentralplanwirtschaften waren notwendige Anpassungen an plötzlich veränderte Wirtschaftsbedingungen jedoch nur unter großen Mühen und mit einem enormen Zeitaufwand zu erreichen. Daher führten die aus solchen einzelstaatlichen Leistungsschwächen oder aus „externen Schocks" herrührenden Störungen im Außenhandelsgeflecht der Zentralplanwirtschaften immer wieder zu Wachstumseinbrüchen und Wirtschaftskrisen bei den hiervon betroffenen Partnerländern.

Markanteste Beispiele dieser Art waren für die DDR die mehrmalige Kürzung und Unterbrechung der polnischen Steinkohlelieferungen 1981–1985 (Massenstreiks, innenpolitische Kämpfe, Militärdiktatur),[43] die beträchtliche Verteuerung der sowjetischen Energie- und Rohstofflieferungen ab 1975 und die abrupte Kürzung der Rohöllieferungen der UdSSR im Jahre 1982 (vgl. die Beiträge von *F. Oldenburg* in Band I und *Maria Haendcke-Hoppe-Arndt* in diesem Band).

6.6. Etappen der Aufstellung der Jahresvolkswirtschaftspläne

Die Aufstellung und Verabschiedung der Jahrespläne durchlief innerhalb der hierarchischen Wirtschaftsorganisation mehrere charakteristische Erarbeitungs- und Befehlsphasen.[44]

Die Aufstellung der Volkswirtschaftspläne begann in einem ersten Schritt mit der Ausgabe von *staatlichen Aufgaben* oder *Orientierungsziffern* (Vorläufige Planaufgaben oder Planprojektziffern). Sie verkörperten die für den künftigen Jahresplan „verbindlichen staatlichen Mindestzielstellungen zur Ausarbeitung anspruchsvoller und realer Planentwürfe" durch die Planträger (Kombinate, Betriebe, Produktionsgenossenschaften).[45] Diese Orientierungsgrößen umfaßten zudem auch die „Fonds" (Zuteilungsmengen an Vorprodukten) bei den zentral bilanzierten Engpaßgütern, welche den Kombinaten und Betrieben im äußersten Fall für die Erfüllung ihrer Planaufgaben zur Verfügung gestellt werden konnten (= auf Bezugsschein erhältliche Kontingente an Rohstoffen, Energie und Zwischenprodukten).

Nach Prüfung ihrer Leistungsmöglichkeiten reichten dann die Planträger in einem zweiten Schritt (= *Planrücklauf*) ihre *Planangebote (Planvorschläge)* der Wirtschaftsverwaltung ein und teilten mit, welche Leistungen von ihnen bei den gegebenen Produktionsbedingungen erbracht werden könnten. Hierbei hoffte die Wirtschaftsführung darauf, daß es mit Hilfe der in der Zwischenzeit durch die von der SED organisierten „Plandiskussionen" in den Betrieben und Kombinaten gelungen war, alle bis dahin verborgenen Leistungsreserven zu mobilisieren und in die Planangebote einzubringen. Um ganz sicher zu gehen, daß alle Leistungspotentiale ausgeschöpft waren, mußte jeder Betriebs- und Kombinatsdirektor sein Planangebot vor der jeweils übergeordneten Staatsinstanz verteidigen. „*Ziel der Planverteidigung ist es, die Einhaltung der Direktiven der übergeordneten Organe zu sichern und einen optimalen Planvorschlag zu erarbeiten*".[46]

Um sicherzustellen, daß die Planträger ihre Planofferten nicht „auf blauen Dunst" begründeten, waren zudem sämtliche Kombinate und Kombinatsbetriebe angewiesen, ihre Angebote vor der Abgabe einerseits mit den Versorgungsmöglichkeiten ihrer Lieferanten (Zulieferfirmen, Großhandelsbetriebe, Staatsläger) abzustimmen und andererseits auf den Bedarf ihrer Abnehmer auszurichten (= *horizontale* Planabsicherung).

Am Schluß jeder Planverteidigung entschieden dann die Leiter der übergeordneten Planungsinstanzen darüber, ob die vorgelegten Angebote angenommen werden konnten. Im Bedarfsfalle erteilten sie Auflagen zu deren Präzisierung, sofern bei der Verteidigung Abstimmungslücken im Liefer- und Bezugsgeflecht zwischen Vorlieferanten und Abnehmern aufgefallen oder Unwirtschaftlichkeiten bei der Organisation der Planverwirklichung entdeckt worden waren.

Nach Erhalt und Abstimmung aller eingereichten Planangebote wurden die einzelnen Offerten sukzessiv auf den verschiedenen Hierarchieebenen der Wirtschaftsverwaltung zu Planangeboten der einzelnen Lenkungsbereiche zusammengefaßt und diese mit den ursprünglichen Planprojekten verglichen.

In einem dritten Schritt erfolgte dann durch die Plankommission die endgültige Festlegung der Leistungsanforderungen für alle Wirtschaftsbereiche und Planträger. Deren Zusammenstellung ergab das endgültige Plandokument über den Volkswirtschaftsplan für die nächste Wirtschaftsperiode. Hatte anschließend auch der Ministerrat seine Überprüfung des Dokuments abgeschlossen und – gelegentlich – seine Korrekturen angebracht, so erhielt die Volkskammer die Weisung, den Jahresplan als Gesetz zu beschließen.

Nach der Verabschiedung in der Kammer schlüsselte die Wirtschaftsverwaltung wiederum etappenweise alle aggregierten Plangrößen auf und übersetzte diese in zweig- und unternehmensspezifische Plananforderungen (= *staatliche Planauflagen*).

War auch diese Phase abgeschlossen, so erhielten die Kombinate in einem vierten Schritt ihre individuellen „Betriebspläne". Ausgehend hiervon begannen dann die Kombinatsleitungen mit der Ausarbeitung des betriebsinternen Durchführungsprogramms für den gerade angebrochenen Zeitraum der zwölf Monate des neuen Planjahres (= Übersetzung der verbindlichen staatlichen Leistungsanforderungen in Realisierungsmaßnahmen und Durchführungsetappen).

War der Planungsprozeß bis dahin im wesentlichen in vertikaler Richtung verlaufen, so begann nunmehr zugleich auf der Unternehmensebene eine intensive Abstimmungsprozedur in *horizontaler* Richtung. Ausgehend von den Staatszielen mußten nun in einem fünften Schritt – zur realen Untersetzung der papiernen Planungen – sämtliche Kombinate und Kombinatsbetriebe ihre Bezugs- und Lieferbeziehungen zu ihren Vorlieferanten und zu den Abnehmern ihrer Erzeugnisse endgültig abstimmen. Die Ergebnisse dieser Abstimmungsprozeduren mußten dann auf Weisung des Gesetzgebers in Bezugs- und Lieferverträgen zwischen den Wirtschaftspartnern konkretisiert und rechtlich verankert werden (*Kontrahierungszwang* nach den Bestimmungen des „Vertragsgesetzes").[47]

6.7. Die Bilanzierung – ein unzulänglicher Ersatz für die Marktkoordinierung

Oberflächlich betrachtet erfolgte in der Zentralplanwirtschaft der DDR die Beschaffung und Verteilung von Produktionsmitteln und Konsumgütern ebenfalls durch Kauf und Verkauf, und zwar entweder unter Einschaltung spezialisierter Handels- oder Verteilungsorgane oder im Direktverkehr zwischen Herstellern und Verwendern. Da der Markt als Koordinierungsinstrument beseitigt worden war, mußte ersatzweise die Wirtschaftsverwaltung dafür sorgen, daß sich im „Bereich Zirkulation" alle Austauschvorgänge bei bewirtschafteten Gütern nach den Verwertungszielen richteten, die im Wirtschaftsplan vorgegeben waren. Hauptmethode zur Sicherung der plangemäßen Steuerung von Produktion und Verbrauch und zur Abstimmung von Aufkommen und Verwendung war die „Bilanzierung".

Um zwischen Produzenten und Abnehmern ein disproportionsfreies Geflecht von Liefer- und Empfangsbeziehungen herzustellen und eine störungsfreie Planerfüllung zu ermöglichen, hatte die Wirtschaftsführung aus der Gesamtzahl der in der Volkswirtschaft vorkommenden Güter 2 150 volkswirtschaftlich besonders wichtige Güter (Rohstoffe, Zwischenprodukte und fertige Investitions- und Konsumgüter) ausgewählt und in die unmittelbare staatliche Bewirtschaftung und Bilanzierung einbezogen. Diese administrativ bewirtschafteten Engpaßprodukte wurden in drei Wichtigkeitskategorien eingestuft und zur leichteren Bewältigung des Bilanzierungsaufwandes auf drei Hierarchieebenen verteilt. Die Güter mit dem höchsten volkswirtschaftlichen Stellenwert (etwa 400 Rohstoffe und Investitionsgüter) wurden an der Spitze der Wirtschaftsverwaltung durch die Staatliche Plankommission bilanziert. In Abstimmung mit dieser Kommission führten auf der nächsten Hierarchieebene die wirtschaftleitenden Ministerien weitere 850 Güterbilanzen (Bilanzgüter der 2. Wichtigkeitskategorie). Der größte Teil der auf der Zentralstaatsebene bilanzierten Güter hatte den Rang von „Staatsplanpositionen".

Darunter waren dann die Kombinate beauftragt, unter staatlicher Aufsicht weitere 1 100 Güterbilanzen zu verwalten (Bilanzgüter der 3. Wichtigkeitskategorie).

Ergänzt wurde diese Koordinierungsarbeit dann noch durch die Kombinatsbetriebe, die ca. 2 500 „Sortimentsbilanzen" aufstellen und führen mußten.

Die praktische Verteilung von Bezugsrechten bei bewirtschafteten Gütern an die Verbraucher erfolgte durch Vergabe von „Kontingenten" (= Bezugsscheinen/Bilanzanteilen).

Zu Lebzeiten der DDR behauptete die Wirtschaftsführung, daß es ihr mit Hilfe der 2 150 MAK-Bilanzen[48] möglich sei, eine solche immense Zahl von Produktions- und Verteilungsprozessen zu steuern, daß es gerechtfertigt sei anzugeben, etwa *drei Viertel* der von der Volkswirtschaft im Jahr erzeugten „Warenproduktion"[49] und *neun Zehntel* der Exporte werde über dieses Bilanzierungssystem programmiert.

Über die Qualität dieser höchst primitiven Koordinierung der Wirtschaftsprozesse und über die durch Bilanzierungsmängel verursachten Effizienzverluste wurden öffentlich natürlich keine Angaben gemacht. Wie die bitteren Erfahrungen der Zentralplaner in den vier Jahrzehnten DDR-Wirtschaftsgeschichte gezeigt haben, waren alle Versuche zur „Vervollkommnung" des Bilanzierungssystems nicht in der Lage, die Koordinierungsleistung des Marktes in Qualität und Geschwindigkeit zu ersetzen. Je größer die Verflechtungsintensität eines Bilanzgutes auf der Aufkommens- und Verwendungsseite war, um so schwieriger ließ sich ein einigermaßen stabiles Bilanzgleichgewicht herstellen oder konnte – bei plötzlich auftretenden Aufkommenslücken – eine mit möglichst geringen volkswirtschaftlichen Kosten belastete Kürzung der Zuteilungsmengen für die Verwender dieses Produktes erreicht werden.[50] Besonders schwer vorauszusehen waren dabei für die Bilanzverantwortlichen *negative Rückkopplungen* auf die Höhe des Aufkommens der jeweils verwalteten Bilanzgüter, sofern sie genötigt waren, die bereits zugesagten Zuteilungskontingente bei diesen Erzeugnissen an einzelne Verwender zu kürzen. Darüber hinaus sorgten jedes Planjahr auch die vielen hektischen Eingriffe kleiner und großer Wirtschaftsdiktatoren in einzelne Bilanzen für einen ständigen Wirrwarr im Bilanzgefüge. Daran beteiligt waren nicht zuletzt auch „heiße Sommer" (Wasserversorgungsprobleme, Mißernten, Futtermangel) und „kalte Winter" (lahmgelegte Braunkohlengruben, Energieengpässe, Stillstandszeiten in Industriebetrieben).

Die Kehrseite der chronischen Mangelwirtschaft in der DDR war eine nach macht-, partei- und wirtschaftspolitischen Gesichtspunkten aufgebaute Pyramide von

Bezugsprivilegien für Engpaßprodukte, aufgeschlüsselt auf einzelne Verbrauchergruppen. Diese Privilegienwirtschaft wirkte sich auf die Güterverteilung mittels Bilanzen wie folgt aus:

Den höchsten Vorrang bei der Einstellung ihrer Bezugswünsche in die Bilanzen und bei der Belieferung mit Bilanzgütern hatten die Verwendungsbereiche „Landesverteidigung" (Ministerium für Nationale Verteidigung), „Staatssicherheit" (Ministerium für Staatssicherheit, Ministerium des Innern), „Regierungsaufträge" und „Sonderbauten" (Ministerrat, Staatliche Plankommission, VEB Spezialbau Potsdam), „Exporte von vitalem Interesse" für die Sicherung der Rohstoffzufuhr (Ministerium für Außenhandel) und „Auffüllung der Staatsreserve" (Staatliche Verwaltung der Staatsreserve).[51] Die danach folgende nächstwichtige Bedarfsträgergruppe waren die Ost-Berliner Ministerien. An letzter Stelle stand der Bedarf der Kombinate, VEB und des Binnenhandels.

Diese Abstufung von Zugriffsrechten auf den verfügbaren volkswirtschaftlichen Güterfonds führte nun zu einem mit großer Härte und vielen Tricks geführten „Bilanzkampf" um die Einstufung eines Bezieherwunsches oder Investitionsvorhabens als „LVO-Objekt" (Landesverteidigungsobjekt). Hierbei spielten häufig ökonomische Rationalitätsargumente nur eine untergeordnete Rolle. Demgegenüber gaben nicht selten die Mitgliedschaft in einem Parteigremium, der Besitz von Kompensationswaren, Bestechung, illegale Begünstigung oder die guten Beziehungen zu einem Mitglied des Politbüros oder ZK-Apparates den Ausschlag für die Einstufung des Versorgungsantrages als LVO-Objekt.[52] So war es z.B. dem Vorsitzenden des Bundesvorstandes des FDGB, *Harry Tisch* (Mitglied des Politbüros) gelungen, den in den letzten Jahren der DDR in Ost-Berlin errichteten Prunkbau der neuen Verwaltungszentrale der Staatsgewerkschaft als „Vorrangprojekt der Landesverteidigung" anerkannt zu bekommen.[53] Dazu der ehemalige Erste Sekretär der SED-Bezirksleitung von Berlin (Ost), *Günter Schabowski*: „Wenn ein Bau, gleich ob militärischer oder ziviler Bestimmung, beschleunigt hochgezogen werden sollte, benötigte er dieses [LVO-]Prädikat vom [Verteidigungs- und] Bauministerium. Damit war dem Bauherrn der Zugang zu jenem Schlaraffenland eröffnet, wo der Strom von Zement und anderen begehrten Baumaterialien nie versiegt. Auch an Arbeitskräften und Technik war dann nicht länger Mangel, der das Bauen in den Wohnungsgebieten oder in der Industrie für die Bauleute zum Dauerstreß machte."[54]

Der in den Marktwirtschaften offen am Markt ausgetragene Wettbewerb um die vorteilhafteste Interessenverwirklichung war somit im DDR-Sozialismus weithin zu einem von Priviligierungsgraden mitbestimmten Bilanzgefeilsche heruntergekommen, welches im Verborgenen der Amtsstuben von Partei- und Wirtschaftsfunktionären ausgetragen wurde.

6.8. Einzelwirtschaftliche contra kollektive Erfolgskriterien

In den Marktwirtschaften orientieren sich die Unternehmen bei der Planung ihrer Wirtschaftsaktivitäten an wenigen einzelwirtschaftlichen Zweckmäßigkeits- und Erfolgskriterien. Wichtigste privatwirtschaftliche Erfolgskriterien sind die Erzielung von Gewinnen, die Steigerung der Einkommen und eine zufriedenstellende

Die Zentralplanwirtschaft der DDR

Verzinsung des auf persönliches Risiko investierten „Wagnis"-Kapitals (= Kapitalrentabilität).

Im Gegensatz hierzu durften die Staatsbetriebe der ehemaligen sozialistischen Zentralplanwirtschaften ihre Leistungsangebote und ihre Investitionsplanungen nicht nach wenigen einzelwirtschaftlichen Rationalitäts- und Erfolgskriterien ausrichten. Hätte man dieser *nicht systemgemäßen* Ziel- und Leistungsorientierung zugestimmt, so wäre es postwendend zu einem Massenausbruch von Konflikten zwischen dem einzelwirtschaftlichen Streben der Werktätigen und Betriebe nach Gewinn- und Einkommensmaximierung einerseits und den Forderungen der staatlichen Wirtschaftsführungen zur vorrangigen Erfüllung ihrer Prioritätenprogramme andererseits gekommen. Diese Turbulenzen hätten die sozialistischen Wirtschaften unregierbar gemacht und die zentralplanwirtschaftlichen Systeme gesprengt. Deshalb erhielten die Staatsbetriebe von der Wirtschaftsführung der DDR die Auflage, das gesamte Plankennziffernbündel des ihnen zentral oktroyierten „Betriebsplanes" ohne Abstriche und Korrekturen zu erfüllen. Hierdurch wurde ein „gesamtwirtschaftliches Erfolgskriterium", eben diese Planerfüllung, zum verbindlichen Ziel des Leistungsaufgebotes der Einzelwirtschaften (Staatsbetriebe, Produktionsgenossenschaften) bestimmt.

6.9. Staatsprioritäten contra Betriebs- und Belegschaftsegoismus

Das größte *Motivations- und Lenkungsproblem* der Wirtschaftszentrale in der DDR bestand nun darin, die Belegschaften und Betriebsleitungen „zum Mitmachen" zu bewegen. Zu diesem Zweck mußten die Leistungsinteressen der Belegschaften und des Führungspersonals der Staatsbetriebe genau in die Richtung gelenkt werden, daß zugleich mit der Erfüllung ihrer persönlichen Einkommenswünsche auch die staatlichen Wirtschaftsziele mit erfüllt wurden. Denn von dem in der Wirtschaftspraxis erreichten Grad der Gleichschaltung der Individual- mit den Staatsinteressen hingen Produktivität, Wachstumstempo und Wohlfahrtsentwicklung der DDR-Wirtschaft entscheidend ab.

Diese unerläßliche Koppelung ist jedoch von keiner der sowjet-sozialistischen Zentralplanwirtschaften auch nur annähernd erreicht worden. Hierfür waren zur Hauptsache *vier Gründe* maßgebend.

Die Wirtschaftspläne waren *erstens* weithin keine Zielprogramme ausgehend von den Bedürfnissen der Bevölkerung, sondern diktatorische Vorgaben an den Befehlsempfänger „Volk" bestimmt von den Interessen der SED-Führung. Im Gegensatz hierzu wurde in den Staatsmedien der DDR über 40 Jahre wahrheitswidrig folgende Behauptung verkündet: „Die Planung schließt die breite Mitwirkung aller Werktätigen an der Ausarbeitung dieser Zielstellung ein und hat damit zutiefst demokratischen Charakter".[55] In Wirklichkeit besaßen die Werktätigen keinen unmittelbaren Einfluß auf die Willensbildung der kleinen Machtzirkel an der Spitze von Staat und Wirtschaft, in denen die strategische Konzeption zur Entwicklung der Volkswirtschaft festgelegt und über die strukturbestimmenden Aufgaben der Planträger entschieden wurde. Ihnen war bewußt, daß die Führung der „Partei der Arbeiterklasse" über ihre Köpfe entschied. Da die Leiter und Belegschaften über die

Nutzung des Produktivvermögens der Betriebe, in denen sie arbeiteten, nicht wirklich mitbestimmen konnten, betrachteten sie diese auch nicht als ihre „volkseigenen", sondern als fremdbestimmte staatliche Betriebe. Hierdurch entwickelte sich kein mobilisierendes Eigentümerinteresse zur rationellen Gestaltung der Wirtschaftsprozesse und zur Mehrung des Produktivvermögens. Der Verfassungsgrundsatz „Arbeite mit, plane mit, regiere mit!" (Art. 21) blieb somit allein auf das „Arbeite mit!" beschränkt.

Doch selbst dort, wo die Wirtschaftsführung zur Erhöhung der Leistungsbereitschaft einer Verbesserung der Warenbereitstellung für die Bevölkerung zustimmte, gelang es infolge der Steuerungsdefekte der Planwirtschaft nicht, zwischen Plan und Bedarf Übereinstimmung herzustellen und Bedarf und Konsumgüterproduktion zu Deckung zu bringen. Die Folge waren eine nicht abreißende Kette von „Versorgungslücken" und die Vergeudung von Ressourcen in unabsetzbaren „Überplanbeständen" (Ladenhütern).

Zweitens wurden alle Betriebs- und Kombinatsleitungen mitsamt ihren Belegschaften durch die Beauflagung mit ausdeutbaren (interpretierbaren) Plankennziffern in den Betriebsplänen dazu verlockt, die ihnen aufgebürdeten Planauflagen auf möglichst bequeme Weise zu erfüllen.

Drittens führte die systemtypische Bindung von Einkommenszuteilungen (z.B. von Prämienzahlungen an die Belegschaften) an die erreichte Planerfüllung dazu, daß die Leitungen der Staatsbetriebe nicht zuerst – wie verlangt – danach trachteten, unter Ausschöpfung aller innerbetrieblichen Leistungsreserven den staatlichen Plananforderungen gerecht zu werden, sondern sich zunächst darum bemühten, als Bemessungsgrundlage für die begehrten Einkommen einen wenig anspruchsvollen „Betriebsplan" bewilligt zu bekommen.

Deshalb versuchten alle VEB und Kombinate die Wirtschaftsverwaltung bei jedem neu aufgestellten Plan über ihre tatsächlichen Leistungsmöglichkeiten zu täuschen (z.B. durch Unterschlagung von versteckten „Materialhorten" oder durch Verheimlichung von Kapazitätsreserven), um so einen *„weichen", leicht erfüllbaren Plan* zu erhalten. Gelang dies, so hatten sie ihr „einzelwirtschaftliches oder betriebsegoistisches Erfolgsziel – Einkommens- und Prämienmaximierung –" erreicht. Mißlang jedoch der Täuschungsversuch, so griffen sie zumeist zu trickreichen Abrechnungsmanipulationen, um auf diese Weise auch anspruchsvolle Planzielsetzungen als „erfüllt" melden zu können.

Ebenso wie die westlichen Marktwirtschaften benötigten bekanntlich auch die sozialistischen Zentralplanwirtschaften zur Zielvorgabe und Leistungsbemessung *aggregierte Kennziffern*. Diese brachten zusammenfassend zum Ausdruck, welche Gesamtleistung der Staat während einer Planperiode von den Kombinaten und Kombinatsbetrieben verlangte. Solche in Wertgrößen (Geldpreisen) festgelegten *globalen* Vorgaben umfaßten naturgemäß stets eine (komplex zusammengesetzte) Vielzahl einzelner Leistungskomponenten.[56] Gerade diese unumgängliche Verwendung von „Hauptkennziffern im Wertausdruck" bot den Staatsunternehmen stets eine Fülle von Möglichkeiten, um solche Leistungsbemessungsgrößen teilweise nur nominell durch Aufblähungstricks zu erfüllen. Hinter dieser nur auf dem Papier nachgewiesenen und gemeldeten Planerfüllung stand somit keine reale, verteilbare (güterwirtschaftliche) Leistung.

So konnten z.B. die Hauptkennziffer „Industrielle Warenproduktion eines Betriebes zu Industrieabgabepreisen" und die Kennziffer „gefahrene Tonnenkilometer im Werksverkehr" allein schon dadurch in die Höhe getrieben werden, indem bei Transporten für die Durchführung von Montageleistungen statt drei vollbeladenen Lastwagen sechs halbleere eingesetzt wurden. Hochbeliebt und enorm erfolgreich war auch, bei den als Prüfungsinstanz für Preiskalkulationen eingesetzten und hierdurch meist überforderten Preisbehörden Preissteigerungen für „neue oder weiterentwickelte Erzeugnisse" durchzusetzen, die in keinem Verhältnis zu der erreichten geringen Erhöhung der Gebrauchswerte dieser Erzeugnisse standen. Dieser ständige Kampf der Plan- und Wirtschaftsbehörden gegen die Gefahr, durch manipulierte Planangebote und Planerfüllungsmeldungen hereingelegt zu werden, erklärt auch, weshalb die Planbehörden in der DDR das Spektrum der vollzugsverbindlichen Kennziffern des Betriebsplanes von Planperiode zu Planperiode nach Art, Anzahl und Inhalt geändert haben.

Die ständige Täuschung der Plandiktatoren auf Zentralstaatsebene durch die Planträger war somit ein unausrottbarer, systembedingter Konstruktionsmangel der Zentralplanwirtschaft der DDR.

Begünstigt wurde diese effizienzmindernde Fehlleitung der betrieblichen Erfolgsinteressen *viertens* auch noch durch folgendes Dilemma. In sämtlichen Planbehörden war die Wissensbasis, welche diesen eine realistische Planausarbeitung an der Grenze der betrieblichen Leistungsmöglichkeiten erlaubt hätte, stets zu klein. Infolgedessen waren Über- oder Unterschätzungen der betrieblichen Leistungsmöglichkeiten üblich. Deshalb und infolge der ständigen Täuschungsmanöver konnten die Planbehörden den Berichten der Kombinate und Betriebe nicht zuverlässig entnehmen, ob die von ihnen gemeldeten Erfolge auf eine gewachsene Leistungsbereitschaft zurückzuführen waren oder auf von vornherein günstig zurechtgebogenen Planauflagen (Kennziffern) beruhten.

Um ihre Informationslücken zu schließen, waren daher die Planbehörden darauf angewiesen, mit Hilfe von finanziellen Anreizen zu versuchen, die Entscheidungsträger in den Staatsbetrieben dazu zu bewegen, ihr nur schwer zentralisierbares Wissen über die konkreten Produktionsbedingungen vor Ort und über die hier noch verborgenen Leistungsreserven preiszugeben und in die Planangebote einzubringen.[57] Dies gelang jedoch zum einen deshalb nicht, weil ein passiver Widerstand gegen diese Verlockung nur schwer feststellbar war und deshalb nicht bestraft werden konnte. Zum anderen ließ sich kein Belohnungsverfahren entwickeln, das nur echte Leistungssteigerungen prämierte und Scheinleistungen unbeachtet ließ.

Die betriebliche Strategie der Prämienerzielung wirkte sich vielfach volkswirtschaftlich negativ aus. Sie war Ausdruck des Widerspruchs zwischen den *einzelwirtschaftlichen* Erfolgsinteressen und dem *gesamtwirtschaftlichen* Interesse der politischen Führung, das darauf abzielte, diejenigen Knappheiten beim Güteraufkommen vorrangig zu beseitigen, welche die Erfüllung ihres Zielprogramms behinderten.

Hinzu kam, daß in den 80er Jahren der Wirkungsgrad finanzieller Anreize in Mark (Ost) als Instrument zur Leistungsmotivation immer mehr abnahm. Je schwieriger es wurde, infolge der Verschlechterung der Versorgungslage attraktive Verwertungsmöglichkeiten für die Ost-Mark zu finden und je schneller der Geldüberhang zunahm und die Werktätigen nötigte, Zwangsspardepots aufzuhäufen (= Abnahme der inneren Kaufkraft der Mark), um so mehr büßten auch Leistungslöhne, Lohnzuschläge und Prämien ihre Mobilisierungskraft auf die Leistungsbereitschaft ein. Dies beweist auch, daß in dieser Zeit das „gute Geld", also die *Parallelwährung DM (West)*, das „schlechte Geld", die Ost-Mark, in der Schattenwirtschaft immer mehr verdrängte, und selten angebotene Konsumwaren höherer Qualität und knappe Handwerkerleistungen nur noch „gegen Blaue" zu haben waren.

6.10. Umsetzung des Volkswirtschaftsplanes an der Produktionsbasis der DDR-Wirtschaft – Kombinate und Volkseigene Betriebe als Planträger

Unter den verschiedenen Produktionsorganisationen der einzelnen Wirtschaftsbereiche und Eigentumsformen der DDR war das „Kombinat" die jüngste Unternehmensform. Nach dem Machtwechsel von *Ulbricht* zu *Honecker* (1970/71) nahm ihre unternehmenspolitische Bedeutung rasch zu. Dies lag daran, daß der ZK-Sekretär für Wirtschaftsfragen, *Mittag*, das „Kombinat" zur „*Grundform der betrieblichen Organisation der Produktionsprozesse*" an der Produktionsbasis der DDR-Wirtschaft deklariert hatte. Er trieb demzufolge die Bildung dieser „sozialistischen Großbetriebe" in allen Wirtschaftsbereichen vehement voran. In dem zur *Ulbricht*-Zeit beschlossenen Grundlagengesetz über die „Volkseigenen Betriebe" hatte es noch geheißen, die VEB seien die „*wichtigste gesellschaftliche, wirtschaftliche und rechtlich selbständige Einheit der materiellen Produktion, ein Kollektiv sozialistischer Werktätiger*". Im Unterschied hierzu bestimmte dann die 1979 verabschiedete Verordnung über die „Volkseigenen Kombinate", daß diese Betriebsvereinigungen künftig die „*grundlegende Wirtschaftseinheit der materiellen Produktion*" in der DDR seien.[58] Das Kombinat, so damals die SED, sei im DDR-Sozialismus die „*modernste Form der Leitung und Organisation in Industrie und Bauwesen*". Es entspreche auf ideale Weise dem inzwischen erreichten Entwicklungsstand im „Prozeß zunehmender Vergesellschaftung der Arbeit" und vereinige in sich die Vorzüge „*Konzentration, Spezialisierung und Kombination der Produktivkräfte*" auf höchstem Niveau.[59] Diese Unternehmensform bilde, so *Honecker* im Mai 1978, den „wesentlichsten Schritt bei der Vervollkommnung der Leitung und Planung" des Wirtschaftsgeschehens in der DDR und bei der umfassenden „Intensivierung" der Produktionsprozesse. *Mittag* ging es bei der Kombinatsbildung in erster Linie darum, durch eine rigorose *Betriebs- und Unternehmenskonzentration* die Zahl der von der Wirtschaftsverwaltung gelenkten Produktionsorganisationen (= Planträger) zu verringern, um so ihre planbürokratische Arbeitsbelastung zu senken und ihre Führungskraft zu stärken.[60]

Mit dem Beginn der 80er Jahre hatte *Mittag* die Ziele seiner Unternehmensreform erreicht. Nahezu sämtliche Betriebe in der Industrie, in der Bauwirtschaft und im Verkehrswesen waren in Kombinaten aufgegangen. Sie unterstanden seitdem der Führung durch Kombinatsleitungen. Nach Auffassung des damaligen Vorsitzenden des Ministerrats der DDR, *Stoph*, bildeten die Kombinate von da an das „Rückgrat der sozialistischen Planwirtschaft".

Von den 1971 noch vorhandenen 11 253 Industriebetrieben aller Eigentumsformen blieben bis Ende 1981 nur noch 4 332 Betriebseinheiten übrig.[61] Sämtliche selbständigen *privaten* und *halbstaatlichen* Industriebetriebe hatte die SED-Führung 1972 ihrer Verstaatlichungsideologie geopfert und diese entweder als Fabriksteil oder als selbständiger VEB den Kombinaten zugeschlagen.

Kombinate entstanden durch Zusammenschluß von mehreren Einzelbetrieben (VEB) unter dem Dach einer Kombinatsleitung. Gemessen an der Leitungsorganisation ähnelten sie den in den westlichen Marktwirtschaften bestehenden *Konzernen*, soweit deren Organisationsstatuten und die interne Verteilung der Entscheidungskompetenzen den Konzernleitungen einen stark zentralistischen Führungstil zubilligen.[62] Während jedoch die Großunternehmen in den Marktwirtschaften hinsichtlich ihrer Rechtsform (AG, GmbH, KG, Stiftung usw.), der Eigentumsverhältnisse, der Kapitalbeschaffung, der internen Organisation und der Zusammensetzung nach Betriebsarten erhebliche Unterschiede aufweisen, hatte die Wirtschaftsführung der DDR nahezu alle Kombinate nach einem *Einheitsmodell* konstruiert, um sich die Leitungsarbeit zu erleichtern.

An der Spitze jedes Kombinats stand ein Direktorium, das von einem *Generaldirektor* geleitet wurde (= „Ein-Mann-Führung" nach dem vom Militär übernommenen „Prinzip der Einzelleitung"). Die Einsetzung der Generaldirektoren in ihre Ämter erfolgte nicht durch Belegschaftswahlen in den Kombinaten, sondern durch Erlasse der vorgesetzten Industrie- und Branchenminister. Gleiches galt auch für ihre Abberufung. Jeder Generaldirektor war dem Minister persönlich unterstellt. Nach der „Kombinatsverordnung" erhielt er nur von ihm seine Anweisungen.

Über die Einhaltung der Befehle der SED, die von allen Generaldirektoren bei der Erfüllung ihrer Manageraufgaben stets zuerst berücksichtigt werden mußten, wachten in sämtlichen zentralgeleiteten Kombinaten besondere, durch die Parteiführung hierfür speziell ernannte „Parteibeauftragte des Zentralkomitees" (Parteisekretär des Kombinats). Bei ihren Überwachungsmaßnahmen wurden diese von der in jeder Kombinatsleitung und in jedem Kombinatsbetrieb eingerichteten *Betriebsparteiorganisation* der SED (BPO) unterstützt.[63] Die Generaldirektoren der Kombinate waren demnach mit einer schwierigen Doppelrolle belastet. Auf der einen Seite waren sie „Beauftragte" der SED-Führung und der von ihr eingesetzten Fachminister zur Durchsetzung der Partei- und Staatsinteressen im Kombinat und auf der anderen Seite waren sie Manager des ihnen zur Leitung anvertrauten staatlich-sozialistischen Unternehmens. In dieser letztgenannten Rolle sollten sie den kombinatseigenen Erfolgsinteressen Geltung verschaffen (darunter den Wachstums- und Gewinninteressen des Staatsunternehmens und den Entlohnungs- und Prämieninteressen der Belegschaft). Die damit verbundenen Widersprüche und Konflikte mußten sie in sich selbst austragen.

In der Regel wurden in den Kombinaten der Industrie Betriebe mehrerer aufeinander folgender Produktionsstufen vereinigt, die – in bezug auf die hergestellten Endprodukte – in einem engen produktionstechnologischen Zusammenhang zueinander standen (= *vertikale* Unternehmenskonzentration). Nur in der Leicht- und in der Lebensmittelindustrie überwogen *horizontale* Konzentrationsprozesse (Bildung von Erzeugnisgruppenkombinaten mit Haupt- und Nebenfertigungen auf der gleichen Produktionsstufe).[64] Zum „Herzstück" eines Kombinates avancierte in der Regel derjenige Großbetrieb, welcher die meisten Fertigprodukte für den Inlandsbedarf und den Export erzeugte. Diesem „Stammbetrieb" wurden die übrigen Kombinatsbetriebe nachgeordnet oder zur Seite gestellt. Bei etwa zwei Dritteln aller zentralgeleiteten Industriekombinate war das Direktorium des Stammbetriebes mit der Kombinatsleitung identisch.[65]

Was die Fusionspolitik anbetraf, so verlangte *Mittag*, daß jedes Kombinat so konstruiert sein müsse, daß sein Unternehmensbereich alle Phasen der Entwicklung, Herstellung und Verteilung einer bestimmten Gruppe von Erzeugnissen umfaßte. Beginnend mit der Bedarfserkundung und der Entwicklung neuer Erzeugnisse und Produktionsverfahren sollten stets Herstellung und Verkauf einer ausgewählten Warenpalette nur in einer Kombinatshand vereinigt sein.[66]

Dieses zentralplanwirtschaftliche Konzentrationskonzept hatte zwei schwerwiegende Nachteile. Es förderte erstens den Trend zur *Gigantomanie* der Unternehmensgrößen. So überlebten von den 1970 bestehenden 10 528 Klein- und Mittelbetrieben in der Industrie der DDR bis Ende 1987 nur noch 2 022 Betriebseinheiten (vgl. Tabelle 4). Demgegenüber erhöhte sich in diesem Zeitraum die Zahl der Großbetriebe. Ende 1987 waren nur noch 0,2 v.H. aller Arbeiter und Angestellten der DDR-Industrie in Kleinbetrieben (bis zu 50 Berufstätige) tätig. Die Belegschaften der Großbetriebe umfaßten dagegen 88 v.H. aller in diesem Wirtschaftsbereich beschäftigten Personen (vgl. Tabelle 5).[67]

Tabelle 4: **Betriebsgrößenkonzentration in der Industrie der DDR**
Entwicklung der Betriebsgrößenstruktur im Zeitraum von 1970 bis 1987
(Stand: 31. Dezember)

Anzahl der Arbeiter und Angestellten pro Betrieb	Betriebsgrößenklasse	Betriebe 1970	Betriebe 1987	Ab- oder Zunahme der Zahl der Betriebe
Bis 50	Kleinbetrieb	6 532	302	- 6 230
von 51 bis 500	Mittelbetrieb	3 996	1 720	- 2 276
501 und mehr Beschäftigte	Großbetrieb	1 036	1 401	+ 365
Insgesamt	Alle Betriebsgrößenklassen	11 564	3 423	- 8 141

Quelle: Statistisches Jahrbuch 1972, S. 124; Ausgabe 1989, S. 139

Tabelle 5: **Betriebsgrößenstruktur in der Industrie der DDR 1987**
(Stand: 31. Dezember)

Anzahl der Arbeiter und Angestellten pro Betrieb	Betriebsgrößenklasse	Betriebe	Arbeiter und Angestellte	Verteilung der Arbeiter und Angestellten nach Betriebsgrößenklassen
		Anzahl	Anzahl	in v.H.
Bis 50	Kleinbetrieb	302	8 539	0,2
von 51 bis 500	Mittelbetrieb	1 720	380 363	11,8
501 und mehr Beschäftigte	Großbetrieb	1 401	2 841 791	88,0
Insgesamt	Alle Betriebsgrößenklassen	3 423	3 230 693	100,0

Quelle: Statistisches Jahrbuch der DDR 1989, S. 139

Zweitens führte das Fusionskonzept *Mittags* zur Bildung von *Produktions- und Angebotsmonopolen*. Damit erloschen innerhalb der DDR-Wirtschaft auch noch die letzten Reste eines Wettbewerbs zwischen Betrieben mit gleichem oder ähnlichem Erzeugnisangebot. Zudem verlor die Wirtschaftsverwaltung hierdurch auch jegliche Möglichkeit, zwischenbetriebliche Leistungsvergleiche durchzuführen.

Rein juristisch war jedes Kombinat Träger von Rechten und Pflichten in Bezug auf die treuhänderische Verwaltung von Volkseigentum (= Plangesteuerte Verwertung von Grund- und Umlaufmittelfonds). Seiner Rechtsstellung nach bildete es somit eine juristisch und ökonomisch verselbständigte Wirtschaftseinheit innerhalb der gesamtstaatlichen Wirtschaftsorganisation. Seine eigentliche „wirtschaftlich-operative Selbständigkeit" (= Ausmaß der Rechtsfähigkeit) und die Handlungsvollmacht seines Generaldirektors (= Eigenverantwortung) richteten sich dabei nach der staatlich definierten Zweckbestimmung des Kombinats und nach der Verteilung der Planungsbefugnisse zwischen der Wirtschaftsverwaltung auf der einen und den Kombinatsleitungen auf der anderen Seite. Ihre Wirtschaftstätigkeit selbst wurde hinsichtlich aller maßgebenden Leistungsgrößen durch einen zu Beginn jedes Planjahres übergebenen „staatlichen Betriebsplan" bestimmt.[68]

Konkrete Arbeitsgrundlage für die Regelung der Führungsaufgaben innerhalb der Betriebsvereinigung bildete das vom Industrieminister akzeptierte „*Statut des Kombinats*". Darin wurden zur Vermeidung von Kompetenzstreitigkeiten die Leitungsbefugnisse zwischen der Kombinatsleitung und den Betriebsleitungen gegeneinander abgegrenzt und die Rechte und Pflichten der Kombinatsbetriebe im einzelnen festgelegt.

Die in einem Kombinat vereinigten Betriebe (VEB) verloren durch die Integration in den Kombinatskomplex nicht ihre juristische und wirtschaftlich-operative Selbständigkeit. Sie blieben zudem selbständig bilanzierende Wirtschaftseinheiten. Um ihre Wirtschaftlichkeit laufend überprüfen zu können, mußten sie ein betriebliches Rechnungswesen aufbauen, ihre Kosten den erzielten Erlösen gegenüberstellen, eine Jahresbilanz aufstellen und der Wirtschaftsverwaltung eine Gewinn- und Verlustrechnung vorlegen. Gestützt auf die ihnen vom Staat gewährte „wirtschaftlich-operative Selbständigkeit" waren die VEB berechtigt, Verträge abzuschließen, Kredite aufzunehmen und bei Streitigkeiten vor Gericht als Partei aufzutreten.

Der Gesetzgeber hatte sämtliche VEB verpflichtet, ihre Ausgaben durch selbsterwirtschaftete Einnahmen zu decken, Gewinne zu erzielen und für ihre Schulden selbst zu haften. Vom Prinzip her geurteilt waren diese DDR-Regeln zur Unternehmensführung ökonomisch durchaus vernünftig. Ihre Befolgung wurde den VEB und Kombinaten bis 1989 unter dem Schlagwort „Prinzip der wirtschaftlichen Rechnungsführung" und „Prinzip der Eigenerwirtschaftung der Mittel" zur Auflage gemacht.[69] Tatsächlich standen jedoch diese ökonomischen Orientierungen für die Unternehmensführungen der Staatsbetriebe weitgehend nur auf dem Papier.

In einer Zentralplanwirtschaft entscheiden über die Gründung, Auflösung und den Zusammenschluß von Betrieben nicht freie Unternehmerpersönlichkeiten, sondern die staatliche Wirtschaftsführung nach politischen Nutzenerwägungen. War in der DDR ein Betrieb nach Auffassung der Wirtschaftszentrale aus politischen und gesamtwirtschaftlichen Gründen unentbehrlich, so garantierte der Staat seinen Bestand. Selbst über die Frage, ob veraltete Betriebsteile (Werke) einzelner VEB oder Kombinate geschlossen und dafür komplett neue Fabrikteile gebaut werden sollten, durften die Betriebs- und Kombinatsleitungen nicht nach ihren Wirtschaftlichkeits- und Rentabilitätsberechnungen entscheiden. Demnach hing ihre wirtschaftliche Existenz auch nicht von ihrer „Wettbewerbsfähigkeit am Markt" ab, sondern von den Vorteilen, die sie der Wirtschaftsverwaltung bei der Erfüllung der Staatspläne boten. Machten die VEB und Kombinate bei der Erfüllung der ihnen zentral auferlegten „Betriebspläne" Verluste, so zwangen diese Fehlbeträge die Unternehmensleitungen nicht automatisch zum Konkurs oder führten zu ihrer Liquidation durch die Wirtschaftsführung. Aufgrund des Staatseigentums an den Produktionsmitteln haftete generell der Staat mit seinen Haushaltseinkünften für die Schulden der Staatsbetriebe. In der DDR-Wirtschaft war somit die Konkursfurcht als Antriebskraft für die Steigerung der Wettbewerbsfähigkeit der Unternehmen aufgehoben. Dies hatte fatale Folgen für die Wirtschaftlichkeit und Rentabilität der VEB und Kombinate und war einer der Gründe für den riesigen Subventionsbedarf der Staatswirtschaft.

1988 beanspruchte die Staatswirtschaft der DDR (ohne staatliche Forstwirtschaftsbetriebe, Volkseigene Güter und VEB der Nahrungsgüterwirtschaft) 84,5 Mrd. Mark (Ost) zur Subventionierung und finanziellen Förderung der Staatsbetriebe und Kombinate. Dies entsprach einem Anteil von knapp einem Drittel der Gesamtausgaben des DDR-Staatsetats. Den Löwenanteil dieser Zuführungen erhielt die Industrie. Sie kassierte rund zwei Drittel der Zuwendungen an die Staatswirtschaft (ohne Land- und Nahrungsgüterwirtschaft und Forstbetriebe). Hauptkostgänger des Staatshaushalts waren in diesem Wirtschaftsbereich die kapitalintensiv produzierenden Kombinate der Grundstoff- und Schwerindustrie sowie der Energieerzeugung, denen die DDR-Regierung zur Sicherung ihrer Autarkiebestrebungen besondere finanzielle Unterstützung widmete.[70] Außerdem erwies sich im Laufe der 80er Jahre auch die von einem Teil der SED-Führung gehätschelte DDR-eigene Mikroelektronik als ein Milliardengrab für Haushaltssubventionen. Einsatz und Export von mikroelektronischen Erzeugnissen kosteten die Staatskasse zuletzt über drei Milliarden Mark an Preisstützungssubventionen pro Jahr.[71]

In der Regel umfaßte ein Kombinat in der *zentralgeleiteten Industrie* 20 bis 30 Betriebe. Die Zahl der Beschäftigten lag bei den zehn umsatzstärksten Industriekombinaten zwischen 30 000 und 70 000 Personen.[72]

1988 beschäftigten in der Industrie die *zentral- und bezirksgeleiteten Kombinate* rd. 89 v.H. aller Arbeiter und Angestellten dieses Wirtschaftsbereichs. Rund 86 v.H. des Leistungspotentials der DDR-Industrie hatte die Wirtschaftsführung in diesen unmittelbar von Ost-Berlin gelenkten Betriebsvereinigungen zusammengefaßt.[73]

6.11. Das wirtschaftspolitische Programm der Honecker-Mittag-„Ära", 1971–1989 – Intensivierung und Kombinatsbildung als Hebel zur Produktivitätssteigerung und Wachstumsbeschleunigung

Mit dem Scheitern der Wirtschaftsreform (1963–1970) und dem Machtwechsel von *Ulbricht* zu *Honecker* (Absetzung *Ulbrichts* am 3. Mai 1971; Machtantritt *Honek*-

kers) bestimmte die SED-Führung die „sozialistische Intensivierung der Produktionsprozesse" zur Hauptmethode, durch die künftig neue und größere Produktivitätsfortschritte erzielt und das Wirtschaftswachstum angekurbelt werden sollte. Hinter diesem „Intensivierungskonzept" stand, wie bereits schon zu Beginn der 60er Jahre, die realistische Einschätzung, daß die für ein weiteres Wirtschaftswachstum und die Erhöhung des Wohlstands gebrauchten Produktionsfaktoren in der DDR nur noch in bescheidenem Umfang vermehrt werden konnten (= *extensive* erweiterte Reproduktion). Darüber hinaus war abzusehen, daß auch die chronische Investitionsschwäche der DDR-Wirtschaft dieser nur in sehr begrenztem Maße eine Steigerung der jährlichen Investitionsleistungen und den Aufbau neuer, leistungsfähigerer Kapazitäten erlauben würde. Letztlich, so die SED-Führung, lasse auch der immer härter werdende Wettbewerb auf den Auslandsmärkten und die ab 1973/74 entstandenen außenwirtschaftlichen Belastungen durch die sprunghafte Erhöhung der Rohstoff- und Energiepreise keine Hoffnung darauf zu, daß steigende Außenhandelsüberschüsse zu einem Wachstumsmotor der DDR-Wirtschaft gemacht werden könnten.

Deshalb müsse in allen Wirtschaftszweigen der Kurs zur Durchsetzung der „sozialistischen Intensivierung" auf das Ziel gerichtet werden, das *gegebene* Arbeitsvermögen und die *vorhandenen* Produktionskapazitäten (Anlagen- und Umlaufvermögen) besser auszulasten und die eingesetzten Rohstoffe, Energieträger und Materialien effizienter zu nutzen (= *intensive* erweiterte Reproduktion). Im Kern komme es darauf an, mit dem Vorhandenen besser zu wirtschaften. Darüber hinaus werde man umgehend die Forschungs- und Entwicklungsaktivitäten beträchtlich verstärken, um so vermehrt Neuererlösungen zu gewinnen, durch die weitere Leistungs- und Effektivitätsreserven erschlossen werden könnten.

Während der 70er Jahre koppelte die SED-Führung dieses „Intensivierungskonzept" mit dem Vorhaben, durch großzügige Importe von überlegener westlicher Technologie sichtbar Boden im Aufholwettbewerb mit dem Kapitalismus zu gewinnen. Durch die weite Öffnung der Importschleuse sollte die Modernisierung der Industriekapazitäten schneller und auf breiter Front vorangetrieben werden, um nicht zuletzt auf diesem Weg auch die abnehmenden Exportchancen der DDR wieder zu verbessern. Da in den 70er Jahren nur selten Außenhandelsüberschüsse erwirtschaftet wurden, mußten die begehrten Investitionsgüterimporte durch Kredite finanziert werden. Diese sollten später wieder abbezahlt werden, sobald die mit westlicher Kapitalhilfe erstrebte Modernisierung und Erweiterung der Industriekapazitäten erreicht und durch eine Exportoffensive lukrative Überschüsse erzielt worden seien. Innerhalb von nur 10 Jahren (1971–1980) wuchs durch diese unausgewogene Außenhandelspolitik der *kumulierte Passivsaldo* der DDR-Handelsbilanz auf 35,83 Mrd. Valuta-Mark an. Das Defizit entsprach der Ausfuhrleistung eines ganzen Jahres (1975).[74]

Dieses Modernisierungsexperiment auf Pump, das von der vagen Hoffnung auf eine effiziente Verwertung westlicher Kapitalimporte in der DDR lebte, war der Beginn der seit Ende der 70er Jahre immer drückender werdenden *Verschuldungskrise*, welche das Wirtschaftssystem der DDR mit zum Einsturz brachte.

Bei diesem Intensivierungs- und Modernisierungskonzept hatte die SED-Führung den neugebildeten Kombinaten eine Schlüsselrolle zugewiesen. Sie sollten dieses Konzept in die Tat umsetzen. Der von *Honecker* und *Mittag* erwartete und häufig beschworene *Rationalisierungsschub* blieb jedoch aus.

Eine Verringerung der so dringend erhofften Zulieferprobleme bei zweigübergreifenden Liefer- und Empfangsbeziehungen trat nicht ein. Durch die Eingliederung von vormals zweigfremden, eigenständigen Zulieferbetrieben in den Kombinatsverband wurden lediglich die zuvor kombinatsexternen Betrieben angelasteten Lieferschwächen nunmehr in kombinatsinterne Versorgungs- und Abstimmungsprobleme verwandelt.

Kaum ein Kombinat folgte der in den 70er Jahren noch gelegentlich ausgesprochenen Aufforderung der Wirtschaftsführung, die eingeheimste Masse an Betrieben und Fabrikteilen nach Wirtschaftlichkeitsgesichtspunkten zu überprüfen und die am meisten überalterten und unrentabelsten Produktionsstätten und Betriebe stillzulegen. Da die von diesen Kostentreibern hergestellten Vor- und Endprodukte zumeist von anderen Kombinaten nicht erhältlich waren und die Kombinatsleitungen zumeist auch keine Außenhandelsbefugnisse und Devisen besaßen, um die gesuchten Erzeugnisse umgehend aus dem Ausland oder der Bundesrepublik zu beziehen, wurden diese Betriebe weiter mitgeschleppt. Den Kombinatsleitungen kam es fast immer darauf an, durch Eingliederung aller erhältlichen Vorlieferungsbetriebe eine möglichst große Unabhängigkeit bei der Versorgung mit Rohstoffen und Zwischenprodukten zu erreichen, um so eine stabilere Erfüllung der Produktionspläne vorweisen zu können. Dies führte dazu, daß Maschinenbaukombinate Gießereien übernahmen, die Schuhindustrie sich der gesamten Ledererzeugung bemächtigte, die Elektronikkombinate sich eigene Glashütten zulegten und das VEB Kombinat Schiffbau, Rostock (55 000 Beschäftigte), Betriebe für Schiffselektronik, Belüftung, Kühlung, Isolier- und Anstrichmittel erwarb. Groteske Formen nahm das Fusionsstreben vor allem bei Metallwaren und Werkzeugen an, da alle Investitionsgüter-, Maschinenbau-, Elektrotechnik- und Elektronik-Kombinate ihre eigenen Schrauben- und Werkzeugfabriken besitzen wollten. Dieses Autarkiestreben vergrößerte ständig die unwirtschaftliche *Produktionstiefe* der Kombinate und blähte zudem ihre Unternehmensgrößen auf.

Anders als von der SED-Führung jahrzehntelang behauptet, schuf die Kombinatsbildung keine „Wirtschaftseinheiten höherer Ordnung und Effektivität". Im Gegenteil, sie wirkte sich besonders nachteilig auf die Versorgung der Hersteller von Fertigerzeugnissen mit Vorprodukten, Ersatzteilen und Spezialerzeugnissen aus, sie senkte durch die Vernichtung der vielen selbständigen Klein- und Mittelbetriebe das Angebot an Reparatur- und Serviceleistungen, verminderte die Anpassungsflexibilität der Fertigwarenhersteller an den sich ständig wandelnden Bedarf und verringerte die Wettbewerbsfähigkeit der DDR auf den internationalen Märkten. Das Scheitern der von *Mittag* und *Honecker* forcierten Kombinatsbildung in der Planwirtschaft der DDR einerseits und die Herausbildung einer hochdifferenzierten Unternehmensgrößenstruktur in den entwickelten Marktwirtschaften des Westens andererseits ist ein unübersehbarer Beweis, daß die These der Klassiker des Marxismus-Leninismus von der Zwangsläufigkeit des Größenwachstums von Betrieben und Unternehmen (= *Konzentrationsprozeß* als Folge der wissenschaftlich-technischen Revolution und der Vermachtung der Märkte) unzutreffend ist und eine natürliche Überlegenheit von Großbetrieben nicht besteht.[75]

6.12. Leistungsfeindliche Löhne und kraftlose Prämienanreize

Obwohl beinahe in jedem Planerfüllungsbericht stolz verkündet wurde, daß es wiederum gelungen sei, die Entlohnung bei weiteren Hunderttausenden von Werktätigen auf „leistungsbezogene Einkommensformen" umzustellen, hatten in Wirklichkeit die in der DDR nach Lohn- oder Gehaltsgruppen gestaffelten Tarif- oder Grundlöhne zusammen mit den „leistungsorientierten Lohnzuschlägen" ihre Motivationskraft und leistungsstimulierende Wirkung fast völlig eingebüßt.[76] Die in den Jahren von 1984 bis 1988 in Massenaktionen durchgeführte Umstellung der veralteten Zeit- und Stücklöhne auf „Produktivlöhne" hatte als Einzelmaßnahme keine gesamtwirtschaftlich meßbare Antriebswirkung auf die Steigerung der Arbeitsleistungen und auf die Erhöhung der Arbeitsproduktivität. Dies lag nicht zuletzt daran, daß die Lohnreformer nicht allzu begierig darauf waren nachzuforschen, in welchem Ausmaß der jeweils gewählten Bezugsbasis für die Bemessung von Leistungslöhnen „weiche Arbeitsnormen" (zuschlagsrelevante Kennziffern/Kriterien der Leistungseinschätzung) zugrundelagen. Um den Betriebsfrieden nicht zu stören, blieb – trotz gegenteiliger Beteuerungen – auch ab 1983/84 die „linkssozialistische Gleichmacherei" Hauptgestaltungsprinzip für die Konstruktion der flachen „Lohnstaffelungskuppe".

In der Industrie und Bauwirtschaft verdiente 1988 ein Ingenieur oder Betriebswirt mit Hochschulausbildung monatlich im Durchschnitt *brutto* 107,- Mark mehr als ein Meister (Gehaltsabstand = + 8 v.H.). Der Meister wiederum bezog im Durchschnitt pro Monat 260,- Mark *brutto* mehr als ein Produktionsarbeiter (Lohnabstand = + 23 v.H.).[77] Durch die Steuertarife bei der Lohn- und Gehaltsbesteuerung nach Steuerklassen wurden bei diesen geringen Brutto-Einkommensunterschieden die Abstände zwischen den Nettoeinkommen der einzelnen Beschäftigtengruppen weiter nivelliert. So betrug 1988 in der Industrie und Bauwirtschaft der *Nettolohnabstand* selbst von leitenden „Hoch- und Fachschulkadern" gegenüber dem Durchschnitts-Nettolohn, den die Produktionsarbeiter verdienten, nur noch 15 v.H.

Bei dieser *Einkommensnivellierung* erlahmte jeder Wunsch nach Fortbildung, Qualifizierung, Aufstieg und Verantwortungsübernahme.

Auch die nach Abschluß des Planjahres aus dem Betriebsprämienfonds gezahlte „Jahresendprämie", die ursprünglich einmal als eine individuell zugemessene „Jahresdividende" für den im gesamten Planjahr erbrachten überdurchschnittlichen Einsatz zur Erfüllung der Betriebspläne konzipiert worden war, hatte nur noch einen höchst schwachen Bezug zum tatsächlich geleisteten Arbeitseinsatz der *einzelnen* Führungskräfte und Belegschaftsmitglieder. Die für die Zahlung dieser Prämie im Fonds angesammelten Mittel wurden aufgrund von Vereinbarungen zwischen der Betriebsleitung und der Betriebsgewerkschaftsleitung des FDGB in der Regel gleichmäßig „nach der Zahl der Köpfe" der Belegschaft verteilt. Dieses „13. Monatsgehalt" hatte somit eher den Charakter einer sozialen Zuwendung als einer Leistungsprämie.

Anmerkungen

1 Vgl. Politische Ökonomie, Lehrbuch, Berlin (Ost) 1960, S. 557; Ausgabe 1964, S. 510.
2 Siehe hierzu Statistisches Bundesamt: Zur wirtschaftlichen und sozialen Lage in den neuen Bundesländern, Sonderausgabe, August 1992, S. 9.
3 Bei der Ausstattung der Unternehmen und privaten Haushalte mit Fernsprechanschlüssen hatte die DDR nicht einmal das Niveau eines Schwellenlandes erreicht. Mit 11,2 Telefonanschlüssen je 100 Einwohner stand die DDR erst auf dem 65. Platz in der Versorgungsrangliste der Welt.
4 Vgl. *Walter Ulbricht*, Das Programm des Sozialismus und die geschichtliche Aufgabe der Sozialistischen Einheitspartei Deutschlands, Referat auf dem VI. Parteitag der SED am 15. Januar 1963. In: Protokoll des VI. Parteitages der SED, Berlin (Ost) 1963, S. 83.
5 Vgl. *Erich Honecker*, Mit Tatkraft und Zuversicht die vor uns liegenden Aufgaben zum Wohle des Volkes meistern, Referat auf der V. Tagung des ZK der SED am 26. November 1982. In: Neues Deutschland vom 27./28. November 1982, S. 4.
6 Vgl. Anlage Nr. 4 zum Protokoll Nr. 47 der Sitzung des Politbüros des ZK der SED vom 31. Oktober 1989, Geheime Verschlußsache, S. 4. In: SAPMO BArch, DY 30/J IV 2/2/2356, abgedruckt in Deutschland Archiv 25(1992)-10, S. 112ff.
7 Vgl. *W. I. Lenin*, Die große Initiative. In: Werke, Bd. 29, Berlin (Ost) 1961, S. 397–424, hier S. 416.
8 Vgl. Statistisches Jahrbuch der DDR 1990, S. 120/21.
9 So betrug in der DDR 1985 der *Abschreibungssatz* auf das Sachanlagevermögen lediglich 3,6 v.H. und bei den Produktionsausrüstungen 5,5 v.H.
10 Die Prozentangaben über die Altersstruktur oder den Modernitätsgrad des Maschinenparks der westdeutschen Wirtschaft beziehen sich auf das Bruttoanlagevermögen (Jahresanfangsbestand) der Unternehmen zu Preisen des Jahres 1980.
11 Vgl. u.a. Wirtschaftsreport DDR (Daten und Fakten zur wirtschaftlichen Lage Ostdeutschlands), Berlin (Ost) 1990 (Redaktionsschluß: 31. August 1990), S. 57 und
Günter Kusch, Rolf Montag, Günter Specht und Konrad Wetzger (Institut für angewandte Wirtschaftsforschung e.V.), Schlußbilanz–DDR. Berlin 1991, S. 58.
12 Vgl. *Cord Schwartau*, Wirtschaft und Umwelt gleichzeitig sanieren. In: Wochenzeitung Das Parlament, Nr. 26 vom 22. Juni 1990, S. 12.
13 Vgl. die Analyse des Vorsitzenden der Staatlichen Plankommission, Schürer, über die Konkursgefahr für die Wirtschaft der DDR vom 30. Oktober 1989. In: SAPMO BArch, DY 30/J IV 2/2/2356, Anlage 4 zum Protokoll der Politbürositzung vom 31. Oktober 1989, S. 5/6.
14 Ebenda.
15 Vgl. Statistisches Jahrbuch der DDR 1990, S. 120.
16 Vgl. a.a.O., S. 13/14.
17 Die als Zielsetzung des Fünfjahrplanes 1971–1975 auf dem VIII. Parteitag der SED beschlossene „*ökonomische Hauptaufgabe*" kündigte eine „*weitere Erhöhung des materiellen und kulturellen Lebensniveaus des Volkes*" an. Diese müsse „*auf der Grundlage eines hohen Entwicklungstempos der sozialistischen Produktion, der Erhöhung der Effektivität, des wissenschaftlich-technischen Fortschritts und des Wachstums der Arbeitsproduktivität*" erreicht werden.
Vgl. das Gesetz über den Fünfjahrplan für die Entwicklung der Volkswirtschaft der DDR vom 20. Dezember 1971, in: GBl. der DDR, Teil I, Nr. 10, S. 175–190, hier S. 175;
diese „*Hauptaufgabe der entwickelten sozialistischen Gesellschaft*" wurde 1976 auch in das neue Parteiprogramm der SED aufgenommen. Siehe Programm der SED. In: Protokoll der Verhandlungen des IX. Parteitages der Sozialistischen Einheitspartei Deutschlands, 18.–22. Mai 1976, Berlin (Ost) 1976, S. 209–266, hier S. 218/19.
18 Vgl. SAPMO BArch, DY 30/J IV 2/2/2356, Anlage 4, S. 6 (s. o. Anm. 6).
19 Ohne die Ausgaben für die Wehrforschung, die Subventionierung von Rüstungsbetrieben und ohne die Aufwendungen für die Betriebskampfgruppen, die Zivilverteidigung und die vormilitärische Ausbildung (Gesellschaft für Sport und Technik).
20 Vgl. Statistisches Jahrbuch der DDR 1989, S. 276; Ausgabe 1990, S. 301.
21 Vgl. zum Beleg die Krisen-Analyse von Schürer vom 30. Oktober 1989; SAPMO BArch, DY 30/J IV 2/2/2356, Anlage 4, S. 9.

22 Vgl. zum Beleg auch die hierzu von *Gernot Gutmann* durchgeführte Untersuchung zusammen mit den darin enthaltenen Graphiken, Die Wirtschaft der DDR. In: Handwörterbuch der Wirtschaftswissenschaft (HdWW), 22. Lieferung. Stuttgart und New York 1980, S. 735–762, hier S. 759ff.

23 Die Zahl der Güter, die in einem Staat und in einer Volkswirtschaft zu „öffentlichen Gütern" deklariert werden, hängt entscheidend davon ab, welche Güter nach Auffassung der Mehrheit der Bürger durch den Staat und nicht durch private Unternehmen angeboten werden sollen. Dabei muß man zwischen „geborenen" öffentlichen Gütern (wie z.B. Rechtsschutz und Verteidigung) und „gekorenen" öffentlichen Gütern und Diensten unterscheiden, die alternativ auch durch private Anbieter bereitgestellt werden können (wie z.B. die Müllentsorgung und die Postbeförderung). „Öffentlich" werden heute in den westlichen Industriewirtschaften zumeist folgende Güter und Dienstleistungen angeboten: Rechtsschutz im Innern, Sicherheit und Verteidigung nach Außen, Gesundheitsfürsorge, Seuchenbekämpfung, soziale Absicherung, Möglichkeiten zur Volks- und Hochschulausbildung, Kindergärten, Entsorgungsleistungen (z.B. Abwasserklärung und Gewässerschutz) und Umweltschutz.

24 Demgemäß heißt es auch in dem für die ideologische Schulung in der DDR verbindlichen Standardlehrbuch der Politischen Ökonomie: Nach der Vergesellschaftung der Produktionsmittel sei die Arbeit der Menschen nicht mehr in in erster Linie „Quelle der Bereicherung der Kapitalisten, [sondern] Arbeit für sich, für die Gesellschaft [selbst]".
Vgl. Politische Ökonomie, Lehrbuch, aus dem Russischen, deutsche Fassung nach der 4. überarbeiteten und ergänzten russischen Ausgabe. Berlin (Ost) 1964, S. 352ff.

25 In diesem Sinne erklärte Fritz Selbmann (SED, 1947 Minister für Wirtschaft und Wirtschaftsplanung des Landes Sachsen) bereits am 5. März 1947 bei der Eröffnung der Leipziger Frühjahrsmesse: *„Wir betrachten die Forderung nach Planung der Wirtschaftsvorgänge als nichts anderes als die Forderung, vernünftig zu wirtschaften. Jede Wirtschaft, die nicht geplant wird unter den heutigen Umständen, ist ein Zurückfallen in das Spiel der privaten Interessen, von Egoismen der einzelnen und einzelner Gruppen, bedeutet Fehlleitung großer wirtschaftlicher Werte und bedeutet Verlust wirtschaftlichen Kapitals. Wir glauben, daß wirklich ein restloser Einsatz aller uns verbliebenen wirtschaftlichen Kräfte nur möglich ist und erreicht werden kann durch eine umfassende und sorgfältige Planung aller Wirtschaftsvorgänge. [...]*
Man glaubt im Westen heute noch, [...] Wirtschaftsplanung an sich beschränke sich darauf, einige Globalkontingente durchzusetzen, die im Endeffekt des Wirtschaftsprozesses erreicht werden sollen, die Arbeit des einzelnen Planens aber, das heißt, die Maßnahmen zur Realisierung der Pläne, der Wirtschaft selbst zu überlassen.
Sie wissen, wie man bei uns im Osten plant. Wir stellen nicht nur einen Plan auf, sondern ermitteln die Planzahlen vom Betrieb her unter Zugrundelegung seiner Kapazität, seiner Arbeitskräfte, seiner ihm selbst zur Verfügung stehenden Rohstoffe. Wir ermitteln die gesamten Planzahlen, stimmen sie aufeinander ab, und dann erteilen wir dem Betrieb bestimmte Produktionsauflagen, und unsere Wirtschaftspolitik und Wirtschaftsgesetzgebung ist darauf gerichtet, die Realisierung dieser Planaufgaben sicherzustellen. Wir haben also eine Planung, die die gesamte Wirtschaft von unten bis oben erfaßt."
Vgl. *Fritz Selbmann*, Planung und Wirtschaftspolitik – Von der Kriegs- zur Friedenswirtschaft. In: *ders.*, Reden und Tagebuchblätter 1933–1947. Dresden/Meißen 1947, S. 103–134, hier S. 110 und S. 127/28.
Siehe ferner *Fritz Selbmann*, Volksbetriebe im Wirtschaftsplan (Bericht von der ersten Zonentagung der volkseigenen Betriebe am 4. Juli 1948 in Leipzig). Berlin (Ost) 1948.

26 Vgl. die Richtlinie für das neue ökonomische System der Planung und Leitung der Volkswirtschaft vom 11. Juli 1963, in: GBl. der DDR, Teil II, Nr. 64, S. 453–481, und die Anlagen zu dieser Richtlinie.

27 Vgl. hierzu das Grundlagenwerk Politische Ökonomie des Sozialismus und ihre Anwendung in der DDR. Berlin (Ost) 1969.

28 Vgl. hierzu ebenfalls *Gerhard Naumann und Eckhard Trümpler*, Von Ulbricht zu Honecker, (1970 – ein Krisenjahr der DDR). Berlin (Ost) 1990, insbesondere die Rede von Günter Mittag [Dokumentationsteil], S. 71–78 und vom gleichen Verfasser den Rechenschaftsbe-

richt über die Durchführung des Volkswirtschaftsplanes im Jahre 1970 auf der 13. Tagung des ZK der SED im Juni 1970. In: Neues Deutschland vom 12. Juni 1970, hier insb. S. 4.

29 Vgl. den Beschluß über die Durchführung des ökonomischen Systems des Sozialismus im Jahre 1971 vom 1. Dezember 1970, in: GBl. der DDR, Teil II, Nr. 100, S. 731ff.

30 Vgl. die Verfassung der Deutschen Demokratischen Republik vom 6. April 1968 in der Fassung des Gesetzes zur Ergänzung und Änderung der Verfassung der Deutschen Demokratischen Republik vom 7. Oktober 1974, in: GBl. der DDR, Teil I, Nr. 47, S. 432ff., hier S. 434 und S. 436 und dazu
die Verfassung der Deutschen Demokratischen Republik vom 6. April 1968, Teil I, Nr. 8, S. 199ff., hier S. 205, 206 und 207.

31 Zur Methodik der Ermittlung des „produzierten Nationaleinkommens" in der DDR siehe das Statistische Jahrbuch, Ausgabe 1990, Berlin (Ost), S. 97–100.

32 Vgl. a.a.O., S. 105.
In der „Privatindustrie" der DDR waren 1988 nur noch 1 900 Heimarbeiter beschäftigt. Im gleichen Jahr belief sich die Zahl der Berufstätigen in der „privaten Bauwirtschaft" (= Bauhandwerk) auf 44 900 und im „privaten Verkehrswesen" auf 15 000 Erwerbspersonen.
Vgl. das Statistische Jahrbuch der DDR 1990, S. 126.

33 Vgl. das Gesetz über den Ministerrat der Deutschen Demokratischen Republik vom 16. Oktober 1972, in: GBl. der DDR, Teil I, Nr. 16, S. 253ff.

34 Vgl. das Gesetz über den Volkswirtschaftsplan der DDR 1989 und das Gesetz über den Staatshaushaltsplan 1989 vom 14. Dezember 1988, in: GBl. der DDR. Teil I, Nr. 27, S. 311ff. und 318ff.

35 Vgl. das Statut der Staatlichen Plankommission – Beschluß des Ministerrates vom 9. August 1973, in: GBl. der DDR, Teil I, Nr. 41, S. 417ff.

36 Ohne Hauspersonal und mit Unterstützungsaufgaben befaßte Arbeiter.

37 Vgl. hierzu den Brief des Ministers der Finanzen der DDR, Höfner, an das Mitglied des Politbüros und den ZK-Sekretär für Wirtschaftsfragen, Mittag, vom 20. Mai 1988 über die Zahl der Leitungs- und Verwaltungskräfte in der Wirtschaft und im Staatsapparat. SAPMO BArch, DY 30/41 753/1.

38 Vgl. die Anordnung über die Ordnung der Planung der Volkswirtschaft der DDR 1981–1985 vom 28. November 1979, in: GBl. der DDR, Sonderdruck Nr. 1 020 (Teil A–Q).

39 Vgl. die Anordnung über die Rahmenrichtlinie für die Planung in den Kombinaten und Betrieben der Industrie und des Bauwesens – Rahmenrichtlinie – vom 30. November 1979, in: GBl. der DDR, Sonderdruck Nr. 1021.

40 Zu diesen acht Aufgabengebieten gehörten die Planteile Produktion, Absatz, Wissenschaft und Technik, Grundfondsreproduktion, Materialökonomie, Arbeitsproduktivität und Arbeitskräfte, Arbeits- und Lebensbedingungen und Finanzen und Kosten.

41 Mit der Erfüllung von Exportaufträgen waren (unter Einbeziehung der Zulieferindustrien) in der Wirtschaft der DDR etwa 1,8 bis 1,9 Millionen Berufstätige beschäftigt.

42 Exportquote = preisbereinigtes Exportvolumen der DDR-Wirtschaft in Prozent des produzierten Nationaleinkommens.

43 Im Jahre 1979 erhielt die DDR aus Polen noch 2 382 000 Tonnen Steinkohle und Steinkohlenkoks. 1981 waren es nur noch 1 396 000 Tonnen und 1982 sogar nur noch 764 000 Tonnen.

44 Während der rd. 40 Jahre DDR-Planwirtschaft hat sich die Prozedur der jährlichen Aufstellung der Volkswirtschaftspläne kaum geändert. Dies belegt u. a. auch die Schilderung von Fritz Schenk über die Etappen der Erarbeitung der Volkswirtschaftspläne für die Planjahre 1952/53.
Vgl. *Fritz Schenk* (bis zu seiner Flucht in die Bundesrepublik im September 1957 persönlicher Referent des Vorsitzenden der Staatlichen Plankommission der DDR, Bruno Leuschner, und Sekretär dieser Kommission), Im Vorzimmer der Diktatur, 12 Jahre Pankow. Köln, Berlin 1962, S. 140ff.

45 Vgl. Definitionen für Planung, Rechnungsführung und Statistik, Teil 1, hrsg. vom Ministerrat der DDR und der Staatlichen Zentralverwaltung für Statistik, nicht im Buchhandel, Berlin (Ost) und Weimar, Ausgabe 1980, S. 6ff.

46 Vgl. Lexikon der Wirtschaft (Industrie). Berlin (Ost) 1970, S. 613.
47 Vgl. hierzu die letzte Fassung des Gesetzes über das Vertragssystem in der sozialistischen Wirtschaft – Vertragsgesetz – vom 25. März 1982, in: GBl. der DDR, Teil I, Nr. 14, S. 293–308 und die hierzu ergangenen fünf Durchführungsbestimmungen, die ebenfalls am 25. März 1982 beschlossen wurden. In: GBl. der DDR, Teil I, Nr. 16, S. 325–343; hier insbesondere die Fünfte Durchführungsverordnung zum Vertragsgesetz – Vertragsstrafen –, ebenda S. 342/43.
48 MAK-Bilanzen = Material-, Ausrüstungs- und Konsumgüterbilanzen.
49 Die von der Statistik der DDR ermittelte Erfassungsgröße „Warenproduktion" entsprach der Summe aller in einer Abrechnungsperiode hergestellten Fertigerzeugnisse und materiellen Dienstleistungen, soweit sie zum Absatz an Dritte bestimmt waren, zur Durchführung betriebseigener Investitionen gebraucht wurden oder zur Erhöhung der Bestände dienten.
50 Dementsprechend heißt es bereits 1970 in der Geheimrede von Alfred Neumann auf der 14. Tagung des ZK der SED, 9.–11. Dezember 1970: „Ein Materialbilanzierer, der nach der bisher üblichen manuellen Methode arbeitet, wird die Verflechtung der zweiten und dritten Kooperationsstufe nicht erfassen können. Die Versuche, durch teilweise Vorrangigkeiten die strukturbestimmenden Vorhaben und ähnliche Aufgaben, also den wichtigsten Teil der volkswirtschaftlichen Produktion, proportional zu planen und verflechtungsmäßig zu beherrschen, haben klargemacht, daß diese Methode nicht ausreicht, um die notwendige dynamische Proportionalität im gesamtwirtschaftlichen Ausmaß fest in den Griff zu bekommen".
Vgl. hierzu *Naumann/Trümpler* (s. o. Anm. 28), S. 126.
51 Vgl. hierzu auch die §§ 7 und 8 des Gesetzes über die Landesverteidigung der Deutschen Demokratischen Republik (Verteidigungsgesetz) vom 13. Oktober 1978, in: GBl. der DDR, Teil I, Nr. 35, S. 377ff., hier S. 379.
52 Siehe hierzu u. a. *Volker Klemm*, Korruption und Amtsmißbrauch in der DDR. Stuttgart 1991, hier insbesondere S. 71–79.
53 Vgl. zum Beleg *Günter Schabowski*, Der Absturz. Hamburg 1992, S. 294.
54 Ebenda.
55 Vgl. hierzu den Stichwortartikel „Planung", in: Lexikon der Wirtschaft (Industrie). Berlin (Ost) 1970, S. 609–611, hier S. 609.
56 Folgende staatlichen Leistungsanforderungen gehörten während der drei Fünfjahrpläne 1976 bis 1989/90 zu den verbindlichen „Hauptkennziffern" der Betriebspläne der DDR-Kombinate in der Industrie und Bauwirtschaft: die „industrielle Warenproduktion zu laufenden und zu konstanten Planpreisen" (= zusammenfassendes Produktionsergebnis der VEB und Kombinate); die „Exportleistung" zu Inlandspreisen; die „abgesetzte Produktion von Fertigerzeugnissen an die Bevölkerung", das „einheitliche Betriebsergebnis" (= Nettoerlös unter Einbeziehung des Außenhandelsergebnisses) und der „Gewinn".
57 Um die Wirkungskraft der „finanziellen Anreize" zu verstärken, hatte die Wirtschaftsführung der DDR die Prämieneinkünfte, Lohnzuschläge für die Schicht-, Nacht-, Sonntags- und Feiertagsarbeit und die Sonderzahlungen für die Verleihung staatlicher Auszeichnungen („Held der Arbeit", „Verdienter Aktivist") von der Lohnsteuer befreit.
Vgl. Ministerium der Finanzen (Hrsg.): Besteuerung des Arbeitseinkommens. Berlin (Ost) 1981, S. 10ff.
58 Vgl. die Verordnung über die Aufgaben, Rechte und Pflichten des volkseigenen Produktionsbetriebes vom 9. Februar 1967, in: GBl. der DDR, Teil II, Nr. 21, S. 121 ff. und
die Verordnung über die volkseigenen Kombinate, Kombinatsbetriebe und volkseigenen Betriebe vom 8. November 1979, in: GBl. der DDR, Teil I, Nr. 38, S. 355–366, hier S. 355.
Siehe ergänzend dazu auch die in diesem Bande vorgelegte ausführliche Darstellung der Organisation der staatlichen Industrie in der DDR in den 80er Jahren bei *Klaus Krakat,* Die Industrie der DDR im letzten Fünfjahrplanzeitraum (1986–1989/90).
59 Siehe im Hinblick auf diese Einschätzung auch die Darstellung eines Kollektivs der damals führenden Wirtschaftsjuristen der DDR: *Uwe-Jens Heuer, Günther Klinger, Wilhelm Panzer und Gerhard Pflicke,* Sozialistisches Wirtschaftsrecht – Instrument der Wirtschaftsführung. Berlin (Ost) 1971, S. 128ff.
60 Über die ideologischen und planwirtschaftlichen Beweggründe für den Glauben der SED-Führung an die grundsätzliche Überlegenheit von Mammutbetrieben gegenüber Klein- und

Mittelbetrieben siehe die Analyse von Hannsjörg Buck und Klaus Brockhoff, Wirtschaftliche Konzentration und Betriebsgrößenoptimierung in sozialistischen Wirtschaften. In: Deutschland Archiv 3 (1970)-3, S. 225–266.

61 Vgl. das Statistische Jahrbuch der DDR 1972, S. 118 und Ausgabe 1982, S. 128.

62 Der wesentliche Unterschied zwischen den DDR-Kombinaten und den westlichen Konzernen bestand darin, daß die Kombinate selbst in der Regel kein eigenes Grund- und Umlaufkapital besaßen. Träger der Grund- und Umlaufmittelfonds der Kombinate (= Anlage- und Umlaufvermögen) waren fast immer die Einzelbetriebe der Kombinate.

63 Dementsprechend heißt es auch in dem bis Ende 1989 maßgebenden DDR-Lexikon der Wirtschaft (Industrie): „Die führende Rolle bei der Entwicklung der sozialistischen Betriebe und Kombinate nimmt die Sozialistische Einheitspartei Deutschlands ein, deren Mitglieder sich in Betriebsparteiorganisationen organisieren".
Vgl. hierzu das Lexikon der Wirtschaft (Industrie). Berlin (Ost) 1970, S. 157.

64 Dazu gehörten z.B. die Kombinate Wolle und Seide, Trikotagen, Lederwaren, Oberbekleidung, Nahrungsmittel und Kaffee, Fisch, Süßwaren, Tabak, Musikinstrumente, Spielwaren, Sportgeräte und Möbel.
Siehe hierzu *Wolfgang Stinglwagner*, Die zentralgeleiteten Kombinate in der Industrie der DDR (Überblick und detailliertes Branchenprofil des Industriezweiges Elektrotechnik/Elektronik). 2. Auflage, hrsg. vom Gesamtdeutschen Institut, Bonn 1990.

65 Siehe *Heuer/Klinger/Panzer/Pflicke* (s.o. Anm. 59), S. 132.

66 Zum Beleg siehe *Günter Mittag*, Aus dem Bericht des Politbüros an das 3. Plenum des ZK der SED. In: Neues Deutschland vom 24. November 1967, S. 2–8, hier S. 7.

67 Damit hatte die SED-Führung in der Industrie eine gegenüber der früheren Bundesrepublik total entgegengesetzte Betriebsgrößenstruktur erzwungen. Im Unterschied zur DDR waren 1987 im Westen Deutschlands die meisten Arbeitnehmer in der Volkswirtschaft (47,8 v.H.) in *Kleinbetrieben* beschäftigt. Demgegenüber umfaßten die Belegschaften der *Mittelbetriebe* 31,4 v.H. und die der *Großbetriebe* (ab 500 Beschäftigte) 20,8 v.H. aller Erwerbstätigen in der Volkswirtschaft.
Vgl. Statistisches Bundesamt, Unternehmen und Arbeitsstätten; Arbeitsstättenzählung vom 25. Mai 1987, Fachserie 2, Heft 3.

68 Im amtlichen Sprachgebrauch lautete bis 1989 der Staatsauftrag an alle Einzelbetriebe und Kombinate wie folgt: Die VEB und Betriebsvereinigungen „erfüllen ihre Aufgaben im Auftrag des sozialistischen Staates und in Verwirklichung der Beschlüsse der Partei der Arbeiterklasse, der Gesetze und anderer Rechtsvorschriften. Die verbindliche Grundlage ihrer Tätigkeit sind staatliche Pläne".
Vgl. Wörterbuch der Ökonomie des Sozialismus. Berlin (Ost) 1973, S. 154/55.

69 Über die Rolle und praktische Ausformung des „Prinzips der wirtschaftlichen Rechnungsführung" im Rechnungswesen der „Volkseigenen Betriebe" und Kombinate vgl. *Wolfgang Förster*, Rechnungswesen und Wirtschaftsordnung. Berlin, München 1967, S. 47ff.

70 Vgl. hierzu im einzelnen *Hannsjörg F. Buck*, Staatshaushalt und Finanzpolitik der DDR-Regierung für das Haushaltsjahr 1988. Analysen und Berichte Nr. 3/1988, hrsg. vom Gesamtdeutschen Institut, Bonn, den 12. Februar 1988, hier insbesondere S. 21 ff. und das Statistische Jahrbuch der DDR 1989, S. 264–266.

71 Hierzu gestand der ehemalige Vorsitzende der Staatlichen Plankommission, Gerhard Schürer, am 9. August 1991 in einem Interview ein: Nehmen wir als Beispiel die Produktion von mikroelektronischen Bauelementen: *„Für einen 256 Kilobyte-Baustein, hergestellt zum Selbstkostenpreis von 536 Mark, betrug der Verkaufspreis im Innern der DDR 16 Mark, den Rest der Subvention mußte der Staat bezahlen. Auf dem Weltmarkt hätte man so einen Baustein vielleicht für 6 Mark, inzwischen noch für weniger, kaufen können."*
Vgl. Gespräch mit Gerhard Schürer: *„Es wäre besser gewesen, wir wären früher pleite gegangen!"* In: Deutschland Archiv, 25 (1992)-2, S. 132–145, hier S. 133.

72 So betrug beispielsweise 1988 die Belegschaft des „Petrochemischen Kombinats Schwedt", und die der „Leunawerke ‚Walter Ulbricht', Leuna", rd. 30000 Berufstätige. In den Betrieben des „Kombinats Robotron, Dresden" waren 68000 und im „Kombinat Mikroelektronik, Erfurt", 59000 Arbeiter und Angestellte eingesetzt. Aufgrund der arbeitsintensiven Produk-

Die Zentralplanwirtschaft der DDR 51

tionsprozesse wies das Textil- und Bekleidungskombinat „Baumwolle, Karl-Marx-Stadt" mit rd. 70000 Betriebsangehörigen die höchste Belegschaftsstärke auf.
73 Vgl. das Statistische Jahrbuch der DDR 1989, S. 103 und 139.
74 Vgl. hierzu insbesondere das Statistische Jahrbuch der DDR 1990, S. 32/33.
75 Demgegenüber verkündete Günter Mittag 1967 vor dem Zentralkomitee der SED, als mit der Bildung von Kombinaten begonnen wurde, folgende Auffassung des Politbüros: *„Der Weg der Kombinatsbildung bedeutet heute in erster Linie, daß sich im ökonomischen System des Sozialismus. [...] neue Formen der Wirtschaftsorganisation entwickeln, die dem Konzentrationsprozeß entsprechen. [...] Die Kombinate zeichnen sich durch eine größere Anpassungsfähigkeit und Reaktionsschnelligkeit gegenüber neuen Erfordernissen aus. [...] Mit den Kombinaten entstehen große, leistungsfähige Wirtschaftseinheiten, die auf Grund ihrer technisch-ökonomischen und kadermäßigen Potenzen in der Lage sind, die uneingeschränkte Verantwortung für die effektivste Gestaltung aller Phasen des Reproduktionsprozesses zu übernehmen und die Probleme der wissenschaftlich-technischen Revolution erfolgreich zu meistern."*
Vgl. *Günter Mittag*, Aus dem Bericht des Politbüros an das 3. Plenum des ZK der SED. In: Neues Deutschland vom 24. November 1967, S. 2–8, hier S. 7.
76 So teilte die Wirtschaftsführung der DDR im „Planerfüllungsbericht" für 1988 mit, daß in diesem Planjahr die Entlohnung für 1,9 Millionen Beschäftigte auf „Produktivlöhne" und auf andere „leistungsorientierte Lohnformen" umgestellt worden sei. Allein durch Maßnahmen der „Wissenschaftlichen Arbeitsorganisation" (WAO) seien „Produktivlöhne" für 815000 Werktätige eingeführt worden.
Vgl. die Mitteilung der Staatlichen Zentralverwaltung für Statistik über die Durchführung des Volkswirtschaftsplanes 1988. In: Neues Deutschland vom 19. Januar 1989, S. 3–6.
77 Durchschnittlicher monatlicher Bruttolohn im Wirtschaftsbereich Industrie und Bauwesen der DDR 1988: Produktionsarbeiter = 1 110,- M; Meister = 1 370,- M; Hoch- und Fachschulabsolventen = 1 477,- M.
Vgl. *Gunnar Winkler* (Hrsg.), Sozialreport DDR 1990, (Daten und Fakten zur sozialen Lage in der DDR). Stuttgart 1990, S. 115.

Ehrungen und Titel, Schmuckfahnen, Wimpel, Orden, Plaketten, und Geldprämien gehörten in der DDR zu den Mitteln, die Leistungsbereitschaft der Werktätigen anzuspornen und die Wirtschaftspläne zu erfüllen.

Oben: Ansprache des SED-Politbüro-Mitglieds Günter Mittag vor rund 4 200 Berliner Bestarbeitern auf der 13. Bestarbeiter-Konferenz am 16. September 1988.

Unten: Überreichung eines Ehrenbanners des ZK der SED an ein Bauarbeiterkollektiv für ausgezeichnete Leistungen beim U-Bahn-Bau im Rahmen des zentralen Jugendobjektes – „FDJ-Initiative Berlin" am 22. Juli 1987.

Oben: Kampfparole im Backwarenkombinat Eisenhüttenstadt, 1. März 1988.

Unten: Anspornparole zur Erfüllung der Planziele an einem Fabrikgebäude im Vorfeld des XI. Parteitages der SED im April 1986.

Oben: Produktions-Propaganda in Bitterfeld 1984.

Unten: Öffentliche Auswertung der Ergebnisse eines „sozialistischen Wettbewerbs" im VEB Schwermaschinenkombinat TAKRAF 1985.
Der „sozialistische Wettbewerb" war nach der Ideologie der SED die der kapitalistischen Konkurrenz sittlich überlegene Triebkraft für die Erzielung wirtschaftlich-technischer Höchstleistungen.
Träger und Organisator dieser Planerfüllungswettbewerbe war als „Transmissionsriemen des Parteiwillens der SED" häufig der FDGB.

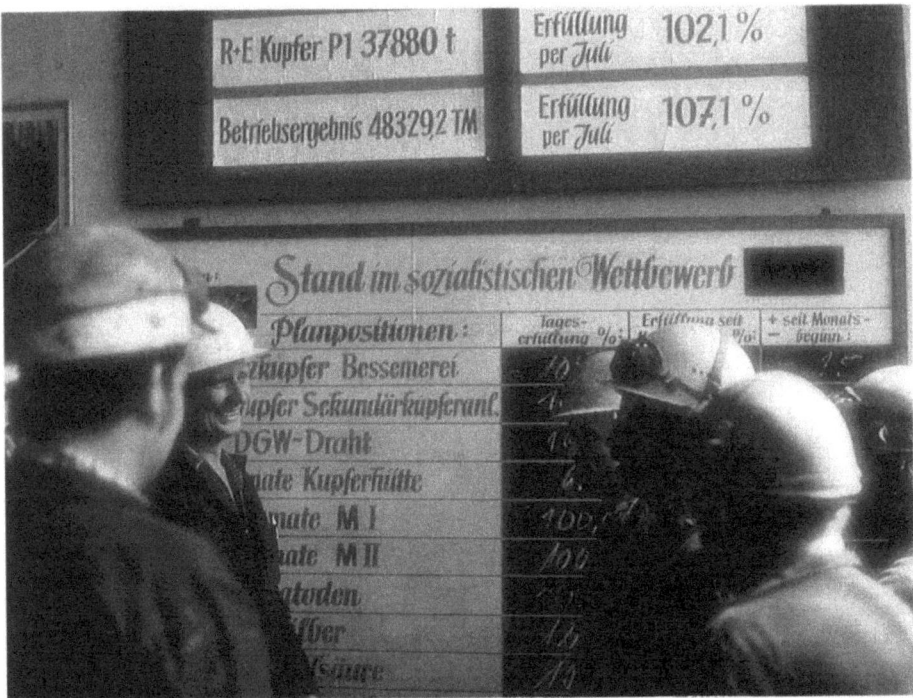

Maria Haendcke-Hoppe-Arndt

Außenwirtschaft und innerdeutscher Handel

– Am Rande der Zahlungsunfähigkeit –

„Allein ein Stoppen der Verschuldung würde im Jahre 1990 eine Senkung des Lebensstandards um 25–30 % erfordern und die DDR unregierbar machen."

Diesen Offenbarungseid leisteten die Autoren einer von Egon Krenz beim Vorsitzenden der Staatlichen Plankommission Gerhard Schürer am 24. Oktober 1989 in Auftrag gegebenen Politbüro-Vorlage über die tatsächliche ökonomische Situation der DDR (vgl. Anhang, Nr. 1).[1]

Die Zahlungsbilanzsituation der DDR konnte bis nach der Wende vor aller Welt, Gorbatschow und Modrow eingeschlossen, geheimgehalten werden. Es war das bestgehütete Staatsgeheimnis der DDR.

Die Höhe der Auslandsverschuldung wurde in der Politbüro-Vorlage mit 49 Milliarden Valutamark (ca. 49 Milliarden DM) gegenüber 2 Mrd. VM im Jahre 1970 angegeben. Da den für die zur Aufrechterhaltung der Zahlungsfähigkeit notwendigen Exportüberschüssen in Höhe von 44 Milliarden VM in den Jahren 1990 bis 1995 jede Voraussetzung fehlte, stand für die Autoren die Zahlungsunfähigkeit der DDR unmittelbar bevor (vgl. Anhang, Nr. 1).

Der Fall der Mauer, von den Verfassern der Analyse noch als „Manövriermasse" zur Erlangung von Milliardenkrediten von der Bundesrepublik vorgesehen, machte die letzten „Hoffnungen" auf Abwendung der befürchteten Pleite zunichte.

„Die Maueröffnung, so wie sie vorgenommen worden ist, ohne jede Gegenleistung, hat es der DDR unmöglich gemacht, als Staat weiter zu existieren."[2]

Den ausgewiesenen Devisenguthaben der DDR in der Statistik der Bank für internationalen Zahlungsausgleich (Basel) in Höhe von 9 Mrd. US $ ermangelte es laut einer Gekados (Geheimen Kommandosache) von Schürer, die der Krisenanalyse beigegeben war, an Solidität, die sogenannten Guthaben bestanden aus Einlagen von Ausländern (5,3 Mrd. VM), aus Umlaufmitteln von KoKo (2,7 Mrd. VM) sowie aus bereits vereinbarten, aber bis zum Einsatz angelegten Krediten (8,4 Mrd. VM) und Devisenguthaben von DDR-Bürgern (0,3 Mrd. VM). Bei Informationen über Guthaben der DDR, die durch ausländische Banken oder Kreditinstitute erfolgten, würden alle diese Mittel als „Guthaben der DDR" angesehen, da die tatsächlichen

Quellen diesen Banken nicht bekannt seien; das heißt, allen diesen angeblichen Forderungen stünden auch Verbindlichkeiten in gleicher Höhe gegenüber.

> „Im Interesse der Notwendigkeit der Erhaltung der Kreditwürdigkeit ist eine absolute Geheimhaltung dieser Fakten erforderlich. Sie dürfen deshalb auch künftig nicht in die Abrechnung der Planungsbilanz einbezogen werden."[3]

Um die außenwirtschaftliche Entwicklung nachzuvollziehen, müssen, abgesehen von wirtschaftspolitischen Grundentscheidungen, auch die charakteristischen Merkmale des Außenwirtschaftssystems und der politisch bedingten Außenhandelsstruktur berücksichtigt werden.

Das war einmal das staatliche Außenhandels- und Devisenmonopol als Voraussetzung für die zentrale Planung und Leitung. Außenhandelsgeschäfte konnten grundsätzlich nur von staatlichen Außenhandelsbetrieben abgewickelt werden. Alle Devisen waren bei der Staatsbank der DDR und zwei von ihr beauftragten Banken konzentriert. Damit waren die einheimischen Produzenten trotz ständiger Veränderungsversuche bis zum Schluß organisatorisch und finanziell weitgehend von den Außenmärkten abgeschottet, d.h. es fehlten die internationalen Vergleichsmöglichkeiten.

Auf Grund der administrativen Preisfestsetzung war die Mark der DDR eine nicht konvertible Binnenwährung. Wie in allen Zentralverwaltungswirtschaften herrschte ständiger Devisenmangel. Der komplizierte Umrechnungsmodus von Exporterlösen und Importaufwendungen führte zu schweren Bewertungsmängeln. Die künstliche Umrechnungseinheit Valutamark (VM) spiegelte die Außenhandelsergebnisse in der Statistik wider. Da aber die interne Relation zur Mark der DDR wegen der dirigistischen Preisfestsetzung verzerrt war, waren Berechnungen zur Exportrentabilität stets unzureichend. Außerdem unterlag der jeweilige Umrechnungsfaktor in Mark der DDR strengster Geheimhaltung, so daß die publizierten Außenhandelszahlen in VM einen sehr begrenzten Aussagewert hatten.

Zum anderen hatte sich eine spezifische Produktions- und Außenhandelsstruktur zwangsweise infolge der Teilung Deutschlands und der Einbindung in den östlichen Wirtschaftsblock RGW herausgebildet. Diese entsprach nicht den ursprünglichen Produktionsschwerpunkten und Standortgegebenheiten des früheren mitteldeutschen Raumes. Nach Angaben der DDR-Statistik wurden zwischen 65 v.H. und 75 v.H. des Außenhandelsumsatzes seit 1949 mit dem RGW und den übrigen sozialistischen Ländern abgewickelt, die sich mit Ausnahme der früheren CSSR auf einem niedrigeren industriellen Niveau als die DDR befanden. Deshalb war sie bis zum Schluß der wichtigste Investitionsgüterlieferant im RGW. Bis zu 85 v.H. ihrer Maschinenbauexporte gingen dort hin, vornehmlich in die frühere Sowjetunion, die nach DDR-Angaben allein einen Anteil von bis zu 40 v.H. am gesamten Außenhandel der DDR hatte. Bei bestimmten Exportproduktionen wurden zu 90 v.H. (Chemieanlagenbau) oder gar 100 v.H. (Schiffbau) in die UdSSR geliefert. Dafür erhielt die DDR lebenswichtige Roh- und Energiestoffe, so etwa durchschnittlich 90 v.H. ihrer gesamten Erdölimporte. Die Liefermöglichkeiten in den Westen waren durch diese hohe Blockverflechtung von Beginn an erheblich begrenzt. Auch ließen sich wegen der geringeren Qualitätsansprüche der östlichen Partner im Laufe der Jahrzehnte immer weniger Waren für den Westhandel umwidmen. Es mußten daher unter hohen Kosten Westexportproduktionen aufgebaut werden, um mit den Deviserlösen die nur im Westen erhältlichen modernen Technologien bezahlen zu können.

Eine Sonderrolle spielte dabei der innerdeutsche Handel (IDH), den die DDR im Gegensatz zur alten Bundesrepublik zum Außenhandel rechnete. Hier waren keine Devisen notwendig, weil der Handel bilateral auf der Basis von Verrechnungseinheiten (VE) abgewickelt wurde. Der IDH konnte daher häufig als wichtiger Stabilisierungsfaktor eingesetzt werden. Der zollfreie Sonderstatus des IDH war international anerkannt, die DDR war aber dadurch nicht, wie häufig behauptet, heimliches Mitglied der EG, denn die Zollschranken zu den EG-Ländern – mit Ausnahme der Bundesrepublik Deutschland – bestanden weiter.

Durch den IDH hatte die DDR wie kein anderes RGW-Land den Vorteil, ca. 40 v.H. ihrer Westbezüge mit Waren zu bezahlen. Aber auch dieser Handel war durch die begrenzten Liefermöglichkeiten und durch die in den 80er Jahren rapide abnehmende Wettbewerbsfähigkeit der DDR-Waren erheblich eingeschränkt.

Ab Anfang der 70er Jahre bot sich im Westhandel im Zuge der Entspannungspolitik und der damit verbundenen diplomatischen Anerkennung die Möglichkeit, neben dem bis dato reinen Warenverkehr, auch finanzielle Beziehungen aufzunehmen. Die Außenwirtschaftskonzeption der 70er Jahre sah daher zunächst kreditfinanzierte Westimporte zur Modernisierung des eigenen Wirtschaftspotentials vor. In der zweiten Hälfte der 70er Jahre sollte dann mittels hoher Exportüberschüsse die inzwischen aufgelaufene Verschuldung getilgt werden.

Diese Konzeption scheiterte restlos. Statt technologieintensiver Importe dominierten – entsprechend der ökonomischen Hauptaufgabe des VIII. Parteitages von 1971 – bei den kreditfinanzierten Importen Konsumgüter und Futtergetreide aus den USA. Das anspruchsvolle sozialpolitische Programm, insbesondere der Wohnungsbau, band Investitionsmittel, und die Erdölpreisexplosion auf dem Weltmarkt wirkte sich durch die gleitende Anpassung des RGW-Festpreissystems ab 1975 auch immer stärker auf die DDR aus. Nun mußten jährlich immer mehr Fertigwarenexporte für den Import des Erdöls und anderer lebenswichtiger Rohstoffe aus der Sowjetunion bereitgestellt werden. Da auch die anderen RGW-Länder von den Verteuerungen der sowjetischen Erdöllieferungen betroffen waren, gab es bei diesen erhebliche Lieferausfälle zu Lasten der DDR.

Ende 1980 betrug der Importüberschuß gegenüber dem Westen 21 Mrd. VM. Die Verschuldung belief sich auf 28 Mrd. VM. Bereits 1977 waren die Devisenguthaben der DDR auf einen bedrohlichen Tiefstand gesunken. Zur Finanzierung der Zinsen mußten immer neue Kredite aufgenommen werden. Die DDR-Wirtschaft stand seither unter dem Diktat der Zahlungsbilanz, die Handelsbilanz mußte nachhaltig umgekehrt werden. In den Jahren 1980 und 1981 verhalfen große Exportanstrengungen zu ersten Erfolgen im IDH und im übrigen Westhandel. Da brachen Ende 1981 zwei Katastrophen über die DDR herein, die den Anfang vom Ende einläuteten.

Die Sowjetunion reduzierte ihre vertraglich zugesicherten Erdöllieferungen von jährlich 19 Mill.t bis 1985 ab 1982 auf 17 Mill.t. Vergeblich versuchte Honecker mit zweimaliger Intervention bei Breshnew und zuletzt in vierstündigen zähen Verhandlungen mit dem Sekretär des ZK der KPdSU Russakow, diese Kürzung abzuwenden. Auf seinen Appell, Breshnew zu fragen, ob wegen 2 Millionen t Erdöl die DDR destabilisiert werden sollte, erwiderte Russakow, daß es in der Sowjetunion unter anderem wegen wiederholter Mißernten „ein großes Unglück" gäbe und daß man praktisch wieder vor Brest-Litowsk stünde: Das war der Friedensschluß mit dem Deutschen Reich nach der Revolution im Jahre 1917 (vgl. Anhang, Nr. 2).

Die zweite Katastrophe war die Vertrauenskrise der internationalen Banken – ausgelöst durch die Zahlungsunfähigkeit von Polen und Rumänien – in deren Folge auch die DDR keine Kredite und Anschlußkredite mehr erhielt. Gerhard Schürer schildert die damalige Situation 1993 mit den Worten:

> „1981 war die Westverschuldung zu einer Katastrophe geworden. Und in diese Situation hinein sind dann auch noch Probleme gekommen – die UdSSR hat die Erdöllieferung von 19 auf 17 Millionen Tonnen gekürzt, wir konnten aber ohne diese zwei Millionen Tonnen nicht auskommen und mußten deshalb große Strukturveränderungen vornehmen – so daß sich alles gebündelt hat in ein Knäuel von Sorgen und Auswegslosigkeiten. Das war einer der Punkte, wo man fragen mußte, wie geht's weiter in der DDR [...]"[4]

Angesichts dieser Eskalation setzte ein hektisches Krisenmanagement ein, dazu gehörte Westexport um jeden Preis[5] bei rigoroser Drosselung von Westimporten bis zur Schmerzgrenze. Das ging weiter zu Lasten der Substanz. Statt Modernisierungsinvestitionen wurden die knappen Investitionsmittel von der überstürzten Ablösung des Erdöls durch Braunkohle sowie vom milliardenschweren Mikroelektronikprogramm verschlungen. In Ermangelung wettbewerbsfähiger Fertigwaren wurden Mineralölprodukte aus kostenaufwendiger tieferer Spaltung von Rohöl zum hohen Weltmarktpreis in großen Stil gegen Devisen exportiert. Mit diesen Exporten wurden bis zu einem Drittel. der Erlöse im Westhandel und im Innerdeutschen Handel erzielt. Auf Grund der geringeren Verschuldungsrate im Innerdeutschen Handel konnten hier die Bezüge 1982 und 1983 ausgeweitet und diese Waren zum Teil wieder gegen Devisen exportiert werden. Die Öffnung der internationalen Kreditmärkte gelang allerdings erst durch die beiden von Franz Josef Strauß initiierten und von der Bundesregierung verbürgten Finanzkredite im Jahre 1983 und 1984 in Höhe von je 1 Mrd. DM. Diese Kredite wurden als Guthaben deponiert, um damit eine nicht vorhandene Liquidität vorzutäuschen. Das charakterisierte Schürer 1992 so:

> „[...] Und je schlimmer man in die Nähe der Zahlungsunfähigkeit kommt, um so wichtiger ist es, das Image einer guten Wirtschaft zu behalten. Ich habe Schönfärberei eigentlich gehaßt, aber da sie uns besser dargestellt hat, kreditfähiger, als wir eigentlich waren, war sie in gewissem Maße in unserem Interesse."[6]

Während einer Galgenfrist gelang noch einmal die Gratwanderung am Abgrund. Die Devisenverschuldung konnte bis Ende 1985 auf dem Niveau von 28 Mrd. VM gehalten werden (vgl. Anhang, Nr. 1). Dann begann mit dem Zusammenbruch des Erdölpreises auf dem Weltmarkt Ende 1985 der unaufhaltsame Absturz. Die DDR büßte allein 1986 ca. 1,5 Mrd. US $ Erlöse aus ihrem waghalsigen Mineralölexportprogramm ein. Die Investitionsverzichte zu Beginn der 80er Jahre und die drastische Drosselung der Westimporte, vor allem auch der Ersatzteile, hatten den Verschleiß der Industrieanlagen und damit auch das Sinken der Arbeitsproduktivität beschleunigt. Nun war auch die Exportwarenstruktur – wie schon vorher die Importwarenstruktur – durch die Mineralölerzeugnisausfuhren extrem rohstofflastig geworden und entsprach nicht mehr der eines Industrielandes, sondern der eines Entwicklungslandes. Wettbewerbsfähige Industriegüter standen jetzt noch weniger für den Export zur Verfügung als zu Beginn der 80er Jahre. Die Exporte waren daher seit 1986 rückläufig, während die Importe weiter stiegen und die Verschuldung dadurch rasch zunahm. Dennoch wurde an der überzogenen Subventionspolitik ebenso weiter festgehalten wie an der absurden, Milliarden verschlingenden Überwachung der Menschen und der sie umgebenden Mauer. Mehrfache Versuche vor allem von Schürer seit den 70er Jahren, Honecker und das Politbüro aufzurütteln, scheiterten. So auch sein letzter im April 1988. In einem persönlichen Papier schlug er Honecker angesichts der Dramatik der Situation einen Kurswechsel vor; diesen Vorschlag ließ Honecker durch Günter Mittag in beleidigender Form abschmettern.[7] Letzterer hatte im Jahre 1987 massive Verfälschungen der veröffentlichten Außenhandelsdaten veranlaßt. Durch nachträgliche Korrekturen der Westexportzahlen nach oben sollten die rasch ansteigenden Handelsbilanzdefizite verschleiert werden.[8]

Im Jahre 1989 gelang zwar noch einmal eine beachtliche Exportsteigerung in die westlichen Industrieländer von 9 v.H., aber die Importe blieben unvermindert hoch. Die geplanten Deviseneinnahmen reichten lediglich dazu, 35 v.H. der Ausgaben für Kredittilgungen, Zinszahlungen und Import zu decken. Die fehlenden 65 % sollten durch neue Bankkredite und aus anderen Quellen beschafft werden (vgl. Anhang, Nr. 1).

Die ständig sinkende Arbeitsproduktivität – bedingt durch die überalterten Anlagen – führte zu einem rapiden Verfall des inneren Wertes der Mark der DDR. Noch 1970 betrug der Umrechnungsfaktor 1 VM = 1,80 M, 1989[9] wurde er auf 1 VM = 4,40 Mark festgesetzt. Dieses war eine Durchschnittsgröße. Es gab aber Industrien, wie ausgerechnet die Mikroelektronik, wo für die Erwirtschaftung 1 VM im Westhandel sogar 7,20 Mark der DDR aufgewendet werden mußten.

Die prekäre Zahlungsbilanzsituation konnte auch durch die noch vorhandenen Guthaben aus Gewinnen des Bereichs „Kommerzielle Koordinierung" (KoKo) in Höhe von 4,1 Mrd. VM und die bei der Deutschen Außenhandelsbank vorhandenen Guthaben in Höhe von 8,5 Mrd. VM, die Alexander Schalck und die Stellvertreterin des Finanzministers, Herta König, am 14. November 1989 in einem gemeinsamen Schreiben Ministerpräsident Modrow quasi als „Morgengabe" offerierten, nicht abgewendet werden. Absurd, aber von Mittag so gewollt, mutet die „Konspiration" der „Zahlungsbilanzhüter" untereinander an. Denn Schalck und König führten aus: *„Dabei wird deutlich, daß die bisher dem Vorsitzenden der Staatlichen Plankommission bekannte Verschuldung tatsächlich um 12,6 Milliarden VM geringer ist."*[10]

Mit gleichem Datum wurde auch Schürer darüber informiert. Ungeachtet der tatsächlich geringeren Nettoverschuldung in Höhe von 38 Milliarden VM oder 20,6 Milliarden US-Dollar stellten Schalck und König in ihrer Aufstellung fest, daß auch die bisher „geheimgehaltenen" Guthaben und ihr vollständiger Einsatz nicht ausreichten, *„um die 1991/92 anfallenden Bargeldprobleme zu lösen".* Am 2. Dezember, unmittelbar vor seiner Flucht, teilte Schalck Modrow und dem Vorsitzenden der Parteikontrollkommission, Werner Eberlein, in einem Abschiedsbrief mit, daß nach seiner Auffassung die Zahlungsunfähigkeit Ende 1989 bzw. Anfang 1990 eintreten werde.[11]

Mit dem seit 1967 außerplanmäßig wirtschaftenden „Außenhandelsbereich" KoKo waren nach Schalcks Angaben insgesamt 27 Mrd. VM „erwirtschaftet" worden. Diese Zusatzgeschäfte in Höhe von 2–3 Mrd. VM/DM jährlich machten etwa 15–20 v.H. der Hartdevisenerlöse aus. Die Praktiken waren dabei teilweise erpresserisch, wie etwa im Kunst- und Antiquitätenhandel, oder unsittlich, wie der Verkauf von Häftlingen an die alte Bundesrepublik. Wobei letztere mit Waren bezahlte, die aber nicht der Bevölkerung der DDR zugute kamen, sondern, wie inzwischen bekannt, sofort wieder gegen Devisen exportiert wurden.[12]

Mit den eskalierenden Zahlungsbilanzproblemen am Ende der DDR wurde in dramatischer Weise die ursprüngliche Außenhandelskonzeption der Ära Honecker konterkariert. Als Erkenntnis aus der Reformperiode der 60er Jahre sollte die Außenwirtschaft nicht mehr nur Lückenbüßer sein, sondern als volkswirtschaftlicher Wachstumsfaktor eingesetzt werden. Tatsächlich kehrte sich dies durch die zunehmende Verschuldung schon in den 70er Jahren ins Gegenteil um. Das beharrliche Festhalten an der ökonomischen Hauptaufgabe in ihrer Einheit von Wirtschafts- und Sozialpolitik als Credo des Politbüros auch dann noch, als das externe Umfeld wie etwa die Rohstoffpreisexplosionen der 70er Jahre einen Kurswechsel gebot, blockierte ökonomisch adäquates Verhalten. Die Bereitschaft zum Handeln entwickelte sich in der Parteispitze umgekehrt proportional zur Eskalation der ökonomischen Probleme. Entsprechend wuchsen Unverständnis und Verzweiflung in der ökonomischen Basis.[13] Tatsächlich war die Zahlungsbilanzsituation der DDR Ende 1989 weniger dramatisch als es aus den Selbstzeugnissen Schürers und Schalcks hervorgeht. Am 31. Mai 1990 wies die Bundesbank eine Nettoverschuldung von 27,4 Mrd. DM für die DDR aus.[14] Dennoch war wegen des fehlenden Expertenpotentials und der rasch abnehmenden Wirtschaftskraft der DDR die Pleite vorprogrammiert.[15]

Tabelle 1: Verschuldung der DDR in Mrd. US Dollar/(DM)

OECD	1981	1985	1986	1987	1988	1989
Bankkredite	10,7 (24,2)	10,2 (30,0)	12,2 (26,5)	14,2 (25,4)	14,7 (25,9)	15,7 (29,5)
Lieferantenkredite	1,6 (3,6)	1,6 (4,7)	1,9 (4,1)	2,0 (3,6)	2,0 (3,5)	1,5 (2,8)
Bruttoverschuldung	12,3 (27,8)	11,8 (34,7)	14,1 (30,6)	16,2 (29,0)	16,7 (29,4)	17,2 (32,3)
abzüglich Guthaben	2,2 (5,0)	6,5 (19,1)	7,4 (16,0)	9,0 (16,1)	9,5 (16,7)	9,5 (17,9)
rechnerische Nettoverschuldung	10,1 (22,8)	5,3 (15,6)	6,7 (13,6)	7,2 (12,9)	7,2 (12,7)	7,7 (14,4)

Nach der Statistik der Bank für internationalen Zahlungsausgleich (BIZ), ohne innerdeutschen Zahlungsverkehr.
Quellen: Entwicklung des internationalen Bankgeschäftes und der internationalen Finanzmärkte. Basel, August 1991. Jahresberichte 1981, 1985 – 1989, BIZ/OECD-Statistics on external indebtedness, Basel, July 1990. DM errechnet: 1 US $: 1981 = 2,26 DM, 1985 = 2,94 DM, 1986 = 2,17 DM, 1987 = 1,79 DM, 1988 = 1,76 DM, 1989 = 1,88 DM.

Außenwirtschaft und innerdeutscher Handel

Tabelle 2: Außenhandelsumsatz und Regionalstruktur 1975 und 1980 – 1989 effektive Preise

Jahr	Gesamt-umsatz in Mrd. DM	Staats-handels-länder	dar. UdSSR	westl. Indu-strieländer	dar. inner-deutscher Handel	Entwick-lungsländer	übrige
		Anteile in vH.					
1975	44,12	54	29	36	16	7	3
1980	68,30	54	29	35	16	8	3
1981	77,62	57	36	33	15	6	4
1982	84,15	52	31	35	15	8	5
1983	86,64	55	34	32	16	8	5
1984	92,08	56	35	33	15	6	5
1985	102,48	56	34	31	15	7	6
1986	99,86	59	35	30	14	6	5
1987	98,72	60	35	30	14	5	5
1988	95,99	61	34	31	15	4	4
1989	97,54	60	33	32	16	4	4

Quelle: Statistisches Bundesamt, Sonderreihe mit Beiträgen für das Gebiet der ehemaligen DDR, Heft 9 „Umsätze im Außenhandel 1975 und 1980 bis 1990", Wiesbaden, Dezember 1993, S. 16 u. 17, Anteile errechnet. Das Statistische Bundesamt hatte korrekterweise den Innerdeutschen Handel (IDH) eliminiert. In der Übersicht ist er v. d. Verf. wieder integriert worden, um die Größenordnung sichtbar zu machen. Die alte Bundesrepublik war der zweitgrößte Handelspartner nach der UdSSR. Nach der DDR-Statistik waren die Anteile der sozialistischen Länder überhöht und der Westhandel zu niedrig ausgewiesen.

Tabelle 3: Ausfuhr und Einfuhr westlicher Industrieländer ohne Innerdeutschen Handel 1975, 1980 1989 in Mrd. DM effektive Preise

	1975	1980	1981	1982	1983	1984	1985	1986	1987	1988	1989
Ausfuhr	3,1	5,0	5,6	7,8	7,2	7,6	9,4	8,3	6,7	6,3	6,9
Einfuhr	5,3	8,1	8,2	8,3	7,0	8,4	7,1	7,5	8,6	9,1	9,2
Saldo	- 2,2	- 3,1	- 2,6	- 0,5	+ 0,2	- 0,8	+ 2,3	+ 0,8	- 1,9	- 2,8	- 2,3

Quelle: Statistisches Bundesamt.

Tabelle 4: Kumulierter Passivsaldo im IDH in Mrd. VE/DM

Innerdeutscher Handel	1981	1985	1986	1987	1988[1]	1989[1]
Kumulierter Passivsaldo in Mrd. VE	3,7	3,5	4,1	4,3	3,9	4,0

1) geschätzt

Quelle: Pressemitteilungen des BMWi.

Anmerkungen

1 Erstmals dokumentiert in Deutschland Archiv 25 (1992)–10, S. 1112–1120.
2 Gerhard Schürer in Deutschland Archiv 25 (1992)-10, S. 1037.
3 Dokumentiert ebenda, S. 1026.
4 Interview in der ARD-Sendung „Von der Zone zum Staat" am 10.10.1993, abgedruckt im Begleitheft zur Serie „Das war die DDR", MDR (Hrsg.), Berlin 1993, S. 17.
5 Dazu gehörten auch dringend im Inland benötigte Konsumgüter von Möbeln über Bettwäsche bis zu Kinderschuhen.
6 Gespräch mit Gerhard Schürer, abgedruckt in: Deutschland Archiv 25 (1992)–2, S. 138.
7 ebd., S. 132ff.
8 Dokumentiert in: *Peter von der Lippe*, Die gesamtwirtschaftlichen Leistungen der DDR-Wirtschaft in den offiziellen Darstellungen. – Die amtliche Statistik der DDR als Instrument der Agitation und Propaganda der SED. In: Materialien der Enquetekommission „Aufarbeitung von Geschichte und Folgen der SED-Diktatur in Deutschland" (12. Wahlperiode des Deutschen Bundestages), hrsg. vom Deutschen Bundestag, Bonn, Berlin 1995, Bd. II, 3, S. 2159ff.
9 Aus diesem inneren Wertverfall resultierte zum Teil die Höhe sogenannter Altverschuldung der Betriebe. Wenn z. B. einem Betrieb 1989 eine Anlage für 30 Mill. DM beschafft wurde, dann wurde sein Konto dafür mit 132 Mill. Mark (30 x 4,40) belastet. Bei der Währungsunion ab 1.7. 1990 wurde die Schuld unsinnigerweise 1 : 2 auf 66 Mill. DM umgestellt und war damit mehr als doppelt so hoch wie der ursprüngliche Preis der Anlage.
10 Dokumentiert in: Beschlußempfehlung und Bericht des 1. Schalck-Untersuchungsausschusses des Deutschen Bundestages, Drucksache 12/7600 vom 27.05.1994, 3. Anlagenband, S. 3121–3125.
11 ebd., S. 3225/3226.
12 Vgl. dazu HWWA Gutachten, Bundestagsdrucksache 12/7600, Anhangband, S. 3–158. Vgl. auch *Armin Volze*, Eine Bananen-Legende und andere Irrtümer. In: Deutschland Archiv 26 (1993)-1, S. 58–66.
13 *Maria Haendcke-Hoppe-Arndt*, Wer wußte Was? Der ökonomische Niedergang in der DDR, in: Deutschland Archiv 28 (1995)-6, S. 588–602, hier S. 602
 Zur Entscheidungsfindung der DDR-Wirtschaftsführung vgl. *Theo Pirker, M. Rainer Lepsius, Rainer Weinert, Hans-Hermann Hertle,* Der Plan als Befehl und Fiktion, Opladen 1995
14 Vgl. Sonderdruck aus: Monatsberichte der Deutschen Bundesbank Juni 1990, Juli 1990, Oktober 1009, S. 22.
15 Berechnungen zur wahrscheinlichen Nettoverschuldung der DDR Ende 1989 vgl. *Armin Volze,* Ein großer Bluff? – Die Westverschuldung der DDR, erscheint in: Deutschland Archiv 29 (1996)-5.

Anhang

Nr. 1

Die außenwirtschaftliche Lage Ende 1989

Die DDR am Rande der Zahlungsunfähigkeit

Aus der Analyse der ökonomischen Lage der DDR mit Schlußfolgerungen

Ausgehend vom Auftrag des Generalsekretärs des ZK der SED, Genossen Egon Krenz, ein ungeschminktes Bild der ökonomischen Lage der DDR mit Schlußfolgerungen vorzulegen, wird folgendes dargelegt:

I

Die Verschuldung im nichtsozialistischen Wirtschaftsgebiet ist seit dem VIII. Parteitag gegenwärtig auf eine Höhe gestiegen, die die Zahlungsfähigkeit der DDR in Frage stellt. [...] (S. 4)

Im Zeitraum seit dem VIII. Parteitag wuchs insgesamt der Verbrauch schneller als die eigenen Leistungen. Es wurde mehr verbraucht als aus eigener Produktion erwirtschaftet wurde zu Lasten der Verschuldung im NSW[1], die sich von 2 Mrd. VM 1970 auf 49 Mrd. VM 1989 erhöht hat. Das bedeutet, daß die Sozialpolitik seit dem VIII. Parteitag nicht in vollem Umfang auf eigenen Leistungen beruht, sondern zu einer wachsenden Verschuldung im NSW führte. [...] (S. 6)

Der Fünfjahrplan 1986–1990 für das NSW wird in bedeutendem Umfang nicht erfüllt. Bereits in den Jahren 1971–1980 wurden 21 Mrd. VM mehr importiert als exportiert. Das ist im Zusammenhang mit der dazu erforderlich gewordenen Kreditaufnahme und den Zinsen die Hauptursache des heutigen außergewöhnlich hohen Schuldenberges.

Ab 1981 wurden die Anstrengungen darauf gerichtet, die entstandene Belastung der Zahlungsbilanz durch Einschränkungen der Importe zu verringern. Im Zeitraum 1981–1985 wurden Exportüberschüsse, insbesondere im Zusammenhang mit der Ablösung von Heizöl durch Braunkohle und Erdgas und dem Export von Erdölprodukten, zu günstigen Preisen erzielt.

Diese Exportüberschüsse ermöglichten, den „Sockel" von 1980–1986 etwa auf gleichem Niveau in Höhe von 28 Mrd. VM zu halten. Ab 1986 gingen die Exportüberschüsse, insbesondere im Zusammenhang mit der Reduzierung der Preise für Erdölprodukte zurück; sie betrugen von 1986–1988 nur noch rd. 1 Mrd. VM, während allein die Kosten und Zinsen für Kredite in diesem Zeitraum etwa 13 Mrd. VM ausmachten. Das bedeutete eine grundlegende Änderung der ökonomischen

Situation in der DDR. Die Exportziele des Fünfjahrplanes 1986–1990 werden aufgrund der fehlenden Leistung und ungenügenden Effektivität mit 14 Mrd. VM unterschritten und der Import mit rd. 15 Mrd. VM überschritten. [...] (S. 10)

Damit ergibt sich anstelle des geplanten Exportüberschusses von 23,1 Mrd. VM ein Importüberschuß im Zeitraum 1986–1990 von 6 Mrd. VM. [...]

Mit den geplanten Valutaeinnahmen 1989 werden nur etwa 35 % der Valutaausgaben, insbesondere für Kredittilgungen, Zinszahlungen und Importe gedeckt. 65% der Ausgaben müssen durch Bankkredite und andere Quellen finanziert werden. [...]

Bei der Einschätzung der Kreditwürdigkeit eines Landes wird international davon ausgegangen, daß die Schuldendienstrate – das Verhältnis vom Export zu den im gleichen Jahr fälligen Kreditrückzahlungen und Zinsen – nicht mehr als 25% betragen sollte. Damit sollen 75% der Exporte für die Bezahlung von Importen und sonstigen Ausgaben zur Verfügung stehen. Die DDR hat, bezogen auf den NSW-Export, 1989 eine Schuldendienstrate von 150%. [...] (S. 11)

Es wird eingeschätzt, daß zur Aufrechterhaltung der Zahlungsfähigkeit folgende Exportüberschüsse erreicht werden müssen:
(aus der hier folgenden Tabelle ergibt sich ein Exportüberschuß von 44 Mrd. VM bis 1995, d. Verf.).

Für einen solchen Exportüberschuß bestehen jedoch unter den jetzigen Bedingungen keine realen Voraussetzungen. Die Konsequenzen der unmittelbar bevorstehenden Zahlungsunfähigkeit wäre ein Moratorium (Umschuldung), bei der der internationale Währungsfonds bestimmen würde, was in der DDR zu geschehen hat. Solche Auflagen setzen Untersuchungen des IMF in den betreffenden Ländern zu Fragen der Kostenentwicklung, der Geldstabilität u. ä. voraus. Sie sind mit der Forderung auf den Verzicht des Staates, in die Wirtschaft einzugreifen, der Reprivatisierung von Unternehmen, der Einschränkung der Subventionen mit dem Ziel, sie gänzlich abzuschaffen, dem Verzicht des Staates, die Importpolitik zu bestimmen, verbunden.

Es ist notwendig, alles zu tun, damit dieser Weg vermieden wird. [...] (S. 12)

IV

Auch wenn alle diese Maßnahmen in hoher Dringlichkeit und Qualität durchgeführt werden, ist der im Abschnitt I dargelegte, für die Zahlungsfähigkeit der DDR erforderliche NSW-Exportüberschuß nicht sicherbar.

1985 wäre das noch mit großen Anstrengungen möglich gewesen. Heute besteht diese Chance nicht mehr. Allein ein Stoppen der Verschuldung würde im Jahre 1990 eine Senkung des Lebensstandards um 25–30% erfordern und die DDR unregierbar machen. Selbst wenn das der Bevölkerung zugemutet werden würde, ist das erforderliche exportfähige Endprodukt in dieser Größenordnung nicht aufzubringen. [...] (S. 19)

Alle genannten Maßnahmen müssen bereits 1992 zu höheren Valutaeinnahmen für die Sicherung der Liquidität des Staates führen. Trotz dieser Maßnahmen ist es für die Sicherung der Zahlungsfähigkeit 1991 unerläßlich, zum gegebenen Zeitpunkt mit der Regierung der BRD über Finanzkredite in Höhe von 2–3 Mrd. VM über bisherige Kreditlinien hinaus zu verhandeln. Gegebenenfalls ist die Transitpauschale der Jahre 1996 – 1999 als Sicherheit einzusetzen. [...] (S. 21)

Dabei schließt die DDR jede Idee von Wiedervereinigung mit der BRD oder der Schaffung einer Konföderation aus. Wir sehen in unseren Vorschlägen jedoch einen Weg in Richtung des zu schaffenden europäischen Hauses entsprechend der Idee Michail Sergejewitsch Gorbatschows, in dem beide deutsche Staaten als gute Nachbarn Platz finden können.[2] (S. 22)

1 NSW = Nichtsozialistisches Wirtschaftsgebiet.
2 An dieser Stelle findet sich in der Originalvorlage folgender Satz:
   „Um der BRD den ernsthaften Willen zu unseren Vorschlägen bewußt zu machen, ist zu erklären, daß durch diese und weitergehende Maßnahmen der ökonomischen und wissenschaftlich-technischen Zusammenarbeit DDR – BRD noch in diesem Jahrhundert solche Bedingungen geschaffen werden könnten, die heute existierende Form der Grenze zwischen beiden deutschen Staaten überflüssig zu machen." (abgedruckt in Deutschland Archiv, 25 (1992)-10, S. 1112–1120).

Quelle: Anlage zum Politbüroprotokoll zum 31. Oktober 1989. Ausgearbeitet von Gerhard Schürer (Leitung), Außenhandelsminister Gerhard Beil, Staatssekretär Alexander Schalck-Golodkowski, Finanzminister Ernst Höfner, Leiter der Zentralverwaltung für Statistik Arno Donda SAPMO BArch, DY 30/J IV 2/2/2356.

Nr. 2
Zwei Millionen Tonnen Erdöl weniger für die DDR

„Das große Unglück"

Aus dem Gespräch zwischen Honecker und dem Sekretär des ZK der KPdSU, Russakow am 21. Oktober 1981

Genosse Russakow: Genosse Leonid Iljitsch hat mich beauftragt, Dir mitzuteilen, daß er noch nie in seinem Leben mit so tiefem Schmerz eine herzliche Bitte des Zentralkomitees der KPdSU an die Bruderparteien unterschrieben hat, auf die Ihr in Euren Briefen vom 4. 9. und 2. 10. eingegangen seid. Im Vergleich zur Zeit des Krim-Treffens, wo wir schon wußten, daß die Ernte bei uns nicht günstig ausfällt, hat sich die Lage weiter wesentlich verschlechtert. Unsere Einschätzung von August hat sich als nicht real herausgestellt. Sowohl bei Getreide, Zucker, Kartoffeln und anderen landwirtschaftlichen Erzeugnissen liegen die Erträge beträchtlich unter unseren Einschätzungen, wie wir sie im August noch hatten. Allein bei Getreide fehlen Dutzende von Millionen Tonnen. Wir stehen vor einem Resultat, das fast beispiellos in unserer Geschichte ist. Dazu kommt noch, daß auch die zwei Jahre vorher, 1979 und 1980, schwache Erntejahre gewesen sind. Bei einer solchen Anhäufung von Unglück läßt sich absehen, daß die schwersten Zeiten anbrechen werden, denn das wirkt ja unmittelbar auf die Bestände in der Viehwirtschaft. Aber es ist nicht nur das. Ganz bestimmte Reserven sind schon angegriffen, und das geschieht bei der gegenwärtigen internationalen Situation und der Wahnsinnspolitik von Reagan, die die allergrößten internationalen Spannungen mit sich bringt. Leider besteht der einzige Ausweg, den wir sehen, nur im Ankauf von Getreide und Zucker im Ausland gegen Devisen. Ihr könnt versichert sein, Genossen, wir haben vielfach alle unsere Möglichkeiten geprüft, aber als real erwies sich dabei nur der erhöhte Export von Erdöl in kapitalistische Länder. Deshalb sind wir an die Bruderparteien herangetreten und haben die bekannte Bitte ausgesprochen. [...]

Wir wissen uns keinen anderen Rat und kennen keinen anderen Ausweg. Genosse Breshnew sagte mir, wenn Du mit Genossen Honecker sprichst, sage ihm, daß ich geweint habe, als ich unterschrieb. [...] (S. 15)

Genosse Russakow: Es ist für uns selbst sehr schlimm, daß es am Vorabend des 75. Geburtstages von Leonid Iljitsch Breshnew zu einer solchen Verschlechterung der Beziehungen kommt.

Genosse Honecker: Es dreht sich nicht um eine Verschlechterung der Beziehungen zwischen der DDR und der Sowjetunion. Ich betone hier mit aller Klarheit, es gibt nichts, aber auch gar nichts, was unsere Beziehungen verschlechtern kann. Aber ich bitte Dich, Genossen Leonid Iljitsch Breshnew offen zu fragen, ob es 2 Millionen Tonnen Erdöl wert sind, die DDR zu destabilisieren und das Vertrauen unserer Menschen in die Partei- und Staatsführung zu erschüttern. Glaube mir, ich habe in den letzten Monaten wenig geschlafen, seitdem wir Eure Mitteilung erhalten haben. Und ich wiederhole, aus unserem Verantwortungsbewußtsein heraus müssen wir gerade Euch, unseren besten Freunden und Genossen, offen sagen, daß wir in eine sehr schwere Situation kommen. [...] (S. 29)

Genosse Russakow: Genosse Leonid Iljitsch hat mich beauftragt, dem Politbüro der SED mitzuteilen, in der UdSSR gibt es ein großes Unglück.[1] Wenn Ihr nicht bereit seid, die Folgen dieses Unglücks mit uns gemeinsam zu tragen, dann besteht die Gefahr, daß die Sowjetunion ihre gegenwärtige Stellung in der Welt nicht halten kann und das hat dann Folgen für die ganze sozialistische Gemeinschaft. [...] (S. 30)

1 Der von Günter Sieber in der Niederschrift festgehaltene Halbsatz „wir stehen praktisch wieder vor Brest-Litowsk" wurde aus der Politbüroanlage gestrichen. Günter Sieber, Ustinow tobte, Gorbatschow schwieg. In: *Brigitte Zimmermann und Hans Dieter Schütt* (Hrsg.), ohnMacht. Berlin 1992, S. 231f.

Quelle: SAPMO BArch, DY 30/J IV 2/2 A/2431/32.

Hannsjörg F. Buck

Wohnungsversorgung, Stadtgestaltung und Stadtverfall

1. Wirtschaftsordnung und Wohnungsfrage

Nach Auffassung der SED war die Errichtung einer sowjet-sozialistischen Gesellschafts- und Wirtschaftsordnung in der DDR für sich genommen schon die beste Wohnungs- und Wohnraumversorgungspolitik, die überhaupt von Menschen machbar sei. Im Kapitalismus scheitere die „Lösung der Wohnungsfrage für die Arbeiterklasse" stets an den unüberwindbaren Interessengegensätzen zwischen den gewinnsüchtigen Haus- und Grundeigentümern auf der einen und den mit Hungerlöhnen abgespeisten Wohnungssuchenden aus der arbeitenden Bevölkerung auf der anderen Seite. Erst durch die im DDR-Sozialismus endlich geglückte Überwindung dieses Widerspruchs sei auf deutschem Boden erstmals in der Geschichte die Lösung der „Wohnungsfrage" möglich geworden. „Nur die sozialistische Gesellschaft ist in der Lage, die Wohnungsfrage zu lösen" bekräftigte demgemäß Anfang 1974 noch einmal DDR-Bauminister Junker als die SED zu Beginn der Honecker-"Ära" ein neues sozialpolitisches Programm verabschiedete.[1]

Bei dieser Behauptung berief sich die SED auf die Prophezeiung von Friedrich Engels, der in einer Streitschrift „Zur Wohnungsfrage" 1872/73 erklärt hatte: „Nicht die Lösung der Wohnungsfrage löst zugleich die soziale Frage, sondern erst [...] durch die Abschaffung der kapitalistischen Produktionsverhältnisse [...] wird zugleich auch die Lösung der Wohnungsfrage möglich gemacht".[2]

2. Aufwertung des Wohnungsbaus zum Kernstück der SED-Sozialpolitik 1971 – 1989

Trotz der hehren Verkündungen der „Klassiker" des Kommunismus fristete bis zum Sturz Ulbrichts der Wohnungsbau in der Wirtschafts- und Sozialpolitik der SED ein Schattendasein. Mehr als zwei Jahrzehnte lang behandelte die SED-Wirtschaftsführung die Wünsche der Bevölkerung bei der Versorgung mit Wohnungen äußerst stiefmütterlich. Bis Anfang der 70er Jahre wurden bei der zentralen planwirtschaftlichen Verteilung der Ressourcen stets einige ausgewählte Zweige der *Industrie* (Grund- und Brennstoffwirtschaft, Energieversorgung, Schwerindustrie, Chemie und führende Exportbetriebe), die *Rüstungsbetriebe,* die *Streitkräfte* und die Einrichtungen der Staatssicherheit (darunter Grenzmauern und Grenzbefestigungen) vorrangig mit Investitionsmitteln, Baukapazitäten und Geld versorgt. Demgegenüber wies man dem Wohnungsbau im Wirtschaftsprogramm nur eine nachrangige staatspolitische Bedeutung zu, da alle diesem Bereich zugeteilten Ressourcen nicht unmittelbar der Stärkung der Wirtschaftskraft und Militärmacht der DDR dienten, sondern lediglich dem Konsum zugute kamen. Infolge dieser Hintansetzung brachte die DDR-Wirtschaft bis Ende der 60er Jahre nur sehr kümmerliche Jahresleistungen beim Wohnungsneubau zustande. Auf die Erhaltung des zumeist privaten Althausbestandes wurde nur ein Minimum an Mühe verwandt. So lag beispielsweise in der Endphase der Ulbricht-Herrschaft die jährliche Neubauleistung im Durchschnitt nur bei 59 000 Wohnungen.

Erst nach der Machtübernahme Honeckers erhielt ab 1971 der Wohnungsbau in der DDR fast zwei Jahrzehnte lang den *höchsten Stellenwert in der Sozialpolitik der SED*. Im Dienste der nun zur Maxime erhobenen „Einheit von Wirtschafts- und Sozialpolitik" avancierte der bis dahin vernachlässigte Wohnungsbau zum „Kernstück der Sozialpolitik". Mit dieser Aufwertung, so erklärte damals die SED-Führung, solle innerhalb von nur 20 Jahren ein Uralt-Ziel der „revolutionären Arbeiterbewegung" verwirklicht werden; nämlich die „Wohnungsfrage als soziales Problem" endgültig aus der Welt des DDR-Sozialismus zu schaffen und so eine dem Kapitalismus überlegene Wohnungsversorgung der Werktätigen zu verwirklichen.[3]

Angesichts der drückenden Wohnungsnot, die seit dem Ende des II. Weltkrieges nur punktuell gelindert worden war, sollte nun durch die Verwirklichung eines ehrgeizigen Wohnungsbauprogramms „in historisch kurzer Zeit" jede Familie eine „eigene, familiengerechte, hygienisch einwandfreie und funktionstüchtige Wohnung" erhalten, in der möglichst jedem Familienmitglied ein eigenes Zimmer zugewiesen werden könne. In dem Bauprogramm, das zur Erfüllung dieses hochfliegenden Ziels entworfen wurde, stellte die SED-Führung der DDR-Wirtschaft die Aufgabe, innerhalb von nicht ganz 20 Jahren (1971–1990) rund 3,3 bis 3,5 Millionen Wohnungen entweder neu zu bauen oder durch Reparatur und Rekonstruktion von Altbauwohnungen diese vor einem weiteren Verfall zu retten. Letztere sollten dabei zugleich durch Modernisierung mit einem höheren Wohnkomfort ausgestattet werden.

Die Aufwendungen für das gesamte „Bauprogramm im komplexen Wohnungsbau" während der vier Fünfjahrplanperioden von 1971 bis 1990 veranschlagte die DDR-Wirtschaftsführung auf rund 235 Mrd. Mark (Ost).[4] Mit diesen Mitteln sollten bis 1990 die Wohnverhältnisse für rund zwei Drittel der DDR-Bewohner (fast 10,5 Millionen Personen) entscheidend verbessert werden.

Bis in die letzten Jahre und Monate der SED-Herrschaft blieb das „Wohnungsbauprogramm" die sozialpolitische Vision, von der die SED-Führung behauptete, sie könne guten Gewissens zusichern, daß diese erfüllt werde. Dabei war ihr intern längst bekannt, daß die unausrottbaren Konstruktionsmängel und Schwächesymptome der DDR-Staats- und Planwirtschaft dieses Programm längst zu Fall gebracht hatten. Mit einem bereits ab 1975 zu über 50 v.H. verschlissenen Produktionsapparat in der Bauwirtschaft und angesichts eines ständig unzureichenden Aufkommens an Baumaterialien, Baufertigteilen und Ausrüstungsartikeln für Gebäude und Wohnungen konnte ein derart ehrgeiziges Bau- und Versorgungsprogramm nicht verwirklicht werden. Außerdem gelang es nicht, Arbeitskräfte aus den personell stark überbesetzten Wirtschaftszweigen und Tätigkeitsbereichen (Staatsapparat, hauptamtliche Bürokratien in Parteien und Massenorganisationen, Planbürokratie in der Staatsverwaltung und in den Wirtschaftsbetrieben, Verwaltungskräfte im Militärwesen, im Staatssicherheitsapparat und in der Landwirtschaft) in die Bauwirtschaft umzusetzen, um hierdurch deren Kapazitäten zu erweitern. So konnte die Bauwirtschaft (einschließlich Bauhandwerk) vom Start des Wohnungsbauprogramms an (Jahreswechsel 1970/71) bis zu dessen Halbzeit (1980) lediglich rund 27 000 neue Arbeitskräfte hinzugewinnen. Ende 1989 arbeiteten in der Bauwirtschaft knapp 11 500 Arbeitskräfte mehr als im Jahre 1970 (vgl. Tabelle 1).

Tabelle 1: Betriebe und Beschäftige in der Bauwirtschaft der DDR[1] in den Jahren von 1970–1989

Jahr	Betriebe	Beschäftigte (ohne Lehrlinge)	Zunahme und Abnahme der Beschäftigten
		Anzahl	
1970	18 619	564 611	
1975	14 433	563 919	− 692
1980	15 191	591 466	+ 27 547
1985	15 222	593 955	+ 2 489
1986	15 428	588 621	− 5 334
1987	15 758	586 780	− 1 841
1988	16 249	584 627	− 2 153
1989	16 475	576 087	− 8 540

1 Die „Bauwirtschaft" umfaßt die *Bauindustrie*, das private und genossenschaftliche *Bauhandwerk* und die *Bauorganisationen* und *Meliorationsgenossenschaften* in der *Landwirtschaft*.
Quelle: Statistisches Jahrbuch der DDR 1976, S. 139, und Ausgabe 1990, S. 192.

Rund 15 v.H. der Berufstätigen in der DDR-Bauwirtschaft waren mit politischen Aufpasseraufgaben und mit Leitungs-, Kontroll- und Verwaltungsarbeiten befaßt (vgl. Tabelle 2).

Im Vergleich zur staatlichen Bauindustrie mußte sich das *private* und *genossenschaftliche* Bauhandwerk ab 1970 sogar noch mit einer deutlich schlechteren Arbeitskräfteausstattung abfinden. Angesichts der gewaltigen Herausforderungen auf dem Gebiete der Sanierung und Modernisierung des Althausbestandes hätte gerade dieser Leistungsbereich mit dem Beginn des Wohnungsbauprogramms einen enormen Aufschwung nehmen müssen. Tatsächlich nahm jedoch die Zahl der Beschäftigten im privaten Bauhandwerk von 1970 bis 1980 von rund 47 000 auf weniger als 36 000 Personen ab. Erst als die Leistungsausfälle des dahinsiechenden *privaten* Bauhandwerks unerträgliche Ausmaße angenommen hatten und der Verfall der Althaussubstanz zum innenpolitischen Sprengstoff geworden war, wurde die auch in der Ära Honecker fortgesetzte Diskriminierung des *privaten* Bauhandwerks gemildert (vgl. Tabelle 3). Einige kurzfristig aufgelegte staatliche Förderungsmaßnahmen führten dann in der zweiten Hälfte der 80er Jahre wieder zu einer leichten Erhöhung der Produktionsleistungen und zu einem Anstieg der Beschäftigten in diesem Handwerkszweig, und zwar auf etwas mehr als 45 000 Personen (Endstand 1989).

Tabelle 2: Struktur der Beschäftigten im Bauwesen der DDR 1987

Beschäftigte nach Beschäftigtengruppen	Jahr 1987	
	Anzahl/VbE	in v.H. der insgesamt Beschäftigten
1. Arbeiter und Angestellte (Anzahl)	496 910	84,7
2. Beschäftigte in politischen Aufpasserfunktionen; Leitungs-, Kontroll- und Verwaltungspersonal gemessen in Vollbeschäftigten-Einheiten (VbE)	89 870	15,3
Beschäftigungspotential insgesamt:	586 780	100,0
Zu Pkt. 2: darunter *nachrichtlich*: *Beschäftigte im Ministerium für Bauwesen der DDR* (tatsächliches Verwaltungspersonal in VbE)	2 124	

Quelle: Statistisches Jahrbuch der DDR 1990, S. 192; und Brief des Ministers der Finanzen der DDR, Ernst Höfner, an das Mitglied des Politbüros und Sekretär des ZK der SED, Günter Mittag, über das Leitungs- und Verwaltungspersonal in der Volkswirtschaft und im Staatsapparat der DDR vom 20. Mai 1988, in: „Archiv der Parteien und Massenorganisationen der DDR im Bundesarchiv", SAPMO BArch, DY 30/41 753, Bd. 1.

Tabelle 3: Untergang des privaten Bauhandwerks als Leistungsträger der Bauwirtschaft in der DDR 1950–1989

	Anteil des privaten Bauhandwerks	
Jahr	an der Bauproduktion der Bauwirtschaft insgesamt	an der Bauproduktion des Bauhandwerks insgesamt
	in v.H.	
1950	38,5	100,0
1953	29,4	100,0
1955	33,2	99,4
1957	30,4	97,0
1960	12,9	53,3
1965[1]	8,8	39,7
1970	6,8	31,7
1975	4,7	41,1
1979	5,1	42,1
1980	4,6	41,4
1985	4,7	43,5
1989	5,7	47,7

1 Bis zum Jahre 1960 einschließlich wurde die Leistung derjenigen privaten Bauhandwerksbetriebe zur Bauproduktion des privaten Bauhandwerks gezählt, die während des Abrechnungsjahres „sozialisiert" wurden und somit aus dem Privatsektor ausgeschieden waren, oder deren Eigentümer unter dem Druck der Verhältnisse ihren Handwerksbetrieb aufgegeben hatten. Ihr Produktionsanteil lag jeweils zwischen 2 und 4 v.H. der Bauproduktionsleistung der Privatbetriebe. Vom Jahre 1961 an wurde dann die Bauleistung dieser innerhalb des Wirtschaftsjahres untergegangenen Betriebe nicht mehr als Bauproduktion des privaten Bauhandwerks abgerechnet. Statt dessen wurden diese Leistungen der Bauproduktion der „volkseigenen Betriebe" zugeschlagen, um deren Produktionsergebnis statistisch aufzubessern.

Quellen: Statistische Jahrbücher der DDR 1955–1990; insbesondere Ausgabe 1960/61, S. 370; Ausgabe 1980, S. 134 / 35; und Ausgabe 1990, S. 192; sowie eigene Berechnungen.

Dem genossenschaftlichen Bauhandwerk ging es nicht viel besser. Von 1975 bis 1989 stagnierte die Zahl seiner Mitglieder etwa auf dem gleichen Niveau.

Um die ehrgeizigen Ziele des SED-Wohnungsbauprogramms auch bei annähernd gleichem Arbeitskräftepotential und einer sich gleichzeitig verschlechternden Angebotsstruktur bei Bauhandwerkern dennoch zu erfüllen, hätte die Wirtschaftsführung der DDR in der Bauwirtschaft die *Arbeitsproduktivität* verdoppeln oder verdreifachen müssen. Voraussetzung hierfür wäre gewesen, diesen Wirtschaftszweig mit immer leistungsfähigeren Baumaschinen und Handwerksgeräten auszurüsten. Hierzu fehlten jedoch der Maschinenbauindustrie der DDR die notwendigen Innovations- und Expansionskräfte. Der unzureichende Ausbau und die ungenügende Weiterentwicklung der Produktionskapazitäten für Maschinen, Transportmittel (z.B. Kräne, Hebezeuge, Baufahrzeuge) und Ausrüstungen führten dann ab Ende der 70er Jahre sogar zu immer länger werdenden Nutzungszeiten bei den vorhandenen veralteten Geräten und zu einem immer weiteren *Anstieg der Verschleißquote* des eingesetzten Maschinenparks („Verschleißquote" der maschinellen Ausrüstungen in der Bauwirtschaft der DDR 1980 = 56,4 v.H.; 1989 = 68,6 v.H.).[5] In dieser Notlage mußten die heruntergewirtschafteten Baumaschinen und Beförderungsmittel zusammengeflickt unentwegt weiter im Einsatz bleiben.

Ab 1986 bestanden die maschinellen Ausrüstungen und Transportgeräte der DDR-Bauwirtschaft zu über 75 v.H. aus Produktionsmitteln, die älter als fünf Jahre waren.[6]

Als sich dann mit dem Beginn der 80er Jahre die Wirtschaftsprobleme häuften und die Investitionskraft der DDR immer mehr abnahm, schwand auch die letzte Hoffnung, daß das Wohnungsbauprogramm der SED erfolgreich zu Ende geführt werden könne.

3. Soll und Haben bei der Umsetzung des Wohnungsbauprogramms der SED – 1971 bis 1990 – Vorgebliche und tatsächliche Übergabeleistungen bei „fertiggestellten" Wohnungen

Nach den „amtlichen Angaben" der DDR-Regierung über die im Wohnungsbau erreichten Leistungen wurden in den 15 Jahren zwischen 1975 und 1989 rund 2,79 Millionen Wohnungen neugebaut oder durch eine wesentliche Verbesserung des Wohnkomforts „modernisiert" (= Sammelbegriff: „fertiggestellte Wohnungen"). Die bis 1989 amtlich ausgewiesenen Bauleistungen suggerierten somit der eigenen Bevölkerung, daß das von der SED-Führung Anfang der 70er Jahre verkündete Mindestziel ihrer Wohnungsbaupolitik auch tatsächlich bis 1990 erfüllt werde. Dieses Mindestziel sah vor, innerhalb von 15 Jahren (1976 – 1990) 2,8 Millionen Wohnungen „fertigzustellen" und an Wohnungssuchende zu übergeben.[7]

Etwa ein dreiviertel Jahr nach der „Wende" im Spätherbst 1990 veröffentlichte jedoch die Staatliche Zentralverwaltung für Statistik der DDR (umbenannt in „Statistisches Amt der DDR") überraschend eine neue, stark ernüchternde Bilanz der DDR-Wohnungsbauaktivitäten während der Honecker-Ära. Sie wich von den 15 Jahre lang stolz verkündeten Erfolgsdaten (sog. „Ist"-Daten) beträchtlich ab. Urplötzlich wurde zugegeben, daß das bisher regierungsamtlich vorgelegte Bauergebnis, in dem von nahezu 2,8 Millionen *fertiggestellten* Wohnungen berichtet worden war, ein Betrugsmanöver gewesen sei. Statt dessen seien im Zeitraum von 1975 bis 1989 nur annähernd 1,7 Millionen Wohnungen neu gebaut oder modernisiert worden. Das Planziel über die *Zahl der fertigzustellenden Wohnungen* wurde somit um 1,1 bis 1,3 Millionen Wohnungseinheiten unterschritten. Demnach vermochte die SED der Bevölkerung bis zum Abschluß des Planungszeitraums für das Wohnungsbauprogramm nur 60 v.H. der Wohnungen zu übergeben, die dieser ursprünglich versprochen worden waren.

Die „Hauptkennziffer", mit der zu Lebzeiten der DDR-Wirtschaft gemessen wurde, welche Erfolge der SED-Staat erzielt hatte, um die Bevölkerung mit mehr und mit komfortableren Wohnungen zu versorgen, war die Zahl der „fertiggestellten Wohnungen". In diese *Erfassungsgröße* wurden erstens die erbrachten Neubauleistungen aufgenommen und zweitens die Modernisierungsleistungen einbezogen, die der Erhaltung und Wohnkomfortverbesserung bestehender Wohnungen dienten. Übernimmt man diese „Meßgröße" als Leistungskriterium und stellt dann die bis 1989 ausgewiesene Leistungsbilanz im Wohnungswesen der im September 1990 vorgelegten korrigierten Bilanz gegenüber, so waren 40 bis über 60 v.H. der in den Jahren 1983 bis 1989 als „fertiggestellt" ausgewiesenen Wohnungen es nicht wert, in die statistische Ergebnisrechnung als Verbesserung der Wohnungsversorgung der DDR-Bevölkerung aufgenommen zu werden.

Auf dem XI. und letzten Parteitag der SED im April 1986 hatte Honecker der Bevölkerung der DDR noch einmal zugesichert, die im folgenden Fünfjahrplanzeitraum (1986–1990) vorgesehene Bauleistung von mehr als einer Million fertigzustellenden Wohnungen reiche spielend aus, um das auf dem VIII. Parteitag[8] eingeleitete Wohnungsbauprogramm der SED vollständig zu erfüllen.[9] In Wirklichkeit scheiterte die Staatspartei jedoch auch bei diesem abschließenden Kraftakt im Wohnungsbau. Bis zum Ende des Jahres 1990 wurde nicht einmal die Hälfte der für diesen letzten Fünfjahrplan versprochenen Wohnungen fertiggestellt und abgeliefert.

4. Vorgebliche und tatsächliche Neubauleistungen bei Wohnungen 1971–1988

Nach den von der Staatsführung im Januar jedes Jahres vorgelegten Berichten über die Erfüllung des Volkswirtschaftsplans im abgelaufenen Planjahr und gemäß den amtlichen Angaben in den Statistischen Jahrbüchern bis 1989 wurden in der DDR im Zeitraum von 1971 bis 1988 insgesamt 1,92 Millionen Wohnungen *neu gebaut*. Werden jedoch auf der Grundlage der im Herbst 1990 korrigierten Leistungsbilanz von der geschönten Neubauleistung die Propagandazuschläge abgezogen, so bleibt (gemessen ausschließlich in Stück) eine tatsächliche Neubauleistung von nur noch 1,73 Millionen Wohnungen übrig.

Die Regierung und die amtliche Statistik der DDR haben somit für den Berichtszeitraum der Honecker-Mittag-Ära die Zahl der neugebauten Wohnungen um über 190 000 Wohnungen zu hoch ausgewiesen. Dies bedeutet, daß ca. 600 000 Menschen, die amtlichen Angaben zufolge eine Neubauwohnung zugeteilt bekommen haben sollten, in Wirklichkeit in ihrer alten Behausung verbleiben mußten.

Besonders krasse Leistungsfälschungen wurden in der DDR-Baustatistik ab 1979 üblich. In den zehn Jahren von 1979 bis 1988 sind im Durchschnitt 15 v.H. der als bezugsfertig gemeldeten Neubauwohnungen gar nicht gebaut worden.

5. Spektakuläre Feiern bei der Erreichung einzelner Etappenziele – ein stets zu früh bejubeltes Ereignis

Ab Mitte der siebziger Jahre würdigte die SED-Parteiführung jedes nach ihrer Zählweise erreichte runde Etappenziel des Wohnungsbauprogramms durch einen sorgfältig inszenierten Propagandaauftritt. Im Mittelpunkt dieser Jubelfeiern stand stets die Übergabe einer Etappenziel-Neubauwohnung an die Familie eines politisch ausgesuchten, verdienten Werktätigen. Von 1971 bis 1989/90 gab es insgesamt vier mit besonderem Propagandaaufwand begangene Übergabefeiern. 1975 fand auf diese Weise die Übergabe der 500 000sten „fertiggestellten" Wohnung statt. Die Schlüssel für die einmillionste Wohnung wurden 1978 überreicht, die für die zweimillionste Wohnung wurden 1984 ausgehändigt und die für die dreimillionste Wohnung 1988 übergeben. Ab der einmillionsten Wohnung vollzog der Generalsekretär des ZK der SED und Vorsitzende des Staatsrates der DDR, Erich Honecker, das Übergabezeremoniell höchstpersönlich.

Bei Lichte betrachtet waren sämtliche zentral organisierten Übergabefeiern nichts anderes als die Staffage für ein von der SED inszeniertes propagandistisches Blendwerk. Keine der Etappenziel-Wohnungen war jeweils zu dem Zeitpunkt, an dem die Jubelfeier angesetzt worden war, wirklich fertiggestellt. In der Mehrzahl der Fälle hätte die angesetzte Übergabefeier erst Jahre später stattfinden dürfen. Als sich die SED-Partei- und Staatsführung am 12. Oktober 1988 durch ihre gleichgeschalteten Medien für die Übergabe der dreimillionsten Wohnung feiern und würdigen ließ, war in Wirklichkeit noch nicht einmal die zweimillionste Wohnung fertiggestellt (vgl. Tabelle 4).[10]

Tabelle 4: Vorgetäuschte und tatsächlich erreichte Erfüllungstermine bei der Verwirklichung des Wohnungsbauprogramms der SED im Zeitraum 1971 bis 1989/90

Etappenziele gemessen an der Anzahl der „fertiggestellten" Wohnungen	Datum der Wohnungsübergabe		Differenz gegenüber den ursprünglichen Angaben
	Erreichte Erfüllungsziele nach Angaben der SED bis 1989	Tatsächliche Erfüllungstermine; geschätzt anhand der seit 1990 vorliegenden korrigierten Angaben	
500.000	14. April 1975	April 1976	1 Jahr
1.000.000	6. Juli 1978	September 1980	2 Jahre und 2 Monate
2.000.000	9. Februar 1984	Juli 1989	4 Jahre und 5 Monate
3.000.000	12. Oktober 1988	?	?

Quellen: Neues Deutschland vom 15.4.1975; 7.7.1978; 10.2.1984 und 13.10.1988; Statistisches Jahrbuch der DDR 1990, S. 198; *eigene Berechnungen* vorgelegt in: Buck, Hannsjörg, F. und Ute Reuter: „Das Scheitern des SED-Wohnungsbauprogramms und die infrastrukturellen und ökologischen Erblasten für die Wohnumwelt in den neuen Bundesländern. (Vom Mißbrauch der Statistik unter dem SED-Regime)", Analysen und Berichte Nr. 6/1991, hrsg. vom Gesamtdeutschen Institut, Bonn, den 15. November 1991, S. 16ff.

6. Selbstbetrug bis in die letzten Tage der SED-Herrschaft

Nach dem Sturz Honeckers (17./18. Oktober 1989)[11] beauftragte das Politbüro des ZK der SED unter seinem neuen Generalsekretär Egon Krenz am 24. Oktober 1989 den Vorsitzenden der Staatlichen Plankommission, Gerhard Schürer, „eine Analyse der tatsächlichen volkswirtschaftlichen Situation" vorzulegen. Diese sollte in deutlichem Kontrast zu den bisher üblichen schönfärberischen Lageberichten stehen.

In die Arbeitsgruppe, welche unter Schürers Leitung ein reales Bild der vom Konkurs bedrohten DDR-Staatswirtschaft erarbeiten sollte, wurden als weitere Mitglieder der Minister für Außenwirtschaft, Gerhard Beil, sein Staatssekretär und Leiter des Bereiches „Kommerzielle Koordinierung", Alexander Schalck-Golodkowski, der Finanzminister, Ernst Höfner, und der Präsident der Zentralverwaltung für Statistik, Arno Donda, berufen. Am 30. Oktober 1989 legte Schürer dem SED-Politbüro seinen Katastrophen-Bericht als „Geheime Verschlußsache" vor.

In der Einleitung hierzu heißt es: „Ausgehend vom Auftrag des Generalsekretärs des ZK der SED, Genossen Egon Krenz, ein ungeschminktes Bild der ökonomischen Lage der DDR mit Schlußfolgerungen vorzulegen, wird ... [hiermit]... folgende ... [Analyse unterbreitet]": Dann folgt jedoch überraschenderweise nicht die Liquidation der schönfärberischen Angaben, die bis dahin über die Ergebnisse der SED-Wohnungspolitik in der Zeit von 1971 bis 1989 präsentiert worden waren. Wiederum heißt es in „Kapitel I" dieses Krisenberichts:

> „Seit 1970 wurden mehr als 3 Millionen Wohnungen neu gebaut bzw. rekonstruiert und damit für 9 Millionen Menschen, d.h. mehr als die Hälfte der Bevölkerung der DDR, qualitativ neue Wohnbedingungen geschaffen.
> Infolge der Konzentration der Mittel wurden zur gleichen Zeit dringendste Reparaturmaßnahmen nicht durchgeführt und in solchen Städten wie Leipzig, und besonders in Mittelstädten wie Görlitz u.a. gibt es Tausende von Wohnungen, die nicht mehr bewohnbar sind."[12]

Einige Monate nach der Ablieferung dieses Berichts übergab im September 1990, also einen Monat vor dem Untergang der DDR, der Präsident der Staatlichen Zentralverwaltung für Statistik,[13] Donda, der gesamtdeutschen Öffentlichkeit das letzte von ihm mitverantwortete *Statistische Jahrbuch der DDR* (Ausgabe 1990). Er hatte bekanntlich zusammen mit Schürer der von Krenz Ende Oktober 1989 eingesetzten Politbüro-Arbeitsgruppe „Neue Wahrheit" angehört. In der grundlegend korrigierten Leistungsbilanz der DDR-Wohnungsbauaktivitäten, die erstmals in diesem letzten Jahrbuch enthüllt wurde, war von 3 Millionen seit 1970/71 fertiggestellten Wohnungen keine Rede mehr.

Aufgrund der in Ost-Berlin beim Statistischen Zentralamt geführten „doppelten Buchführung" über die von der DDR-Bauwirtschaft seit Anfang der 70er Jahre erbrachten Wohnungsbauleistungen hat somit Donda schon im Oktober 1989 gewußt, daß über die Ergebnisse des SED-Prestigeobjekts „Wohnungsbauprogramm" auch das neue Krenz-Politbüro wiederum falsch informiert wurde. Dabei wäre doch gerade der Partei- und Politbüroauftrag vom 24. Oktober 1989 der passende Anlaß gewesen, um auch auf diesem Gebiet mit der bisher praktizierten Schönfärberei Schluß zu machen. Enthalten doch die in der Schürer-Vorlage formulierten „Schlußfolgerungen" zur Erneuerung des DDR-Sozialismus ausdrücklich folgende Forderung: „Der Wahrheitsgehalt der Statistik und Information ist auf allen Gebieten zu gewährleisten".[14]

7. Erreichte Wohnungs- und Wohnraumversorgung beim Zusammenbruch der DDR

Nach Ablauf des SED-Wohnungsbauprogramms 1971-1990 war ein Ende der Wohnungsnot in der DDR nicht in Sicht. So stapelten sich zum Jahresende 1989 bei den „Abteilungen Wohnungspolitik" der Stadtbezirke (Berlin/Ost), bei den Kommunen und bei den Räten der Kreise 781 000 behördlicherseits als berechtigt anerkannte Anträge auf eine Wohnungs- und Wohnraumzuteilung (= in Ämtern auf Registrierkarten vermerkte und anerkannte Zuteilungswünsche von Wohnungssuchenden). So fehlten 1989 z.B. in Berlin (Ost) rd. 70 000, im Bezirk Potsdam rd. 48 000 und im Bezirk Frankfurt/ Oder rd. 29 000 Wohnungen.[15]

Die „Wohnungsfrage als soziales Problem" war somit auch am Ende der Honecker-"Ära" ungelöst.

8. Sozialistische Umgestaltung der Eigentumsverhältnisse im Wohnungswesen

Nachdem die SED mit Hilfe der sowjetischen Besatzungsmacht die politische Herrschaft in der SBZ errungen und die „Kommandohöhen" in Staat und Wirtschaft besetzt hatte und es ihr darüber hinaus gelungen war, durch die weitgehende Verstaatlichung des Eigentums an den Produktionsmitteln die politische und ökonomische Befehlsgewalt in einer Hand zu vereinigen (Anfang der 50er Jahre), ging sie nun unverzüglich dazu über, auch das Wohnungswesen nach sozialistischen Grundsätzen umzugestalten. Zu diesen Maßnahmen gehörte sowohl die rigorose Beschränkung der Verfügungs- und Nutzungsrechte der privaten Hauseigentümer über ihre Wohnungen als auch die Zurückdrängung des Privateigentums am Wohnungsbestand in der DDR. Die Aushöhlung der Eigentumsrechte an Privatwohnungen erfolgte hauptsächlich über Maßnahmen der Wohnungszwangswirtschaft (= kalte Enteignung).[16] So durften sich private Wohnungseigentümer ihre Mieter nicht selber aussuchen, sondern waren gezwungen, sämtliche Hauptmietverhältnisse ausschließlich auf der Grundlage staatlicher Anordnungen über die Lenkung und Verteilung des Wohnungsbestandes abzuschließen.

Um das sozialistische Wohnungseigentum zur dominierenden Eigentumsform bei Wohnungen zu machen, wurde der Anteil staatlicher und genossenschaftlicher Wohnungen am gesamten Wohnungsbestand massiv gesteigert.

Diesem Zweck dienten eine Vielzahl von *Repressionsmaßnahmen*. Dazu gehörten die *Privilegierung* der „sozialistischen Bauherren"[17] bei der Zuteilung von Finanzkapital und Baukapazitäten (Baumaschinen, Baumaterial), die *Benachteiligung* der privaten Nachfrage bei Baustoffen, Gebäudeausrüstungen und Reparaturmaterial, das *Verbot* an private Investoren, Miethäuser zu bauen, die *Weigerung*, privaten Miethausbesitzern Haushaltssubventionen zur Erhaltung der Bausubstanz ihrer Häuser zu gewähren, die rigorose *Beschränkung* des Baus privater Eigenheime und die *Abschaffung des Bausparens* als eine der Formen privater Vermögensbildung – 1971 – (vgl. Anhang, Nr. 1)[18,19] Da die Mieten für alle Mietwohnungen auf dem aus der Vorkriegszeit überkommenen niedrigen Mietpreisniveau eingefroren wurden, nahm der SED-Staat den privaten Hauseigentümern jegliche Möglichkeit, ausreichend Kapital für eine Generalreparatur und Modernisierung ihrer Häuser anzusparen.[20] Dies hinderte die Wirtschaftsführung der DDR jedoch nicht daran, den Hauseigentümern weiterhin die Verantwortung für die Instandhaltung und Modernisierung ihrer Miethäuser und -wohnungen aufzubürden. Geschah dies nicht, weil hierfür die erforderlichen Mittel fehlten, stellten die Mieter ihre Zahlungen ein. Private Miethäuser wurden so für die Eigentümer zu einer Zuschußinstitution auf Dauer. Ihre Instandhaltung mußten sie nahezu allein aus ihren vergleichsweise kargen Arbeits- und Renteneinkommen bestreiten. Aus dieser Zwangslage heraus verschenkten sie nicht selten ihre Miethäuser an die Kommunen.

Mit der Zielsetzung, bevorzugt staatliche Wohnungen zu bauen und die Wohnungszuteilung allein durch Behörden vornehmen zu lassen, verfolgte die SED u. a. die Absicht, die Vergabe von Wohnungen zu einem Instrument der Belohnung des politischen und ökonomischen Wohlverhaltens der Untertanen zu machen. So wurden nach § 11 der „Wohnraumlenkungsverordnung" Personen, „die sich durch herausragende Leistungen bei der Stärkung, Festigung sowie zum Schutze der [...] Republik" Verdienste erworben hatten (dekorierte Bestarbeiter, Offiziere und Soldaten der Grenztruppen, Mitarbeiter des MfS, regimetreue Lehrer, leitende Kader im Staats-, Wirtschafts- und Wissenschaftsapparat) bevorzugt gute Wohnungen zugesprochen.

Den durch die Repressionsmaßnahmen provozierten Ausfall der Spar- und Investitionsaktivitäten privater Hauseigentümer und Bauherren im Wohnungsbau glaubte die SED-Führung verschmerzen zu können. Sie vertraute darauf, daß die Konzentration der staatlichen und genossenschaftlichen Wohnungsbauaktivitäten auf die *Montage- und Plattenbauweise* einen genügend großen Ausstoß an Wohnungen hervorbringen würde. Deshalb war ihr die Durchsetzung der ideologischen Doktrin, daß ein sowjet-sozialistischer Staat unbedingt auch ein „sozialistisches Wohnungswesen" besitzen müsse, in dem der Staat und die sozialistischen Wohnungsbaugenossenschaften die beherrschende Stellung beim Wohnungseigentum einnehmen, wichtiger.

Während 1950 noch rd. 30 v.H. der Wohnungsneubauten von privaten Bauherren errichtet wurden, konnte im Jahre 1970 nicht eine einzige Wohnung bezogen werden, die durch private Initiative fertiggestellt worden war. Erst ab Mitte der 70er Jahre besann sich dann die SED-Führung darauf, daß es für die Verwirklichung ihres Wohnungsbauprogramms sehr nützlich sein könnte, wenn die Sparsamkeit, der Fleiß und die Findigkeit privater Häusle-Bauer mit in das Bauprogramm eingespannt werden könnten. Von da an stabilisierte sich dann der Anteil der durch private Anstrengungen errichteten Wohnungen auf rd. 11 bis 13 v.H. der jährlichen Neubauleistungen (vgl. Tabelle 5).

Ungeachtet dieser begrenzten Wiederbelebung privater Bauaktivitäten stieg während der Honecker-"Ära" der Anteil der Wohnungen im „sozialistischen Eigentum" von 38 v.H. im Jahre 1971 auf 59 v.H. im Jahre 1989. Der Anteil der Wohnungen in privatem Eigentum sank demgegenüber in der gleichen Zeit von 62 auf 41 v.H. (vgl. Tabelle 6).[21]

Tabelle 5: Bauherren von neuen Wohnungen in der ehemaligen DDR aufgeteilt nach Eigentumsformen 1950 bis 1989

Jahr	Neugebaute Wohnungen insgesamt	davon		
		Staatlicher Wohnungsneubau	Genossenschaftlicher Wohnungsneubau	Privater Wohnungsneubau
	Anzahl	in v.H.		
1950	30 992[1]	rd. 39	-	rd. 61
1955	29 736	rd. 59	11	rd. 30
1960	71 857	37,5	56,5	6,0
1965	58 303	59,0	36,0	5,0
1970	65 786	79,4	20,6	0,0
1971	64 911	79,3	17,3	3,4
1975	95 133	49,7	38,5	11,8
1980	102 209	48,9	38,3	12,7
1985	99 129	56,8	30,4	12,8
1986	100 067	58,7	29,5	11,8
1987	91 896	58,9	28,3	12,8
1988	93 472	61,6	25,8	12,6
1989	83 361	60,0	26,5	13,5

1 Neu- und ausgebaute Wohnungen. Bedingt durch die vordringliche Beseitigung der Kriegsschäden an halbzerstörten Wohnhäusern betrug 1950 die Zahl der lediglich ausgebauten Wohnungen 11 530 Wohnungseinheiten (= rd. 37 v.H. der gesamten Wohnungsbauleistung).

Quellen: Der Ermittlung der Neubauleistungen und der Berechnung der Anteile wurden die nach dem Untergang der SED-Diktatur korrigierten Angaben der Wohnungsbaustatistik zugrunde gelegt. Vgl. Statistisches Jahrbuch der DDR, 1968, S. 237, Ausgabe 1990, S. 198; Hoffmann, Manfred: „Wohnungspolitik der DDR", Düsseldorf 1972, S. 66/67.

Tabelle 6: Wohnungsbestand in der DDR aufgeteilt nach Eigentumsformen 1971 bis 1989
(Stand: 31. Dezember)

Verteilung des Wohnungsbestandes nach Eigentümern	1971	1981	1985	1988	1989
	in v.H.				
Wohnungen im Staatseigentum	28	37	39	40,5	41,3
Wohnungen im genossenschaftlichen Eigentum[1]	10	15	16	17,2	17,6
Wohnungen im Eigentum der privaten Haushalte und sonstiger Eigentümer[2]	62[3]	48	45	42,3	41,1
Insgesamt	100	100	100	100,0	100,0

1 Träger des genossenschaftlichen Eigentums waren die „Arbeiterwohnungsbaugenossenschaften" (AWG) und die „Gemeinnützigen Wohnungsbaugenossenschaften" (GWG).
2 Zu den „sonstigen Eigentümern" zählten in der Hauptsache die Kirchen.
3 Bei den in Ein- und Zweifamilienhäusern gelegenen Wohnungen waren 1971 sogar noch 86,6 v.H. aller Wohnungen Eigentum von Privatpersonen. Insgesamt verfügten die privaten Haushalte in dieser Kategorie von Wohngebäuden über 1 896 852 eigene Wohnungen.

Der Anteil der Wohnungen, die in Mehrfamilienhäusern Privatpersonen gehörte, lag allerdings deutlich niedriger. Er belief sich 1971 auf 48,1 v.H. der in dieser Gebäudeart gelegenen Wohnungen (insgesamt = 1 819 566 Wohnungseinheiten).
Quellen: Statistisches Jahrbuch der DDR 1990, S. 200/201; und Jenkins, Helmut W. (Hrsg.): „Kompendium der Wohnungswirtschaft", München, Wien 1991, S. 495

Durch die Bevorzugung Ost-Berlins im staatlichen und genossenschaftlichen Wohnungsbau konnte die SED-Führung in dem von ihr zur „Hauptstadt der DDR" deklarierten Ostteil von Berlin einen beträchtlich höheren *Sozialisierungsgrad* beim Wohnungsbestand durchsetzen. Ende 1989 befanden sich dort 76,2 v.H. aller Wohnungen im „sozialistischen Eigentum" (Staatsanteil am Wohnungsbestand = 59,4 v.H.). Der Anteil der privaten und sonstigen Eigentümer (darunter derjenige der Kirchen) am Wohnungsbestand war 1989 auf 23,8 v.H. geschrumpft.[22]

9. Vergeblicher Versuch zur Verjüngung des Wohnungsbestandes und zur Erneuerung der Gebäudeausrüstungen

Auch die durch das Wohnungsbauprogramm angestrebte *Verjüngung* und *Substanzwerterhöhung* des Wohnungsbestandes mißglückte. So schaffte es die SED-Staats- und Wirtschaftsführung nicht, das vergleichsweise hohe Durchschnittsalter ihres Wohnungsbestandes massiv zu senken. So stammten nach dem Stand vom 31. Dezember 1989 immer noch *weit über die Hälfte* aller Wohnungen aus der Zeit vor dem Zweiten Weltkrieg. Unter ihnen befanden sich fast 2,5 Millionen Wohnungen, die bereits vor dem Ersten Weltkrieg bezogen worden waren (Baualter der Wohnungen 70 Jahre und mehr).

Immerhin bewirkte der Bau von rd. 2 Millionen Wohnungen, die während der knapp zwei Jahrzehnte von 1971 bis 1989 gebaut worden waren, daß die Altersgruppe der Vorkriegswohnungen (Fertigstellung vor 1946) in dieser Zeit um 25 Prozentpunkte schrumpfte, und zwar von über 79 v.H. im Jahre 1971 auf 54 v.H. 1989.

Nach den Geheimstatistiken der DDR-Regierung, die erstmals im Februar 1990 offengelegt wurden, war im Jahre 1989 die *Gebäudesubstanz* des DDR-Wohnungsbestandes zu 42 v.H. verschlissen. Damit lag die durchschnittliche „Verschleißquote" aller DDR-Wohngebäude im letzten Jahr der SED-Herrschaft auf dem gleichen Niveau wie etwa 15 Jahre zuvor im Jahre 1975 („Verschleißquote" 1975 = 43 v.H.).[23] Die gesamten in fast eineinhalb Jahrzehnten vollbrachten Neubau- und Modernisierungsanstrengungen haben somit nicht ausgereicht, um den „Schrottwertkoeffizienten" der Wohngebäudeparks um ein nennenswertes Quantum von Prozentpunkten herabzudrücken (vgl. Anhang, Nr. 2).

Noch schlechter fällt die Planzielerfüllung bei der *Erneuerung der* in den Wohngebäuden *installierten technischen Ausrüstungen* aus (= Instandhaltung und Modernisierung durch Einbau neuer Wohnkomforttechnik).[24] Auf diesem Aufgabengebiet erhöhte sich der *Verschleißgrad* der Gebäudeausrüstungen erheblich. Waren im Jahre 1975 erst rund ein Drittel aller technischen Gebäudeausrüstungen verschlissen (= 34,5 v.H.), so hatten nach DDR-eigenen Ermittlungen 1989 im Durchschnitt bereits über 47 v.H. aller Wohnungs- und Wohngebäudeausrüstungen nur noch „Schrottwert".[25]

10. Verschleißzustand der „gesellschaftlichen Einrichtungen" im Kultur-, Sozial- und Gesundheitswesen

Nachdem durch die „Wende" die rigorosen Geheimhaltungssperren gefallen waren, veröffentlichten 1990 die Forschungsinstitute der damals noch bestehenden *Bauakademie der DDR* eine ausführliche Expertise über Zustand, Qualität und Verschleiß des Wohnungsbestandes (Wohnbausubstanz) und der öffentlichen Einrichtungen in der DDR. Diese Expertise beruhte zur Hauptsache auf bis dahin streng unter Verschluß gehaltenen Untersuchungen, deren Bekanntmachung die SED-Führung als „politisch unerwünscht" deklariert hatte.

> Darin heißt es: Parallel zum zunehmenden Verschleiß der Wohnbausubstanz bestimmte auch der „zunehmende Verschleiß der gesellschaftlichen Einrichtungen, der Arbeitsstätten und der technischen Infrastruktur das Erscheinungsbild vor allem der altstädtischen Gebiete [in der DDR]. Trotz Netzerweiterung der gesellschaftlichen Einrichtungen und damit der Anhebung des Versorgungsniveaus ergaben sich territoriale Disproportionen zwischen Bedarfs- und Leistungsentwicklung, Nutzungseinschränkungen infolge raschen Verschleißes und fehlender Bewirtschaftung sowie insgesamt Attraktivitätsverluste.
> Unterlassene Instandsetzungsmaßnahmen und zu geringe Erneuerungs- und Modernisierungsraten haben einen wesentlichen Anteil an dieser Entwicklung. Versorgungssicherheit und hohe Nutzungsqualität sind vor allem für einzelne Einrichtungsarten der Bereiche Kultur, Gesundheitswesen und Handel nicht mehr ausreichend gewährleistet. Die notwendigen Erhaltungsmaßnahmen der Gesellschaftsbausubstanz wurden im Zeitraum 1986 bis 1990 nur in einer Größenordnung von 30 bis 65 Prozent gesichert.
> Die Konsequenzen zeichnen sich u.a. in wachsender Schließung von Kinos, Bibliotheken und Gaststätten, in rückläufiger Versorgungssicherheit und Funktionsgerechtheit (Bauten des Gesundheitswesens, Dienstleistung) und in nachträglichen Einbußen an der sozialpolitischen Wirksamkeit komplexer Wohnungsbaumaßnahmen ab."[26]

1989 war in der DDR bei 53 v.H. aller Krankenhäuser und bei 56 v.H. aller öffentlichen Einrichtungen für kulturelle Zwecke die vertretbare Nutzungszeit der Gebäude und der in ihnen installierten Ausrüstungen überschritten, da sie zu Lebzeiten der DDR kein einziges Mal eine grundlegende Überholung (Rekonstruktion) erfahren hatten. Fast 50 v.H. der Bibliotheken, der Klub- und Kulturhäuser, 64 v.H. der Filmtheater und 95 v.H. aller Theater mußten dringend überholt, saniert und ihre Innenausstattung wieder instandgesetzt und gebrauchsfähig gemacht werden.[27]

Analysiert man die gesamtwirtschaftlichen Investitionsaktivitäten im letzten Jahrzehnt der DDR, so läßt sich allgemein feststellen, daß den Städten und Gemeinden ab Ende der 70er Jahre ein immer geringer bemessenes Bauaufkommen zur Werterhaltung der örtlichen gesellschaftlichen Einrichtungen zur Verfügung gestellt wurde.

11. Verfall der Stadtkultur durch Konzentration der Baukapazitäten auf triste Trabantensiedlungen am Stadtrand

Mit dem Start des SED-Wohnungsbauprogramms konzentrierte die Wirtschaftsführung der DDR die insgesamt unzureichenden Kapazitäten der Bauwirtschaft vor allem auf den Bau *neuer* Wohnungen in *Großsiedlungen* am Rande einiger alter Städte. Die nach der Baukastenmethode zusammengesetzten Wohnblockkonzentrate wurden je Standort stets für mindestens 5 000 Wohnungseinheiten (WE) geplant. Um die Vorteile der Serienfertigung nutzen zu können, fügten die Wohnungsbaukombinate jeden mehrgeschossigen Block aus vorgefertigten, hochgradig genormten Wohnungsteilen zusammen (Wandteilen, Wohn-, Küchen- und Badzellen).

Mit dem Beginn der 80er Jahre wurden bereits 3 von 4 der jeweils im Jahr neu errichteten Wohnungen in Wohnblocks geschaffen, die nach der Platten-, Tafel- und Zellenbauweise zusammengesetzt wurden.[28] Bei Mehrfamilienhäusern betrug der im Montagebau errichtete Teil der Wohngebäude 90 v.H.

In der Regel beherbergten die ca. 70 seit 1970/71 neu gegründeten Satellitensiedlungen jeweils um 20 000 Wohnungseinheiten. Darüber hinaus wurden von den SED-Städtebauern aber auch einige Mammut-Wohn- und Schlafstädte angelegt, wie *Berlin-Marzahn* (ca. 64 000 WE), *Berlin-Kaulsdorf-Hellersdorf* (ca. 46 000 WE), *Berlin-Hohenschönhausen* (ca. 47 000 WE), *Leipzig Grünau* (ca. 34 000 WE) und Chemiestadt *Halle-Neustadt* (ca. 33 000 WE). In Anlehnung an die in der industriemäßig organisierten Tierproduktion der DDR-Landwirtschaft übliche Massentierhaltung bezeichnete 1989 der Schriftsteller Lutz Rathenow die von Honekker-Mittag-Junker geprägte DDR-Form des Wohnens in Plattenbauserienblocks als „Bevölkerungs-Intensivhaltung".[29]

Die mit der Konzentration auf den randstädtischen Neubau verbundene Vernachlässigung der Instandsetzung, Erhaltung und Modernisierung des großen Althausbestandes vor allem im Zentrum der Groß- und Mittelstädte führte ab Mitte der 70er Jahre zu einem immer rapideren Verfall der Althaussubstanz. Dabei wurde ungerührt die kulturhistorisch wertvolle Althaussubstanz verschiedener Stilepochen und Jahrhunderte vor allem in Potsdam-Stadt (Holländerviertel), Oranienburg, Königs Wusterhausen, Brandenburg, Quedlinburg, Mühlhausen, Halberstadt, Jena, Greifswald, Meißen, Leipzig – Stadtmitte – und sogar in Teilen von Berlin – Mitte – dem Verfall preisgegeben. Massenproduktion von Normwohnungen zumeist in Minigröße an wenigen Standorten („Arbeiter-Schließfächer" genannt) statt harmonisch ausgewogener Stadtentwicklung und -gestaltung wurde – unausgesprochen – mit Beginn der Honecker-"Ära" zur Devise der DDR-Baupolitik (vgl. Anhang Nr. 3 und Nr. 6).[30]

Die Altstadtgebiete entleerten sich durch die Umsiedlung von zumeist jungen Innenstadtbewohnern an den Stadtrand. In den verfallenden Altbaugebieten blieben in der Regel ältere Leute zurück (vgl. Anhang, Nr. 4). Sie besaßen weder die Kraft noch die Geschicklichkeit, die ab und an in der „Schattenwirtschaft" gebotenen Beschaffungschancen für Reparaturmaterial und Wohnungsausrüstungen geschwind auszunutzen, um so durch Eigenhilfe zumindest teilweise den Wohnwert ihrer Altbauwohnungen zu konservieren. Die längerfristige Folge dieser Entwicklung war, daß innerstädtische Flächen mit hoher Lagegunst (Wohn- und Geschäftslagewert) nicht intensiv genutzt wurden und zudem stadttechnisch mangelhaft erschlossen waren, während Einzelgebiete am Stadtrand mit geringer Lagegunst dicht bebaut und zumindest einigermaßen erschlossen wurden.[31]

Die hektischen Stadterweiterungen führten zu einem gigantischen Anstieg der Betriebsaufwendungen für die Erweiterung und Unterhaltung der stadttechnischen Versorgungsnetze. Ebenso rasch erhöhten sich auch die Aufwendungen für den Ausbau und die Betriebsbereitschaft von Nahverkehrslinien, um die Satelliten-Siedlungen an die Stadtkerne und Industriezentren anzubinden (vgl. Anhang, Nr. 5).

Mit der exzessiven Bebauung von Großflächen am Rande der Städte nahmen die Arbeitswegezeiten für die Neusiedlungs-Bewohner enorm zu, was vor allem der werktätigen Bevölkerung (und darunter insbesondere den berufstätigen Müttern) beträchtliche nervliche und gesundheitliche Belastungen aufbürdete.

Die Monotonie der Satellitenstädte bot ihren Bewohnern nur wenig stadteigene Abwechslung, Unterhaltung und Freizeitvergnügen in der unmittelbaren Umgebung ihrer Wohnungen. Auf investitionsaufwendige kulturelle Einrichtungen, Sportstätten, Schwimmbäder und Parks mußten sie ebenso verzichten wie auf attraktive Geschäftsstraßen und ein vielseitiges Angebot an Restaurants. Dienstleistungsbetriebe wie Arztpraxen, Wäschereien, Schuhmacherläden, Reinigungs- und Heißmangelbetriebe standen ebenfalls nicht in der wünschenswerten Anzahl und Auswahl zur Verfügung.[32] Grünanlagen und Kinderspielplätze, sofern sie überhaupt angeboten wurden, waren einfalls- und lieblos angelegt.

„Am politisch brisantesten an der Stadtentwicklung der letzten Jahrzehnte war jedoch zweifellos der durch den Innenstadtverfall bewirkte Angriff auf das Heimischfühlen, die Stadtverbundenheit und das Stadtbewußtsein der Bewohner – ein Angriff mit nicht kalkulierbaren politischen Folgen [...]" (vgl. Anhang, Nr. 5).[33]

12. Privilegierung Ost-Berlins bei der Wohnungsversorgung und Stadtentwicklung

Um das Image Ost-Berlins als Schaufenster des DDR-Sozialismus aufzupolieren und um die politische Zuverlässigkeit der Parteifunktionäre, Wirtschaftsbürokraten, Verwaltungskader, Offiziere, Sicherheitskräfte und Wissenschaftler zu stärken, die in dieser Verwaltungsmetropole des Zentralstaats konzentriert waren, hatte das SED-Politbüro bereits am 27. März 1973 einen geheimgehaltenen Beschluß über den beschleunigten „Aufbau der Hauptstadt Berlin" gefaßt. Darin wurde festgelegt, die Leistungskraft der DDR-Bauwirtschaft vorrangig auf „Gesellschaftsbauten", Wohnsiedlungen und Repräsentations-Achsen in Berlin (Ost) zu konzentrieren.

Neben den nachteiligen Folgen der *Neubaulastigkeit* des Wohnungsbauprogramms für die Altstädte führte diese Bevorzugung Ost-Berlins zu einer Diskriminierung der Bau- und Wohnungsbedürfnisse in der „Provinz". Selbst dringendste Neubauerfordernisse von öffentlichen Einrichtungen und unaufschiebbare Sanierungsmaßnahmen in den Altbau-Wohngebieten der Bezirks- und Kreisstädte wurden bei der zentralen Aufstellung der Volkswirtschaftspläne und Baubilanzen immer wieder zurückgestellt. Unter den Bedingungen einer chronischen Mangelwirtschaft verzehrten die eitlen Repräsentationswünsche der SED-Führung einen

Großteil der kargen Bauressourcen des Landes. Die so kommandierte Preisgabe der Altbausubstanz in den Provinzstädten und auf dem Lande und die spärlichen Zuteilungen an Neubaubewilligungen gehörten während der 80er Jahre mit zu den von der Bevölkerung am schärfsten kritisierten Maßnahmen der SED-Wirtschaftspolitik. Daher ist es kein Wunder, daß die sofortige Beendigung der Bevorzugung Ost-Berlins bei der Verteilung von Baukapazitäten zu den ersten Forderungen gehörte, die von der revolutionären Bürgerbewegung im Herbst 1989 an die damals noch im Amt befindlichen SED-Machthaber gerichtet wurde. In seiner ersten öffentlichen Selbstkritik nach 26 Ministerjahren ging DDR-Bauminister Junker am 9. November 1989 auf der 10. Tagung des ZK der SED wie folgt auf diesen Privilegierungsmißstand ein (vgl. auch Anhang, Nr. 3):

> „Aus heutiger Sicht ist der verstärkte und vor allem viel zu lange anhaltende Berlin-Einsatz bezirklicher Baukapazitäten [...] ein Fehler gewesen. Er brachte in nicht wenigen Städten geplante Vorhaben des innerstädtischen Bauens zu Fall. Ein Grundübel war, das kreisgeleitete Bauwesen gewissermaßen als Reserve zu betrachten, in das ständig eingegriffen werden konnte, wenn Investitionsvorhaben im komplexen Wohnungsbau oder in der Industrie in Verzug geraten waren oder die Bilanzen nicht aufgingen. In dem sicher gut gemeinten Bestreben, die Anzahl der geplanten Neubauwohnungen, Schulen und anderes unter allen Umständen zu sichern, ist ein großer Schaden an Glaubwürdigkeit von Zusagen örtlicher Räte gegenüber der Bevölkerung entstanden. Auch dafür übernehme ich eine Mitverantwortung."[34]

13. Erreichte Qualität der Wohnbedingungen der Bevölkerung bei Bilanzschluß des SED-Wohnungsbauprogramms

Vor allem bedingt durch die unzureichende Modernisierung der rund 3,8 Millionen Wohnungen, die vor 1946 gebaut worden waren, blieben bis zum Untergang der DDR Bauzustand und Wohnkomfort von Millionen Wohnungen höchst ungenügend. Ende 1989 besaßen rd. 1,3 Millionen Wohnungen weder *Bad* noch *Dusche*, 1,7 Millionen Wohnungen verfügten über keine *Innentoilette* und 3,7 Millionen Wohnungen waren nicht mit einem *modernen Heizsystem* (z.B. Fern-, Zentral- oder Etagenheizung) ausgerüstet. Sie mußten durch Einzelöfen erwärmt werden, die u.a. mit arg qualmenden Braunkohlenbriketts befeuert wurden. Für die Bewohner von 5,9 Millionen Wohnungen bestand keine Verbindung zur Außenwelt über ein *Telefon* (vgl. Tabelle Nr. 7).[35] Darüber hinaus war weit mehr als die Hälfte aller Wohnungen in der DDR nicht an ein öffentliches Abwasserkanalnetz angeschlossen, über das diese Siedlungsabwässer in ein Klärwerk transportiert wurden. Fast 4 Millionen Haushalte entließen somit die Schmutzfracht ihrer Abwässer ungereinigt in die Oberflächengewässer und ins Grundwasser und erhöhten damit die ohnehin schon hohe Belastung der Umwelt in der DDR.[36]

Besonders die Rentner in der DDR, welche zumeist in Altbauwohnungen lebten, mußten sich auch noch in den 80er Jahren mit äußerst schlechten Wohnbedingungen abfinden. So war mehr als die Hälfte aller Wohnungen von Rentnern („Arbeiterveteranen") weder mit Bad oder Dusche noch mit einer Warmwasserversorgung oder Innentoilette ausgestattet. Lediglich 15 v.H. der Rentnerwohnungen erhielten eine Wärmeversorgung über eine bequeme und komfortablere Fern-, Zentral- oder Sammelheizung. Nur in jeder zehnten Rentnerwohnung war als „Luxusausstattung" ein *Telefon* angeschlossen worden (vgl. Tabelle 8).

Tabelle 7: Ausstattung der Wohnungen in der DDR und in der Bundesrepublik Deutschland (Qualitätsniveau des Wohnungsbestandes der DDR nach Ablauf des SED-Wohnungsbauprogramms 1971 bis 1990)
(Stand: 31. Dezember 1989)

Qualitätsniveau des Wohnungsbestandes gemessen an ausgewählten Ausstattungsmerkmalen	DDR	Bundesrepublik Deutschland
	Ausstattungsgrad je 100 Wohnungen	
1. Ausstattung mit Bad/Dusche	82	96
2. Ausstattung mit einer Warmwasserversorgung (fließend Warmwasser)	82	96
3. Ausstattung mit Innentoilette	76	98,5
4. Ausstattung mit einem modernen Heizsystem (Fern-, Zentral- oder Sammelheizung)	47	74
5. Ausstattung mit einem Telefonanschluß	16	93,1[1]
6. Ausstattung mit einem Anschluß an eine zentrale Abwasserkanalisation *ohne* Abwasserreinigung[2]	73	93
7. Anschluß der Wohnung an eine zentrale Abwasserkanalisation *mit* Abwasserreinigung (Klärwerksanschluß)	43	89

1 Je 100 Haushalte 1988.
2 Die Ausstattungsgruppe 7 ist auch in der Ausstattungsgruppe 6 enthalten.

Quellen: Statistisches Jahrbuch der DDR 1990, S. 189 und 202; Statistisches Jahrbuch für die Bundesrepublik Deutschland 1990, S. 221 und 223; Hochrechnungen des „Instituts für Wohnungs- und Gesellschaftsbau", des „Instituts für Ökonomie" und des „Instituts für Ingenieur- und Tiefbau" der *Bauakademie der DDR* auf der Grundlage der Ergebnisse der letzten im Jahre 1981 durchgeführten *Volks-, Berufs-, Wohnraum- und Gebäudezählung;* Gunnar Winkler (Hrsg.): „Sozialreport DDR 1990, (Daten und Fakten zur sozialen Lage in der DDR)", Stuttgart , München, Landsberg 1990, S. 158 und S. 165; Statistisches Bundesamt: „Zur wirtschaftlichen und sozialen Lage in den neuen Bundesländern", Sonderausgabe, Wiesbaden, Dezember 1992, S. 8; Statistisches Bundesamt (Hrsg.): „Datenreport 1992, (Zahlen und Fakten über die Bundesrepublik Deutschland)", Schriftenreihe Bd. 309 der Bundeszentrale für politische Bildung, Bonn 1992, S. 129/30.

Tabelle 8: **Beträchtliche Qualitätsunterschiede zwischen den Wohnungen von Arbeitern und Angestellten und von Rentnern**
(Stand: 1981[1])

Qualitätsniveau des Wohnungsbestandes gemessen an ausgewählten Ausstattungsmerkmalen	Wohnungen von Arbeitern und Angestellten	Wohnungen von Rentnern
	Ausstattungsgrad je 100 Wohnungen	
1. Ausstattung mit Bad/Dusche	77	48
2. Ausstattung mit einer Warmwasserversorgung (fließend Warmwasser)	74	41
3. Ausstattung mit Innentoilette	68	44
4. Ausstattung mit einem modernen Heizsystem (Fern-, Zentral- oder Sammelheizung)	43	15
5. Ausstattung mit einem Telefonanschluß	14	10

1 Ergebnisse am Stichtag der Erhebung 1981
Quellen: Ergebnisse der letzten im Jahre 1981 durchgeführten *Volks-, Berufs-, Wohnraum- und Gebäudezählung*. Krehl, H.-J. (Hrsg.) und Autorengemeinschaft: „Wohnbausubstanz und Wohnbaubedarf in der DDR, (Zustand, Erhaltungs- und Erneuerungserfordernisse städtischer Bausubstanz, vor allem der Wohngebäude in der DDR)", (Untersuchungsergebnisse erstellt unter Verwendung von geheimgehaltenen Arbeitsergebnissen der Institute der Bauakademie der DDR), Bremerhaven 1990, S. 27; und Gunnar Winkler (Hrsg.): „Sozialreport der DDR 1990, (Daten und Fakten zur sozialen Lage in der DDR)", Stuttgart, München, Landsberg 1990, S. 158 und S. 165;

14 Vergleich ausgewählter Wohnbedingungen in der DDR und in der Bundesrepublik zum Zeitpunkt der „Wende" Ende 1989

Ein wesentliches Qualitätsmerkmal einer Wohnung für das Wohlfühlen ist die *Größe* der Wohnung. Ohne ausreichenden Raum für ein ungestörtes Arbeiten zuhause oder für die Beschäftigung mit individuellen Hobbys erfüllt eine Wohnung nicht den von ihren Bewohnern erhofften Erholungswert.

Auch hinsichtlich dieses Qualitätsstandards vermochte der SED-Sozialismus den Bewohnern der DDR deutlich weniger zu bieten als die Bundesrepublik Deutschland ihren Bürgern. In der Regel war die Durchschnittsgröße einer Wohnung in der DDR um *ein Viertel geringer* als die einer Wohnung in der Bundesrepublik (DDR 1989 = 64,3 m^2; Bundesrepublik = 86,4 m^2). Auch bei den *Mietwohnungen* schnitt die Bundesrepublik bei einem Vergleich der hier im Durchschnitt gebotenen Wohnfläche deutlich besser ab als die gleiche Kategorie von Wohnungen in der DDR (DDR 1989 = 57 m^2; Bundesrepublik = 70 m^2).

In Übereinstimmung mit der Wohnungsgröße wiesen die Wohnungen in der Bundesrepublik im Regelfall auch beträchtlich mehr Wohnräume auf als die in der DDR – Zahl der Räume je Durchschnittswohnung in der DDR 1989 = 2,9 Zimmer; Bundesrepublik = 4,4 Zimmer – (vgl. Tabelle 9).

Tabelle 9: Vergleich ausgewählter Wohnbedingungen in der DDR und in der Bundesrepublik Deutschland 1989/90

Soziale Indikatoren auf dem Gebiet der Wohnverhältnisse	DDR	Bundesrepublik Deutschland
1. Versorgungsgrad mit Wohnungen je 1000 Einwohner		
1987	415[1]	430
1989	430[1]	433
2. Versorgungsgrad mit Wohnungen je 1000 Einwohner nach Abzug der unbewohnbaren und zweckentfremdet genutzten Wohnungen vom Wohnungsbestand 1989	383[2]	
3. Durchschnittliche Größe der Wohnungen		
1989	64,3 m²	86,4 m²
1990	64,4 m²	86,5 m²
4. Belegung von Wohnungen: Einwohner je Wohnung	2,4[3]	2,3
5. Wohnfläche je Einwohner		
1989	27,4 m²	36,7 m²
1990	28,1 m²	36,5 m²
6. Durchschnittliche Wohnfläche je Neubauwohnung 1989	58,4 m²	-
7. Durchschnittliche Wohnfläche je Neubauwohnung bei mehrgeschossigen Wohnbauten in Plattenbauweise 1989	55,9 m²	-
8. Zahl der Räume je Wohnung in Wohngebäuden		
1989	2,9	4,4
1990	2,9	4,4
9. Anteil der Mietwohnungen am Wohnungsbestand		
1989		
1990	75 v.H.[4]	61 v.H.
10. Durchschnittliche Wohnfläche je Mietwohnung		
1987	57 m²	69 m²
1989	57 m²	
1990	57 m²	71 m²
11. Durchschnittliche Wohnfläche in Mietshäusern pro Person		
1989	23,2 m²	33,0 m²
12. Durchschnittliche Wohnfläche je Wohnung im privaten Eigenheimbau		
1987	102,0 m²	113,0 m²
1989	102,3 m²	

1 Soweit nicht anders vermerkt, liegen diesen unter Pkt. 1 ausgewiesenen Ziffern zum Versorgungsgrad bei Wohnungen und darüber hinaus allen weiteren Vergleichsangaben für die DDR die *überhöhten Angaben* der amtlichen Statistik über den *Bestand an Wohnungen* zugrunde.

Dieser Bestand wird für 1989 amtlich mit 7 002 348 Wohnungseinheiten angegeben. Rein rechnerisch beruht er auf der Fortschreibung der Ergebnisse der im Jahre 1981 durchgeführten *Volks-, Berufs-, Wohnraum- und Gebäudezählung.*
Wurden in der DDR Wohnungen durch Verfall unbewohnbar oder durch Umwidmung anderen Nutzungszwecken zugeführt, so mußten diese Abgänge vom Wohnungsbestand *behördlich genehmigt* werden. Da durch solche Abgänge jedoch der Erfolg des SED-Wohnungsbauprogramms beeinträchtigt wurde, registrierten die örtlichen Behörden solche Abgänge höchst ungern, so daß diese von der Statistik nicht erfaßt werden konnten.
Außerdem darf bei dem unter Pkt. 1 und 4 durchgeführten Vergleich der Wohnungsversorgungsquoten nicht übersehen werden, daß in der ehemaligen DDR die Nachfrage nach Wohnungen durch die Flucht und Abwanderung von rd. 2,7 Millionen Menschen im Zeitraum von 1949 bis Oktober 1990 drastisch verringert wurde. Demgegenüber stieg im gleichen Zeitraum diejenige in den alten Bundesländern in nahezu gleichem Umfang an. Ende 1949 betrug die Wohnbevölkerung in der DDR rund 18,79 Millionen Personen, demgegenüber wohnten im DDR-Untergangsmonat Oktober 1989 nur noch 16,10 Millionen Personen im Gebiet der damaligen DDR.
So „resultierte" nach Manzel z.B. die im „Jahrzehnt (von 1950 bis 1960) zu verzeichnende Verbesserung in der quantitativen Wohnungsversorgung ... zu einem geringeren Teil aus dem Wohnungsbau; dieser entsprach in den 50er Jahren nur einem Zehntel der westdeutschen Fertigstellungen".Vgl. Statistisches Jahrbuch der DDR 1990, S. 1, und Karl-Heinz Manzel (ehemals Staatliche Zentralverwaltung für Statistik der DDR, heute Zweigstelle Berlin des Statistischen Bundesamtes): „Von der Wohnlaube zum Wohnblock – Ziel der ‚registrierten Antragstellung' ", in: Egon Hölder (Hrsg.): „Im Trabi durch die Zeit – 40 Jahre Leben in der DDR", Wiesbaden 1992, S. 251–264, hier S. 257.

2   Bei der Ermittlung dieser Verhältnisziffer wurden von dem DDR-amtlich ausgewiesenen „Wohnungsbestand" diejenigen Wohnungen abgezogen, die durch Verfall unbewohnbar und/oder baupolizeilich gesperrt worden waren. Weiterhin wurden diejenigen Wohnungen ausgegliedert, welche nicht bewohnt, sondern zweckentfremdet genutzt wurden.
Grundlage des hier vorgelegten Berechnungsergebnisses ist ein für Wohnzwecke genutzter Wohnungsbestand von 6,3 Millionen Wohnungseinheiten.
„Siehe zur Berechnung und Schätzung dieses *realistischen Bestandes an verfügbaren Wohnungen* Hannsjörg F. Buck und Ute Reuter: „Das Scheitern des SED-Wohnungsbauprogramms und die infrastrukturellen und ökologischen Erblasten für die Wohnumwelt in den neuen Bundesländern, (Vom Mißbrauch der Statistik unter dem SED-Regime)", Analysen und Berichte Nr. 6/1991, hrsg. vom Gesamtdeutschen Institut, Bonn, November 1991, S. 57–61.

3   Zu dieser (abgesehen von der Wohnungsgröße) vergleichsweise günstigen Relation von *Einwohnern je Wohnung* in der DDR hat natürlich auch der im Jahre 1989 stattgefundene Rückgang der Wohnbevölkerung durch die Fluchtbewegung beigetragen. Geht man (wie in Pkt. 2) von einer realistischeren Bestandsgröße von maximal 6,3 Millionen Wohnungen für das Jahr 1989 aus, so ergibt sich für die frühere DDR eine Relation von *2,64 Einwohnern je Wohnung.*

4   Geschätzt.

Quellen: Statistisches Jahrbuch der DDR 1989, S. 1, S. 168–172; Statistisches Jahrbuch der DDR 1990, S. 1, S. 189 und S. 198–202; Statistisches Jahrbuch der Bundesrepublik Deutschland 1990, S. 43, S. 217–223; Gunnar Winkler (Hrsg.): „Sozialreport DDR 1990", Stuttgart, München, Landsberg 1990, S. 157–167; Karl-Heinz Manzel: „Von der Wohnlaube zum Wohnblock –, Ziel der ‚registrierten Antragstellung' ", in: Egon Hölder (Hrsg.): „Im Trabi durch die Zeit – 40 Jahre Leben in der DDR", Wiesbaden 1992, S. 251–264; und Statistisches Bundesamt: „Zur wirtschaftlichen und sozialen Lage in den neuen Bundesländern", Sonderausgabe, Wiesbaden, Dezember 1992, S. 7–16.

15. Grundrecht auf Wohnraum und Billig-Wohnen als „soziale Errungenschaft"

Während der gesamten Zeit des Bestehens der DDR hat die Führung der SED immer wieder herausgestellt, daß die vom Staat für alle Mieter *einheitlich festgesetzten Mieten auf niedrigstem Niveau* eine der herausragenden „Errungenschaften" des DDR-Sozialismus seien. Im Unterschied zu den kapitalistischen Staaten, in denen –

nach der propagierten SED-Auffassung – nur die Reichen und gut Verdienenden die verlangten Wuchermieten zahlen und sich eine der zumeist teuren Wohnungen leisten könnten, habe in der DDR jeder Bürger ein *Grundrecht auf Wohnung* unabhängig von der Höhe seines Einkommens (siehe hierzu den Wortlaut des *Art. 37 der DDR-Verfassung* von 1968/74).[37] Im „Staat der Arbeiter und Bauern" beschere die „Partei der Arbeiterklasse" den Wohnungssuchenden Wohnraum zu so günstig bemessenen Sozialmieten, daß „eine Wohnung zu haben" keine Geldfrage und kein Privileg von einkommensstarken Kapitalbesitzern mehr sei.

Die Staatswirtschaft der DDR hatte somit das Gut „Wohnung" völlig einer Verteilung durch individuell geprägte Marktbeziehungen entzogen. Statt dessen war dieses Gut als Teil des „gesellschaftlichen Konsumtionsfonds" zu einem Stück öffentlicher Wohlfahrt geworden, das vom Angebotsmonopolisten Staat nach Größe, Qualität und Lage bestimmt und zentral an die jeweils von ihm ausgesuchten Begünstigten verteilt wurde. Dementsprechend bildete sich der Preis für die Wohnungsnutzung auch nicht am Markt, sondern wurde durch Gesetz festgelegt.[38]

Ausgehend von dem Mietenniveau, wie es durch Staatsdekret bereits bis 1980 festgesetzt worden war, wurde ab 1. Dezember 1981 *in Berlin (Ost)* die Quadratmeter-Miete im *genossenschaftlichen* und *staatlichen* Wohnungswesen einheitlich auf monatlich 1,00 bis 1,25 Mark (Ost) festgeschrieben. Diese Mietfestlegung betraf allerdings nur Wohnungen, die nach dem 1. Januar 1967 in Ost-Berlin *neu errichtet* worden waren. Für *Neubauwohnungen* in den Bezirken wurden demgegenüber zwischen 0,80 bis 0,90 Mark je m^2 verlangt (Kaltmiete). Für alle *Altbauwohnungen* mußten die Mieter im Höchstfall 0,80 Mark (Ost) je m^2 an den Vermieter entrichten.

Ebenso wie die Mieten waren auch die Preise für die Mitfinanzierung der Strom- und Heizkosten (Nebenkosten) durch Staatsbefehl festgeschrieben. Sie beliefen sich für die Beheizung der Wohnungen auf zumeist 0,40 Mark je m^2 Wohnfläche im Monat.[39]

Bei diesen Mini-Mieten beanspruchten die Ausgaben für die Miete im Durchschnitt nur 3 v.H. der Nettoeinkommen der privaten Haushalte.[40] Darüber hinaus ermöglichten die horrend hohen Preisstützungssubventionen aus dem Staatsetat, daß fast sämtliche Familien in der DDR für die Wärme-, Warmwasser- und Energieversorgung im Durchschnitt lediglich 2 v.H. ihrer Haushaltsetats aufzuwenden brauchten.[41]

Diese allen DDR-Bewohnern durch die Preisstützungs- und Subventionspolitik der Regierung gewährten *Aufbesserungen der Kaufkraft* ihrer Einkommen wurden während der Honecker-"Ära" von der SED-Propaganda zumeist als die „zweite Lohntüte" der Haushalte der Werktätigen und Rentner herausgestellt. Wollte man die Effektivverdienste der DDR-Bürger wahrheitsgetreu erfassen, so müßten die in dieser „Tüte" enthaltenen *indirekten* Zuwendungen unbedingt den *direkten* Einkommenbezügen hinzugerechnet werden.

Vergleicht man jedoch diese durch Preisstützungssubventionen aus der Staatskasse ermöglichten Ausgabenentlastungen der DDR-Haushalte mit den Belastungen westdeutscher Bürger durch annähernde oder tatsächliche Markt-Mieten und Wohnnebenkosten, so brachten für die Bewohner der DDR diese „Einkommen aus der zweiten Lohntüte" in Wirklichkeit nur scheinbar eine merkliche Verbesserung ihrer Einkommen und Lebensbedingungen. Denn diese durch Subventionen erzielten Einsparungen beim Einkauf von Versorgungsleistungen wurden durch den Abstand der Realeinkommen zwischen Ost- und Westdeutschen deutlich übertroffen. Außerdem verführten die Mini-Preise für Strom, Gas, Wasser und Fernwärme sämtliche Nutzer zur Verschwendung dieser kostbaren Versorgungsgüter, weil von ihnen keine erzieherische Wirkung zur Sparsamkeit ausging. Die hierdurch verursachten volkswirtschaftlichen Kosten (Wohlfahrtsverluste) mußten letztendlich Gerechte (= sparsame Verbraucher) und Ungerechte (= verantwortungslose Verschwender) gemeinsam tragen.

16. Finanzierung der Erhaltung, Erweiterung und Bewirtschaftung des Wohnungsbestandes

Durch die kommunistische Umwandlung der Mieten von einem Preis für die Nutzung, Verteilung und Bereitstellung von Wohnraum in ein *Instrument staatlicher Sozialpolitik* verloren diese jegliche ökonomische Leitfunktion für die Steuerung der Wohnungsbauaktivitäten und für die qualitative Differenzierung des Wohnungsangebotes.[42]

In den 80er Jahren dürften nach überschlägigen Rechnungen die bescheidenen Mieteinnahmen, die von den Mietern staatlicher und genossenschaftlicher Wohnungen überwiesen wurden, höchstens *ein Viertel* der Kosten gedeckt haben, die jährlich bei der Durchführung der dringlichsten Instandhaltungs- und Modernisierungsmaßnahmen anfielen und die durch die Bewirtschaftung des Wohnungsbestandes verursacht wurden.[43,44] Die Einheits-Mini-Mieten reichten somit in der staatlichen und genossenschaftlichen Wohnungswirtschaft weder aus, um die Kosten für den Unterhalt, die Instandhaltung, Modernisierung und Bewirtschaftung des Wohnungsbestandes zu decken, noch ermöglichten sie eine Verzinsung der von den Wohnungsbaugenossenschaften aufgenommenen Wohnungsbaukredite. Eine Bildung von Investitionsrücklagen zur späteren Finanzierung weiterer Neubauten war aus den Mieteinnahmen ohnehin nicht möglich. Dieses *Finanzierungsdesaster*, das sich in den 80er Jahren durch die unbegreifliche Untätigkeit der SED-Führung in der Preispolitik und Ausgabenbegrenzung ständig verschlimmerte, beruhte schlicht auf dem „ökonomischen Fakt", daß ein sozialistischer Staat zwar die hausgemachten *Preise* durch Befehle diktieren und zementieren konnte, aber nicht die Macht besaß, die durch die Veränderungen der Produktions- und Handelsbedingungen in der Welt- und Binnenwirtschaft bestimmten *Kosten* zu kommandieren.

Aus diesen Gründen entstand jedes Jahr eine beträchtliche Finanzierungslücke, und zwar sowohl beim staatlichen als auch beim genossenschaftlichen Wohnungswesen. Die zur Erhaltung und zum Bau *staatlicher* Wohnungen gebrauchten Mittel wurden dabei unmittelbar durch *Investitionszuschüsse* und *Subventionen* aus dem Staatshaushalt aufgebracht. Demgegenüber deckten die Genossenschaften ihren Geldbedarf durch *Kredite* und durch eine wachsende Verschuldung bei der staatlichen Bankenorganisation. Bei den Darlehen, die den Wohnungsbaugenossenschaften zuflossen, handelte es sich in Wirklichkeit nicht um eine echte Kreditfinanzierung. Denn diese brauchten die Darlehensmittel nicht aus eigenen Einnahmen zu verzinsen und zu tilgen, diese Verpflichtung übernahm ebenfalls der Staatshaushalt. Da somit auch die Mittelbeschaffung dieser Bauträger über Kredite lediglich eine *Umweg- oder Zwischenfinanzierung* war, bildete der Staatshaushalt in der DDR die *Hauptfinanzierungsquelle für die Wohnungswirtschaft* (Neubau, Um- und Ausbau, Instandhaltung, Reparatur und Modernisierung bestehender Wohnungen, Unterhaltung der Wohnungsverwaltung).

Ab Mitte der 80er Jahre wurde mehr als die Hälfte der jährlich für das SED-Wohnungsbauprogramm und die DDR-Wohnungswirtschaft ausgegebenen Finanzmittel aus dem Staatshaushalt bereitgestellt. Weitere 25 bis 30 v.H. des Finanzbedarfs brachten die Banken durch die Vergabe von „Fließband"-Krediten zu genormten Bedingungen an die Wohnungsbaugenossenschaften auf.[45]

17. Der Weg in den finanziellen Untergang der Staatsfinanzwirtschaft

Durch die seit Mitte der 70er Jahre beträchtliche Verteuerung des Wohnungsbaus und der Dienst- und Versorgungsleistungen für die Wohnungswirtschaft einerseits und der von der SED-Führung starr beibehaltenen Festpreis- und Subventionspolitik andererseits nahm die *Finanzierungsbelastung des Staatshaushalts* und des Kreditsystems gigantische Ausmaße an. So erhöhten sich z.B. die Ausgaben des DDR-Staatsbudgets für den „Wohnungsbau und die Wohnungswirtschaft" von rd. 3,5 Mrd. Mark 1971 auf rd. 16 Mrd. Mark 1988 Mark (Ausgaben 1980 = rd. 7 Mrd. Mark).[46,47]

Eine noch weit gewaltigere Ausgabenexpansion als im Wohnungswesen fand in dieser Zeit bei den *Subventionen zur Stützung niedriger Endverbraucherpreise* für Grundnahrungsmittel und „für sozialpolitisch bedeutsame" Industriewaren (z.B. Kinderbekleidung, Schulbücher, Lehrmittel) sowie zur Beibehaltung der auf einem Mini-Niveau eingefrorenen *Tarife im Personennah- und Personenfernverkehr* statt. Sie kletterten allein in den acht Jahren von 1981 bis 1988 von 16,9 Mrd. Mark im Jahre 1980 auf die gigantische Summe von 49,8 Mrd. Mark (Ost) im Jahre 1988 (Steigerung 1988 gegenüber 1980 = *auf das Dreifache*).[48]

Die Folge dieser ungebremsten Ausgabenexpansion war, daß die DDR-Staatskasse die laufend zunehmende Überforderung nicht mehr durch Erschließung neuer Einnahmequellen verkraften konnte. Die aufbrechenden *Einnahmelücken* des Staatsetats mußten deshalb immer wieder durch *Geldschöpfung* gestopft werden, und für den jährlich erforderlichen Budgetausgleich mußte eine *wachsende innere Verschuldung* des Staates beim Bank- und Kreditsystem herhalten.[49]

Die Wohnungspolitik und das Wohnungsbauprogramm der SED (1971 – 1989/90) sind somit nicht nur durch die materiell unzureichenden Bau-, Modernisierungs- und Reparaturleistungen der staatlich gelenkten Bauwirtschaft und die mangelhafte Effizienz der Baubetriebe zu Fall gebracht worden, sondern sie sind auch daran gescheitert, daß beide besonders seit Beginn der 80er Jahre *immer weniger finanzierbar waren*.

Anmerkungen

1 Vgl. hierzu *Wolfgang*, Unser Wohnungsbauprogramm – bedeutendste sozialpolitische Aufgabe. In: Einheit, Berlin (Ost), 29 (1974)-4, S. 424–433, hier S. 425; außerdem Autorenkollektiv unter der Leitung von *Günter Schmunk, Gerhart Tietze und Gunnar Winkler*, Marxistisch-leninistische Sozialpolitik, hrsg. von der Gewerkschaftshochschule „Fritz Heckert" beim Bundesvorstand des FDGB, Berlin (Ost) 1975, S. 131ff.
2 Vgl. Friedrich *Engels*, Zur Wohnungsfrage. In: *Karl Marx und Friedrich Engels*, Ausgewählte Schriften in zwei Bänden. Berlin (Ost) 1958, S. 519–602, hier S. 559.
3 „Das Wohnungsbauprogramm der DDR ist deshalb das Kernstück der Sozialpolitik, weil es die Mehrzahl der Bevölkerung erfaßt, die umfangsreichsten materiellen und finanziellen Mittel erfordert und eine entscheidende Grundlage zur Herausbildung der sozialistischen Lebensweise darstellt." Vgl. hierzu den Stichwortartikel Wohnungsbauprogramm der DDR. In: Ökonomisches Lexikon, 3. neu bearbeitete Auflage, Band Q–Z. Berlin (Ost) 1980, S. 685.
4 Die im Sprachgebrauch der DDR-Sozial- und Wohnungsbaupolitik benutzte Formulierung „Bauprogramm für den komplexen Wohnungsbau" umfaßte ein ganzes Konglomerat verschiedenster Maßnahmen auf dem Gebiete des Wohnungsbaus, der Verbesserung der Wohnverhältnisse, der Stadtgestaltung und der sozio-kulturellen Betreuung der Bevölkerung in den Wohngebieten. Ausgehend hiervon waren in den für dieses Programm veranschlagten Gesamtkosten u.a. folgende Einzelaufwendungen enthalten:
– die Kosten für die Aufschließung von Grundstücken zur Errichtung von Neubauten;
– die Aufwendungen für den Neubau von Wohnungen;
– die Kosten für den Um- und Ausbau sowie für die Modernisierung und die Reparatur von Wohnungen;
– die Aufwendungen für den Anschluß von Wohnhäusern und Neubauvierteln an die öffentlichen Ver- und Entsorgungsnetze und
– die Investitionskosten für den Neubau von Gemeinschafts- und Betreuungseinrichtungen in neuen und alten Wohngebieten (z.B. Kindergärten, Kinderkrippen, Jugendclubs, Kulturzentren, Bibliotheken, Freizeiteinrichtungen, Feierabend- und Pflegeheime, Annahmestellen für Sekundärrohstoffe [SERO]).
Vgl. hierzu Definitionen für Planung, Rechnungsführung und Statistik, Teil 3, hrsg. vom Ministerrat der DDR und der Staatlichen Zentralverwaltung für Statistik. Berlin (Ost) – Weimar 1980, S. 126.
5 Vgl. hierzu das Statistische Jahrbuch der DDR 1990, S. 120/21.
6 Sogar im Bauwesen von Berlin (Ost), das bei der Produktionsmittelzuteilung von der SED-Planbürokratie stets bevorzugt worden war, besaßen im Untergangsjahr der DDR (1989) folgende Baumaschinen ein Alter von über 10 Jahren:
86 v.H. aller Verdichter,
75 v.H. aller Bagger,
75 v.H. aller Zugmaschinen und
73 v.H. aller Kletter- und Drehkräne.
Siehe zum Beleg *Otto Dienemann* (Professor, Dr., Mitglied der Bauakademie der ehemaligen DDR) u. a., Entwicklungstendenzen der Bauwirtschaft in Berlin (Ost) und Ansatzpunkte für eine kapazitätsorientierte Baupolitik in Berlin. Gutachten im Auftrag des Magistrats von Berlin. Berlin (Ost), Oktober 1990, S. 27ff.
7 Für den hier angestellten Vergleich wurde das in diesem Abrechnungszeitraum noch fehlende Jahr 1990 durch das Jahr 1975 ersetzt.
8 Der VIII. Parteitag der SED fand vom 15. bis 19. Juni 1971 in Berlin (Ost) statt.
9 Zur Wohnungsbaupolitik der SED machte Honecker in seinem Hauptreferat auf dem XI. Parteitag folgende Versprechungen: *„In diesem Fünfjahrplan ist vorgesehen, weitere 1 064 000 Wohnungen neu zu bauen oder zu modernisieren. Gewaltige Mittel gibt unser Staat hierfür aus. [...] Nehmen wir alles in allem, dann werden in dem historisch kurzen Zeitraum von 20 Jahren rund 3,5 Millionen Wohnungen neugebaut oder modernisiert sein. Das verbessert die Wohnverhältnisse für fast 10,5 Millionen Bürger. Damit wird bis 1990 die Wohnungsfrage als soziales Problem gelöst und so ein altes Ziel der revolutionären Ar-*

beiterbewegung Wirklichkeit. Jeder Bürger wird über angemessenen Wohnraum verfügen."
Vgl. Neues Deutschland vom 18. April 1986, S. 5.

10 Vgl. hierzu folgende in der SED-Presse abgedruckte Reden und Artikel: „Begeisterndes Meeting mit Erich Honecker in Hohenschönhausen. Dreimillionste Wohnung an Arbeiterfamilie – Zeugnis erfolgreicher Politik zum Wohle des Volkes." „Durch konsequente Verwirklichung des Wohnungsbauprogramms verbesserten sich seit 1971 für über 9 000 000 Bürger der DDR die Lebensbedingungen/Dachdecker Mario Fischer bei der Übernahme des Schlüssels: Unser Dank der Partei der Arbeiterklasse/Bauleute aus Berlin und Bezirken übergaben neue Wettbewerbsverpflichtungen." In: Neues Deutschland vom 13. Oktober 1988, S. 1; „Eine große historische Leistung der sozialistischen Gesellschaft. (Ansprache Erich Honeckers auf dem Meeting in Berlin-Hohenschönhausen)", ebenda, S. 3; „Wir sind froh und glücklich über unsere „Jubiläumswohnung". (Dankesworte von Mario Fischer nach der Schlüsselübernahme)", ebenda.

11 Honecker wurde am 17. Oktober 1989 auf der Sitzung des Politbüros von seinem Posten als Generalsekretär des ZK der SED abgelöst und mußte zugleich auch das Amt des Vorsitzenden des Staatsrates abgeben. Sein Sturz wurde am darauffolgenden Tag durch das Zentralkomitee der SED bestätigt.
Vgl. das Kommunique der 9. Tagung des Zentralkomitees der SED. In: Neues Deutschland vom 19. Oktober 1989.

12 Vgl. SAPMO BArch, DY 30/J IV 2/2 2354. Dieser Bericht wurde unter dem Titel: Schürers Krisen-Analyse auch im Deutschland Archiv, 25 (1992)-10, S. 1112–1120, veröffentlicht. Siehe ergänzend hierzu das Interview von *Hans-Hermann Hertle* mit Gerhard Schürer vom 21. Februar 1992 (Titel: Das reale Bild war eben katastrophal), ebenda, S. 1031–1039.

13 Diese Zentralverwaltung firmierte inzwischen unter dem Namen „Statistisches Amt der DDR".

14 Vgl. zum Beleg Schürers-Krisenanalyse. In: Deutschland Archiv, 25 (1992)-10, S. 1112–1120, hier S. 1118.

15 Vgl. Sozialreport Ost-Berlin 1990, hrsg. vom Institut für Soziologie und Sozialpolitik der Akademie der Wissenschaften der DDR und vom Statistischen Amt der Stadt Berlin, bearbeitet von Horst Berger, Helmut Boldt, Eckhard Priller und Rudolf Trettin, als Manuskript vervielfältigt, nicht im Buchhandel, Berlin (Ost), im September 1990, S. 125.

16 Wichtigste Rechtsgrundlage für die totale Verfügung des Staates über den gesamten volkswirtschaftlichen „Wohnungsfonds" waren die Verordnung über die Lenkung des Wohnraumes (Wohnraumlenkungsverordnung/ WLVO) vom 14. September 1967, in: GBl. der DDR, Teil I, Nr. 105, S. 733ff. und die ergänzend hierzu erlassenen Durchführungsvorschriften. Diese Verordnung galt für Wohnungen aller Eigentumsformen.
Vgl. hierzu auch die §§ 96 und 99 des Zivilgesetzbuches der DDR vom 19. Juni 1975, in: GBl. der DDR, Teil I, Nr. 27, S. 465ff.

17 Träger des „sozialistischen Wohnungsbaus" in der DDR waren die VEB Kommunale Wohnungswirtschaft bzw. Wohnungsverwaltung/VEB Gebäudewirtschaft (= staatlicher Wohnungsbau) und die Wohnungsbaugenossenschaften (Arbeiterwohnungsbaugenossenschaften und Gemeinnützige Wohnungsbaugenossenschaften).

18 Vgl. die Anordnung zur Aufhebung der allgemeinverbindlichen Bausparbedingungen der Sparkassen vom 21. Dezember 1970, in: GBl. der DDR, Teil II, Nr. 3/1971, S. 31, hier insbesondere § 1, Abs. 2 und dazu ergänzend das Gesetz über die Aufnahme des Bausparens vom 15. September 1954, in: GBl. der DDR, Nr. 81/1954, S. 783/84.

19 1950 wurden in der DDR noch 61 v.H. und 1951 noch 32 v.H. aller neugebauten und ausgebauten Wohnungen von privaten Bauherren errichtet (Bauleistung 1950 insgesamt = 31 000 Wohnungen; 1951 = 61 000 Wohnungen). Ab 1958 drückte dann die SED-Führung den Anteil der Wohnungen, die durch private Haushalte gebaut werden durften, auf unter 7 v.H. der Jahreswohnungsbauleistung herab.
Vgl. hierzu *Manfred Hoffmann*, Wohnungspolitik der DDR. Düsseldorf 1972, S. 66/67.

20 Der im Jahre 1936 angeordnete Mietpreisstopp wurde 1946 durch die Sowjetische Militär-Administration (SMAD) bestätigt. Eine weitere Verlängerung der Geltungsdauer dieser allgemeinen Mietpreisbindung erfolgte dann in der DDR durch die Preis-Anordnung (PreisAO) Nr. 415 – Anordnung über die Förderung und Gewährleistung preisrechtlich zulässiger Preise – vom 6. Mai 1955, in: GBl. der DDR, Teil I, Nr. 39, S. 330.

Vgl. ferner zum Beleg *Harry Creuzburg und Wolfgang Schmidt*, Wohn- und Wohnungsmietrecht des Alltags. 2. Auflage, Berlin (Ost) 1966, S. 112.
21 In der früheren Bundesrepublik gehörten im Jahre 1987 mehr als vier Fünftel aller Wohnungen Privatpersonen. Etwa 20 v.H. des Wohnungsbestandes gehörten zum Firmenvermögen der gemeinnützigen Wohnungsbaugesellschaften oder sie befanden sich im Eigentum der öffentlichen Hand.
22 Vgl. Sozialreport Ost-Berlin 1990 (Daten und Fakten zur sozialen Lage), hrsg. vom Institut für Soziologie und Sozialpolitik der Akademie der Wissenschaften der DDR und vom Statistischen Amt der Stadt Berlin, nicht im Buchhandel, als Manuskript gedruckt. Berlin (Ost), September 1990, S. 122.
23 Vgl. das Statistische Jahrbuch der DDR 1990, S. 120.
24 Dazu gehören die Installationsausrüstungen für die Strom-, Gas-, Wasser- und Wärmeversorgung sowie für die sanitäre Entsorgung, die hauseigenen Heizungsanlagen, Warmwasserspeicher und die eingebaute Kommunikationstechnik wie Telefon- , Fernseh- und Antennenanschlüsse.
25 Vgl. hierzu das Statistische Jahrbuch der DDR 1990, S. 121.
26 Vgl. *H.-J. Krehl* (Hrsg.) und Autorengemeinschaft, Wohnbausubstanz und Wohnbaubedarf in der DDR (Zustand, Erhaltungs- und Erneuerungserfordernisse städtischer Bausubstanz, vor allem der Wohngebäude in der DDR), (Untersuchungsergebnisse erstellt unter Verwendung von geheimgehaltenen Arbeitsergebnissen der Institute der Bauakademie der DDR). Bremerhaven 1990, S. 27.
27 Vgl. *Gunnar Winkler* (Hrsg.), Sozialreport DDR 1990 (Daten und Fakten zur sozialen Lage der DDR). Stuttgart, München, Landsberg 1990 (Redaktionsschluß 28. Februar 1990), S. 163.
28 Vgl. *Hans Krause*, Das Wohnungsbauprogramm – Investition in die Zukunft. Berlin (Ost) 1989, S. 30.
29 Vgl. *Lutz Rathenow*, Stadtgestaltung in Ostberlin. In: Der Architekt, Heft Nr. 10/1989, S. 510.
30 Siehe auch *Bruno Flierl*, Stadtgestaltung in der ehemaligen DDR als Staatspolitik. In: *Peter Marcuse und Fred Staufenbiel*, Wohnen und Stadtpolitik im Umbruch (Perspektiven der Stadterneuerung nach 40 Jahren DDR). Berlin (Ost) 1991, S. 49–65, hier S. 52.
31 Vgl. *Bernd Hunger*, Stadtverfall und Stadtentwicklung – Stand und Vorschläge. In: *Peter Marcuse und Fred Staufenbiel*, Wohnen und Stadtpolitik im Umbruch (Perspektiven der Stadterneuerung nach 40 Jahren DDR). Berlin (Ost), 1991, S. 32–48, hier S. 33.
32 Vgl. *Norbert Schwaldt*, Eine grauenhafte Vision: Schlafstädte werden große Altenheime – Das Wohnungsbauprogramm hinterließ triste Neubauten. Sanierungskosten nicht abzuschätzen. In: Neue Zeit vom 12. Oktober 1991, S. 25 und
Bundesminister für Raumordnung, Bauwesen und Städtebau (Hrsg.): Vitalisierung von Großsiedlungen. Bonn 1991, hier S. 82–86, S. 194ff. und S. 210ff.
33 Vgl. *Bernd Hunger* (Anhang, Nr. 5).
die gleiche Auffassung vertritt auch *Jürgen Rostock*, Zum Wohnungs- und Städtebau in den ostdeutschen Ländern. In: Aus Politik und Zeitgeschichte, Beilage zur Wochenzeitung Das Parlament, Heft Nr. B 29/91 vom 12. Juli 1991, S. 41.
34 Vgl. *Wolfgang Junker*, Zur gegenwärtigen Situation des Bauwesens unseres Landes (Rede auf der 10. Tagung des ZK der SED, 8. – 10. November 1989). In: Neues Deutschland vom 10. November 1989, S. 3/4, hier S. 4.
35 Diesen Angaben liegt der amtlich als vorhanden ausgewiesene Bestand von rd. 7 Millionen Wohnungen Ende 1989 zugrunde.
36 Vgl. den Beitrag über Umweltbelastung und Umweltzerstörung in diesem Band.
37 Das „Recht auf eine Wohnung" war in der Verfassung der DDR in Abschnitt II, Kapitel 1 (Grundrechte und Grundpflichten der Bürger), Art. 37, verankert. Es hieß dort in Absatz 1: „Jeder Bürger der Deutschen Demokratischen Republik hat das Recht auf Wohnraum für sich und seine Familie entsprechend den volkswirtschaftlichen Möglichkeiten und örtlichen Bedingungen. Der Staat ist verpflichtet, dieses Recht durch die Förderung des Wohnungsbaus, die Werterhaltung vorhandenen Wohnraums und die öffentliche Kontrolle über die gerechte Verteilung des Wohnraums zu verwirklichen."
Siehe hierzu die Verfassung der DDR vom 6. April 1968 in der Fassung des Gesetzes zur Ergänzung und Änderung der Verfassung der DDR vom 7. Oktober 1974, in: GBl. der DDR, Teil I, Nr. 47, S. 432–456, hier S. 443.

38 Demgemäß heißt es in § 103, Abs. 1, des Zivilgesetzbuches der DDR: „Der Mietpreis ist entsprechend den Rechtsvorschriften oder den auf ihrer Grundlage ergangenen staatlichen Festlegungen zwischen Mieter und Vermieter zu vereinbaren."
Vgl. das Zivilgesetzbuch sowie angrenzende Gesetze und Bestimmungen. Textausgabe, 5. überarbeitete Ausgabe. Berlin (Ost) 1988, S. 29.

39 Vgl. die Verordnung über die Festsetzung von Mietpreisen in volkseigenen und genossenschaftlichen Neubauwohnungen vom 27. November 1981, in: GBl. der DDR, Teil I, Nr. 34, S. 389; dazu ergänzend für die Zeit vor 1981 die Verordnung zur Verbesserung der Wohnverhältnisse der Arbeiter, Angestellten und Genossenschaftsbauern vom 10. Mai 1972, in: GBl. der DDR, Teil II, Nr. 27, S. 318 und den Sozialreport Ost-Berlin 1990 (s. o. Anm. 22), S. 125/26.

40 Im Jahre 1989 mußten die Drei-Personen-Haushalte von Arbeitern und Angestellten in der DDR, deren Haushaltsnettoeinkommen zwischen 1 600,- und 2 000,- Mark (Ost) lag (= zweithäufigste Einkommensgruppe), 2,8 v.H. ihrer verfügbaren Haushaltseinkommen für die Bezahlung der Miete aufbringen.
Vgl. das Statistische Jahrbuch der DDR 1990, S. 318 und 320.

41 Durch die beiden Ölpreisexplosionen (1973/74 und 1977/78) stiegen in den Folgejahren auch in der DDR die Importkosten für Energierohstoffe und die Erzeugungskosten für Gebrauchsenergie enorm an. Trotz dieser Verteuerung verlangte die Regierung der DDR von den privaten Haushalten keine höheren Energiepreise, sondern hielt starr an den einmal festgeschriebenen Niedrigpreisen fest. Dementsprechend beliefen sich im letzten Jahr der SED-Herrschaft (1989) die durchschnittlichen monatlichen Ausgaben der Haushalte von Arbeitern und Angestellten (Ehepaare mit und ohne Kinder) für Strom, Gas, Wasser und Heizung aller Art auf noch nicht einmal 2 v.H. der gesamten Haushaltsausgaben.
Vgl. das Statistische Jahrbuch der DDR 1990, S. 321.

42 Vgl. *Ludwig Penig*, Der komplexe Wohnungsbau als staatliche Aufgabe. Reihe: Der sozialistische Staat: Theorie – Leitung – Planung, Berlin (Ost) 1973, S. 12ff.

43 Siehe dazu auch Johann Eeckhoff, Wohnungsmärkte und Städtebau in der DDR: Ausgangslage – Probleme – Konzepte. In: Ifo-Schnelldienst, Heft Nr. 15/1990, S. 22 – 25, hier S. 24.

44 In der zweiten Hälfte der 80er Jahre konnten durch die von den Staatsbetrieben der Wohnungswirtschaft und die von den sozialistischen Wohnungsbaugenossenschaften eingezogenen Mieten im Durchschnitt nur noch 9 v.H. der finanziellen Aufwendungen für die „SED-Wohnungspolitik und das Wohnungsbauprogramm im komplexem Wohnungsbau" bestritten werden.
Bezugsbasis dieser Anteilsberechnung sind hier zunächst einmal die gesamten finanziellen Aufwendungen im staatlichen und genossenschaftlichen Wohnungswesen. Außerdem umfaßt diese Bezugsgröße dann noch den Einsatz von gewissen „Eigenmitteln" aus den Kassen verschiedener Bauherren für die Finanzierung von Wohnraumerhaltungs- und Wohnungsbaumaßnahmen (dazu gehören vor allem die finanziellen Aufwendungen der Unternehmen/Kombinate aus ihren „Sozial- und Kulturfonds" für den Werkswohnungsbau und die Aufwendungen der privaten Bauherren für die Errichtung und Unterhaltung von Eigenheimen).
Vgl. hierzu das Statistische Jahrbuch der DDR 1988, S. 266 und die Jahrbuchausgabe 1989, S. 267/68.

45 Vgl. hierzu das Kapitel Staatshaushalt im Statistischen Jahrbuch der DDR 1988, S. 266 und dazu das gleiche Kapitel in der Ausgabe des Jahrbuches für das Jahr 1989, S. 267/68.

46 Einschließlich der aus dem Staatshaushalt bezahlten Aufwendungen für die Energie-, Wärme- und Wasserversorgung, die Entsorgung, Begrünung und andere wohnungswirtschaftliche Dienstleistungen und ferner einschließlich der aus der Staatskasse beglichenen Zins- und Tilgungsverpflichtungen gegenüber der Bankenorganisation für die von den Wohnungsbaugenossenschaften aufgenommenen Investitionskredite.

47 Vgl. das Statistische Jahrbuch 1988, S. 266/67 und die Jahrbuchausgabe 1989, S. 266/267.

48 Vgl. das Statistische Jahrbuch der DDR 1990, S. 301.

49 Zum Ausmaß der „inneren Verschuldung" des SED-Staates am 31. Dezember 1989 siehe den einzigen in 40 Jahren DDR veröffentlichten ausführlichen Jahresbericht 1989 der Staatsbank der DDR, vorgelegt am 29. März 1990 in Berlin (Ost).

Anhang

Nr. 1

**Planung und Leitung der Bauaktivitäten
in der Einparteien-Diktatur der SED**

**Baupolitische Programmdurchführung ein „listenreiches Gerangel"
unter Planbürokratien**

Für die verschiedenen Baubilanzen gab es unterschiedliche Zuständigkeiten und Verantwortlichkeiten. Der Baubedarf der Industrie und das hierfür zur Verfügung gestellte Bauaufkommen fand seine Darstellung in der Industriebaubilanz. Für diese Bilanz war das Ministerium für Bauwesen unmittelbar verantwortlich.

Der Baubedarf und das Bauaufkommen für den komplexen Wohnungsbau (hierzu gehörten die Investitionen der örtlichen Räte für den Neubau von volkseigenen und genossenschaftlichen Wohnungen und von Gemeinschaftseinrichtungen wie Schulen, Kindergärten, Kinderkrippen, Feierabendheime usw. einschließlich der erforderlichen Erschließungsleistungen) wurden in den Bilanzen des komplexen Wohnungsbaus zusammengefaßt. Für diese waren unmittelbar die Räte der Bezirke und Kreise verantwortlich. Hierbei galt auch wieder das Prinzip: Bezirksbeschlüsse und -festlegungen gingen vor solchen der Kreise. Für die Baureparaturen gab es eigene Baubilanzen. In ihnen waren die notwendigen Reparaturleistungen für die Bausubstanz der Industrie wie auch für die Wohnbausubstanz und die öffentlichen Gebäude enthalten. Die Kompetenz lag bei den Räten der Kreise und Städte. Auf dieser Ebene entstanden, nachdem alle übergeordneten Ebenen ihre Prioritäten bei der Inanspruchnahme von Bauaufkommen zu sichern versuchten, die größten Disproportionen zwischen Baubedarf und Bauaufkommen.

Auf allen Ebenen der Bilanzierung fand ein rigoroses und listenreiches Gerangel um Bauanteile in der Bilanz statt. Keine Bilanz war stabil. Dringende Erfordernisse der Volkswirtschaft, elementare Notwendigkeiten des realen täglichen Lebens, subjektive oft ehrgeizige Pläne einflußreicher Partei-, Staats- und Wirtschaftsfunktionäre auf allen Ebenen sowie nicht ausreichende Materialressourcen führten immer wieder zu Bilanzveränderungen und damit Destabilisierung jeglicher langfristiger Planung.

Bauwünsche von Privatpersonen fanden nur in Gestalt des Eigenheimbaues und hierbei in der Regel auch nur, was die Bereitstellung von Baumaterialien betrifft, Aufnahme in den Baubilanzen. Dasselbe trifft auf die Baureparaturen an privaten Wohngebäuden zu. Leistungen von Baubetrieben für diesen Teil des Baubedarfs wurden, vorausgesetzt, daß Bauaufkommen überhaupt verfügbar war, über die Bilanz bereitgestellt, wenn dieser Bedarf in das Konzept der jeweiligen Stadt und des jeweiligen Baubetriebes paßte. In der Regel wurden die wenig verbleibenden Reparaturkapazitäten in städtischen Teilgebieten konzentriert, die für das Image der Stadt von besonderer Wichtigkeit waren.

Quelle: Krehl, H.-J. (Hrsg.) und Autorengemeinschaft: „Wohnbausubstanz und Wohnbaubedarf in der DDR, (Zustand, Erhaltungs- und Erneuerungserfordernisse städtischer Bausubstanz, vor allem der Wohngebäude in der DDR)", (Untersuchungsergebnisse erstellt unter Verwendung von bis 1990 geheimgehaltenen Arbeitsergebnissen der Forschungsinstitute der Bauakademie der DDR), Bremerhaven 1990, S. 9/10.

Nr. 2
Verschleiß und Verwahrlosungszustand der vor 1945 in der DDR gebauten Mehrfamilienhäuser[1]

„Spezielle Untersuchungen des Bauzustands in einzelnen Städten wie Berlin, Leipzig, Meißen, Bautzen u.a., Berechnungen des objektiven Verschleißverlaufes, ausgehend von der Bauzustandserfassung des Jahres 1979/80, die Auswertung von Experteneinschätzungen und die Berücksichtigung der realisierten Baureparaturen lassen bei verantwortungsvoller Abwägung den Schluß zu, daß die *traditionelle bis 1945 errichtete Mehrfamilienhaussubstanz* der DDR sich im Jahre 1990 zu

9,3 Prozent in der Bauzustandsstufe I
39,7 Prozent in der Bauzustandsstufe II
40,0 Prozent in der Bauzustandsstufe III
11,0 Prozent in der Bauzustandsstufe IV[2]

befindet. Durchgeführte Bauzustandsuntersuchungen in ausgewählten Städten ergaben, daß sich der Zustand dieser Altbausubstanz in den zurückliegenden Jahren durchschnittlich um 0,2 Bauzustandsstufen verschlechterte. Dabei treten zwischen den einzelnen Städten und Regionen relativ große Unterschiede auf.

Besonders offenkundig wird die negative Bauzustandsentwicklung in den Altbauwohngebieten der großen Städte, darunter vor allem in Berlin, Leipzig, Halle, Dresden und Chemnitz sowie in der Mehrzahl der Klein- und Mittelstädte.

Die Folge dieser Entwicklung ist eine Tendenz des Verlassens dieser Wohnungen durch die Mieter, ohne daß in diesen Gebieten die leerstehenden Gebäude abgerissen und durch neue ersetzt werden. Die Einwohnerzahl ging deshalb z.T. drastisch zurück. So sank sie z.B. im Zentrum von Leipzig auf ca. 66 Prozent der Ausgangsgröße. Dies hat u.a. zur Folge, daß in diesen Gebieten eine sich ständig verschärfende Situation zwischen steigendem Erhaltungs- bzw. Erneuerungsbedarf und sinkendem Vermögen ihrer Bewohner besteht, sich teilweise selbst zu helfen.

Neben der Anzahl der leerstehenden Gebäude vergrößerte sich auch die Anzahl von leerstehenden einzelnen Wohnungen in bewohnten Gebäuden. Dabei handelt es sich vor allem um Wohnungen im Erdgeschoß und im obersten Wohngeschoß, die große Nässeschäden bzw. als Folge davon schwere Bauschäden aufweisen, die umfangreiche Bauleistungen erfordern."

1 Diese Ausführungen wurden einem 1990 erschienenen Buch einer Autorengemeinschaft von Wissenschaftlern der ehemaligen *Bauakademie der DDR* entnommen. Diese hatten das hier

wiedergegebene Ergebnis ihrer sorgsamen Untersuchungen vor 1989 unter dem Titel „Technisch-ökonomische Konzeption zur Reproduktion der Bausubstanz in den Städten und Gemeinden nach 1990" den „damals für das Bauen in der DDR politisch Verantwortlichen übergeben" (so nach dem Text des Vorwortes).

Politisch verantwortlich für die Baupolitik in der DDR waren kontinuierlich seit den 60er Jahren die SED-Funktionäre Günter Mittag, Gerd Trölitzsch (Leiter der Abteilung Bauwesen des ZK der SED) und Wolfgang Junker. Es kann somit keine Rede davon sein, daß die in der DDR für das Bauen politisch Verantwortlichen nicht ausreichend über den maroden Zustand des Althausbestandes und den Verfall der Altstadtzentren unterrichtet waren.

In der noch vor der Vereinigung Deutschlands zugleich in Ost und West veröffentlichten programmatischen Untersuchung haben die Verfasser zahlreiche der bis 1989/90 *geheimgehaltenen Forschungsberichte* der *sieben Forschungsinstitute* der früheren *Bauakademie der DDR* verarbeitet. Im Vorwort des Werkes heißt es: „Der in der DDR eingeleiteten politischen und wirtschaftlichen Wende ist es zu verdanken, daß diese Studie der Öffentlichkeit zugänglich gemacht werden kann".

2 Nach der bis 1990 gültigen Klassifikation von Wohngebäuden der DDR nach Qualitätsmerkmalen oder Bauzustandsstufen wurden diese wie folgt eingestuft:

Bauzustandsstufe I   gut erhalten;
Bauzustandsstufe II   geringe Schäden
                           (Verschleißgrad des Gebäudes
                           zwischen 6 bis 25 Prozent);
Bauzustandsstufe III   schwerwiegende Schäden
                           (Verschleißgrad des Gebäudes
                           zwischen 26 bis 50 Prozent);
Bauzustandsstufe IV   unbewohnbar; baupolizeilich gesperrt.

Quellen: Krehl, H.-J. (Hrsg.) und Autorengemeinschaft: „Wohnbausubstanz und Wohnbaubedarf in der DDR, (Zustand, Erhaltungs- und Erneuerungserfordernisse städtischer Bausubstanz, vor allem der Wohngebäude in der DDR)", (Untersuchungsergebnisse erstellt unter Verwendung von bis 1990 geheimgehaltenen Arbeitsergebnissen der Forschungsinstitute der Bauakademie der DDR), Bremerhaven 1990, S. 21–24; siehe außerdem zum Beleg Schunk, Edmund: „Wie alt sehen unsere Städte aus?", in: Zeitschrift der Kammer der Technik, Berlin (Ost), Heft Nr. 7/1990, S. 5; und Winkler, Gunnar (Hrsg.): „Sozialreport DDR 1990, (Daten und Fakten zur sozialen Lage in der DDR), abgeschlossen am 28. Februar 1990, Stuttgart, München, Landsberg 1990, S. 162.

Nr. 3
DDR-Bauminister Junker zur Rechtfertigung von 20 Jahren SED-Baupolitik 1971–1989/90

Erklärung vom 8. November 1989

Von nicht wenigen Kritikern wird der Vorwurf erhoben, daß wir eine verfehlte Baupolitik betrieben hätten. Ich halte auch aus heutiger Sicht ein solches pauschales Urteil für nicht gerechtfertigt. [...] Nehmen wir den Wohnungsbau. War es falsch, ein auf 20 Jahre berechnetes Programm durchzuführen mit dem Ziel, die Wohnungsfrage als soziales Problem zu lösen? Auf der Grundlage von Analysen und Berechnungen wurde entschieden, den Wohnungsbestand um mehr als 1,2 Mio. Wohnungen zu erweitern und das Niveau der Ausstattung der vorhandenen Wohnungen wesentlich zu erhöhen. Dafür war vorgesehen, mehr als drei Millionen Wohnungen neu zu bauen und zu modernisieren. Diese Ziele sind – zumindest statistisch – bis jetzt erreicht. [...]

Und es tut weh, wenn auf den Protestkundgebungen wider besseres Wissen dazu überhaupt kein gutes Wort gesagt wird.

Quelle: Wolfgang Junker: „Zur gegenwärtigen Situation im Bauwesen unseres Landes", Rede auf dem 10. Plenum des ZK der SED, 8. November 1989, in: Neues Deutschland vom 10. November 1989, S. 4.

Nr. 4
Folgen der Konzentration des Wohnungsneubaus auf Plattenbau-Trabantenstädte an den Randzonen der Städte

Auswirkungen des Baus von Trabantenstädten auf den gebiets- und volkswirtschaftlichen Aufwand – Wohnzufriedenheit der Trabantenstadtbewohner –

Auch innerhalb der Groß- und Industriestädte vollzog sich mit dem Wohnungsneubau in den Randzonen dieser Städte eine ungleichmäßige und widersprüchliche Entwicklung der Bevölkerung. Die Einwohnerzahlen in den Stadtzentren verringerten sich drastisch. In den Zentren verblieben überwiegend ältere Menschen, während die jungen Familien in den Neubaugebieten leben. Die Baugebietsflächen entwickeln sich rascher als die Einwohnerzahlen, die stadtwirtschaftlichen Aufwendungen wuchsen progressiv, landwirtschaftliche Nutzfläche wurde unökonomisch für Bauland in Anspruch genommen.

Zugleich treten aber auch für die Bewohner der Neubaugebiete neue Belastungen auf. Sie ergeben sich aus den enorm erhöhten Wege-Zeit-Beziehungen, wie sie für die Arbeit, die Versorgung und die Betreuung der Kinder entstehen.

Daraus folgende Zeitprobleme haben für die Vereinbarkeit von Berufstätigkeit und der Notwendigkeit, für die Familie zu sorgen, großes Gewicht. Wird der Zeitaufwand für den Arbeitsweg zu groß, so wächst der Wunsch nach Teilzeitbeschäftigung oder Arbeitsplatzwechsel; bei hohen beruflichen Motivationen wird ein Kinderwunsch zurückgedrängt. Allgemein wächst mit den Arbeitszeitwegen die Fluktuationsbereitschaft und die Bereitschaft zur Übernahme nicht qualifikationsgerechter Tätigkeiten.

Quelle: Krehl, H.-J. (Hrsg.) und Autorengemeinschaft: „Wohnbausubstanz und Wohnbaubedarf in der DDR, (Zustand, Erhaltungs- und Erneuerungserfordernisse städtischer Bausubstanz, vor allem der Wohngebäude in der DDR)", (Untersuchungsergebnisse erstellt unter Verwendung der bis 1990 geheimgehaltenen Arbeitsergebnisse der Forschungsinstitute der Bauakademie der DDR), Bremerhaven 1990, S. 31.

Nr. 5
Stadtentwicklung und Städtebau als nachrangige Ergänzungshilfen des „komplexen Wohnungsbaus"

Fakt ist, daß die Empörung der Bewohner über das Antlitz und den Zustand ihrer Städte einer der wesentlichsten Zündfunken jener Bewegung war, die das Kommandoregime hinweggefegt hat. Die revolutionäre Umwälzung in der DDR des Oktobers 1989 wurde nicht zuletzt durch kommunale Mißstände verursacht. [...]

Im Zuge des Wohnungsbauprogrammes haben sich Struktur und Flächennutzung vor allem der größeren Städte, in denen sich der Wohnungsbau in hohem Maße konzentrierte, stark verändert.[1]

Da das Wohnungsbauprogramm – entgegen den Warnungen vieler Fachleute – verengt auf den randstädtischen Neubau hochgradig normierter Wohnungen ausgerichtet war, verfielen die Innenstädte. Altstadtgebiete entleerten sich aufgrund erheblicher Einwohnerumverteilungen von innerstädtischen Gebieten an den Stadtrand. Trotz dicht bebauter neuer Wohngebiete gingen die Einwohnerdichten der Städte insgesamt zurück. [...]

Infolge der extensiven Stadterweiterungen wuchsen die Betriebsaufwendungen für die Netze der Stadttechnik und den Verkehr überproportional. Das notwendige gesellschaftliche Arbeitsvermögen für die Stadtbewirtschaftung erhöhte sich beträchtlich – eine Entwicklung mit hoher Dramatik angesichts tendenziell rückläufiger Zahlen der Bewohner im arbeitsfähigen Alter und anhaltend niedriger Arbeitsproduktivität. [...]

Mit zwingender Logik stauten sich Verkehrsprobleme an, die dringliche Erneuerung stadttechnischer Netze verschob sich von Fünfjahrplan zu Fünfjahrplan. Für den Umweltschutz wurde nichts im Alltag Bemerkbares getan, die Kehrseite war verschwenderisches Verpulvern von Energie durch uneffektive Heizungssysteme und schlecht isolierende Baustoffe.

Mit den nach außen wachsenden Städten nahmen die Arbeitswegezeiten für viele Städter zu, was vor allem den berufstätigen Müttern zusätzliche Belastungen aufbürdete. Das hatte ungünstige soziale und wirtschaftliche Folgen. [...]

Am politisch brisantesten an der Stadtentwicklung der letzten Jahrzehnte war jedoch zweifellos der durch den Innenstadtverfall bewirkte Angriff auf das Heimischfühlen, die Stadtverbundenheit und das Stadtbewußtsein der Bewohner – ein Angriff mit nicht kalkulierbaren politischen Folgen.[2] [...]

Die augenscheinlichen Mängel in der Gestaltung der alltäglichen Lebensumwelt der Städter sind Folge einer Politik, die Städte als Standorte für zentrale Entscheidungen auffaßte, statt als lebendige Kommunen mit eigenständigen Interessen ihrer Bewohner.

Städtebau verkam zur nachgeordneten Dienstleistung des „komplexen Wohnungsbaus", statt Bindeglied aller Seiten der Stadtentwicklung zu sein und über die Gestaltung einer erlebnisreichen Stadtumwelt zum Heimischfühlen der Bewohner beizutragen. Architekten und Stadtplaner wurden der Leitungshierarchie der Bauwirtschaft untergeordnet und konnten nur unter schwierigsten Bedingungen die Interessenvertreter der Bewohner und Kommunen sein. Ähnlich ist die Lage der örtlichen Volksvertretungen, die über bei weitem nicht ausreichende materielle Kapazitäten und finanzielle Fonds zur selbstbestimmten Gestaltung ihrer Städte und Gemeinden verfügen. [...]

Das zentrale Dirigieren der Stadtentwicklung ging einher mit einem normativen Menschenbild, dem eine Vorstellung von der sozialen Struktur der sozialistischen Gesellschaft zugrunde lag, die den großen Gedanken sozialer Gleichheit aller Menschen auf das Streben nach sozialer Annäherung der Klassen und Schichten durch Gleichförmigkeit der Lebensbedingungen zurechtbog.

Die Verräumlichung dieser Konzeption ist fast idealtypisch an Halle-Neustadt, der Chemiearbeiterstadt für ca. 100 000 Menschen, nachvollziehbar.[3] Das Leben in der neuen Stadt, deren Grundstein 1964 gelegt wurde, sollte den vermeintlich kleinstädtischen Siedlungscharakter bisheriger Neubaugebietsplanungen überwinden. Mit vielgeschossiger und kompakter Bebauung wurde dem Bewohner das Erlebnis vermittelt, als „Teil einer großen Gemeinschaft" zu leben. Im Idealbild der sozialistischen Menschengemeinschaft waren Klassen- und Schichtspezifika nivelliert, reale soziale Unterschiede verschleiert und Interessenunterschiede im „höheren" Gemeinschaftsinteresse aufgehoben. Die soziale Gleichmacherei setzte sich im normativen Hinwegsetzen über die Vielfalt der durch verschiedenartige Lebensstile und Persönlichkeitstypen geformten individuellen Raumansprüche fort.

Die geplante Wohltat – nämlich der Ungleichheit in den Wohnverhältnissen als Resultat bürgerlicher Entwicklung entgegenzuwirken – wurde zur Plage, indem jeder und alle unter gleichen Bedingungen in gleichen Wohnungen[4] leben sollten, was durch die Gleichförmigkeit der Wohnarchitektur unterstützt wurde.

1   Eine ausführliche empirische Hintergrundanalyse hierzu bietet die Untersuchung: „Städtebauprognose – städtebauliche Grundlagen für die langfristige intensive Entwicklung und Reproduktion der Städte", hrsg. vom Institut für Städtebau und Architektur der Bauakademie der DDR, Berlin (Ost) 1989.
2   Vgl. hierzu die Ergebnisse der „Stadtsoziologische Studien der Hochschule für Architektur und Bauwesen Weimar", Leitung: Fred Staufenbiel und
    die Promotionsschrift von Weiske, C.: „Heimischfühlen in der Stadt – zur Beziehung von Ortsverbundenheit und Migration", Dissertation Jena 1984.
3   Vgl. dazu „Halle-Neustadt. Vom Werden und Wachsen unserer Stadt," Halle-Neustadt 1968.
4   Vgl. „Halle-Neustadt. Plan und Bau der Chemiearbeiterstadt," Berlin (Ost) 1972.

Quellen: Hunger, Bernd: „Stadtverfall und Stadtentwicklung – Stand und Vorschläge", in: Marcuse, Peter und Fred Staufenbiel: Wohnen und Stadtpolitik im Umbruch, (Perspektiven der Stadterneuerung nach 40 Jahren DDR), Akademie Verlag, Berlin (Ost) 1991, S. 32–48, hier S. 32–36; siehe ergänzend dazu „Städtebauprognose – soziologische Grundlagen", hrsg. vom Institut für Städtebau und Architektur der Bauakademie der DDR, Berlin (Ost) 1988.

Nr. 6
Wohnungsproduktion nach dem Konzept der „Tonnenideologie" statt harmonisch ausgewogener Stadtentwicklung von Alt- und Neubausubstanz

In der Krise der Stadt offenbarte sich die Krise der Gesellschaft

Viele von denen, die seit dem Sommer 1989 die DDR verließen, kehrten ihr den Rücken nicht zuletzt wegen des Zustandes der Städte, weil sie die Hoffnung verloren hatten, daß sich daran so bald etwas verändern würde. Andere, die im Lande blieben, begannen sich zu wehren, formierten sich zu Bürgerinitiativen und machten Vorschläge zur Erhaltung und Modernisierung ihrer Wohnumwelt, die nach den Plänen in manchen Städten vom Abriß und vom industriellen Ersatzneubau bedroht waren: in Berlin, in Schwerin, in Potsdam und anderswo.

Die Regierung aber feierte Feste: eitle Inszenierungen der eigenen Selbstherrlichkeit. Schon das Jubiläum zur 750jährigen Stadtgründung von Berlin im Jahre 1987, mehr noch das Pfingsttreffen der FDJ 1989 in Berlin hatten breiten Unwillen in der Bevölkerung ausgelöst. Die Feierlichkeiten zum 40. Jahrestag der DDR am 7. Oktober 1989 brachten dann das Faß zum Überlaufen: das Volk ging auf die Straße und zwang die Herrschenden zum Rücktritt. [...]

Im Unterschied zu den zurückliegenden zwei Jahrzehnten gab es in den 70er Jahren von offizieller Seite keine neuen städtebaulichen Dokumente.[1] Das lag daran, daß das 1973 beschlossene Wohnungsbauprogramm zur Lösung der Wohnungsfrage als soziales Problem bis 1990 nicht nur zum Kernstück der Sozialpolitik erklärt, sondern auch zur Hauptaufgabe gemacht worden war, vor allem aber daran, daß die daraus abgeleitete technisch-ökonomische und politisch-ideologische Ausrichtung des Bauwesens hauptsächlich auf Wohnungsbau mit einer eklatanten Vernachlässigung und Geringschätzung ganzheitlicher städtebaulicher Planung einherging. Wohnungsbau statt Städtebau, so lautete die Losung – allerdings nur inoffiziell. Das konnte nicht gut gehen. Schon Ende der 70er Jahre wurde erkannt, daß der eingeschlagene Weg, den schnellstmöglichen Zuwachs an Wohnungen primär durch Wohnungsneubau am Rande der Stadt und nur sekundär durch Erhaltung und Modernisierung vorhandener Wohnungsbausubstanz sowie durch Neubau in der Innenstadt, also vorwiegend extensiv statt intensiv zu sichern, zu ernsthaften Disproportionen hinsichtlich der Entwicklung und Gestaltung der Stadt als Ganzes bereits geführt hat und auch weiterhin führen würde. [...]

In der [seit den frühen 70er Jahren] proklamierten Einheit von Wirtschafts- und Sozialpolitik sollte sich der Sozialismus vor allem im Alltag des Lebens erweisen. Das klang gut! Aber abgesehen davon, daß nicht einmal die Bedürfnisse des alltäglichen Lebens auf die Dauer zu befriedigen waren, so verschwand im vergeblichen Ringen um ein bißchen mehr Wohlstand im Überlebenskampf der DDR mit den reichen kapitalistischen Wohlstandsländern die Vision vom Sozialismus, von der sozialistischen Gesellschaft ebenso wie von der sozialistischen Stadt als einer lebenswerten Alternative zur Gesellschaft und zur Stadt des Kapitals. Zum Schluß, als sich dann gegen Ende der 80er Jahre immer mehr herausstellte, daß die Einheit von Wirtschafts- und Sozialpolitik nicht in der gedachten harmonischen Übereinstimmung zu entwickeln war, sondern an ihren wachsenden Widersprüchen zerbrechen mußte, [...] da stand auch die Stadtplanung vor nicht beantwortbaren Fragen. Das Resultat davon war, daß zum 40. Jahrestag der DDR – mit seinen offiziellen Erfolgsmeldungen und den gegen sie gerichteten Protesten des Volkes – in keiner Stadt der DDR bestätigte Pläne für den Städtebau im Jahre 1990, geschweige denn für die 90er Jahre vorlagen. [...]

Für Honecker, der seine Inthronisierung auf dem VIII. Parteitag der SED 1971 als seine Stunde Null interpretieren ließ, war 1990 das große Jahr der Erfüllung des Wohnungsbauprogramms und damit der Lösung der Wohnungsfrage als soziales Problem – in einer DDR mit hoher Wirtschaftskraft und sozialer Sicherheit, mit einem zufriedenen Volk in innerem und äußerem Frieden, mit Ansehen bei anderen Völkern. Er sah darin vor allem auch seine persönliche Erfüllung, eine Art „Endlösung" seines Lebenswerkes. Es wurde tatsächlich sein Ende, und es wurde [...] das Ende der DDR.

Am Aufschwung wie am Niedergang des Gesellschaftssystems und auch der Stadtentwicklung und Stadtgestaltung in der DDR hat nicht zuletzt das etablierte politisch-institutionelle System seinen Anteil. Dieses System beruhte von Anfang an [...] auf der Macht der Partei, der SED, die den Staat in allen seinen Organen durchdrang und als Vollstrecker ihrer Beschlüsse benutzte und gleichzeitig dafür sorgte, daß die Exekutive des Staates nicht von der Legislative, also den gewählten Volksvertretern, schon gar nicht von einer kritischen Öffentlichkeit demokratisch kontrolliert werden konnte. Dieses mit „Diktatur des Proletariats" und als „Demokratischer Zentralismus" oft genug verklärte System war tatsächlich Diktatur einer Staatspartei ohne entwickelte Entscheidungsbeteiligung des Proletariats, also Diktatur des Parteiapparats, mit viel Zentralismus ohne Demokratismus. Es war das System des Stalinismus, ein System, das Demokratie ausschaltet, parlamentarische wie erst recht außerparlamentarische, ein System, durch das die herrschende Partei nicht etwa nur politisch führte, sondern direkt administrativ eingreifend alle gesellschaftlichen Prozesse im Lande leitete.

Dieses System war speziell im Bauwesen „perfekt" durchorganisiert. Die Partei „führte", d.h. sie leitete vom Politbüro aus über das dort angeschlossene Sekretariat des ZK für Wirtschaft sowie über die diesem unterstellte Abteilung Bauwesen des ZK das gesamte Bauwesen der DDR in allen Ebenen der Partei- und Staatshierarchie von oben nach unten. Nichts geschah ohne die Partei – weder auf der Ebene der Republik noch auf der Ebene der Bezirke, Städte und Gemeinden. Fast drei Jahrzehnte – vom Beginn des „umfassenden Aufbaus des Sozialismus" in den frühen 60er Jahren bis zum Ende der Staatspartei 1989 – war diese Hierarchie sogar durch einunddieselben Personen kontinuierlich abgesichert: durch Günter Mittag als Mitglied des Politbüros und Sekretär für Wirtschaft, durch Gerd Trölitzsch als Leiter der Abteilung Bauwesen des ZK und durch Wolfgang Junker als Mitglied des ZK und Minister für Bauwesen. Ihnen unterstanden nicht nur die Produktionsbetriebe des Bauwesens, sondern auch alle Einrichtungen der Stadtplanung (seit 1958) und der Projektierung (seit 1963) sowie der Bauforschung. Nicht zuletzt achteten sie darauf, was über das Bauen, über Städtebau und Architektur durch die Medien bekannt oder besser nicht bekannt werden sollte. Sie „betreuten" auch den Bund der Architekten der DDR. Eine perfekte Politbürokratie! [...]

Letzten Endes ist der in der DDR real existierende Sozialismus historisch nicht nur daran gescheitert, daß er ökonomisch dem Druck des internationalen Konkurrenzkampfes – einschließlich dem Druck des Rüstungswettlaufs – mit den führenden kapitalistischen Ländern auf die Dauer nicht gewachsen war, sondern vor allem auch daran, daß er sich politisch als unfähig zur Erneuerung aus sich selbst erwiesen hat."

1 Die *wichtigsten sozialistisch geprägten Grundlagen* für die Baupolitik, Stadtentwicklung und Stadtgestaltung in der DDR während der zwei Jahrzehnte von 1949 bis 1969 waren das „Aufbaugesetz" und die „16 Grundsätze des Städtebaus" von 1950 sowie die zwei Grundsatzbeschlüsse über die Planung und Gestaltung sozialistischer Stadtzentren von 1960 und 1968. Vgl. hierzu im einzelnen:
  – Das „Gesetz über den Aufbau der Städte in der Deutschen Demokratischen Republik und der Hauptstadt Deutschlands, Berlin – (Aufbaugesetz). Vom 6. September 1950, in: GBl. der DDR, Nr. 104, S. 965ff.;
  – Ministerium für Aufbau der DDR: „Schöne Städte für ein schönes Leben", Berlin (Ost) 1950;
  – Bolz, Lothar (von Oktober 1949 bis Oktober 1953 u.a. Minister für Aufbau): „Sechzehn Grundsätze des Städtebaus", in: „Vom Deutschen Bauen. Reden und Aufsätze", Berlin (Ost) 1951, S. 32–52;

- Deutsche Bauakademie (Hrsg.): „Grundsätze der Planung und Umgestaltung der Städte in der DDR in der Periode des umfassenden Aufbaus des Sozialismus", in: Deutsche Architektur, 14. Jg., Heft Nr. 1/1965, S. 7ff.; und
- Deutsche Bauakademie (Hrsg.): „Städtebau und Architektur bei der Gestaltung des entwickelten Systems des Sozialismus in der DDR. Thesen. Arbeitsmaterial", Berlin (Ost) 1968.

Quelle: Flierl, Bruno: „Stadtgestaltung in der ehemaligen DDR als Staatspolitik", in: Marcuse, Peter und Fred Staufenbiel: „Wohnen und Stadtpolitik im Umbruch, (Perspektiven der Stadterneuerung nach 40 Jahren DDR)", Akademie Verlag, Berlin (Ost) 1991, S. 49–65, hier S. 49, 52, 55 und 56.

In den 80er Jahren wurden 75 v.H. der neugebauten Wohnungen durch Montage-Verkoppelung vorgefertigter Wohnzellen und Bauplatten hergestellt.

Oben: „Sozialistisches Wohngebiet" Halle-Neustadt mit 18geschossigen Wohnblock-Silos in Plattenbauweise. Die Großsiedlung umfaßte Ende 1989 33 000 Wohneinheiten.

Unten: Wohngebiet in Hoyerswerda.

Stapelplatz vorgefertigter Wohnblockteile aus der Produktion des Plattenwerkes des Wohnbaukombinates Neubrandenburg, 5. Juli 1989.

Offiziell organisierte Jubelfeier bei der Übergabe der „dreimillionsten seit 1971 fertiggestellten Wohnung" an eine Arbeiterfamilie im Neubaubezirk Berlin-Hohenschönhausen.
Mit manipulierten Statistiken wurde die Öffentlichkeit über den tatsächlichen Stand des Wohnungsbauprogramms getäuscht. Zum Zeitpunkt der Übergabe war noch nicht einmal die zweimillionste Wohnung seit 1971 fertiggestellt.

Oben: Zerbröckelnde Fassaden und reparaturbedürftige Wohnungen in der Colbe-Straße in Ost-Berlin 1989.

„Durch den Wohnungsbau wird in wachsendem Maße Einfluß auf eine hohe Wohnkultur, eine sinnvolle Freizeitgestaltung und die Gemeinschaftsbeziehungen genommen." (Aus dem bis 1989 gültigen Parteiprogramm der SED von 1976).

Unten: Stralsund, Langenstraße (Juni 1990). 1988/89 wurden noch fast zwei Drittel aller Wohnungen mit Braunkohlenbriketts oder Braunkohlenstaub beheizt.

Häuserzeilen in Brandenburg (April 1990). „In einigen Städten wie Görlitz, Meißen, Brandenburg und nicht zuletzt Leipzig ist der Erhaltungszustand von Teilbereichen dieser Städte besorgniserregend. In diesen Städten sind Tausende von Wohnungen nicht mehr bewohnbar." (Aus dem Referat von Generalsekretär Krenz auf der 10. Tagung des ZK der SED am 8. November 1989).

Zerbröckelnde Schmuckfassade mit stilisiertem Preußen-Adler eines großbürgerlichen Wohnhauses in der Greifenhagener Straße in Berlin (Ost) 1989.

Oben: Verfall von Kulturdenkmälern (Bürger- und Handelshäusern sowie Speichern teils mit Renaissance-Fassaden) in der Mühlenstraße der Hansestadt Stralsund (Juli 1990).

Unten: Rettungsversuch zur Erhaltung der vom Verfall bedrohten Wohnhäuser im Andreasviertel der Altstadt von Erfurt, Juni 1990.

Gernot Schneider

Lebensstandard und Versorgungslage

1. Ein Situationsbericht zur Versorgungslage

Unter den für die Beurteilung der Leistungskraft einer Wirtschaft besonders wichtigen Kriterien kommt dem privaten Verbrauch – und damit der Versorgungslage – eine Schlüsselrolle zu. Hier zeigt sich unmittelbar, in welchem Ausmaß Privatpersonen oder -haushalte ihre Wünsche und Bedürfnisse durch den Erwerb von Gütern bzw. die Inanspruchnahme von Diensten befriedigen können, offenbaren sich wesentliche soziale Resultate des Wirtschaftens. Deshalb gab es bei dieser Frage für die offizielle SED-Propaganda kein Zaudern, sondern die Situation war eindeutig: Das *„Volk der DDR"*, so Erich Honecker auf der 7. Tagung des SED-Zentralkomitees Anfang Dezember 1988, habe einen Lebensstandard erreicht, der *„im Grunde genommen höher ist"* als jener der Bundesrepublik Deutschland.

Die realsozialistische Wirklichkeit jedoch sah anders aus. Das verdeutlichen Auszüge aus Bürgereingaben an das Ministerium für Handel und Versorgung von 1989, die dem Zentralkomitee der SED zur Kenntnisnahme zugeleitet wurden.[1]

Ein Bürger aus Wilkau-Haßlau schreibt u.a.:

> „Bananen, gute Apfelsinen, Erdnüsse u.a. sind doch keine kapitalistischen Privilegien. Wenn so kleine Länder wie die Schweiz und Österreich Südfrüchte in großer Auswahl anbieten können, müßte das doch auch in unserem Land, einem führenden Industrieland, möglich sein.
> Wir alten Menschen, wie unsere Kinder und Enkelkinder möchten Südfrüchte nicht nur als ‚milde Gaben' von Verwandten aus der BRD geschenkt bekommen, sondern in unseren Geschäften selbst kaufen können."

Eine Mutter aus Dresden meldet sich mit folgendem Kommentar zu Wort:

> „Ein wesentliches Kriterium für die Beurteilung des Lebensstandards ist meines Erachtens, inwieweit der Staat in der Lage ist, für eine gesunde Ernährung seiner Bevölkerung zu sorgen. [...] Ich bin Mutter von zwei Kindern (Kindergarten- bzw. Schulalter) und empfinde es als äußerst unwürdig, wenn ich meinen Kindern chemische Präparate, wie Sumavit-forte oder Traverdin, verabreichen muß, um wenigstens etwas das Gefühl zu besitzen, daß meine Kinder auch Vitamine zu sich nehmen. Ich bin 30 Jahre alt, und wenn ich an meine Kindheit zurückdenke und Vergleiche anstelle, was für uns konkret da war in Obst- und Gemüseläden, frage ich mich, kann das heutige Angebot im Sinne der Politik zum Wohle des Volkes sein? [...] Das heutige Angebot erschöpft sich in so-

genannten Sandmöhren, Kartoffeln, Schwarzwurzeln und dem Apfel ‚Gelber Köstlicher', der alles andere als köstlich ist und im Volksmund ‚Gelbes Elend' heißt."

Und ein Arzt aus Coswig schreibt:

„Frischobst mit Ausnahme von Äpfeln, Frischgemüse sowie Feinfrostobst und -gemüse gibt es in Dörfern, Klein- und Kreisstädten von November bis März so gut wie gar nicht. Selbst an Obstkonserven sieht man fast nur noch Hauspflaumen, Mischobst und Apfelmus. Obstsäfte, wie z.B. Orangensaft, gibt es nur zu unzumutbar hohen Preisen in Delikatgeschäften.
Wir Ärzte sind aufgerufen, uns für die gesunde Ernährung der uns anvertrauten Bevölkerung einzusetzen, um Bluthochdruck, Herz- und Kreislaufkrankheiten und Stoffwechselerkrankungen vorzubeugen. Verzichten Sie auf den Import von Spirituosen aus südlichen und westlichen Ländern. Mit den dafür eingesparten Devisen können Sie ausreichend Bananen und Apfelsinen kaufen."

Die SED- und Staatsführung selbst waren ständig mit den trivialsten Versorgungsfragen befaßt. Unzählige zentrale Inspektionen nahmen Mißstände in den Einrichtungen des Handels und der übrigen Wirtschaft auf und fertigten eine Flut von Berichten an, mit denen sich der „Apparat" befaßte. So stellte es offensichtlich ein Politikum dar, in den Verwaltungsbezirken der DDR im Sommer 1989 die Gemüseversorgung der Bevölkerung sicherzustellen. Aus der daraufhin veranlaßten Berichtspflicht des Ministeriums für Handel und Versorgung an den zuständigen Sekretär des ZK der SED, Werner Jarowinsky, geht hervor, daß das Gemüseangebot der DDR zur damaligen Zeit im Durchschnitt nur 6 bis 8 verschiedene Gemüsesorten aufwies, in den Bezirken Rostock und Cottbus zeitweilig sogar nur 3.[2]

Der Minister für Bezirksgeleitete Industrie und Lebensmittelindustrie, Udo-Dieter Wange, berichtete am 23. Juni 1989 dem für Wirtschaftsfragen zuständigen SED-Politbüromitglied, Günter Mittag, über Rückstände bei der Produktion und Auslieferung von Puddingpulver für die Bevölkerungsversorgung im Umfang von 355 Tonnen. Zur Korrektur dieser Situation habe er folgendes veranlaßt:

1. „Durchführung von Sonderschichten im VEB (Volkseigener Betrieb) Ring Mitweida des Kombinates Nahrungsmittel und Kaffee, beginnend am 24. und 25. 6. 1989 [...]
2. Aussprachen mit der Belegschaft zum Übergang von der 2-Schicht- auf die 3-Schichtarbeit unter Zuführung von Arbeitskräften aus den Kombinaten der Lebensmittelindustrie ab 27.6. 1989.
3. Mit dem Präsidenten des Verbandes der Konsumgenossenschaften wurde eine zusätzliche Produktion von Puddingpulver in Betrieben des Konsums als sozialistische Hilfe vereinbart [...]"[3]

Der Minister für chemische Industrie (Wyschowsky) sah sich veranlaßt, Günter Mittag am 18. Juli 1989 eine Information über *„die Erfüllung der Maßnahmen zur bedarfsgerechten Versorgung der Bevölkerung mit Gummibadehauben"* zukommen zu lassen. Ganz auf dieser Linie lag auch eine Anfrage Willi Stophs, des Regierungschefs der DDR, an Günter Mittag vom 25. August 1989, um Einverständnis für den *„zusätzlichen Import von 4 Mio Damenslip noch im Jahre 1989"* gegen Devisen (6 Mio. VM) aus der operativen Staatsdevisenreserve.

Doch das Jahr 1989 bildete keine Ausnahme. Bereits im Herbst 1987 reiften die Zweifel, daß sich die Versorgungsziele des Fünfjahrplanes 1986–1990 erfüllen ließen. So berichtete zu dieser Zeit der Generaldirektor der Hauptdirektion des staatli-

Lebensstandard und Versorgungslage

chen Einzelhandels, Zacher, an Werner Jarowinsky, über *„Stimmungen und Meinungen der Bevölkerung zur Angebotssituation bei Kinderbekleidung, Jugendmode, Haushaltwaren sowie Ersatzteile und Zubehör in den Sortimenten Elektroakustik einschließlich Elektromaterial".* Danach häuften sich die kritischen bis aggressiven Meinungsäußerungen der verärgerten Kunden, wie einige in diesem Material zitierte Ansichten erkennen lassen:

- „Bei uns geht die Entwicklung nicht vorwärts, sondern zurück."
- „Seit vielen Wochen komme ich fast täglich, um eine Hose in der Größe 98/110 für meinen Sohn zu bekommen. Für ein Kaufhaus ist es ein völlig untragbarer Zustand, daß nicht *eine* Hose in dieser Größe zu bekommen ist [...]"
- „Kinderkriegen wird zur Belastung, wenn man nichts zum Anziehen bekommt."
- „Was nützt uns das Kindergeld, wenn wir nichts dafür bekommen?"
- „Was gibt es bei uns überhaupt noch?"
- „Wozu seid ihr da, ihr verschiebt wohl alles?"
- „Da müßt Ihr mal rüber fahren, dort bekommt man wenigstens Hosen usw."

Das Ministerium für Staatssicherheit (MfS) hatte im August 1987 in einer streng geheimen Information über *„Reaktionen der Bevölkerung der DDR zu Problemen des Handels und der Versorgung",* die Werner Jarowinsky ebenfalls zuging, festgestellt, daß unter allen Kreisen der DDR-Bevölkerung ein *„erheblicher Anstieg kritischer Diskussionen zu verzeichnen (ist)".* Infolge immer spürbarer werdender Engpässe, Sortimentslücken bzw. Qualitätsmängel,

„insbesondere bei solchen Erzeugnissen wie Damen- und Herrenoberbekleidung in allen Preisklassen, Kinderbekleidung, technischen Konsumgütern, Heimelektronik, Schuhen und Lederwaren, Ersatzteilen, hauptsächlich bei Kraftfahrzeugen, aber auch bei zahlreichen Artikeln des täglichen Bedarfs und Grundnahrungsmitteln häufen sich negative und abfällige Äußerungen über das Warenangebot. Zunehmend sind derartige Äußerungen verbunden mit offen ausgesprochenen Zweifeln an der Objektivität und Glaubwürdigkeit der von den Massenmedien der DDR periodisch veröffentlichten Bilanzen und Ergebnisse der Volkswirtschaft."

Unter diesen Umständen werde es für die staatstragenden Kräfte immer schwieriger, *„die bei Werktätigen vorhandenen Zweifel über die Realisierbarkeit der im Volkswirtschaftsplan enthaltenen Kennziffern, besonders für den Bereich Handel und Versorgung, zu entkräften".* Das Versorgungsniveau liege, zitiert das MfS-Papier befragte Führungskräfte, *„weit unter dem vergangener Jahre".* Von zahlreichen Beschäftigten, heißt es dort weiter, würden folgende Ursachen für die Versorgungsprobleme benannt: *„Eine durch Schönfärberei oder Planreduzierung manipulierte Berichterstattung über die Planerfüllung, Eingriffe in für den Binnenhandel zur Verfügung gestellte Warenfonds zugunsten des Exports sowie – dieses Argument wird immer häufiger und mit zunehmender Aggressivität gebraucht – die Sicherung des hohen Versorgungsniveaus der Hauptstadt zu Lasten der Bezirke der DDR."* Zugleich beklagten die Bürger die Zunahme *„von Korruption und Bestechung im Handels- und Dienstleistungsbereich sowie des ausschließlich auf persönliche Bereicherung abzielenden Verkaufs von [...] Engpaßwaren".* Immer häufiger, so die MfS-Information abschließend, würden Vergleiche zwischen dem Versorgungsniveau in der DDR und dem in der alten Bundesrepublik *„vor allem durch*

Personen nach ihrer Rückkehr von Reisen in dringenden Familienangelegenheiten angestellt und die Versorgungssituation in der BRD verherrlicht".[4]

Beinahe wie ein Brandbrief mutet das Schreiben des Ministers für Handel und Versorgung, Gerhard Briksa, vom 8. Dezember 1987 an den ersten Stellvertreter des Regierungschefs, Werner Krolikowski, an. Aus ihm geht hervor, daß es enorme Schwierigkeiten gab, bis Ende November 1987 die Lieferverträge für die Bevölkerungsversorgung – erstes Halbjahr 1988 – abzuschließen. Beispielsweise fehlten noch Verträge für 1700 t Dauerbackwaren, 1700 t Kakaoerzeugnisse, 94000 hl Wein, 1599 TPaar Straßenschuhe, 1846 TStck. Obertrikotagen, 332 TStck. Trainingsbekleidung, 1151 TStck. Oberbekleidung für Kinder und Erwachsene, 109 Mio. Mark Möbel und Polsterwaren, 13000 Stck. Tiefkühlschränke, 383000 Wohnraumleuchten u.a. In einem persönlichen Anschreiben an Günter Mittag bezeichnet Krolikowski den dreiseitigen Situationsbericht des Ministers als *„das bisher ernsteste Signal zur Versorgungssituation".*[5]

Doch die Versorgungsschwierigkeiten nahmen nicht ab, im Gegenteil. Deshalb sah sich auch das SED-Politbüromitglied Horst Dohlus veranlaßt, Erich Honecker am 15. November 1988 eine *„Information zu einigen Fragen der Versorgung der Bevölkerung"* parteiintern zukommen zu lassen. Sie enthält die üblichen Klagen über Angebotsmängel, weist aber darüber hinaus auf kritische Diskussionen hin, die *„es vor allen Dingen über fehlende hochwertige Industriewaren und wegen Angebotslücken bei Erzeugnissen (gibt), mit denen vielfach schon stabiler versorgt wurde.*[6]

Schließlich noch eine interne Information des Instituts für Marktforschung Leipzig vom 1. November 1988 an das Politbüromitglied Jarowinsky über die *„Entwicklung des Umsatzes und der Versorgungslage bei Nahrungs- und Genußmitteln nach 3 Quartalen 1988"*, die mit folgenden Feststellungen endet: *„Die Bevölkerung schätzt bei ausgewählten Nahrungs- und Genußmitteln die Angebotsentwicklung äußerst kritisch ein. Auch bei hochaggregierten Positionen ist der Anteil der Haushalte, die eine Verschlechterung des Angebots signalisieren, größer, als derer, die eine Verbesserung feststellen."*

Den beinahe letzten Versuch der SED-Führung um eine von der Bevölkerung der DDR akzeptierte Versorgung dokumentiert die Niederschrift vom 25. September 1989 über *„Eingeleitete Maßnahmen zur Durchführung der Beschlüsse des Politbüros zur Gewährleistung einer zuverlässigen Grundversorgung"*. Dort wird unter Punkt 1 folgendes festgelegt:

> „In der Zeit vom 21.9.–2.10.1989 findet in allen Bezirken und Kreisen der DDR ein Großeinsatz statt mit dem Ziel, umgehend in allen Territorien die Bedingungen zu schaffen, um im Rahmen des Planes mit Fleisch und Wurstwaren, Getränken, Gemüse und Obst eine durchgängige gute Versorgung zu gewährleisten. Dazu sind in allen Bezirken zentrale Arbeitsgruppen wirksam, denen je ein Vertreter des Ministeriums für Handel und Versorgung, des Ministeriums für Land-, Forst- und Nahrungsgüterwirtschaft, des Ministeriums für Bezirksgeleitete und Lebensmittelindustrie, des Verbandes der Konsumgenossenschaften und des Komitees der ABI (Arbeiter- und Bauerninspektion) angehören, insgesamt 75 Genossen. Analoge Arbeitsgruppen aus Vertretern der zuständigen bezirklichen, Staats- und Wirtschaftsorgane sind in allen 227 Kreisen im Einsatz.

Lebensstandard und Versorgungslage

Die operativ eingesetzten ca. 1 200 Staats- und Wirtschaftsfunktionäre haben den Auftrag,
- in den Geschäften, Fleischverarbeitungsbetrieben, Brauereien, landwirtschaftlichen Betrieben und örtlichen Großhandelsbetrieben die Lage einzuschätzen und die Ursachen zu analysieren,
- sofort an Ort und Stelle notwendige Veränderungen einzuleiten und die Räte der Kreise bei der Vorbereitung erforderlicher Entscheidungen zu unterstützen,
- Vorschläge zu unterbreiten für unbedingt erforderliche Entscheidungen und Unterstützungen durch die zuständigen zentralen Organe."

Nach vierzigjährigem Führungsanspruch der SED um Lebensstandard und angemessene Versorgung der Bevölkerung zog Günter Manz, Experte der DDR für Lebensstandardforschung, im Ostberliner Fachblatt Wirtschaftswissenschaft folgendes Resümee:

„Schätzungsweise 15 bis 20 Prozent der Bevölkerung haben so hohe Einkommen und Spareinlagen, daß sie sich praktisch alles leisten können, das heißt bis zur Zweit- und Drittausstattung mit technischen Konsumgütern, PKW, Pelzen, Schmuck usw.
Etwa 50 Prozent sind so situiert, daß sie auch im Delikat und Exquisit kaufen können und ihre Ansprüche im wesentlichen befriedigt werden, wenngleich die gewünschte Bedarfsdeckung wegen Mangels an Gütern und Diensten nicht vorhanden ist.
Etwa 30 Prozent der Bevölkerung sind auf die subventionierten Erzeugnisse und die niedrigen Mieten voll angewiesen. Dieser Teil kann sich teure Industriewaren nicht oder nur nach längerem Sparen leisten. Wenn man von einer ‚Armutsgrenze' ausginge, so wie sie auch in Ungarn, der UdSSR und anderen Ländern berechnet wird, dann müßte man für die DDR 450 bis 500 Mark monatlich für den einzelnen (etwa 50 Prozent der durchschnittlichen Nettogeldeinnahmen der Arbeiter/Angestellten) ansetzen. Danach liegen rund 1,5 Millionen Rentner, insgesamt fast 2 Millionen Familienhaushalte mit 3 bis 3,5 Millionen Menschen um diese Grenze (aber über dem Existenzminimum). Das entspricht etwa den bereits genannten 30 Prozent. Daran ändert auch nichts, daß beispielsweise Rentner noch sparen, indem sie sich nichts leisten."[7]

2. Die Ursachen der Versorgungsprobleme

Teile des realen privaten Verbrauchs blieben in den amtlichen DDR-Nachweisen unberücksichtigt. Das gilt vorzugsweise für alle Formen von angebotsseitig ausgelöster Schattenwirtschaft bzw. Selbstversorgung (1,5 Millionen Mitglieder des Verbandes der Kleingärtner, Siedler und Kleintierzüchter).

Andere Teile des privaten Verbrauchs in der DDR standen in keiner Beziehung zum Leistungsvermögen der eigenen Wirtschaft, waren nicht das Resultat planwirtschaftlicher Bemühungen, sondern wegen der speziellen innerdeutschen Situation das Ergebnis stiller Teilhabe an den Leistungen der Sozialen Marktwirtschaft der alten Bundesrepublik. Das unterstreicht ein interner Bericht des Ministeriums für Handel und Versorgung an Werner Jarowinsky vom 27. Januar 1989,[8] wonach Besuchsreisende im Jahre 1988 etwa 150.000 Stereorecorder aus dem Westen in die DDR eingeführt hätten, von denen etwa ein Drittel über den An- und Verkauf auf den DDR-Markt gelangte. Trotz ihres relativ niedrigen DM-Preises besäßen diese Recorder „*technische Parameter, die vorrangig nur von DDR-Erzeugnissen der oberen Preisgruppe erreicht werden*", sofern sich diese Geräte, deren Preise oberhalb von 1.500 Mark lagen, überhaupt im Angebot befanden.

Der Wirtschaftsexperte Manz glaubt, daß über Genex (den Devisengeschenkdienst der DDR), mitgebrachte Geschenke und Paketsendungen, zu Preisen der DDR berechnet, für *„20 bis 25 Milliarden Mark Konsumgüter in die Haushalte bisher einflossen".*[9]

2.1. Die unplanmäßige Einkommensentwicklung

Ein entscheidender Grund für die sich immer stärker zuspitzende Versorgungslage war die ungeplante Beschleunigung des Wachstums der Geldeinkommen der Bevölkerung. Es gelte langfristig (unter den speziellen Binnenmarktbedingungen der DDR), so das bereits erwähnte Papier des Ministeriums für Handel und Versorgung vom Januar 1989,[10] *„daß die Nettogeldeinnahmen als finanzieller Ausdruck des Bedarfs nicht schneller als die Arbeitsproduktivität und das Nationaleinkommen* (dem Sozialprodukt vergleichbar) *wachsen. Die Proportionen haben sich in den letzten Jahren so verändert, daß die Nettogeldeinnahmen schneller gestiegen sind als diese Kennziffern."* Und an anderer Stelle noch etwas genauer: Von 1986 bis Ende 1988 seien zusätzliche Geldeinkommen von 7 Milliarden Mark entstanden. Der Einzelhandelsumsatz habe mit dieser Dynamik nicht Schritt gehalten. Die nachfolgend abgedruckte Aufstellung (Tabelle 1), gibt die Chronologie dieser Entwicklung wieder.

Tabelle 1: Zur Entwicklung der Nettogeldeinnahmen und des Einzelhandelsumsatzes

Die Nettogeldeinnahmen haben sich
von 1981 bis 1985 auf 117,1 %
und von 1986 bis 1989 (Plan) auf 118,9 %
entwickelt; der Einzelhandelsumsatz in den gleichen Zeiträumen auf 113 % bzw. 116,5 %.

Damit sind in den 80er Jahren die Nettogeldeinnahmen schneller gestiegen als der Einzelhandelsumsatz.

Jahr	Nettogeldein nahmen Ist: Mrd. M	Zuwachs absolut in Mrd.M	z. Vorjahr %	Einzelhandel sumsatz Ist: Mrd. M	Zuwachs absolut in Mrd.M	z. Vorjahr %
1980	120,9	2,9	2,5	100,0	4,3	4,5
1981	124,7	3,8	3,2	102,5	2,5	2,5
1982	128,2	3,5	2,8	103,5	1,0	1,0
1983	131,1	2,9	2,3	104,3	0,8	0,7
1984	136,2	5,1	3,9	108,7	4,4	4,2
1985	141,6	5,4	4,0	113,0	4,4	4,0
1986	149,5	7,8	5,5	117,6	4,6	4,1
1987	156,5	7,1	4,7	121,9	4,3	3,6
1988	162,6	6,0	3,9	126,6	4,7	3,9
1989 (Plan)	168,4	5,8	3,6	131,65	5,0	4,0

Bei Unterstellung einer jährlichen Wachstumsparität ergibt sich im Zeitraum von 1981 bis 1985 ein Kauffondsüberhang von 4,5 Mrd. Mark, der zum Bestandteil der Geldakkumulation geworden ist.

Quelle: Vergleich der Entwicklung der Nettogeldeinnahmen mit der Entwicklung wichtiger volkswirtschaftlicher Eckdaten vom 13. Januar 1989, Ministerium für Handel und Versorgung, SAPMO BArch, DY 30/41876.

Im Oktober 1989 wird dieses Problem in einer Geheimen Verschlußsache des Politbüros der SED noch deutlicher wie folgt angesprochen: *"Aus der schnelleren Entwicklung der Nettogeldeinnahmen gegenüber dem Warenfonds zur Versorgung der Bevölkerung ergibt sich im Zeitraum 1986–1989 ein aktueller, direkt auf den Binnenmarkt wirkender Kaufkraftüberhang von 6,0 Mrd. M. Das entspricht etwa dem Zuwachs der Nettogeldeinnahmen der Bevölkerung eines ganzen Jahres."*[11]

Diese 6 Milliarden Mark dürften eher die Untergrenze markieren, denn in einer Analyse des Ministeriums für Handel und Versorgung vom 27. Juni 1988, die Günter Mittag zwei Tage später erhielt, wird ein Kaufkraftüberhang von 9–10 Milliarden Mark allein für den Zeitraum 1987–1989 vorausgesagt.[12]

2.2. Preistreiberei, technischer Rückstand, Qualitätsmängel und Angebotslücken bei Gebrauchsgütern und Bekleidung

Die Dimension der hinter diesen Disproportionen versteckten Verwerfungen offenbart sich allein über Zahlen zur Entwicklung des Einzelhandelsumsatzes – als geldwertem Ausdruck realisierten privaten Verbrauchs – nur unzureichend. Denn in *"den letzten 15 Jahren wurde der wertmäßige Umsatzzuwachs bei technischen Konsumgütern im Prinzip durch das steigende Durchschnittspreisniveau erreicht. Die Umsatz- bzw. Verbrauchsmenge stagnierte weitgehend."* Das bedeutet die interne Anerkenntnis einer Preisniveauanhebung gegenüber 1973 von über 100 Prozent. Dem hier zitierten Ministerium für Handel und Versorgung war klar, welche Konsequenzen diese Entwicklung nach sich zog. Deshalb heißt es in seiner Analyse mit Blick auf das damals bekannte und absehbare Angebot weiter: *"Aus der Höhe des Preises und der Dynamik der Preisentwicklung bei gleichzeitig nicht erfolgter angemessener Gebrauchswertsteigerung zeichnen sich bei einigen Erzeugnissen preisbedingt Wachstumsgrenzen im Einzelhandelsumsatz ab. Das betrifft insbesondere Farbfernsehgeräte, Heimrundfunkgeräte, Stereoradiorecorder, Walkmans, Fotoapparate, Waschvollautomaten, Gefrierschränke und -truhen, elektrische Küchengeräte."*

Zugleich enthält das Papier konkrete Vorschläge für folgende Neu- und Weiterentwicklungen in *"zentral geplanten Positionen"*, von denen man sich die Lösung der Probleme verspricht:[13]

Elektroakustik: Farbfernsehgeräte mit Stereoton und Videotextrecorder, mit Satelliten- und Kabeltuner, mit Rechteckbildröhren sowie mit kleineren Bildröhren; Hifi-Super bzw. Komponentensysteme mit deutlich höherer Leistung, Fernbedienung und Digitaltechnik; Video- und CD-Technik.
Möbel: Modelle mit hoher Langlebigkeit, besserer Werkstoffveredlung, neuartigen Oberflächen, Stauraumlösungen.
Haushaltgeräte: Waschvollautomaten in Schmal- und Kompaktbauweise, elektrische Wäschetrockner, Geschirrspülautomaten, Mikrowellenherde, Elektroherde mit Glas-Keramik-Kochfeld bzw. Induktionsfeld, akkubetriebene elektrische Haus- und Küchengeräte in Kompaktbauweise.
Foto-Kino-Optik: Sofortbildkameras, Kleinbildkameras (Pocket) und andere Fotoapparate mit eingebautem Blitz, Fotoapparate mit automatischer Scharfeinstellung, mit Belichtungsautomatik und motorisiertem Filmtransport:

Spielwaren: Computerspiele, strategische Elektronikspiele, Experimentierbaukästen, Modellautos
Sport- und Campingartikel: Kraftsportgeräte, neue Sport- und Freizeitspiele, attraktive Sport- und Schlauchboote aus leichten Materialien, Touristenluftmatratzen aus leichtem Dederongewebe.

Die lange Wunschliste macht die vorhandenen Angebotslücken im Bereich der technischen Konsumgüter besonders deutlich.

Vergleichbare Zustände bestätigt eine *„Information zur Lage der Versorgung mit Straßenschuhen"* an das ZK der SED, erstellt im Juni 1988 von der Generaldirektion des Zentralen Warenkontors (ZWK) Schuhe und Lederwaren.[14] Sie konstatiert *„ein den mengenmäßigen Bedarf der Bevölkerung nicht ausreichend deckendes Angebot bei Herren- und Damenschuhen"*. Insbesondere der Nachfrage *„nach modischen, hochwertigen Halbschuhen bzw. Pumps aus Leder und interessanten Materialkombinationen"* werde nicht entsprochen. Der Anteil der Spitzenerzeugnisse (Exquisit, Salamander-Gestattungsproduktion sowie die seit 1987 wirksame Beratungsproduktion) am Gesamtangebot für Erwachsene (jährlich etwa 25 Mio. Paar) falle seit 1986 von 38 Prozent auf 33 Prozent (Plan 1988), obwohl er der *„Nachfrage entsprechend [...] bei ca. 50 Prozent"* liegen müßte.

Gleichzeitig wird auf die drastisch gestiegene Reklamationsquote wegen Qualitätsmängeln verwiesen, obwohl sich das durchschnittliche Verbraucherpreisniveau zwischen 1980 und 1987 bei Damenschuhen um 54 Prozent und bei Herrenschuhen um 44 Prozent erhöht hatte, wie aus der nachstehenden Tabelle Nr. 2 hervorgeht. Bemerkenswert ist in diesem Zusammenhang die Information des ZWK Schuhe und Lederwaren, daß die Preise für vergleichbare Damenschuhe, die 1988 in der DDR gezahlt werden mußten, teilweise doppelt so hoch lagen wie in der alten Bundesrepublik.

Viele Ähnlichkeiten mit der Situation im Schuhsektor sind bei der Versorgung der Bevölkerung mit Textilien und Bekleidungserzeugnissen auszumachen. Aus einer Mitteilung der Arbeitsgruppe für Organisation und Inspektion beim Ministerrat der DDR vom Mai 1989 *„über die Vorbereitung und Durchführung des Zentralen Wareneinkaufs für das 2. Halbjahr 1989 für den Konsumgüterbinnenhandel"*, die Werner Jarowinsky ebenfalls vorlag, geht hervor, daß *„wie schon zu vorangegangenen Einkaufshandlungen [...] die notwendigen Entscheidungen über die Bereitstellung der Materialfonds [...] wiederum zu spät herbeigeführt (wurden)"*. Besondere Schwierigkeiten hätte es erneut mit Oberbekleidungserzeugnissen gegeben. *„Bei Oberbekleidung für Erwachsene"* heißt es da, *„reichte zum Teil die Menge nicht, und bei Kinderbekleidung gab es Widersprüche zum eingesetzten Gewebe"*. Schließlich hätten *„offene Probleme im Zusammenhang mit der Jugendmodekollektion [...] zur Verzögerung des Beginns der eigentlichen Kaufhandlung [...]"* geführt. Die betroffenen Einkäufer des Handels hätten die Meinung vertreten, *„daß es unverantwortlich ist, zentrale Kaufhandlungen mit derart vielen ungeklärten Problemen durchzuführen"*.

Tabelle 2: Die Stabilität des Preisgefüges – Anspruch und Wirklichkeit
Entwicklung der Durchschnittspreise für Herren- und Damenschuhe im Exquisit- und Fachhandelsortiment
(Basis: Großhandelsumsatz) – Mark

Sortiment	1980	1987	%
Herrenstraßenschuhe	70,10	101,05	144
Stiefel	106,33	136,07	128
Halbschuhe	72,21	108,31	150
Sandalen	44,96	35,77	80[1]
Damenstraßenschuhe	67,71	104,48	154
Stiefel	102,10	151,78	149
Halbschuhe	61,43	90,79	148
Pumps	82,84	118,41	143
Sandalen	40,94	52,42	128

1 Mengenanteil Sandalen rückläufig von 1980 = 29 % auf 1987 = 19 %.
Quelle: Erstellt nach der Information zur Lage der Versorgung mit Straßenschuhen vom 28. Juni 1988, Zentrales Warenkontor Schuhe und Lederwaren Leipzig, SAPMO BArch, DY 30/41884.

Das von den Textil- und Bekleidungsbetrieben vorgelegte Angebot für das zweite Halbjahr 1989 bewerten „[...] *die Einkaufskollektive des Handels und die Sortimentsräte [...]*" – ausgehend von den Erwartungen der Bevölkerung – hinsichtlich Gewebeeinsatz, Accessoirs und Gestaltung als *„sehr bescheiden"*. Andererseits auch hier das Bestreben, *„auf der Grundlage einer hohen Qualität maximale Preise festzulegen"*. Im Zuge dieser Bemühungen kam es während der Kaufhandlung beispielsweise zu folgenden Verbraucherpreiserhöhungen:

- „Damenkleider aus Großrundstrickgewebe crash 20 Prozent über denen für Großrundstrickgewebe versiegelt,
- Hosen, Röcke, Kleider aus Pigmentdruck/Goldfarbendruck 15 Prozent über dem bisherigen Preis für Pigmentdruck und
- Röcke, Kleider, Blusen aus Disko-Krepp zwischen 15 und 20 Prozent über den Preisen für herkömmlichen Lagenkrepp".

Die Inspektionsgruppe des Ministerrats glaubt, *„daß alle Möglichkeiten genutzt worden sind, mit den vorgestellten Erzeugnissen eine hohe Kaufkraftbindung zu realisieren"*. Kaufkraftbindung meint hier Preiserhöhung, wie aus dem direkt angefügten Beispiel hervorgeht, wonach *„gegenwärtig"* die Preise für Jeanshosen im Fachhandel mit 218,- Mark festgelegt sind. Dieser Preis, so das zitierte Papier, läge über dem Preis, der vor 3 bis 4 Jahren für vergleichbare Erzeugnisse *„im Exquisit realisiert wurde"*. Demgegenüber würden FDJ-Blusen auch weiterhin *„in Höhe von 0,6 Mio. Mark"* subventioniert.[15]

Und eine offizielle *„Information über die Ergebnisse der Preisbestätigung in Vorbereitung und Durchführung des zentralen Wareneinkaufs für Textil/Bekleidung, Schuhe und Lederwaren (Herbst/Winter 1989) für den Fachhandel"* des Leiters des staatlichen Amtes für Preise, Walter Halbritter, vom 12. Mai 1989 an Günter Mittag, offenbart nachdrücklich die eingeschlagene Strategie. Veränderungen in der Angebotsstruktur, heißt es da, hätten zur Folge gehabt, daß das durchschnittliche

Verbraucherpreisniveau im normalen Fachhandel innerhalb von Jahresfrist um knapp 3 bis 10 Prozent angestiegen sei.

Schließlich geht aus einer weiteren „*Information über die Ergebnisse der Preisbestätigung für Bekleidung, Schuhe und Lederwaren des Versorgungszeitraumes Herbst/Winter 1989 für Exquisit*" von Halbritter an Mittag vom 1. Juni 1989 hervor, daß die Preise in den ohnehin teuren Exquisitgeschäften innerhalb des gleichen Zeitraumes sogar um 6 bis fast 40 Prozent zulegen sollten.

Solche Preissprünge waren nicht mit gestiegenen Kosten zu begründen, wie bereits einer internen „*Information über die Preisbestätigung für Exquisiterzeugnisse – Angebot 2. Halbjahr 1988 – am 27. April 1988 in Leipzig*" von Halbritter an Honecker vom 28. April 1988 zu entnehmen ist. Für Fertigwarenimporte aus westlichen Ländern, heißt es da, würde in den Exquisitgeschäften trotz gestiegener Importpreise je ausgegebener Valutamark ein höheres Ostmarkäquivalent erlöst als im Vorjahr. Dazu einige Beispiele:

	Relation Importpreis (VM) zu Exquisitpreis (EVP)	
	2. Halbjahr 1987	2. Halbjahr 1988
Damenoberbekleidung	1 : 5,3	1 : 5,7
Herrenoberbekleidung	1 : 5,7	1 : 5,9
Herrenhemden	1 : 6,1	1 : 6,8
Lederbekleidung	1 : 5,3	1 : 5,4
Kosmetik	1 : 11,0	1 : 11,4
Modeschmuck	1 : 6,8	1 : 7,3

Der Trend, Verbraucherpreise in den Exquisitsortimenten festzulegen, die schneller steigen als die vergleichbaren Importpreise, setzt sich auch im zweiten Halbjahr 1989 fort, wie die bereits erwähnte Information Halbritters an Mittag vom 1. Juni 1989 belegt. Der Beschleunigungsgewinn gegenüber dem entsprechenden Vorjahreshalbjahr erreicht je nach Sortiment rund 3 bis 14 Prozent.[16]

Dennoch: Diese allen offiziellen Politikinformationen und amtlichen Verlautbarungen zuwiderlaufende Preiserhöhungsstrategie ließ sich nicht beliebig und uferlos fortsetzen.

Die SED-Führung besaß zwar das Angebots-, nicht aber das Informationsmonopol. Viele DDR-Bürger stellten Vergleiche an und lehnten Mondpreise zunehmend ab. Das bereits mehrfach erwähnte Material des Ministeriums für Handel und Versorgung vom Januar 1989 verweist auf die „*umsatzhemmende Wirkung des Preises [...] durch die Möglichkeit des Einkaufs unserer Bevölkerung in Intershop-Einrichtungen*". Ein Walkman, der dort für 50,-DM zu haben sei, im Einzelhandel der DDR dagegen für 399,-Mark (Preisverhältnis 1 : 8 – siehe nachfolgendes Schaubild zum Preisvergleich für Intershops), rege die Kunden geradezu an, „*Mark der DDR in DM umzutauschen und auf den Kauf von DDR-Produkten zu verzichten*"[17]

Lebensstandard und Versorgungslage

Schaubild: Intershop – der zweite Versorgungsmarkt der DDR
Preisvergleich für ausgewählte vergleichbare elektroakustische Geräte

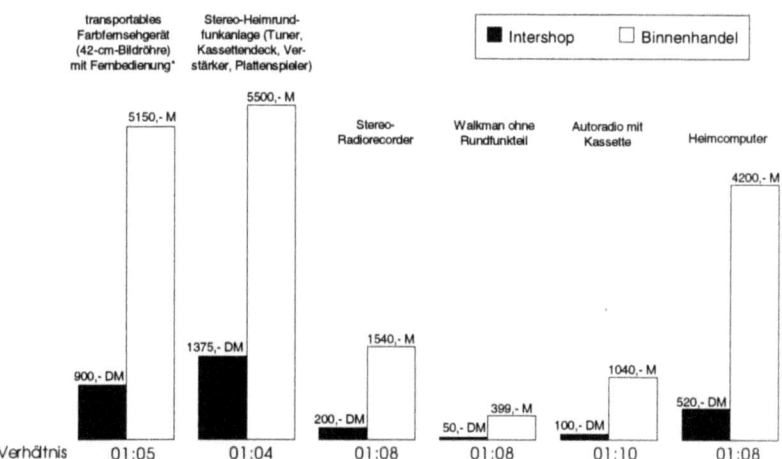

* Farbfernsehgeräte mit großen Bildröhren sind nicht mehr vergleichbar, da die Intershopgeräte bereits über Stereoton und Videotext verfügen.

Quelle: Nach dem Vergleich der Entwicklung der Nettogeldeinnahmen mit der Entwicklung wichtiger volkswirtschaftlicher Eckdaten vom 13. Januar 1989, a. a. O.

2.3. Innovationsschwäche, Verarbeitungsmängel und Angebotslücken bei Nahrungs- und Genußmitteln

Lebensmittelangebot und -verbrauch standen in der DDR ganz im Zeichen einer ideologisch motivierten Niedrigpreispolitik. Die Subventionen hierfür stiegen von knapp 8 Milliarden Mark im Jahre 1980 auf fast 32 Milliarden Mark im Jahre 1988. Niemand mußte hungern, im Gegenteil: Die subventionierten Nahrungsmittelpreise begünstigten die Nachfrage, aber auch die achtlose Verschwendung von Lebensmitteln bzw. deren Mißbrauch als Tierfutter.

Der Verzehr von Grundnahrungsmitteln pro Kopf und Jahr erreichte internationale Spitzenwerte – beispielsweise bei Fleisch- und Wurstwaren gut 100 kg (1988). Parallel damit stellte sich Übergewichtigkeit bei 40 Prozent aller Frauen und 20 Prozent der Männer ein. Eine Studie des Instituts für Marktforschung vom März 1987 über „*die Ernährungssituation und Möglichkeiten ihrer Verbesserung*" für Werner Jarowinsky beklagt deshalb, daß

- „das Mengenwachstum im Verbrauch nach wie vor dominiert;
- der Nahrungsenergieverbrauch (kcal pro Kopf) um jährlich etwa 1 Prozent steigt, während er in hochentwickelten westeuropäischen Staaten nur um 0,3–0,4 Prozent wächst;
- die ernährungswissenschaftlichen Richtwerte mit ca. 140 Prozent erfüllt werden (1960: 111 Prozent);
- die ernährungsbedingten Erkrankungen anwachsen und sich damit Produktionsausfälle erhöhen".[18]

Zugleich wuchs von Jahr zu Jahr die Kritik an der Qualität der Versorgung zu erschwinglichen Preisen, d. h. außerhalb des in nachfolgender Tabelle Nr. 3 dokumentierten Angebots in den Delikatgeschäften. Die eben erwähnte Studie des Leipziger Marktforschungsinstituts führte folgende Mängelliste an:

- „Die Sortimentsvielfalt entspricht nicht den differenzierten Erwartungen der Verbraucher.
  - Seit Ende der 70er Jahre hat sich die Auswahlbreite in den Einzelhandelsverkaufsstellen nicht wesentlich verändert.
  - Die Sortimentsvielfalt erreicht nur 25–30 Prozent des Niveaus vergleichbarer Einrichtungen in hochentwickelten westeuropäischen Staaten.
  - Die Auswahlmöglichkeit ist zwischen Sortimenten sehr unterschiedlich.
  - Das Angebot konsumreifer Erzeugnisse ist besonders gering, bei tischfertigen Sterilkonserven sind 1–2 Artikel von 45 produzierten im Angebot; tiefgefrostete Fertiggerichte werden nur zeitweise angeboten.
  - Die Stabilität im Feinsortiment (artikelkonkret) ist bei etwa einem Drittel der Erzeugnisse nicht gesichert.
- Die Qualität der Erzeugnisse des Grundbedarfs stagniert seit mehreren Jahren und hat sich teilweise verschlechtert.
  - Bei 40 Prozent der Erzeugnisse liegt das Qualitätsniveau unter dem von 1980.
  - Die hygienischen Bedingungen der Rohstoffe und ihrer Verarbeitung haben sich ebenfalls z. T. verschlechtert. [...]
- Die Innovationsrate beträgt 2,6 Prozent der Artikel bzw. 13 Prozent des Umsatzes (1986), enthält kaum echte Neuheiten mit versorgungspolitischem Effekt und führte nicht zur Ausdehnung der Sortimentsvielfalt.
- Die Aufwendungen der Haushalte für den Lebensmitteleinkauf haben sich seit 15 Jahren nicht verändert und betragen rd. 4 Stunden pro Woche (das entspricht fast einem halben Arbeitstag)."[19]

Für die SED-Parteiführung war diese kritische Versorgungslage immer eine Herausforderung. Erich Honecker selbst beispielsweise machte mit Hilfe eines Fernschreibens allen ersten Sekretären der Bezirks- und Kreisleitungen der SED am 25. November 1988 Mitteilung darüber, *„daß ab 28.11.1988 der Verkauf von Apfelsinen in allen Bezirken und Kreisen beginnt"*. Und weiter hieß es dort: *„Insgesamt stehen 84.500 Tonnen aus Importen aus Kuba und kapitalistischen Ländern zur Verfügung. Über die für den Bezirk bereitgestellte Menge ist der Vorsitzende des Rates des Bezirkes durch den Minister für Handel und Versorgung informiert. Der Verkauf wird so gelenkt werden, daß die Vorräte bis zum 24. Dezember zur Verfügung stehen."*[20]

Welche Schattenseiten hinsichtlich der akuten Gefährdung der Volksgesundheit die Versorgungspolitik der SED-Führung aufwies, sei am Beispiel der Fleisch- und Wurstwaren näher verdeutlicht. Mit Fleischpreisen, die bei – wenngleich wegen devisenbringender Westexporte unzureichend angebotenem – Edelfleisch nur 25 bis 30 Prozent des vergleichbaren westdeutschen Preisniveaus erreichten, waren die Erhaltung und Modernisierung der fleischverarbeitenden Kapazitäten in der DDR sowie ein zeitgemäßes Lager- und Transportwesen nicht zu finanzieren. Dazu folgende Zahlen aus einer streng geheimen *„Information über einige Probleme im Zusammenhang mit der Gewährleistung der Arbeits- und Produktionssicherheit in der Fleischindustrie der DDR"*, die das MfS im August 1986 verfaßte: 60 der 72

Lebensstandard und Versorgungslage 123

Schlachtbetriebe der DDR wurden vor der Jahrhundertwende errichtet. In die Kategorie I (gut) wurde von den zuständigen Kontrollinstanzen nur ein Betrieb eingestuft, weiteren 20 Schlacht- und Verarbeitungsbetrieben wurde die Kategorie II zugesprochen und 51 Betrieben die Kategorie III (schlecht).

Tabelle 3: **Der Handel mit Delikat-, Exquisit- und Jugendmodeerzeugnissen**[1]

Jahr	Umsatz im Delikathandel in Mio Mark	Anteil des Delikathandels am Umsatz von Nahrungs- u. Genußmitteln in %	Umsatz im Exquisithandel in Mio Mark	Anteil des Exquisithandels am Umsatz von Textilwaren und Bekleidung in %	Zuwachs des Umsatzes im Exquisithandel in %	Zuwachs des Umsatzes im Sortiment Jugendmode in %	Zuwachs des Umsatzes im Delikathandel in %
1978	725	1,5	–	–	–	–	–
1980	–	–	1100	8,3	–	–	–
1984	–	–	–	–	–	19,0[2]	–
1985	4500	7,9	–	–	–	13,0[2]	–
1986	4900	8,4	–	–	8,0	10,0[2]	9,6
1987	5200	8,6	–	–	–	7,5	7,0
1988	5600	9,1	–	–	7,9	4,7	7,4

1 Die Tabelle veranschaulicht die Sonderversorgung, die ursprünglich von der SED-Führung zum Wettbewerb mit den Intershop-Geschäften ins Leben gerufen worden war.
2 Zuwachs im Angebot.

Quelle: Nach Walter Dlouhy: Hochwertige Erzeugnisse und ihre Stellung im Nahrungs- und Genußmittelangebot, in: Lebensmittelindustrie Heft 1, Leipzig 1986, Neues Deutschland vom 19./20.1.1985, vom 18./19.1.1986, vom 19.1.1987, vom 23./24.1.1988 und vom 19.1.1989 sowie Statistisches Jahrbuch 1989 der DDR, Berlin (Ost) 1989.

Weil sich diese Zustände auch im Hinblick auf den Export in den Westen nicht mehr vertuschen ließen – Hygiene-Vertreter der EG akzeptierten lediglich drei Schlachtbetriebe als Lieferanten –, sah sich das MfS zu dieser kritischen Bilanz veranlaßt. Ihr zufolge konnten nachteilige Auswirkungen auf die Versorgung der Bevölkerung infolge völlig verschlissener Produktionsanlagen nur *„durch die Erteilung entsprechender Ausnahmegenehmigungen des Amtes für Standardisierung, Meßwesen und Warenprüfung (ASMW), der Staatlichen Bauaufsicht und des Staatlichen Amtes für Technische Überwachung vermieden werden"*. Im Jahre 1985 habe das ASMW für etwa 29 Prozent *„des Schlachtaufkommens (ca. 450 kt) der DDR"* insbesondere deshalb Ausnahmegenehmigungen aussprechen müssen, weil *„die geschlachteten Tiere nicht entsprechend den gesetzlichen Bestimmungen der TGL* (Technische Normen, Gütevorschriften und Lieferbedingungen) *auf eine Kerntemperatur von +8 °C gekühlt und ausgeliefert werden konnten"*. Für 1986 sagten Experten, so das MfS-Papier, einen entsprechenden Bedarf an Ausnahmegenehmigungen für 41 Prozent des Schlachtviehangebots der DDR voraus. Die Abweichungen von den normierten Kerntemperaturen betrügen bei Schweinefleisch 4 °C (also +12 °C) und bei Rindfleisch 6 °C (+14 °C). Diese *„mit Gefahren für den allgemeinen Gesundheitszustand der Bevölkerung der DDR verbundenen Temperaturabweichungen treten"*, so die geheime MfS-Information, *„hauptsächlich bei den* *zur Verarbeitung für die Versorgung der Bevölkerung vorgesehenen Schlachtkörpern auf".* Und dann nochmals der Hinweis, daß *„gesundheitliche Beeinträchtigungen der Bevölkerung bei Rohverzehr des nicht ausreichend gekühlten Fleisches nicht ausgeschlossen werden (könnten)".*[21]

Schließlich häuften sich in der zu Ende gehenden SED-Ära die Vorwürfe gegen Touristeneinkäufe, weil sie mitverantwortlich wären für die Kritik der DDR-Bevölkerung am schlechten Versorgungsniveau. In einer internen *„Parteiinformation zu Zollfragen"* vom Januar 1989 wies Egon Krenz auf die Notwendigkeit hin, *„Maßnahmen zum Schutz des Binnenmarktes"* zu ergreifen. Die Touristen wurden beschuldigt, durch ihre Einkäufe in Mark *„zu Lasten unserer Werktätigen ökonomische Vorteile aus der Preispolitik der DDR zu ziehen".*[22]

In Wirklichkeit war die SED-Wirtschaftspolitik gescheitert, denn sie konnte die durch Geld gedeckte Nachfrage (das Problem Falschgeld wurde niemals erwähnt) nicht mit entsprechenden Waren und Leistungen befriedigen. Nahezu grotesk nehmen sich denn auch die Vorschläge des SED-Politbüros *„für sofort wirksame Einschränkungen des Abkaufs von Waren durch ausländische Bürger, insbesondere der Volksrepublik Polen"* vom 31. Oktober 1989 aus, die u.a. damit begründet wurden, daß durch die Einkäufe der Polen *„teilweise eine durchgängige Versorgung und ein normaler Einkauf durch unsere Bürger nicht mehr gewährleistet werden können".*[23] Neben Empfehlungen zur Einschränkung des Verkaufs an polnische Touristen insbesondere in stark frequentierten Verkaufsstellen bzw. zur Neubestimmung des touristischen Wechselkurses zwischen Mark und Zloty wurde mit Bezug auf den Transitverkehr folgendes vorgetragen:

> „Verstärkung der Zollkontrolle an der Staatsgrenze, insbesondere bei der Abfertigung von Schwerpunktzügen und Transitreisenden. Zuführung weiterer Kontrollkräfte.
> Festlegung von Transitwegen und -zeiten, die das Aufsuchen von Einkaufzentren erschweren. Das sollte umfassen:
> - Festlegung von Transitstraßen zwischen der VR Polen und Berlin (West) sowie der BRD, die nur in Notfällen verlassen werden dürfen.
> - Einsatz von Überwachungskräften zur Verhinderung illegaler Warenübernahmen und des Verlassens der Transitwege.
> - Verkürzung der Höchstfristen für den Transit mit Reisezügen von bisher 48 Stunden auf 8 Stunden nach Berlin (West) und 24 Stunden nach der BRD ohne Unterbrechung der Reise.
> Einstellung des Verkaufs von Mark der DDR an Transitreisende VRP-Bürger (bisher ist der Tausch von je 100 Mark für Hin- und Rückfahrt möglich)".

3. Die Ausstattung der Haushalte mit technischen Konsumgütern

Über die Ausstattung der Haushalte in der DDR mit technischen Konsumgütern gibt es nur wenige authentische Informationen, die etwas aussagen zur sozialen Struktur der Verbraucher bzw. zum technischen Standard der genutzten Gebrauchsgegenstände. Nicht etwa, weil es darüber keine detaillierteren Unterlagen gegeben hätte. Das bereits mehrfach erwähnte Institut für Marktforschung in Leipzig erarbeitete zu diesem Gegenstand im Auftrage der politischen Führung in der DDR in bestimmten Abständen streng vertrauliche Materialien. Zu diesem Zweck durfte es

Lebensstandard und Versorgungslage

sich ein repräsentatives Haushalt-Panel aufbauen. Der Öffentlichkeit aber blieben solche Erkenntnisse weitgehend verborgen. Sie mußte sich mit den Propaganda-Daten der staatlichen Zentralverwaltung für Statistik begnügen, die im Statistischen Jahrbuch der DDR 1990 auf Seite 325 zur Ausstattung der Haushalte mit langlebigen technischen Konsumgütern im Jahre 1989 folgende Angaben macht:

Auf 100 Haushalte entfielen	1989	(1980)
Personenkraftwagen	54,3	(36,8)
Motorräder,-roller	18,4	(18,4)
Haushaltkälteschränke	99,0	(99,0)
Gefrierschränke	47,5	(12,5)
Haushaltwaschmaschinen	99,0	(80,4)
Rundfunkempfänger	99,0	(99,0)
Fernsehempfänger	88,1	(96,2)
Farbfernsehempfänger	57,2	(16,8)

Zunächst fällt auf, daß es für viele Erzeugnisse, die sich in entwickelten westlichen Industrieländern zu dieser Zeit im Gebrauch privater Haushalte befunden haben, gar keine Angaben gibt, weil man sie in den Geschäften der DDR gar nicht kaufen konnte. Dazu zählten, wie an anderer Stelle bereits erwähnt, beispielsweise energieintensive Geräte wie moderne Küchenherde mit Keramikfeld, Mikrowellenherde, Geschirrspüler oder Wäschetrockner, abgesehen davon, daß viele Neubauwohnungen von ihrem Raumangebot her dem Einsatz solcher Geräte zusätzlich Grenzen setzten. Weitere Angebotslücken waren, wie schon an anderer Stelle erwähnt, im gesamten Freizeit- und Unterhaltungsbereich, insbesondere der Unterhaltungselektronik, zu konstatieren.

Auf der anderen Seite war der technische Zustand jener Konsumgüter, die zum Verkauf standen und in die privaten Haushalte Einzug hielten, westlichen Maßstäben weit unterlegen. Aus der bereits mehrfach zitierten Quelle des Ministeriums für Handel und Versorgung vom Januar 1989 wird das deutlich. In diesem Material – dies verdeutlicht ein Hinweis in dem oben gegebenen Schaubild, S. 121 – wird ein Preisvergleich zwischen den Angeboten für TV-Geräte im Fachhandel der DDR und denen im Intershop mit dem Hinweis abgelehnt, daß Farbfernsehgeräte mit großen Bildröhren in den Devisengeschäften *„bereits über Stereoton und Videotext verfügen"*, während für Mark der DDR nur veraltete Technik zu haben war.

Um beispielhaft die wirtschaftlichen und sozialen Hintergründe zu erhellen, die sich hinter der amtlichen Angabe über die Ausstattung der privaten Haushalte mit PKW verbergen (1989: 54,3 Prozent) nachfolgend einige Ergänzungen zum PKW-Verbrauch an Hand SED-interner Informationen:

Gemäß einer von Egon Krenz im Januar 1989 eingebrachten Hausmitteilung des ZK an Erich Honecker zur *„Situation beim spekulativen Handel mit gebrauchten PKW"* befanden sich Ende September 1988 rund 3,5 Mio PKW in Privatbesitz. Davon entfielen, wie Tabelle Nr. 4 zu entnehmen ist, mehr als die Hälfte (54 Prozent) auf die DDR-Marke Trabant und weitere 17 Prozent auf die DDR-Marke Wartburg. Nur ganze 0,12 Prozent (41.500 PKW) kamen aus westlichen Industrieländern und Jugoslawien und die übrigen aus dem gesamten Ostblock.

Stellt man diesem Bestand in privater Hand das jährliche Angebot gegenüber, vergleiche Tabelle Nr. 5, dann läßt sich folgende PKW-Altersstrutur errechnen:

bis 5 Jahre: 21 Prozent
5 bis 10 Jahre: 18 Prozent
10 bis 15 Jahre: 22 Prozent
15 bis 20 Jahre: 16 Prozent
20 bis 25 Jahre: 11 Prozent
über 25 Jahre: 12 Prozent

Entsprechend kritisch war die Situation im Ersatzteil- und Reparaturwesen. Der erwähnten ZK-Hausmitteilung zufolge war für ca. 41 Prozent des PKW-Bestandes (1,5 Mio Fahrzeuge, darunter 0,6 Mio Ostblock-Importe) *„die Ersatzteilversorgung durch die Hersteller bereits eingestellt, da seit Produktionsende mehr als 10 Jahre vergangen sind".*[24]

Tabelle 4: Fahrzeugbestands-Stastistik 1988[1]

Typen	Anzahl der zugelassenen Fahrzeuge
Trabant P 50/60	104 000
(Produktionsauslauf 1962 bzw. 1965)	
Trabant P 601	1.800 000
Wartburg 311/312	101 000
Wartburg 353	505 000
Lada	329 000
Skoda	303 000
Moskwitsch	127 000
Dacia	68 000
Saporoshez	56 000
Polski-Fiat	34 000
VW Golf	22 000
Wolga	19 000
Mazda	11 000
Zastava	5 000
Citroen	2 500
Volvo	1 000

1 Die Übersicht gibt die Fahrzeugtypenstruktur nach dem Stand vom 30. September 1988 (privates und persönliches Eigentum) wieder. Sie beruht auf Angaben der Fahrzeugbestandsstatistik des Ministeriums des Innern, Hauptabteilung Verkehrspolizei.

Quelle: Nach Hausmitteilung des SED-Zentralkomitees über die Situation beim spekulativen Handel mit gebrauchten PKW vom 19. Januar 1989, SAPMO BArch, DY 30/38644.

Nach dem letzten Statistischen Jahrbuch der DDR (1990) besaßen zu Jahresanfang 1989 rund 52 Prozent aller 6,5 Millionen Haushalte einen PKW, knapp drei Prozent einen Zweitwagen. Haushalte von LPG-Mitgliedern verfügten sogar zu 73 Prozent über ein Privatauto, Rentnerhaushalte ohne Arbeitseinkommen hingegen nur zu 13 Prozent, während Arbeiter- und Angestelltenhaushalte zu 55 Prozent mit einem PKW versorgt waren. Innerhalb der letztgenannten Verbrauchergruppe unterdurchschnittlich ausgestattet waren jene knapp 42 Prozent aller Haushalte, deren monatliches Haushaltnettoeinkommen 1 800.– Mark nicht überschritt und damit unter dem

Tabelle 5: Produktion, Export, Import, Warenbereitstellung (Angebot) für die Bevölkerung und gesamter Verbrauch an PKW in der DDR
in Stück

	Produktion	Export	Import	darunter Import aus SU	Warenbereitstellung	Inlandsverbrauch gesamt	PKW Zulassungen (Bestand)
1988	213.045	69.307	20.137	–	145.150	168.875	3.743.554
1987	217.096	72.517	25.396	–	146.215	169.975	3.600.450
1986	217.931	71.527	24.946	–	148.466	171.350	3.462.184
1985	210.370	68.967	28.846	–	149.380	170.249	3.306.230
1984	202.000	63.623	30.831	–	131.063	169.208	3.157.077
1983	188.300	72.579	10.052	–	120.788	125.773	3.019.875
1982	182.930	84.002	32.839	–	116.916	130.867	2.921.574
1981	180.233	82.418	48.082	5.768	130.787	145.897	2.811.976
1980	176.761	84.824	62.339	35.412	136.597	154.276	2.677.703
1979	171.345	89.056	58.338	30.749	129.931	140.627	2.532.941
1978	170.967	92.183	94.153	63.944	163.068	172.937	2.392.284
1977	167.194	77.378	82.612	67.265	152.292	172.428	2.236.702
1976	163.970	81.025	94.776	59.563	164.055	177.721	2.052.240
1975	159.147	75.903	90.117	63.257	150.444	173.361	1.880.478
1974	154.629	75.071	94.941	57.032	150.513	174.499	–
1973	147.102	70.765	69.144	45.376	130.051	145.481	–
1972	139.606	79.157	65.519	41.625	110.840	125.968	–
1971	134.265	74.191	56.654	34.849	106.068	116.728	–
1970	126.611	56.178	47.061	22.454	105.692	117.494	–
1969	120.915	40.779	38.226	19.793	103.473	118.362	1.039.229
1968	114.611	44.868	36.855	21.667	83.009	106.598	–
1967	111.516	42.398	31.420	18.245	91.932	100.538	–
1966	106.160	17.895	26.001	11.052	81.999	94.566	–
1965	102.877	36.448	20.611	7.860	74.289	87.040	–
1964	93.095	29.381	11.130	8.102	62.698	74.844	–
1963	84.290	29.402	11.229	4.403	58.845	66.117	507.170
1962	72.209	22.876	7.448	2.885	52.376	56.781	–
1961	69.562	14.795	9.377	4.560	56.858	64.144	–
1960	64.071	11.515	6.231	2.089	51.470	58.787	–
1959	52.684	10.551	9.858	–	46.129	51.991	240.518
1958	38.422	12.566	11.429	–	31.692	37.285	–
1957	35.597	12.742	1.436	–	21.522	24.291	–
1956	28.145	11.214	1.300	–	13.790	18.231	133.542

Quelle: Errechnet aus Statistischem Jahrbuch 1989 der DDR, Berlin (Ost) 1989 und entsprechenden Jahrgängen.

Einkommensdurchschnitt von 1 946,- Mark lag. Mit 79 Prozent den höchsten Ausstattungsgrad überhaupt erreichten jene 11 Prozent aller Arbeiter- und Angestelltenhaushalte, deren monatliches Nettoeinkommen 2 800,- Mark überstieg.

Trotz Preiserhöhungen für vergleichbare Erzeugnisse zwischen 1970 und 1985 beim Trabant um 37 Prozent und beim Wartburg von 22 Prozent wuchsen die Bestellungen von Neuwagen bis Ende 1987 auf 5,9 Mio PKW. Zöge man bei diesen Voranmeldungen die durchschnittlichen Auslieferungszeiten von 12,5 bis 17 Jahren ins Kalkül, dann hätte man mit dem Angebot des Jahres 1988 (knapp 146 000 PKW) etwa 39,5 Jahre benötigt, um das Volumen dieser Vorbestellungen abzutragen.

4. Lösungsvorschläge der SED-Führung: Verzicht auf die subventionierten Verbraucherpreise

Die Wirtschaftspolitik der SED-Führung im allgemeinen und die Versorgungspolitik im besonderen waren 1989, wie eingangs gezeigt, endgültig in eine Sackgasse geraten. Dem Protokoll des Politbüros der SED vom 31. Oktober 1989 (Leitung: Egon Krenz) sind diese Einsichten zu entnehmen. Der Konsum der Bevölkerung, heißt es da, sei seit dem Jahre 1971 *„schneller als die eigenen Leistungen"* gewachsen. Und weiter: *„Es wurde mehr verbraucht als aus eigener Produktion erwirtschaftet wurde zu Lasten der Verschuldung im NSW* (nichtsozialistischen Wirtschaftsgebiet), *die sich von 2 Mrd. VM* (Valuta-Mark) *1970 auf 49 Mrd. VM erhöht hat."* Dem hohen Tempo der Einkommensentwicklung konnte das Angebot zur Bevölkerungsversorgung nicht folgen, was *„zu Mangelerscheinungen im Angebot und zu einem beträchtlichen Kaufkraftüberhang"* geführt habe. Allein die Zinsen für Spargutgaben der Bevölkerung, so das Papier des Politbüros, würden 1989 voraussichtlich fünf Milliarden Mark betragen, mehr als der Jahreszuwachs des Angebots für die Bevölkerungsversorgung vorsehe.

Als Schlußfolgerung empfiehlt das SED-Politbüro in seiner Geheimen Verschlußsache ZK 02 47/89–666 *„eine grundsätzliche Änderung der Wirtschaftspolitik. Es kann"*, liest man da weiter, *„im Inland nur das verbraucht werden, was nach Abzug des erforderlichen Exportüberschusses für die innere Verwendung als Konsumtion [...] zur Verfügung steht"*. Künftig sei die Erhöhung der Einkommen *„direkt an höhere Leistungen zu binden"*. Das erfordere zugleich, *„für nicht gebrachte Leistungen, Schluderei und selbstverschuldete Verluste Abzüge vom Lohn und Einkommen"*. Außerdem seien zum Abbau der Exportschulden und zur Entlastung des Binnenmarktes *„alle Elemente der Subventions- und Preispolitik, die dem Leistungsprinzip widersprechen sowie zur Verschwendung und Spekulation führen, [...] zu beseitigen. Ausgehend von der Lage kann bei der Einschränkung der Subventionen kein voller Ausgleich gezahlt werden."*[25]

In einer Anlage zum Protokoll Nr. 52 des Politbüros vom 14. November 1989 unterbreitet Walter Halbritter *„Vorschläge auf dem Gebiet der Verbraucherpreise und der Subventionspolitik unter den Bedingungen einer ausgewogenen Einheit von Wirtschafts- und Sozialpolitik in den 90er Jahren"*. Nachdem eingangs in diesem Papier nochmals darauf hingewiesen wird, daß sich infolge der subventionierten

Lebensstandard und Versorgungslage 129

Lebensmittelpreise das Preisverhältnis zwischen 1 kg Fleisch und einem Kleid von 1 : 8 (1971) auf 1 : 15 (1988) verschoben habe, bei Schuhen vergleichbar von 1 : 4 auf 1 : 8, wird folgendes vorgeschlagen:

1. Erhöhung der Verbraucherpreise für Kinderbekleidung, Kinderschuhe sowie Spielwaren und andere typische Kinderartikel (+ 90 Prozent);
2. Anheben der Preise und Tarife für Elektroenergie und Gas (+ 120 Prozent), für Brennstoffe (+ 200 Prozent) und für Trinkwasser (+ 300 Prozent);
3. Erhöhen der Verbraucherpreise für Schuhe (+ 30 Prozent), Haushaltwäsche (+ 10 Prozent), Handschuhe/Lederwaren (+20 Prozent) sowie Arbeits- und Berufsbekleidung (+ 50 bis 240 Prozent);
4. Anhebung der Verbraucherpreise für Nahrungsmittel (+ 80 Prozent) und Gaststättenleistungen (+ 25 Prozent);
5. Festlegen neuer Verbraucherpreise für Baustoffe (mindestens + 40 Prozent) und Zement (mindestens + 100 Prozent);
6. Erhöhung der Verbraucherpreise für Erzeugnisse der 1000 kleinen Dinge aus Metall, Holz, Glas und Plastik, Werkzeuge und andere Artikel des Haushalt- und Heimwerkerbedarfs (+20 bis 200 Prozent);
7. Anheben der Tarife für Handwerker- und Dienstleistungen;
8. Heraufsetzen der Verbraucherpreise für Spirituosen (+ 30 Prozent), Wein (+ 20 Prozent) und Sekt (+ 30 Prozent).

In einer Überschlagsrechnung weist Halbritter nach, daß *„von den insgesamt 49,8 Mrd. Mark an Preisstützungen für Waren und Leistungen 44,8 Mrd. Mark beseitigt"* worden wären. Künftig, heißt es dort weiter, würde nicht der am meisten am gesellschaftlichen Reichtum profitieren, *„der die meisten gestützten Waren und Leistungen erwirbt, sondern der, der am meisten leistet"*.[26]

Anmerkungen

1 SAPMO BArch, DY 30/41886.
2 SAPMO BArch, DY 30/41886.
3 SAPMO BArch, DY 30/41778.
4 Information über Reaktionen der Bevölkerung zu Problemen des Handels und der Versorgung vom 14. August 1987, Ministerium für Staatssicherheit, BStU ZAIG 3605.
5 SAPMO BArch, DY 30/41791.
6 SAPMO BArch, DY 30/41792.
7 Wirtschaftswissenschaft, 1990/4, S. 497.
8 SAPMO BArch, DY 30/41885.
9 Wirtschaftswissenschaft, 1990/4, S. 497.
10 SAPMO BArch, DY 30/41976.
11 aus: Analyse der ökonomischen Lage der DDR mit Schlußfolgerungen – Geheime Verschlußsache ZK 02 47/89 – 666.
12 SAPMO BArch, DY 30/41792.
13 SAPMO BArch, DY 30/41876.
14 SAPMO BArch, DY 30/41884.
15 SAPMO BArch, DY 30/35473.
16 SAPMO BArch, DY 30/41753/1.
17 SAPMO BArch, DY 30/41876.
18 SAPMO BArch, DY 30/38661.

19 ebenda.
20 SAPMO BArch, DY 30/41792.
21 BStU ZAIG/12/86.
22 SAPMO BArch, DY 30/41884.
23 ebenda.
24 SAPMO BArch, DY 30/38644.
25 aus: Analyse der ökonomischen Lage der DDR ..., a.a.O.
26 SAPMO BArch, DY 30/41886.

Käuferschlangen in Leipzig (oben) und Dresden 1985. Ständige Versorgungsengpässe auf vielen Gebieten des täglichen Bedarfs waren die Ursache für die „sozialistischen Wartegemeinschaften".

PKW-Bestell-Bestätigung 1983.
Die durchschnittlichen Auslieferungszeiten für PKW lagen zwischen 12 und 17 Jahren.

Auszug aus den Bestell- und Lieferbedingungen der IFA-Vertriebsorganisation

- Aus der PKW-Bestellung sind keine vertraglichen Rechte und Ansprüche im Sinne des Kundenkaufvertrages abzuleiten.
- PKW-Bestellungen werden nur in der für den Hauptwohnsitz zuständigen Fachfiliale von Kunden ab 18. Lebensjahr entgegengenommen.
- Der Kunde erklärt, nur e i n e Bestellung abgegeben zu haben.
- Die Bestellung ist personengebunden und nicht übertragbar.
- Auskünfte zur PKW-Bestellung sind nur unter Angabe der EDV-gerechten Bestell-Nummer möglich.
- Jede Veränderung der Wohnanschrift oder längere Abwesenheit ist der Fachfiliale im Interesse des Kunden mitzuteilen.
- Bei Wohnungswechsel außerhalb des Zuständigkeitsbereiches der Fachfiliale wird die weitere Bearbeitung und der Vertragsabschluß nur von der für den neuen Wohnsitz zuständigen Fachfiliale vorgenommen.
- Mit Vertragsabschluß wird der Liefermonat vereinbart. Auskünfte vor Vertragsabschluß sind rechtsunwirksam.
- Der Vertragsabschluß erfolgt nur bei Vorlage der Bestell-Bestätigung.
- 3 Wochen nach Eingang eines Lieferangebotes ist die Abnahmebereitschaft für den bestellten PKW-Typ durch Abschluß des Kaufvertrages zu vereinbaren.
- In begründeten Ausnahmefällen kann eine einmalige Rückstellung bis zu einem Jahr vereinbart werden. Bei Nichteinhaltung der Bestell- und Lieferbedingungen erlischt die Bestellung.
Die Bestellung erlischt auch, wenn der Besteller nicht innerhalb von 3 Monaten nach erfolgtem Lieferangebot mit der Fachfiliale den Liefertermin vereinbart.

Ag 309/9023/80 (87/9) 40 172 380

Trotz permanenter Aufforderungen im „sozialistischen Wettbewerb" (wie hier, Bild oben, im Backwarenkombinat Eisenhüttenstadt) gehörten Qualitätsmängel bei Versorgungsgütern zu den ständigen Ärgernissen. Waren von hochwertiger Qualität wurden für überzogene Preise in Delikatläden (hier: Wittenberg 1983) angeboten.

Mit den Intershops (hier an der Transitstrecke Berlin-Helmstedt, Magdeburger Börde) verschaffte sich die DDR zusätzliche Deviseneinnahmen. Diese Läden, in denen seit 1972 auch DDR-Einwohner mit West-Geld einkaufen konnten (seit 1978 mußten sie zu diesem Zweck DM gegen „Forum-Schecks", Bild oben, eintauschen), entwickelten sich zu einem zweiten Versorgungsmarkt.

Die DDR-Firma Genex-Geschenkdienst hatte die Aufgabe, Aufträge aus westlichen Staaten, insbesondere der Bundesrepublik, für Geschenksendungen an Empfänger in der DDR zu vermitteln. Von 1962 bis 1989 erreichte sie ein Auftragsvolumen von ca. 3,5 Mrd. DM.

In Leipzig am Vorabend des 40. Jahrestages der DDR: Sonderlieferung von Südfrüchten.

Klaus Krakat

Probleme der DDR-Industrie im letzten Fünfjahrplanzeitraum (1986–1989/1990)

1. Zu den Ausgangsbedingungen

Die Teilung Deutschlands stellte auch die Industrie der SBZ und künftigen DDR – ebenso wie die Wirtschaft in dieser Region insgesamt – vor zwei grundlegende Probleme.[1] Zum einen wurde die mitteldeutsche Industrie aus dem ehemals arbeitsteilig eng miteinander verflochtenen Verbund der deutschen Wirtschaftsregionen herausgelöst und um die Vorteile einer in vielen Jahrzehnten gewachsenen Wirtschaftsintegration gebracht.[2] Insbesondere die mitteldeutsche Verarbeitungsindustrie wurde von ihren einstigen Absatzmärkten abgeschnürt und konnte nicht mehr auf ihre traditionellen Bezugsquellen für Rohstoffe und Halbfabrikate zurückgreifen. Diese Tatsache wirkte sich vor allem auf Grund der knappen mitteldeutschen Energie- und Rohstoffbasis nachteilig aus.

Daher war „für den mitteldeutschen Raum auch nicht die Möglichkeit gegeben, eine ausgewogene Regionalwirtschaft auszubilden, und er bedurfte nach der Herauslösung aus dem gesamtdeutschen Wirtschaftsraum der Komplettierung auf zahlreichen Gebieten und Branchen."[3] Die erforderliche Strukturanpassung innerhalb der Grenzen der SBZ/DDR führte, anders als in Westdeutschland, zu einem drastischen Umbau der gesamten Industriestruktur. Beispielsweise sollten mit der Verstärkung der Grundstoffindustrie, der Chemischen sowie Eisen- und Stahlindustrie und dem Aufbau des Schwermaschinenbaues die aus der Separierung entstandenen Defizite ausgeglichen werden.

Die Eingliederung der DDR in den östlichen und sowjetisch geleiteten Wirtschaftsblock mit den damit verbundenen Exportverpflichtungen und Arbeitsteilungen hatte überdies das Ergebnis, daß die DDR ihre Produktionspalette auf die Bedürfnisse ihrer mit Ausnahme der Tschechoslowakei industriell weniger entwickelten neuen Partner, primär auf die der Sowjetunion, ausrichtete. Dies bedeutete eine Orientierung auf ein niedrigeres Entwicklungs- und Anspruchsniveau mit der Tendenz, daß die Liefermöglichkeiten in höher entwickelte Industriestaaten – einschließlich der Bundesrepublik – stark eingeengt wurden.

Das zweite Hauptproblem war die sozialistische Umgestaltung der Wirtschaft.[4] Die Gesamtpalette der Regelungen und Befehle der sowjetischen Besatzungsmacht und der von ihr abhängigen deutschen Behörden – u.a. Sequestrierung von Großbetrieben, Schließung von Banken und Versicherungsunternehmen, Anfänge zentraler

Planung 1948 – ließ immer deutlicher den vorgesehenen Weg in eine Befehlswirtschaft erkennen. Der Neubeginn der Industrieproduktion vollzog sich nach dem Willen der SMAD und mit Unterstützung der SED unter Ulbricht auf der Basis einer zentral geplanten, gelenkten und kontrollierten Wirtschaft, d. h. auf der Grundlage und mit der Zielsetzung einer – mit dem Begriff von Karl C. Thalheim – „Zentralverwaltungswirtschaft sowjetischen Typs". Im Sinne dieser Zielsetzung begann die „Besetzung aller Kommandohöhen der Wirtschaft" im Sinne Lenins, also die Enteignung und Verstaatlichung von privaten Industrieunternehmen – 1949 hatten die verstaatlichten bzw. in Sowjetische Aktiengesellschaften überführten Betriebe bereits einen Anteil von rd. 75% an der industriellen Bruttoproduktion –, womit für den Neuaufbau der Industrie privatwirtschaftliche Kompetenzen und Potentiale weitestgehend ungenutzt blieben.[5]

Der Wiederaufbau und die Strukturanpassung der mitteldeutschen Wirtschaft wurden vor allem belastet durch die Strukturmängel zentralverwalteter Planwirtschaftssysteme, also insbesondere das Fehlen eines gesamtwirtschaftlichen Rentabilitätskriteriums, das heißt am Markt gebildeter Preise als Knappheitssignale, die daraus resultierende Fehlleitung von Investitionen und die Konterkarierung gesamtwirtschaftlicher Planvorgaben durch das einzelbetriebliche Interesse an einer Verdeckung von Kapazitätsreserven.

Als weiteres Problem kam die Reparations- und Demontagepolitik der Besatzungsmacht hinzu, die die durch Kriegszerstörungen geschwächte und durch die Abtrennung der SBZ strukturell behinderte Industrie zusätzlich belastete.[6]

Die Industrie war Basis und Hauptfaktor der Wirtschaftsentwicklung in der DDR; im Rahmen von Aufbau und Vervollkommnung der „sozialistischen Planwirtschaft" erbrachte sie (seit Ende der 70er Jahre schwerpunktmäßig in Kombinaten organisiert) stets den Hauptteil der wirtschaftlichen Leistungen.[7] 1988/1989 existierten insgesamt 221 Industriekombinate: 126 gehörten der sogenannten zentralgeleiteten und 95 der sogenannten bezirksgeleiteten Industrie an. Mithin standen im Zentrum des wirtschaftspolitischen Handelns der Partei- und Wirtschaftsführung industriepolitische Aktionen.

Nach dem Scheitern des Neuen Ökonomischen Systems der Planung und Leitung in den 60er Jahren konzentrierte sich die Wirtschaftspolitik der SED-Führung auf die von Honecker auf dem VIII. Parteitag verkündete „Hauptaufgabe" einer Erhöhung des Lebensstandards auf der Grundlage eines hohen Entwicklungstempos der Produktion, des wissenschaftlich-technischen Fortschritts und des Wachstums der Arbeitsproduktivität. Industriepolitisch wurde dieses Programm begleitet von dem Vorhaben einer „sozialistischen Intensivierung der Produktionsprozesse", also der intensiveren Nutzung der vorhandenen Kapazitäten und Ressourcen in Verbindung mit stärkerer Berücksichtigung von Forschung und Entwicklung und unterstützt durch Importe westlicher Technologie zur Modernisierung der Industriekapazitäten.

Tatsächlich gelang in den 70er Jahren der entscheidende Produktivitätsschub nicht. Der Verbrauch wuchs schneller als die Produktion, wobei die 1972 vollzogene Verstaatlichung der verbliebenen Privat- und halbstaatlichen Betriebe einschließlich der Produktionsgenossenschaften des Handwerks und der verbliebenen Einzelhändler die Versorgungslage im Ergebnis weiter verschlechterte. Auch die

Ende der 70er Jahre durchgeführte Kombinatsreform erwies sich für das vorgesehene Intensivierungsprogramm als weitgehend wirkungslos. Die Rationalisierungsgewinne bei der Massenproduktion von Exportgütern für den RGW-Bereich wurden mehr als ausgeglichen durch die zusätzliche Inflexibilisierung bei der Produktion für den westlichen Markt.[8] Erschwerend kamen in den 70er Jahren die Erhöhungen der Weltmarktpreise für Rohstoffe und Energieträger hinzu, die, mehr oder weniger schnell, auf die Wirtschaft der DDR durchschlugen. Da die DDR selbst über wenige eigene Rohstoffe – ausgenommen Braunkohle – verfügte, war sie auf Energierohstoff-, Grundstoff- und Halbwarenimporte angewiesen, deren Finanzierung wegen der Preissteigerungen in den 70er und 80er Jahren durch wachsende Exporterlöse erfolgen mußte.

Eine kritische Zuspitzung der Situation trat ein, als die Sowjetunion 1981 die Liefermenge für das durch den RGW-Preisbildungsmechanismus subventionierte Rohöl (nach dem neuerlichen Preisanstieg 1981 lag der aktuelle Weltmarktpreis deutlich über dem durchschnittlichen der zurückliegenden fünf Jahre) um zwei Millionen Tonnen senkte und damit der DDR den wichtigsten Rohstoff für ihre Westexporte verknappte und verteuerte.[9]

Nach Aussagen des damaligen Chefs der DDR-Plankommission, Gerhard Schürer, führte diese Kürzung die DDR-Wirtschaft auf einen Weg in die Ausweglosigkeit: „[...] *ohne diese zwei Millionen Tonnen*" konnten wir „*nicht auskommen und mußten deshalb große Strukturveränderungen vornehmen [...]*"[10] Eine Konzentration von Investitionen auf den Ausbau der Braunkohleförderung war damit unausweichlich.

Zusätzlich verschärft wurde die Lage durch ebenfalls gekürzte Erdgaslieferungen der Sowjetunion: In einer an Mittag gerichteten Information der Abteilung Grundstoffindustrie des ZK der SED vom 4.3.1980 wurde bemängelt, daß die mit der UdSSR vereinbarten Erdgaslieferungen seit Beginn des Jahres 1980 unterschritten wurden und bereits im März des Jahres zu „*Minderreserven*" in Untergrundgasspeichern geführt hatten. „*Wenn keine Erhöhung der Lieferungen erfolgt, sind ab diesem Zeitpunkt Einschränkungen in der Erdgasversorgung notwendig, vor allem bei den Stahlwerken bzw. zur Aufrechterhaltung der vollen Produktion die Umstellung dieser Verbraucher auf Heizöl.*"[11]

Etwa gleichzeitig geriet die DDR in den Sog einer Vertrauenskrise bei internationalen Banken, ausgelöst durch Zahlungsschwierigkeiten von Polen und Rumänien und mit der Folge eines Kreditstopps ab 1982.[12] Anfangs der 80er Jahre befand sich die DDR somit wirtschaftspolitisch in einer außerordentlich kritischen Situation, in der die Westverschuldung nach Einschätzung Schürers das Ausmaß einer Katastrophe angenommen hatte.[13]

Hinzu kam die Belastung durch die Anforderungen der „Einheit von Wirtschafts- und Sozialpolitik". Um die aufwendige Sozialpolitik (insbesondere Konzentration auf das Wohnungsbauprogramm, Subventionierung von Grundnahrungsmitteln, Mietpreisen und Energie) finanzieren zu können, wurden immer mehr Mittel aus der Wirtschaft abgezogen und im Staatshaushalt konzentriert. Dazu mußten vor allem die Industriekombinate und -betriebe einen erheblichen Teil der von ihnen erwirtschafteten Gewinne und Amortisationen abführen und sich hoch verschulden.

Zu den die industrielle Entwicklung behindernden Rahmenbedingungen in den
80er Jahren gehörte bemerkenswerterweise sogar ein Mangel an Arbeitskräften –
Folge der Tatsache, daß einerseits für eine flächendeckende Modernisierung der
Produktionsanlagen die erforderlichen produktivitätssteigernden Investitionen fehlten, andererseits systembedingt die Kombinate und Betriebe kein Interesse daran
hatten, Arbeitskräftereserven offenzulegen und freizusetzen („weiche Pläne").

Schließlich wurden die systembedingten Defizite und die außenwirtschaftlichen
Probleme zusätzlich verschärft durch die Unfähigkeit oder Unwilligkeit der Partei-
und Wirtschaftsführung, von beschlossenen Handlungslinien abzuweichen. Schürer
verweist darauf, daß er 1988 im Rahmen der Ausarbeitung des Volkswirtschafts-
und Staatshaushaltsplanes einen Kurswechsel der bisherigen Wirtschaftspolitik vorgeschlagen habe und damit gegen Mittag nicht durchgedrungen sei. *„Weil die Realität nicht mit der Beschlußlage der SED übereinstimmte, ignorierte Mittag konsequenterweise die Realität – die Beschlüsse der Partei waren unfehlbar und wahr."*[14]

Während SED und Regierung an der offiziellen Lesart festhielten, daß nur in
einer Planwirtschaft eine „planmäßige proportionale" und krisenfreie Entwicklung
möglich sei, offenbarte demgegenüber die immer desolater werdende Wirtschaftspraxis den krassen Widerspruch zwischen Anspruch und Realität.

2. Zur Industriepolitik in der Schlußphase der DDR

2.1. Zielstellungen für den Industriebereich

Trotz der ab Beginn der achtziger Jahre zunehmenden wirtschaftlichen Instabilitäten und Defizite berief sich die veröffentlichte *„Direktive des XI. Parteitages der
SED für die Entwicklung der Volkswirtschaft der DDR in den Jahren 1986 bis
1990"* mit den darin enthaltenen Hauptzielstellungen der ökonomischen Strategie
weiterhin auf die *„Kraft der Vorzüge des Sozialismus"* und die Wirkungen eines in
der DDR gut funktionierenden Systems der sozialistischen Planwirtschaft, *„für deren weitere Vervollkommnung auf der Grundlage des bereits beschrittenen Weges
die Partei ein klares Konzept besitzt."*[15] Dazu ergänzend *Honecker* in seinem Parteitagsbericht:

> „Indem bereits auf dem X. Parteitag die ökonomische Strategie in wichtigsten Grundzügen ausgearbeitet wurde, setzte unsere Partei ihre bewährte Praxis fort, rechtzeitig auf
> heranreifende Probleme zu reagieren [...] und [...] in vorbeugender Weise erkennbaren
> Entwicklungsproblemen zu begegnen. Auch bei der Verwirklichung der gefundenen
> Lösungen wurde weiteren heranreifenden Fragen Aufmerksamkeit geschenkt, wurden
> Entscheidungen vorbereitet und die notwendigen Beschlüsse gefaßt. Das hat uns vor
> manchem Tempoverlust bewahrt und uns auf wichtigen Gebieten Tempogewinn eingebracht."[16]

Was hier und vor allem in den unterschiedlichen polit-ökonomischen Lehrbüchern
insbesondere mit Blick auf die Wirtschaftsentwicklung im allgemeinen und die Industrieleistungen im speziellen als systemimmanenter Vorzug des Sozialismus gepriesen wurde, reduzierte sich in der Praxis jedoch weitgehend auf Forderungen,
was erreicht werden müßte. Ein Beispiel lieferte hierfür die *„Direktive"*:

„Ein stabiles Wachstum wirtschaftlicher Leistungen, eine ständig steigende Produktivität und Qualität sind für den Sozialismus unverzichtbar. [...] Auf Gebieten, die für Umfang und Dynamik des weiteren ökonomischen Leistungswachstums in der DDR entscheidend sind, müssen Spitzenpositionen entsprechend dem internationalen Niveau erreicht werden."[17]

Die in der Direktive genannten Zielstellungen gliederten sich in Leistungsziele (z.B. mit Blick auf die als notwendig anerkannten Industrieproduktionen, Produktionskapazitäten oder Produktqualitäten), Erfolgsziele (Gewinn, Rentabilität, Produktivität) und Finanzziele (z.B. Gewährleistung der Zahlungs- und Kreditfähigkeit, Aufrechterhaltung der Liquidität, Maßnahmen in Verbindung von Struktur und Volumen des Investitions- und Finanzprogramms).

Im einzelnen wurden die folgenden Vorgaben festgelegt:

— *„Übergang zur breiten Anwendung neuester Technik"* (insbesondere Mikroelektronik, EDV, Produktionsautomatisierung) anstelle der Verwirklichung von Einzellösungen mit dem Ziel *„höherer wirtschaftlicher Effektivität"*.
— *„Modernisierung und bessere Nutzung der Grundfonds"* (Anlagen).
— *„Steigerung der Arbeitsproduktivität und die Erhöhung der Qualität"*.
— Gewährleistung einer durchgängigen *„Erneuerung der Erzeugnissortimente auf dem Wege höchster Veredelung bei wesentlicher Verbesserung des Masse-Leistungs-Verhältnisses und der breiten Anwendung materialsparender Technologien und Verfahren"* mit dem Ziel einer Senkung des Materialverbrauchs unter Berücksichtigung einheimischer Rohstoffe.
— Nutzung des verfügbaren *„Arbeitszeitfonds"* durch *„exakte Einhaltung der technologischen Disziplin und der Ordnung im Produktionsprozeß."*
— *„Effektivere Nutzung und weitere Modernisierung der Grundfonds[18] [...]"* zur *„Verwirklichung der umfassenden Intensivierung"*.
— *„In den Zweigen der Zulieferindustrie ist die Entwicklung und Produktionseinführung neuer [...] Erzeugnisse zu sichern."*
— *„Die Produktion und das Angebot hochwertiger Konsumgüter [...] ist so zu gewährleisten, daß die qualitativ und quantitativ wachsenden Bedürfnisse der Bevölkerung immer besser befriedigt werden."*[19]

Die entscheidenden Zielstellungen der Direktive des XI. Parteitages lassen sich in den folgenden Punkten zusammenfassen:

— Ablösung teurer NSW-Warenimporte durch eigene und/oder RGW-Produktionen und -Dienstleistungen,
— die damit verbundene Intensivierung der imitierenden Forschung,
— die Forcierung des Rationalisierungsmittelbaues[20] und
— die Reduzierung des Energieverbrauchs.

Diese Zielstellungen wurden in einem Bündel unterschiedlicher gesetzlicher Verfahrensvorschriften konkretisiert, d.h. verbindlicher Regularien für Kombinate und VEB, mit einem für die Anwender kaum noch übersehbaren Gewirr von Kennziffern und Normativen. Wesentliche Instrumente waren die für den Fünfjahrplanzeitraum 1986–1990 vorgegebene *„Planungsordnung"*[21] und die *„Rahmenrichtlinie für Kombinate und Betriebe"*.[22] Hinzu kamen Ministerratsbeschlüsse und besondere

Gesetze über die Durchführung der Jahresvolkswirtschafts- und Fünfjahresplanung.[23] Permanente Korrekturen bereits ergangener Gesetze, Wettbewerbsaufrufe der SED zur Initiierung und Durchsetzung besonderer und über die Planansätze hinausgehender Leistungen und zusätzliche Handlungsvorschriften für Kombinatsdirektoren komplettierten die Planbefehle.

Eng verbunden mit der zentralen Planung war ein breites Netz von Kontrollen, um die plangetreue Realisierung industriepolitischer Vorgaben, d.h. die Durchführung von Beschlüssen, Direktiven und gesetzlichen Festlegungen, zu gewährleisten. Wesentliche Kontrollorgane waren vor allem:

- die Arbeiter- und Bauerninspektion (ABI), die regelmäßig die Wirtschaftsabteilungen des Zentralkomitees (ZK) der SED und/oder das Büro Mittag mit Berichten über den Stand der Planerfüllung versorgte, Erfüllungsdefizite bei der Planverwirklichung aufzeigte und auf „Havarien" im Produktionsprozeß aufmerksam machte,
- die Kombinats- (Betriebs-) -parteiorganisationen der SED, welche in der Regel jeweils monatlich detaillierte Kontroll- und Auskunftsberichte über die erreichten Produktionsergebnisse, die Plantreue der Betriebe und die politische Zuverlässigkeit der Leitungskader ablieferten und
- die Bezirksleitungen der SED (Sekretäre für Wirtschaftsfragen), welche die vorgenannten Kontrollen durch eigene Inspektionen ergänzten, und zwar insbesondere dann, wenn die Verwirklichung von „Parteitagsobjekten" gefährdet war oder Schwierigkeiten bei der Erfüllung vordringlicher Staatsaufträge (Staatsplanpositionen) entstanden waren.

2.2. Krisenmanagement statt Industriepolitik

Permanente Kontrollen der Planerfüllung ließen Politbüro und Ministerrat ab Beginn der achtziger Jahre zunehmend erkennen, daß die behauptete problemfreie Planerfüllung mit plankonformen Zulieferungen, störungsfreien Produktionen, schnell verwertbaren Forschungsergebnissen, Disziplin am Arbeitsplatz, dem breiten Einsatz neuer Technologien und damit Produktivitätserhöhung und Wirtschaftswachstum nicht realisierbar war. Schon allein auf Grund der oben skizzierten, sich während der achtziger Jahre verschlechternden allgemeinen wirtschaftlichen Rahmenbedingungen mußten erhebliche Instabilitäten in Kauf genommen werden. Sie äußerten sich u.a. in fehlenden Anlagen oder Materialien, mangelhaften Vorproduktionen, knappen Rohstoffen, Produktionsausfällen durch den Einsatz technologisch veralteter Produktionsanlagen oder einer nachlassenden Arbeitsdisziplin sowie nicht zuletzt in systembedingten Strukturdefiziten wie einer fehlenden Risikobereitschaft und der Präferierung leicht zu erfüllender, also „weicher" Pläne. Nicht zuletzt entwickelten sich die Ressourcenprobleme der Kombinate zu einem kaum noch zu überwindenden Innovationshemmnis. Die Probleme wurden zusätzlich durch die Konzentration auf bestimmte Prestige-Projekte – wie z.B. in der Mikroelektronik – verschärft, da diese auf Kosten einer Weiterentwicklung anderer Wirtschaftsbereiche oder einer breiteren Modernisierung industriebetrieblicher Produktionskapazitäten realisiert wurden.

Die zentralistische Industriepolitik wandelte sich angesichts der sich zuspitzenden Probleme zu einem hektischen Krisenmanagement: Aufgedeckte und zur Normalität ansteigende Pannen und Defizite auf Kombinats- und VEB-Ebene verlangten umfangreiche und zeitintensive Gegensteuerungen mit Blick auf die Einhaltung festgelegter Wirtschaftsziele und banden zusätzliche finanzielle Mittel. Einige ausgewählte Krisenberichte von ABI, Finanzrevision oder Bezirksleitungen der SED sind geeignet, die Situation zu veranschaulichen:

Fallbeispiel 1: Planerfüllung „mit dem Bleistift"

Die Arbeitsgruppe für Organisation und Inspektion beim Ministerrat, Abteilung Inspektion, hatte 1987 im VEB Schuhfabrik Lobenstein *„erhebliche Mängel und Mißstände"* aufgedeckt und in einer *„Information über Verletzungen der staatlichen Ordnung beim Umgang mit Material und Fertigerzeugnissen"* zusammengestellt. Politbüromitglied Krolikowski sah sich genötigt, dem Wirtschaftssekretär Mittag per handschriftlichem Zusatzvermerk mitzuteilen, daß er den zur Diskussion stehenden *„Skandal morgen im Ministerrat"* behandeln und entsprechende Schlußfolgerungen veranlassen werde. Dem Betrieb wurden Planverstöße jeglicher Art *„mit Wissen der Kombinatsleitung"* weit über das allgemein übliche Maß hinaus vorgeworfen. U.a. wurde festgestellt:

„Der VEB Schuhfabrik Lobenstein wurde den Qualitätsvereinbarungen gegenüber dem Handel nicht mehr gerecht, und es kam zum enormen Anstieg der Reklamationen und der Anhäufung von Fertigerzeugnissen.
Diese Situation war sowohl den leitenden Kadern des Betriebes als auch der Kombinatsleitung bekannt. Sie duldeten Manipulationen in der Abrechnung zur Verschleierung der tatsächlichen Situation des Betriebes. So wurde der Plan in den meisten Fällen den erreichten Ergebnissen angeglichen, die Qualität der Erzeugnisse und die tatsächliche Reklamationsquote von 1984–1985 bewußt falsch ausgewiesen und erhebliche Unordnung in Teilbereichen der Abrechnung des Reproduktionsprozesses zugelassen. In den Jahren von 1984–1986 entstanden dem Betrieb dadurch Verluste in Höhe von 2,63 Mio Mark. Trotz dieser erheblichen Verluste konnte der Betrieb durch eine entsprechende Plangestaltung mit Wissen der Kombinatsleitung die Hauptkennziffern der Leistungsbewertung über Jahre als erfüllt abrechnen. Die Nichterfüllung der ursprünglich geplanten Mengenleistungen, insbesondere in den Jahren 1985 und 1986, führten zu Mehrbeständen an Material per 31.12.1986 in Höhe von 0,9 Mio M.
Laut Inventurprotokoll vom 30.4.1987 wurden allein im Reklamationslager 21.389 Paar Schuhe im Wert von 2,5 Mio M nachgewiesen. Darüber hinaus wurden im Betriebsteil Neundorf 2.589 Paar Rindbox-Damensandalen festgestellt, die letztmalig 1985 inventurmäßig erfaßt worden sind.
Aufgrund ungenügender Aktivitäten der verantwortlichen Leiter zur Verbesserung der Qualität der Produkte und der Organisation einer vertragsgerechten Produktion nahm der Bestand an Schuhen dermaßen zu, daß unter Mißachtung aller Bestimmungen der Sicherheit und Ordnung, des Arbeits- und Brandschutzes alle Lagerkapazitäten des VEB erschöpft waren. Es wurde deshalb festgelegt, die eingelagerten Schuhe auf Reparaturfähigkeit zu prüfen und nicht reparaturfähiges Schuhwerk zu vernichten. Vom 1.1.1986 bis 27.2.1987 wurden 3 025 Paar Schuhe in der Heizungsanlage des Betriebes verbrannt.

Für die im VEB Schuhfabrik Lobenstein eingetretene Situation werden folgende Ursachen dargestellt:
- ungenügende Wahrnehmung der Verantwortung durch leitende Kader des Betriebes für die ihnen übertragenen Aufgaben auf dem Gebiet der Materialwirtschaft, der Produktionsvorbereitung und -durchführung sowie beim Absatz,
- mangelnde Durchsetzung der Kontrollpflichten des Betriebsleiters und des Hauptbuchhalters. [...]
- häufiger Wechsel in der personellen Besetzung von Leitungsfunktionen hemmte die Konsolidierung der Leitungstätigkeit, schadete dem Vertrauensverhältnis der Werktätigen zu den Leitern und untergrub die Autorität der Leiter. [...]
- Die Gesamtsituation des Betriebes begünstigt eine derzeit hohe Fluktuation. Die Arbeitskräftesituation wird im VEB Schuhfabrik Lobenstein seit 1985 zunehmend komplizierter, insbesondere bei Produktionsgrundarbeitern.
Mit dem Fehlen von Arbeitskräften und dem Einsatz unqualifizierter Arbeitskräfte werden u. a. Verletzungen der technologischen Disziplin bei der Fertigung begründet. Es wurde festgestellt, daß z.T. solche qualitätsbestimmenden Arbeitsgänge, wie Verleimen der Sohlen, nicht ausgeführt werden, um die geplante Mengenproduktion zu sichern. Da auf Grund der Arbeitskräftesituation die Meister mit am Band eingesetzt sind, unterbleiben die notwendigen Kontrollen."[24]

Fallbeispiel 2: Qualitätsmängel

Besonders peinlich für die Wirtschaftsführung waren Mängelrügen, die nicht als Ergebnis der „Parteikontrolle", sondern auf Grund intensiver Recherchen von DDR-Medien festgestellt und zudem von der bundesdeutschen Presse weiter verbreitet wurden. Dies geschah z.B. in einem Beitrag der Satire-Zeitschrift „*Eulenspiegel*"[25] über die Herstellung und den Vertrieb von Kinderfahrrädern. Der Mängelreport der Zeitschrift verbannte die zwar fabrikneuen, doch maroden und gesundheitsgefährdenden Räder in das „*Gruselkabinett eines Fahrradmuseums*". Die Abteilung Maschinenbau und Metallurgie der SED wie auch die „Arbeitsgruppe für Organisation und Inspektion beim Ministerrat" kamen nicht umhin festzustellen, daß die „*Kritik zur Qualität der Kinderfahrräder des VEB Waggonbau Dessau*" berechtigt sei. In einer an Mittag gerichteten Information wurden die im „*Eulenspiegel*" genannten Mängel daher ausnahmslos bestätigt. Zu dem „*außerordentlichen*" Problemfall hieß es im einzelnen:

„- Die vom Werk Dessau des VEB Kinderfahrzeuge Mühlhausen ausgelieferten Fahrräder tragen zwar den Stempel der Endkontrolle auf den Begleitpapieren, jedoch muß der Servicemonteur der Verkaufsstelle bis zu 50 Minuten nacharbeiten, um das Fahrrad in einen fahrtüchtigen Zustand zu versetzen.
- Vom VEB Mifa-Werk Sangershausen werden häufig zu lange Speichen eingesetzt, die Gangschaltungen funktionieren oft gar nicht oder sind nicht richtig eingestellt.
- Nicht alle Ersatzteile stehen ausreichend zur Verfügung, so insbesondere Tretlager und deren Einzelteile, Laufräder für Sportfahrräder, Gangschaltungen, Speichen, Dynamos, Lenker, Sportrahmen, Naben und Mehrfachkränze, Rennbedarf.
- Gelieferte Ersatzteile haben schlechte Qualität, so die im Stahl- und Walzwerk Hettstedt produzierten Alufelgen, die vom Betrieb Zella Mehlis des VEB Fahrzeug- und Jagdwaffenwerk Suhl gelieferten Kettenblätter und Getriebe, die vom VEB Kettenfabrik Barchfeld hergestellten Speichen.

– Die Forderung, die Maße der DDR-Fahrräder den international üblichen anzugleichen, bestehe seit langem, werde aber vom IFA-Kombinat für Zweiradfahrzeuge ignoriert."[26]

Fallbeispiel 3: Probleme bei der Bereitstellung von EDV-Technik

Dem einzigen Großhersteller rechentechnischer Erzeugnisse, dem Kombinat Robotron Dresden, war es in der Regel nicht möglich gewesen, den wachsenden Bedarf der DDR-Wirtschaft an Computern mit Blick auf Menge und Leistungsfähigkeit zu decken. Auch die Bereitstellung vergleichsweise kleinerer Stückzahlen bereitete Probleme. Grund hierfür waren Mißmanagement, das allgemeine Unvermögen, mit Hilfe der eingesetzten Produktionstechnik Forschungs- und Entwicklungsergebnisse in möglichst kurzer Zeit in die Produktion umzusetzen, sowie die durch Imitationsforschungen bedingten längeren Wartezeiten. Die daraus resultierenden Probleme fanden sich u. a. durch ein Schreiben des Leiters der Staatlichen Zentralverwaltung für Statistik (SZS), Donda, vom 28.11.1988 an Mittag bestätigt:

„Am 16.11.1988 wurden durch einen Abteilungsleiter im Ministerium für Elektrotechnik und Elektronik die CAD/CAM-Auftragsleiter der Ministerien und zentralen staatlichen Organe darüber informiert, daß das Kombinat Robotron die im Volkswirtschaftsplan 1988 festgelegten Stückzahlen für ESER-EDVA EC 1057, für 32-bit Rechner EC 1840 und für die 16-bit Rechner EC 1834 in erheblichem Umfang nicht erfüllt. [...] Aus dieser Sachlage ergibt sich, daß wichtige für 1988 und 1989 festgelegte inhaltliche Aufgaben [...] nicht zu erfüllen sind.
Es wird für notwendig gehalten, die sich aus der entstandenen Lage ergebenden Schlußfolgerungen, insbesondere zur Durchführung des genannten Beschlusses des Sekretariats des ZK der SED und des Ministerrates vom Mai 1988, durch den Minister für Elektrotechnik und Elektronik im Präsidium des Ministerrates zur Entscheidung zu bringen."[27]

Fallbeispiel 4: Die Folgen einer Stromunterbrechung im VEB Fernsehkolbenwerk Friedrichshain/Tschernitz:

Nach einer mehrstündigen Unterbrechung der Stromversorgung und einem dadurch verursachten Temperatursturz in der Glasschmelzwanne des Fernsehkolbenwerkes, welches sich vor allem auf die Herstellung technischer Glaserzeugnisse spezialisiert hatte, heißt es in einem Schreiben des Ministeriums für Glas- und Keramikindustrie vom 10.2.1987 an Mittag:

Es ist „trotz außerordentlicher Anstrengungen der Werktätigen, Techniker und Wissenschaftler nicht wieder gelungen, eine qualitätsgerechte Produktion von Bildschirmrohlingen entsprechend dem Plan zu sichern [...]
Bisher konnte die Versorgung der Produktion von Farbbildröhren im Werk für Fernsehelektronik aufrechterhalten werden, indem vorhandene Bestände an Rohlingen in die Weiterverarbeitung mit einbezogen wurden. Das ist nur noch bis zum 20. Februar möglich. Ich habe die Situation mit den führenden Wissenschaftlern und Praktikern auf diesem Gebiet vor Ort beraten. Da die Ursachen bisher nicht erkannt wurden, muß damit gerechnet werden, daß das Wiedererrreichen des planmäßigen Produktionsniveaus eine Einlaufkurve mindestens noch bis zum Ende Februar erfordert.

Die Abstimmung mit dem Ministerium für Elektrotechnik/Elektronik hat ergeben, daß unter Einbeziehung aller vorhandenen Bestände zur Aufrechterhaltung der Produktion im VEB Werk für Fernsehelektronik Berlin die Zuführung von 25 000 Bildschirmen bzw. Rohlingen aus Importen erforderlich wird. Gemeinsam mit dem Ministerium für Außenhandel wurde die Prüfung der Bezugsmöglichkeiten und -bedingungen dazu veranlaßt."[28]

Das Beispiel veranschaulicht, daß speziell im Falle eines Produktionsbetriebes mit Monopolstellung jede Havarie zu einem Zusammenbruch nachgelagerter Produktionen und zu teuren Ersatzbeschaffungen aus anderen RGW-Staaten oder auch aus dem „nichtsozialistischen Wirtschaftsgebiet" führten.

Fallbeispiel 5: Probleme der „sozialistischen Arbeitsmoral"

In einem an Mittag gerichteten Schreiben des Staatssekretariats für Arbeit und Löhne vom 8.2.1989 werden Kontrollergebnisse aus 66 Betrieben der zentralgeleiteten Industrie, des zentralgeleiteten Bauwesens sowie der örtlich geleiteten Wirtschaft berichtet:

„I. Unentschuldigtes Fehlen
Die Ausfallzeiten durch unentschuldigtes Fehlen nehmen seit Jahren zu. In der zentralgeleiteten Industrie stiegen sie von 3,9 Stunden je VbE [Vollbeschäftigteneinheit] Arbeiter und Angestellte im Jahre 1983 auf 6,3 Stunden im Jahre 1988, im zentralgeleiteten Bauwesen von 5,7 Stunden auf 7,1 Stunden [...]. In der örtlichgeleiteten Wirtschaft sind diese Ausfallzeiten höher als in den zentralgeleiteten Betrieben.
Die unentschuldigten Fehlzeiten im Jahre 1988 entsprechen dem Arbeitsvermögen von 9 575 Werktätigen in der zentralgeleiteten Industrie und 890 Werktätigen im zentralgeleiteten Bauwesen.
Im Ergebnis der Untersuchungen kann folgendes festgestellt werden:
1. Die unentschuldigten Fehlzeiten wurden 1988 von 6 Prozent der Werktätigen, fast ausschließlich Produktionsarbeiter, vorwiegend im Alter zwischen 20 und 40 Jahren, verursacht. Zwischen den Betrieben bestehen große Unterschiede. [...]
2. Etwa 80 Prozent der Arbeitsbummelanten sind Werktätige, die gelegentlich, bis zu 5 mal im Jahr, der Arbeit fernbleiben. Die Zahl dieser Werktätigen und die von ihnen verursachten Fehlzeiten nahmen in der Mehrzahl der Betriebe 1988 gegenüber 1987 zu. Die Bummelanten ‚begründen' ihre Disziplinlosigkeit mit ‚verschlafen', ‚zuviel gefeiert', dringenden persönlichen Besorgungen u. a. Ihre leichtfertige Arbeitseinstellung wird mitunter begünstigt durch unkontinuierliche Produktion mit Warte- und Stillstandszeiten, unzureichende Kontrolle und liberale Haltung einzelner Leitungskader.
3. Etwa 20 Prozent der Arbeitsbummelanten sind Werktätige, die oft wochen- oder monatelang fehlen bzw. überhaupt nicht arbeiten. Von diesen hartnäckigen Bummelanten werden etwa 70 Prozent, in manchen Betrieben über 90 Prozent, der Fehlzeiten verursacht. Auch die Zahl dieser Arbeitsbummelanten und die von ihnen verursachten Fehlzeiten sind angewachsen.
Hartnäckige Arbeitsbummelanten sind vor allem aus dem Strafvollzug Entlassene, kriminell Gefährdete, auf Bewährung Verurteilte, asozial lebende oder psychisch auffällige Bürger, denen in der Regel durch die örtlichen Organe ein Arbeitsplatz zugewiesen wurde oder für die eine gerichtlich festgelegte Arbeitsplatzbindung besteht. Sehr häufig ist die Arbeitsbummelei mit Alkoholmißbrauch oder Alkoholis-

mus verbunden. Viele hartnäckige Arbeitsbummelanten bekunden offen Arbeitsunlust und lehnen die mit der regelmäßigen Arbeit verbundenen Anforderungen als ‚freiheitseinschränkend' ab. Aufgrund ihrer niedrigen Qualifikation als Un- und Angelernte und Teilfacharbeiter sowie ihrer Unzuverlässigkeit werden sie in den Betrieben in der Regel im innerbetrieblichen Transport, in der Lagerwirtschaft und anderen Hilfsprozessen eingesetzt, wo sich Arbeitsausfälle in geringerem Maße auf die Planerfüllung auswirken als in der Produktion selbst."[29]

2.3. Industriepolitische Defizite

Die von der SED in den achtziger Jahren praktizierte Industriepolitik und damit auch ihre Forschungs-, Technologie- und Investitionspolitik offenbarte eine Palette systemtypischer Mängel, insbesondere einen Mangel an durchgreifenden Wachstumseffekten in Verbindung mit erheblichen technologischen Rückständen gegenüber westlichen Industriestaaten, eine erhebliche Vernachlässigung des Umweltschutzes, des Dienstleistungssektors und der sozialen Infrastruktur sowie erhebliche Rückstände in der industriellen Arbeitsproduktivität. Zwei weitere defizitäre Bereiche seien an dieser Stelle etwas näher erörtert.

2.3.1. Hohe Überalterung und Verschleißquote industrieller Anlagen, Ausrüstungen und Gebäude

Eine der wesentlichsten Barrieren der betrieblichen Planerfüllung und der angestrebten Intensivierung war der exorbitant hohe Bestand an überalterten und verschlissenen Industrieanlagen und -ausrüstungen. Er war nicht zuletzt auch verantwortlich für die mangelhafte Durchsetzung der angestrebten Intensivierung.[30]

Nach Schürers Angaben vom Ende Oktober 1989 hatte sich der „Altbestand" in der Industrie insgesamt *„von 47,1 im Jahre 1975 auf 53,8 % 1988 erhöht"*. Mit anderen Worten: Bereits 1980 waren rund 55 % der Anlagen und Ausrüstungen älter als 10 Jahre, 21 % sogar älter als 20 Jahre.[31] Noch 1990 arbeiteten in nicht wenigen Betrieben Maschinen aus den vierziger Jahren und früher.[32] Etwa 15 v.H. der in der Industrie tätigen Produktionsarbeiter verbrachten ihre Zeit damit, alte und defekte Maschinen zu reparieren.[33]

Daher bestimmten in vielen Fällen neben teilweise neuer Technik bereits voll abgeschriebene und zudem stark reparaturanfällige Anlagen als schwächste Glieder der produktionstechnischen Kette innerhalb der Betriebe das Gesamtniveau von Automatisierung und Rationalisierung. Die daraus resultierenden zunehmenden Maschinenausfälle und „Havarien", komplettiert durch „Bastelfertigungen" als Ergebnis des Mangels an Ersatzteilen, legten nicht selten ganze Produktionsketten lahm. Andererseits zwangen Maschinenausfälle mit entsprechenden Diskontinuitäten im Produktionsablauf oder die zunehmenden Sonderproduktionen und Zusatzschichten zur Sicherung von Westexporten zu einem permanenten Mehreinsatz von Arbeitskräften.[34]

Daß die Voraussetzungen für eine störungsfreie Produktion selbst in den „strukturbestimmenden" Kombinaten nicht gegeben waren, zeigt beispielhaft ein Rückblick auf die produktionstechnischen Rahmenbedingungen im Stammbetrieb des Kombinates Kabelwerke Oberspree (KWO):

"Wie üblich zu Ehren eines SED-Parteitages wurde 1981 eine Versuchsstrecke mit im KWO gefertigten Glasfaserkabeln im Berliner Post-Telefonnetz übergeben, 1985 begann in den KWO-Labors in Oberschöneweide die Produktion von Lichtwellenleitern, auf Maschinen, die eigentlich als Versuchsanlage gedacht waren. Mitarbeiter beklagten damals: Immer wenn neben dem Werksgelände ein Lastkahn an den Kai eines Baustofflagers donnerte, verursachten die Erschütterungen Qualitätseinbrüche bei der Glasfaser-Fertigung."[35]

In verschiedenen Fällen versuchten Betriebe über Eigeninitiativen gravierende Maschinenausfälle zu beseitigen. In der Regel wurden jedoch derartige an den Planungen vorbeigehende Aussonderungsbestrebungen und Ersatzbeschaffungen bzw. Ersatzinvestitionen der VEB im Falle stark verschlissener Maschinen durch die Planbürokratie unterbunden. Der Einsatz von Uralttechnik und das häufig geringe Interesse der Betriebe, uneffektive Maschinen auszusondern, wurden zur Normalität. Planerfüllung um jeden Preis bestimmte das betriebliche Handeln.

Aber auch die Lagerfunktion konnte von nicht wenigen Betrieben in der Produktion und im Handel nur ungenügend wahrgenommen werden. Vielfach typisch für die Phase des Warenumschlages einschließlich Lagerung (Hersteller – Handel/Warenlagerung – Kunde) war es, daß z.B. in Industriekombinaten hergestellte Konsumgüter nach Feststellungen der Arbeiter- und Bauern-Inspektion sowohl bei den Produzenten selbst oder vom Handel unzureichend gelagert wurden:

Fallbeispiel 6: Mängel der Lagerwirtschaft

Im Auftrag des Ministeriums für Handel und Versorgung und des ZWK [Zentralen Warenkontors] Industriewaren hatte das ABI-Komitee, Abteilung Handel und Versorgung Kontrollen, *„in ausgewählten Großhandelsbetrieben"* durchgeführt, über die an Politbüro-Mitglied und ZK-Sekretär Jarowinsky unter anderem berichtet wurde:

"Die Kontrollen hatten ergeben, daß die materiell-technische Basis des Großhandels nicht mit den wachsenden Umsatzleistungen Schritt hält. Umfang und Qualität des Lagernetzes entsprechen in vielen Fällen nicht den Anforderungen eines schnellen und verlustarmen Warenumschlags. Deshalb müssen umfangreiche Ausweichmöglichkeiten, wie Scheunen, Ställe, Tanzsäle u. a. genutzt werden, in denen TGL-gerechte[36] Lagerung der Ware (Luftfeuchtigkeit, Temperatur) nicht immer gewährleistet werden kann. [...]
Verschärft werden die Lagerbedingungen durch eine Vielzahl undichter Dächer. Die Dachschäden sind insbesondere bei Scheunen, Ställen und Tanzsälen teilweise so groß, daß vom Lager aus der Himmel sichtbar ist und die Ware zum Teil manuell von den Lagerarbeitern bewegt werden muß, um sie bei Regen an trockenen Lagerflächen unterzustellen. [...]
Verschärft wird die Lage durch die anhaltende Unterbesetzung mit Arbeitskräften in der materiellen Warenbewegung. [...]
In einer Scheune der GHG [Großhandelsgesellschaft] Haushaltwaren Schwerin [...] wurden über 30 neue und ungebrauchte Gabelhubwagen vorgefunden, die seit Herbst vergangenen Jahres dort lagern. Dafür gibt es in der GHG keine Verwendung, obwohl sie in allen Bereichen des Binnenhandels dringend benötigt werden. [...] Der Stellvertreter des Fachdirektors [...] erklärte dazu, daß ihnen die Gabelhubwagen entgegen dem Bedarf vom ZWK Haushaltswaren ‚aufgedrückt' wurden."[37]

Unzureichende Lagerbedingungen zeigt auch ein Bericht über das Kombinat Schuhe, Weißenfels, 1987:
„[...] Das handelsgerechte Kommissionieren und Verpacken der erhöhten Kinderschuhproduktion [vollzieht sich] unter extremen Bedingungen auf Fluchtwegen, in Gängen, in Treppenhäusern und in Sozialgebäuden". [...]
„In fast allen Betrieben werden Fertigwaren unter freiem Himmel gelagert und gegen Witterungsunbilden provisorisch mit Zeltplanen abgedeckt. Insbesondere im Stammbetrieb Werk 1 hatte es dazu wiederholt ernsthafte Mißfallensäußerungen in den Produktionskollektiven gegeben."[38]

Ein weiterer ABI-Bericht betrifft den SHB [Sozialistischen Handelsbetrieb] Möbel, Dresden:

„Im SHB Möbel Dresden sind von den 64 Lagerobjekten mit 43 557 m² Hauptfunktionsfläche (HFFl) ca. 50 % der Objekte mit 24 055 m² HFFl. für eine Lagerung von Möbeln und Polsterwaren nicht geeignet. Dabei handelt es sich vorwiegend um z. T. baufällige Schuppen, ehemalige Wohnungen und Gewerberäume (teilweise Bausubstanz aus dem 15. Jahrhundert, z. B. in Bautzen). [...] Nur in 4 von 64 Objekten ist der Einsatz von Gabelstaplern möglich. [...][39]"

2.3.2. Mangelnde Westexportrentabilität der Industrie

Besonders die erheblichen Defizite in der Arbeitsproduktivität mußten Auswirkungen auf die Wettbewerbsfähigkeit der DDR-Industrie haben. Lange Zeit hindurch konnte die Westexportrentabilität der DDR nicht exakt ermittelt werden, weil die ihr zugrunde liegenden Relationen zwischen Valuta-Mark (VM) und Mark der DDR (M) bis etwa Ende des Jahres 1989 eines der bestgehüteten Geheimnisse der DDR-Partei- und Wirtschaftsführung waren. Das dann bekanntgewordene Verhältnis von 1 VM = 4,40 M (1989) demonstrierte den permanenten inneren Wertverfall der DDR-Mark während der achtziger Jahre. Dieser wurde schließlich mit dem Einblick in die Kombinatsdaten (Betriebsergebnisse) der Staatlichen Zentralverwaltung für Statistik bestätigt.[40]

Spitzenreiter einer mangelhaften Westexportrentabilität waren zweifellos die drei von der Partei- und Wirtschaftsführung der DDR überdurchschnittlich stark geförderten Kombinate Mikroelektronik Erfurt, Elektronische Bauelemente Teltow und Keramische Werke Hermsdorf (vgl. hierzu Tabelle 1).

Sie bildeten gemeinsam mit dem Kombinat Carl Zeiss Jena das Rückgrat der seit den sechziger Jahren im permanenten technologischen Abseits verharrenden Mikroelektronikindustrie der DDR. Von diesen wies das Kombinat Mikroelektronik die denkbar schlechteste Westexportrentabilität auf: Für den Erlös einer Valuta-Mark mußten rd. 7,20 DDR-Mark aufgebracht werden. Das Kombinat Robotron hatte für eine Valuta-Mark 6,24 Binnenmark aufzuwenden. Das renommierte Kombinat Carl Zeiss Jena lag demgegenüber mit etwa 3,67 DDR-Mark im Mittelfeld. Zu den vergleichsweise rentabler produzierenden Kombinaten zählten die beiden Großhersteller des DDR-Verarbeitungsmaschinenbaues: Polygraph Leipzig und Textima Chemnitz (Karl-Marx-Stadt). Beide waren Leistungsträger des DDR-Westexports und daher Aushängeschilder auf den Leipziger Messen. Textima mußte für eine Valuta-Mark immerhin rund 2,70 DDR-Mark und Polygraph etwa 2,90 DDR-Mark aufbringen. Auch das Schwermaschinenbaukombinat TAKRAF war in der Lage, mit einem Einsatz von 2,50 DDR-Mark eine Valuta-Mark zu erwirtschaften. Am relativ günstigsten produzierte das Kombinat Baukema: es mußte lediglich ganze 2,29 DDR-Mark für eine Valuta-Mark einsetzen.

Hinsichtlich der Exportrentabilitäten der Kombinate ist jedoch davon auszugehen, daß es innerhalb der einzelnen Kombinate mitunter starke Differenzierungen gab. Einzelne Renommierbetriebe, so vor allem der VEB Polygraph Druckmaschinenwerk Planeta Radebeul (Produktionsbetrieb im VEB Kombinat Polygraph „Werner Lamberz" Leipzig), der VEB Schraubenwerk Karl-Marx-Stadt (Stammbetrieb im VEB Kombinat Wälzlager und Normteile Karl-Marx-Stadt), der VEB NILES-Stellantriebe Dresden-Ost (Produktionsbetrieb des VEB Werkzeugmaschinenkombinats „7. Oktober" Berlin) oder der Stammbetrieb des VEB Werkzeugmaschinenkombinats „Fritz Heckert" Karl-Marx-Stadt lagen zweifellos besser als der jeweils ausgewiesene Kombinatsdurchschnitt und erheblich besser als der Gesamtdurchschnitt sämtlicher Kombinate. Der Grund hierfür war die Tatsache, daß derartige, auf Sicherung von Export und West-Devisen ausgerichtete Produktionsbetriebe in der Regel mit einer vergleichsweise leistungsfähigen Fertigungstechnik ausgerüstet waren.

3. Forschungs- und Technologiepolitik

3.1. Gundsätze, Instrumente, Probleme

Auch die Forschungslandschaft der DDR entsprach den allgemein gültigen Systemmerkmalen: Die führende Rolle der SED, das staatliches Eigentum an den Produktionsmitteln und die zentrale Planung und Leitung sämtlicher gesellschaftlicher Prozesse prägten auch die Strukturen und Arbeitsweisen der Forschung. Zugleich galten Forschung und Technik als wichtigste Ressourcen im Rahmen von angestrebtem Wirtschaftswachstum und geplanter Modernisierung sämtlicher Wirtschaftsbereiche.

Die zentralen politischen Organe trafen die Entscheidungen über Ziele, Bedingungen und Prioritäten von Forschung und Entwicklung. Zwar sollten mögliche forschungsrelevante Probleme durch Abstimmung zwischen Politikinstanzen, Wirtschaft und Wissenschaft gelöst werden, doch gaben in Konfliktfällen politische Kriterien den Ausschlag.

Das Innovationsverhalten der Kombinate und Betriebe unterlag systemtypischen Hemmnissen: Ihre Leistungen wurden an der Erfüllung der zentral vorgegebenen und gesetzlich normierten Pläne gemessen. Das bewirkte ein systematisches Desinteresse der Betriebe an Produkt- und Verfahrensinnovationen. Sanktions- und Selektionsmechanismen eines durch Wettbewerb und Konkurrenz geprägten Marktes fehlten. So blieb in der Regel die Entwicklung von Alternativen zu den gängigen Produkt- und Verfahrenslinien nachrangig; statt dessen dominierte die Ausrichtung auf den Weg des geringsten Widerstandes mit möglichst geringen Änderungen und geringem Risiko.

Tabelle 1: Strukturdaten ausgewählter Industriekombinate (Stand 1989)

Kombinate	Beschäftigte, Arbeiter und Angestellte o. Lehrlinge Jahresdurchschn. in VbE	Anzahl der selbständigen VEB	Anzahl der Arbeitsstätten	Export NSW in Mio. VM zu BP	Export NSW in Mio. Mark	Devisenertragskennziffer	Betriebsaufwand in Mark/DDR für 1 VM Erlös aus NSW-Export
Robotron Dresden	65.782	18	629	87,2	554,4	0,160	6,36
Nachrichtenelektronik Berlin	35.563	15	414	39,4	154,0	0,255	3,91
Carl Zeiss Jena	60.733	21	393	120,6	442,1	0,273	3,67
Automatisierungsanlagenbau Berlin	48.516	20	482	99,5	363,7	0,274	3,65
Mikroelektronik Erfurt	56.220	19	338	55,2	395,1	0,139	7,16
Elektronische Bauelemente Teltow	26.951	9	226	25,8	139,5	0,185	5,41
Keramische Werke Hermsdorf	21.942	19	103	54,4	229,0	0,238	4,21
Elektro-Apparate-Werke Berlin (EAW)	30.346	18	277	24,8	96,9	0,248	3,91
Elektromaschinenbau Dresden	28.544	13	189	136,9	442,7	0,309	3,23
Schwermaschinenbaukombinat TAKRAF Leipzig	38.315	24	215	114,3	285,3	0,401	2,50
Schiffsbau Rostock	53.912	16	209	93,2	567,0	0,164	6,08
Baukema Leipzig	16.984	16		40,4	92,5		2,29
Schwermaschinenbaukombinat „Ernst Thälmann" Magdeburg	24.764	12	134	40,6	192,1	0,211	4,73
Werkzeugmaschinenkombinat „Fritz Heckert" Chemnitz	29.306	19	178	104,0	345,8	0,301	3,32
Werkzeugmaschinenkombinat „7. Oktober" Berlin	22.765	14	81	50,8	179,5	0,283	3,53
Polygraph Leipzig	15.679	12		182,2	524,8	0,347	2,88
Textima Chemnitz	30.357	21	210	85,0	247,7	0,343	2,91
IFA PKW Chemnitz	63.190	28	304	82,8	402,2	0,286	4,86
Fortschritt Landmaschinenbau Neustadt	55.899	20	373	69,1	243,6	0,284	3,52
Haushaltsgeräte NAGEMA Chemnitz	27.473	26	422	99,7	418,9	0,238	4,20
Wälzlager und Normteile Chemnitz	25.211	20	161	47,1	139,3	0,338	2,96

Quelle: Erhebungen der ehemaligen Staatlichen Zentralverwaltung für Statistik der DDR sowie eigene Ermittlungen und Berechnungen

Abkürzungen: BP: Betriebspreise; M: Mark der DDR; NSW: Nichtsozialistisches Wirtschaftsgebiet (westliche Länder); VbE : Vollbeschäftigteneinheiten; VM: Valutamark.

Kennzeichnend für die Forschung und Entwicklung im Zeichen einer sozialistischen Planwirtschaft war zudem der Glaube an eine praktisch vollständige Planbarkeit des wissenschaftlich-technischen Fortschritts. Dementsprechend war z.B. auch in der bereits genannten „Direktive" des XI. Parteitages der SED 1986 u.a. festgelegt worden, die industriellen Forschungsleistungen zu erhöhen und die *„Produktion neuentwickelter Erzeugnisse in der Industrie [...] bis 1990 auf 140 bis 150 Mrd. M zu steigern."*[41]

Es liegt auf der Hand, daß eine umfassende zentrale Planung des wissenschaftlich-technischen Fortschritts nicht möglich ist, da sie eine totale Transparenz zukünftiger Daten voraussetzen würde. Viele DDR-Autoren haben diese Problematik vermutlich gesehen. Gleichwohl hielt das System – unter Einräumung von *„Schwierigkeiten"* – an der *„prinzipiellen"* Möglichkeit einer zentralen Fortschrittsplanung fest.[42]

Ein wesentliches daraus resultierendes Problem war die Einplanung der Ressourcen. Im System der Zentralverwaltungswirtschaft besteht bekanntlich auf der Ebene der Kombinate und VEB die Gefahr, daß den für die Durchsetzung von Neuerungsprozessen notwendigen Maschinen, Ausrüstungen oder Rohstoffen deshalb geringere Bedeutung beigemessen wird, *„weil es sich hierbei um etwas Neues, in den Plänen der vergangenen Jahre noch nicht Enthaltenes handelt"* und sich zudem *„Zeitpunkt und Zeitraum für Innovationen nicht so genau planen lassen wie die Produktion von Gütern, die schon seit Jahren vom gleichen Betrieb nach dem gleichen Verfahren hergestellt werden."*[43] Diese Innovationsträgheit – bereits auf Planungsebene – wurde begünstigt durch das Fehlen einer echten Arbeitsteilung in Forschung und Entwicklung und die daraus resultierende schleppende Umsetzung von Forschungsergebnissen in die Produktion.

Folge war, daß die Übereinstimmung des „Planes Wissenschaft und Technik" mit der Investitionsplanung, das heißt eine genaue Übereinstimmung zwischen bilanzierten und tatsächlich vorhandenen betrieblichen Ressourcen, häufig nicht gegeben war. Bei der in den achtziger Jahren zunehmenden Verknappung produktionsnotwendiger Ressourcen warf somit nicht nur jede „normale" Industrieproduktion, sondern vor allem die betriebliche Innovationstätigkeit oftmals Probleme auf, weil Vorprodukte und/oder Arbeitskräfte fehlten oder eingesetzte Produktionstechnik altersbedingt ausfiel.

Die bestehenden Makrostrukturen (Kombinate) und die in diesen vorherrschenden Produktionsbedingungen (Autarkieinteresse) mit stark reglementierten Spielräumen sowie eine weitgehende Orientierung auf die Bedürfnisse der anderen RGW-Partner führten darüber hinaus praktisch zu einer Abkopplung von westlichen Märkten.

Als eine besondere Barriere im Bereich von Forschung und Entwicklung erwies sich die rigide, gesetzlich verordnete Geheimniskrämerei. Sie behinderte sowohl eine grenzüberschreitende Kommunikation als auch den Informationsfluß in der DDR selbst.

Die DDR-Führung verfolgte ihre technologiepolitischen Ziele – u.a. im Hinblick auf die westliche Cocom-Politik[44], das Verbot des Ost-Exports sicherheitsrelevanter Waren und Technologien – auch auf dem Wege eines illegalen West-Ost-Technologie-Transfers. Entweder wurden relevante Ausrüstungen aus dem Bereich der Hochtechnologien mit Hilfe eines hierfür aufgebauten Netzes unterschiedlicher

Institutionen (z.B. Außenhandelsbetriebe, Schalcks „Kommerzielle Koordinierung") beschafft, oder probate westliche Technologien wurden auf dem Wege der Imitationsforschung adaptiert und rezipiert. Die Ausrichtung auf diese Praxis erforderte – neben der unvermeidlichen Inkaufnahme eines erheblichen West-Ost-Technologie-time-lags – den Aufbau eines weitverzweigten, funktionierenden, konspirativ arbeitenden und kostenaufwendigen Beschaffungsapparates.

Wesentliche Bedingungen für industrie- und technologiepolitisches Handeln ergaben sich dabei auch aus der Einbindung der DDR in den Rat für Gegenseitige Wirtschaftshilfe (RGW) und den daraus resultierenden Verpflichtungen, insbesondere gegenüber der Sowjetunion.

Unter Berücksichtigung industriepolitischer Koordinierungsmaßnahmen mit anderen RGW-Partnern wurden u.a. in dem im Dezember 1985 verabschiedeten *„Komplexprogramm zur Förderung des wissenschaftlichen und technischen Fortschritts der Mitgliedstaaten des RGW bis zum Jahr 2000"* zahlreiche Verpflichtungen festgelegt.[45] Die daraus abgeleiteten ehrgeizigen RGW-Technologieplanungen, die sich stark an Schwerpunkten des Eureka-Projektes anlehnten, zielten darauf ab,

– akute Innovationsschwächen der RGW-Länder mit einer Ausrichtung auf Zukunftstechnologien zu überwinden,
– zunehmende technologische Abhängigkeiten von den führenden westlichen Industrieländern zu begrenzen und in enger Verbindung dazu das Cocom-Embargo zu unterlaufen sowie
– richtungsweisende Eigeninitiativen auf ausgewählten Technologiefeldern mit Vorbildcharakter durchzusetzen.[46]

Hauptinstrument der zentralen Planung der wissenschaftlich-technischen Entwicklung war auf Republiksebene der „Staatsplan Wissenschaft und Technik". Er enthielt die von der Regierung und Wirtschaftsführung beschlossenen Ziele der Forschungs- und Technologiepolitik und diejenigen Maßnahmen, mit denen diese Ziele erreicht werden sollten (z.B. die den einzelnen Planträgern für die Planperiode zur Verfügung gestellten finanziellen und materiellen Fonds). Generell bestand für die Leitung der Durchführung von Staatsaufträgen *„ein exakt ausgearbeitetes System mit klaren Verantwortlichkeiten"*. *„Weiter untersetzt wurde es insbesondere mit dem Politbürobeschluß vom 3.11. 1981 über die Qualifizierung der Leitung und Planung von Wissenschaft und Technik, mit dem Ministerratsbeschluß zur Ordnung für die Arbeit mit Staatsaufträgen vom 18.2.1982 sowie den beschlossenen Hauptrichtungen und Schwerpunkten von Naturwissenschaft und Technik."*[47]

Der gesamtwirtschaftliche „Staatsplan" wiederum wurde dann aufgeschlüsselt in die Spezialpläne „Wissenschaft und Technik" für die einzelnen Industriebereiche, Industriezweige und Kombinate.

Hauptbestandteil dieser Pläne waren die darin konkretisierten „Staatsaufträge Wissenschaft und Technik", welche vor allen anderen Vorhaben absoluten Vorrang besaßen. Deren Zahl wuchs im Verlauf der achtziger Jahre stetig an. Diese Aufträge umfaßten im Detail bestimmte Planziele, die Beschreibung der staatlichen Förderungsmaßnahmen zur Durchsetzung von Forschungs- und Entwicklungsaktivitäten (Produktionsbedingungen für die geforderten kreativen Leistungen) und die vom Staat gewünschten Kooperationen zwischen einzelnen Kombinaten, und zwar angefangen von der Planung eines neuen Erzeugnisses bis hin zur Überführung eines Erzeugnisses in den Produktionsprozeß. Es ist davon auszugehen, daß mehr als ein Drittel der betrieblichen FuE-Kapazitäten stets durch Staatsplanprojekte mit hoher Priorität gebunden waren.[48]

Forschungsrelevante Themen waren darüber hinaus ebenso Gegenstand der Jahres- und Fünfjahresplanung und mithin der bereits genannten „Planungsordnung" und „Rahmenrichtlinie". Rüstungsforschung (mit einer Adaption und Rezeption westlicher Standards) wurde in den offiziellen Plänen nicht bzw. unter verdeckten Bezeichnungen (z.B. „spezielle Technik") ausgewiesen, obwohl sie Gegenstand zahlreicher Aktionen von Kombinaten unterschiedlicher Sektoren (insbesondere Elektrotechnik/Elektronik, Maschinenbau) und Bestandteil von „Staatsaufträgen" war.

3.2. Zu Forschungszielen und -prioritäten

Internationale Wettbewerbsfähigkeit war insbesondere angesichts der zunehmenden Geschwindigkeit des wissenschaftlich-technischen Fortschritts ein Hauptziel der Partei- und Wirtschaftsführung. Die DDR konzentrierte dabei ihre Potentiale unter den gegebenen wirtschaftlichen Rahmenbedingungen der achtziger Jahre im wesentlichen auf Schlüsseltechnologien, von denen man einen deutlichen Produktivitäts- und Rationalisierungsschub erhoffte. Dies galt sowohl für die Grundlagenforschung wie für die angewandte natur- und technikwissenschaftliche Forschung. Ihren Niederschlag fanden die Mitte der achtziger Jahre festgelegten forschungs- und technologiepolitischen Ziele in den Beschlüssen des XI. SED-Parteitages zur „*beschleunigten Entwicklung und Einführung von Schlüsseltechnologien in der Volkswirtschaft*" im April 1986. Dabei „*stellten sich die Prioritäten insgesamt dar als ein Mix aus: Hochtechnologie-Projekten; normal science; DDR-spezifischen Forschungs- und Anwendungsgebieten (einschließlich Umwegforschung, Substitutionsforschung und Nachentwicklungen – die durchaus nicht nur westlichen Technologieembargos geschuldet waren).*"[49]

Gemeinsam mit der Mikroelektronik zählten Informations- und Kommunikationstechnologien, die Produktionsautomatisierung und ebenso Lasertechnik und Biotechnologie zu den Kernbereichen der staatlich festgelegten „Hauptrichtungen" und Anwendungsfelder.

Für derartige „Vorzeigeprogramme" mit allerhöchster Staatspriorität war stets genug Geld vorhanden. Zur Sicherung einer Einführung der Mikroelektronik in den Jahren 1987 bis 1990 hatte sich der Bereich KoKo dazu verpflichtet, „*zusätzlich zu den planmäßigen Importfonds 1,05 Mrd. VM bereitzustellen. Diese Mittel trugen die Bezeichnung ‚Fonds 1100' und waren ein Teil des ‚Fonds Mikroelektronik'.*"[50] Um jedoch darüber hinaus durch „ausnahmsweisen NSW-Import" entstehende Kosten decken zu können, wurde zudem die Bildung eines „Havariefonds" für elektronische Bauelemente angeregt. Mit dessen Hilfe sollte „Produktionsgefährdungen bzw. Produktionsstillständen" begegnet werden. Dazu hieß es u.a. in einem Entwurfspapier des Leiters der Abteilung Maschinenbau und Metallurgie im ZK der SED, Tautenhahn:

„Die bisherige Praxis zeigt, daß spezielle Typen mikroelektronischer Schaltkreise, obwohl in den Abstimmungen zum Jahresprotokoll zugestimmt, nur zögernd mit Importverträgen rechtzeitig gesichert werden können.
Es wird deshalb zur Sicherung der unbedingten Produktionssicherheit in den Kombinaten der Geräteindustrie vorgeschlagen, dem Genossen Meier nach Zustimmung durch Genossen A. Schalck die Möglichkeit zu geben, in solchen genannten Fällen nochmals auf zeitweilige NSW-Importe zurückzugreifen.
Dabei handelt es sich fast ausnahmslos um Embargobauelemente, die auf dem normalen Handelsweg nicht erhältlich sind.
Dieser Fonds sollte einen Umfang von 1 Mio VM jährlich haben.
Die Abwicklung könnte analog in der Art und Weise erfolgen, wie sie für den Import von Embargoausrüstungen für die Produktion mikroelektronischer Bauelemente bestätigt ist."[51]

Aus dem Schriftwechsel geht hervor, daß die Bildung eines Havariefonds genehmigt wurde.

Finanzielle Engpässe konnten dabei auch durch Kredite an die Mikroelektronikindustrie gedeckt werden; in einer zentralen Wirtschaftsleitung wie der der DDR war es zudem möglich, erforderlichenfalls durch schnelle und erhebliche Umschichtungen im Staatshaushalt neue Geldquellen für ein als vorrangig eingestuftes Entwicklungsprogramm zu erschließen.

3.3. Forschungseinrichtungen und -potentiale

Das gesamte Forschungspotential der DDR war hauptsächlich auf vier Sektoren verteilt (vgl. hierzu im einzelnen Tab. 2 und 3):[52]

- die staatseigene Akademien
- die 54 Universitäten und Hochschulen,
- die Industrieforschung (die den Kombinaten zugeordnete betriebliche Forschung und Entwicklung) einschließlich Ressortforschung von Ministerien und
- die Parteiinstitute

Um die in der „Direktive genannten forschungs- und technologierelevanten Zielstellungen realisieren zu können, wurde Mitte 1985 eine Übersicht solcher Forschungseinrichtungen und ihrer personellen Kapazitäten erstelle, *„die bisher nicht in den Reproduktionsprozeß vom Kombinaten eingegliedert sind"*[53] Mit ihnen sollten die bereits verfügbare Forschungsbasis erweitert und eine schnellere Umsetzung von Forschungsergebnissen sichergestellt werden (vgl. hierzu auch Tabelle 4).

3.4. Zur Umsetzung der staatlichen Forschungs- und Technologiepolitik

Das Ziel der SED-Führung, ihren Staat als fortschrittliches Industrieland zu präsentieren und zu diesem Zweck den wissenschaftlich-technischen Fortschritt insbesondere im Bereich niveaubestimmender Technologien durchzusetzen, stand, wie bereits erwähnt, vor dem Hindernis der westlichen Cocom-Bestimmungen. Die DDR unternahm daher ab Mitte der 60er Jahre und mit besonderem Nachdruck während der 80er Jahre massive Anstrengungen, diese Bestimmungen mittels des MfS und der „Kommerziellen Koordinierung"[54] zu unterlaufen.

Tabelle 2: Verteilung der in Forschungs- und Entwicklungsbereichen der DDR Beschäftigten (Stand: 1989)[1]

Beschäftigte in den Bereichen	DDR-Statistik		OECD-Statistik	
	in 1000	in v.H.	in 1000	in v.H.
Beschäftigte insgesamt in VbE	195 073	100	140 567	100
davon:				
• Geistes- und Sozialwissenschaften	•	•	8 293	5,9
• Produzierende Bereiche	159 375	81,7	98 819	70,3
Industrie	120 555	61,8	74 079	52,7
Bauwesen	11 119	5,7	5 482	3,9
Land-, Forst- u. Nahrungsgüterwirtschaft	15 216	7,8	13 354	9,5
Verkehrswesen	4 487	2,3	2 671	1,9
Post- und Fernmeldewesen	1 170	0,6	1 265	0,9
Handel und Versorgung	1 756	0,9	281	0,2
Datenverarbeitung und Statistik[2]	3 121	1,6	•	•
Sonstige	1 951	1,0	1 687	1,2
• Nichtproduzierende Bereiche	35 698	18,3	33 455	23,8
AdW	18 337	9,4	18 274	13,0
Hoch- und Fachschulwesen	13 655	7,0	13 716	9,9
Gesundheitswesen	2 926	1,5	1 265	0,9
Sonstige	780	0,4	.	

Abkürzungen:
AdW = Akademie der Wissenschaften der DDR; OECD = Organization for Economic Cooperation and Development; VbE = Vollbeschäftigteneinheiten

1 Die z.T. erheblichen Differenzen zwischen DDR- und OECD-Systematik ergeben sich auf Grund der von der DDR gehandhabten Erfassung statistischer Daten, die weder im Input- noch im Outputbereich der im Westen international üblichen Methodik entsprach. Dazu zählte z. B. die Erfassung des im Industriebereich für die Imitation westlicher Produkte und Standards eingesetzten Heers von Forschern, der gesamte industrielle Rationalisierungsmittelbau sowie die Produktpflege. Aus dem Bereich der Akademieforschung wurden wiederum sämtliche Dienstleistungseinheiten (z. B. Handwerker, Beschäftigte in Ferienheimen und Gärtnereien usw.) in die FuE-Statistik eingerechnet.

2 Diese Größe enthält alle diejenigen im Bereich der FuE Beschäftigen, die in der ehemaligen Staatlichen Zentralverwaltung für Statistik (SZS) und dem dieser unterstellten Kombinat Datenverarbeitung (insbes. im VEB Leitzentrum für Anwendungsforschung) tätig waren.

Quelle: Daten der Forschungsstelle des DDR-Ministeriums für Wissenschaft und Technik. Veröffentlicht bei R.H. Brocke/ E. Förtsch in: Forschung und Entwicklung in den neuen Bundesländern 1989–1991, Dr. J. Raabe Verlags-GmbH, Stuttgart 1991, S. 47ff. und eigene Berechnungen.

Tabelle 3: Sektoren von Forschung und Entwicklung und dort Beschäftigte (Stand: 1989)

Sektoren und Forschungsinstitutionen		Beschäftigte (in Vollbeschäftigteneinheiten)	Forschungsgegenstand
Akademien			• Grundlagenforschung
• Akademie der Wissenschaften, AdW (Staatssektor nach DDR-FuE-Systematik)	53 Institute, davon: 12 sozialwissenschaftliche Institute	ca. 24.000	• angewandte Forschung im Staatsauftrag bzw. im Auftrag der Industrie
	17 Forschungseinrichtungen	ca. 8.400	
• Bauakademie	18 Sektionen		
• Akademie der Landwirtschaftswissenschaften			
Universitäten und Hochschulen	53 Universitäten, Hochschulen	ca. 39.200	Forschung und Lehre
Industrieforschung einschließlich Ressortforschung der (Industrie-) Ministerien	Industriekombinate: • den Stammbetrieben angegliederte Forschungsbereiche oder -abteilungen, • Forschungszentren und -institute • Forschungsbetriebe • Spezialinstitute	ca. 85.000	zweigspezifische Grundlagenforschung sowie Entwicklung (Rationalisierungsmittelbau, Umwegforschung usw.)
Zentralinstitute der SED	Großinstitute, insbesondere: • Parteihochschule „Karl Marx" beim ZK der SED • Akademie der Gesellschaftswissenschaften beim ZK der SED • Zentralinstiut für sozialistische Wirtschaftsführung beim ZK der SED • Institut für Marxismus-Leninismus beim ZK der SED		politiknahe gesellschaftswissenschaftliche Forschung und Lehre (parteikonform)

Zusammengestellt nach: R. H. Brocke/E. Förtsch: Forschung und Entwicklung in den neuen Bundesländern 1981–1989, Ausgangsbedingungen und Integrationswege an das gesamtdeutsche Wissenschafts- und Forschungssystem, Stuttgart 1991, S. 42ff.

Tabelle 4: Forschungsinstitute zur Unterstützung der Industrieforschung

Forschungsinstitut	Anzahl der Beschäftigten	zuständiges Ministerium	Forschungsgegenstand	Vorschlag zur Einordnung in der Industrie
Institut für Energetik, Leipzig	1.068	Ministerium für Kohle und Energie	angewandte Forschung im Bereich der Kraftwerke	Gaskombinat Schwarze Pumpe, Kombinat Kernkraftwerke, Braunkohle Bitterfeld und Senftenberg, Kombinat TAKRAF u.a.
Ingenieurbetrieb der Energieversorgung, Berlin	113	dto.	Rationalisierungslösungen zur Wärmeversorgung der Energiekombinate	Kombinat Verbundnetze Berlin
Institut für Technische Mikrobiologie	323	Ministerium für Chemische Industrie	Entwicklung und Anwendung der Enzym- und Eiweißforschung usw.	Bildung eines auf die F+E ausgerichteten speziellen Kombinates geplant (Chemieindustrie)
Institut für Rationalisierung, Berlin	431	Ministerium für Elektrotechnik und Elektronik	Unterstützung der Technologiepolitik der SED	VEB Applikationszentrum der Mikroelektronik Berlin
Zentralinstitut für Schweißtechnik, Halle	329	Ministerium für Schwermaschinen- und Anlagenbau	Grundlagen- und angewandte Forschung auf dem Gebiet der Schweißtechnik	Ministerium für Schwermaschinen- und Anlagenbau (Direktunterstellung)
VEB Forschung, Entwicklung und Rationalisierung, Magdeburg und Außenstelle Dresden)	322	dto.	angewandte Forschung, Grundsatzlösungen (Studien, Prognosen, Programme)	Schwermaschinenbaukombinat Magdeburg (SKET), Kombinat Luft- und Kältetechnik, Dresden
Modeinstitut, Berlin	324	Ministerium für Leichtindustrie	Empfehlungen gemäß Exportanforderungen und Inlandsbedarf	Ministerium für Leichtindustrie (Direktunterstellung)
Institut für Textilindustrie, Karl-Marx-Stadt	388	dto.	Entwicklung flexibler Automatisierungssysteme für die Textilwirtschaft	dto.
Zentralinstitut der Bezirksgeleiteten Industrie und Lebensmittelindustrie, Berlin	63	Ministerium für Bezirksgeleitete Industrie und Lebensmittelindustrie	angewandte Forschung, Auftragsforschung, Erarbeitung von Strategien für das Ministerium	„Kadereinsatz" in den bezirksgeleiteten Kombinaten Berlins usw.
Institut für Kommunalwirtschaft, Dresden	149	dto.	„volkswirtschaftlich bedeutende" F+E-Aufgaben der Müllerfassung und -verwendung usw.	Bildung eines neuen bezirksgeleiteten Kombinates in Dresden geplant
Institut für mineralische Rohstoff- und Lagerstättenwirtschaft, Dresden	110	Ministerium für Geologie	neue Lösungswege für die Nutzung einheimischer mineralischer Rohstoffe usw.	Kombinat Geologische Forschung und Erkundung

Zentrales Geologisches Institut, Berlin	408	dto.	Grundlagen- und angewandte Forschung, Neubewertung vorhandener und Nachweis neuer Lagerstätten von Erdgas, Erdöl, Erz, Braunkohle usw.	Ministerium für Geologie (Direktunterstellung)
Wissenschaftlich-technisches Zentrum für Arbeitsschutz, Berlin	75	Ministerium für Bauwesen	Unterstützung der staatlichen Forschungspolitik (im weitesten Sinne)	Bauakademie
Institut für Aus- und Weiterbildung, Leipzig	107	dto.	dto.	dto.
Institut für Post- und Fernmeldewesen, Berlin	730	Ministerium für Post- und Fernmeldewesen	Aufgaben der technischen und technologischen Entwicklung	Ministerium für Post- und Fernmeldewesen
Rundfunk- und fernmeldetechnisches Zentralamt der Deutschen Post, Berlin	500	dto.	Entwicklung neuer Studio- und Sendetechnik, Interkosmosforschung usw.	dto.
Zentrales Forschungsinstitut des Verkehrswesens, Berlin	1.744	Ministerium für Verkehrswesen	Forschungsaufgaben zur Entwicklung der Betriebs-, Verkehrs-, Bau- und Instandhaltungsprozesse, Automatisierungslösungen usw.	Ministerium für Verkehrswesen (Direktunterstellung)

Quelle: SAPMO BArch, Büro Mittag, DY 30/41760.

Hierzu war tatkräftige Hilfe von „außen" nötig. Zahlreiche inzwischen bekannte und zum Teil strafrechtlich verfolgte westliche Firmen bzw. Einzelpersonen unterhielten daher intensive konspirative Beziehungen, z.B. auch über Tarnfirmen, zur DDR. Der West-Ost-Technologie-Transfer vollzog sich verdeckt: Embargo-Waren wurden mit falschen technischen Angaben versehen, in den Versandpapieren waren falsche Empfänger enthalten, und durch getarnte Wege über Dritt- und Viertländer versuchte man, das wahre Ziel, die DDR, zu verschleiern.

Die Finanzierung der Beschaffung wurde sichergestellt, auch wenn die Preisforderungen der westlichen „Handelspartner" zur Abdeckung von Risiken um 30 bis 40 Prozent über dem Listenpreis lagen.[55]

Forschungs- und Entwicklungsaufgaben mit Prioritätscharakter wurden mehreren Kombinaten als sogenannte „Komplex-Themen" gestellt. Sie erhielten den Stellenwert von „Staatsplanpositionen" oder „Staatsplanthemen". Planungs- und Abrechnungsbasis war hier insbesondere der Planteil „Wissenschaft und Technik" der „Planungsordnung". Sämtliche Details waren vorgegeben: so die den einzelnen Kombinatsbetrieben zugewiesenen Entwicklungsaufgaben (Teilziele), die Zulieferungen oder die zu fertigenden Stückzahlen. In der Praxis vollzogen sich derartige von Politbüro und Ministerrat beschlossenen „Forschungen" etwa in folgender Weise:

− Die betroffenen Kombinate wurden über die Aufgabenzuweisungen informiert (Zuweisung von Teilaufgaben).

- Prioritätsrangfolgen wurden festgelegt und waren strikt zu beachten. An erster Position rangierten Produktentwicklungen und Produktionen für die Landesverteidigung. Es folgten „Valuta-Produktionen" (Güter und Leistungen für den NSW-, zum Teil auch für den SW-Export). An letzter Stelle stand die Deckung des Bedarfs der heimischen Betriebe.
- Die Staatliche Plankommission wurde von Politbüro und Ministerrat über sämtliche den normalen Forschungs- und Produktionsrahmen übersteigende Aktionen etwa ein halbes Jahr vor dem normalen Planentwurf informiert. Dabei handelte es sich in der Regel um nicht öffentlich diskutierte Sonderaktionen mit Geheimhaltungscharakter, um Entwicklungen und Produktionen für die Landesverteidigung. Auf Grund der ihnen zugewiesenen Dringlichkeit wurden sie bevorzugt behandelt, unter Zurückstellung anderer Maßnahmen, die bereits geplant waren. Planentwürfe, deren inneres Gefüge bereits Mängel aufwies, gerieten dadurch völlig durcheinander. Fast jedes Kombinat hatte hierfür zentral festgelegte Leistungen zu erbringen.
  Die diesbezüglichen Planungen rangierten als sogenannte „Schattenplanungen", also unter verdeckten Bezeichnungen (z.B. als „spezielle Technik" oder „besondere Vorhaben" usw.), mit der bereits genannten Priorität.
  Ein Beispiel ist die Beschaffung (durch die Hauptverwaltung Aufklärung des MfS mit Hilfe von Tarnfirmen und westlichen Mittelsmännern) der Zeichnungen für eine Laserkanone (Waffenleitsystem „Bastion") für die Panzertypen T 72 und T 55A nach dem Vorbild von schon im Einsatz befindlichen Leopard-Panzern.[56]
- In der Etappe der Überleitung von Forschungs- und Entwicklungsergebnissen in die Produktion verschärften oftmals die schon genannten zusätzlichen Probleme wie „Havarien", ausbleibende Zulieferungen, Qualitätsmängel, hohe Ausschußquoten oder Arbeitskräfteausfall in Folge hoher Krankenstände die angespannte Situation.
  Um drastische Terminüberschreitungen zu vermeiden, mußten oftmals fehlende oder knappe produktionsnotwendige Erzeugnisse möglichst kurzfristig aus RGW-Ländern oder vermehrt aus dem Westen (NSW-Importe) beschafft werden. Dazu waren wiederum zusätzliche Devisen und daher Sondergenehmigungen mit Anträgen, Begründungen und entsprechenden Wartezeiten notwendig. Andererseits wurden Kombinate z.B. im Falle von Terminüberschreitungen gezwungen, Zusatzproduktionen in Sonderschichten zu fahren oder zusätzlich für nicht verfügbare Einsatzstoffe „Ersatzentwicklungen" unter Zeitdruck vorzunehmen.

Fallbeispiel 7: Staatsauftrag „Rechnergestütztes Entwurfssystem für hoch- und höchstintegrierte mikroelektronische Schaltkreise"

Um den angestrebten Anschluß an das insbesondere durch amerikanische Rechnerhersteller geprägte EDV-Leistungsniveau zu ermöglichen, wurden 1985 die hierfür notwendigen Maßnahmen zur Beschaffung und zum Nachbau eines 32-Bit-Minirechnersystems eingeleitet. Für die Festlegung dieses Staatsauftrages waren zweifellos mehrere Ziele maßgebend:

- Verkürzung des gegenüber westlichen Produzenten bestehenden großen Rückstandes im Bereich der Informationstechnik,
- Profilierung der DDR als technologieorientierter Staat,
- Umgehung des Cocom-Embargos durch eine entsprechende Eigenleistung sowie nicht zuletzt,
- Schaffung einer geeigneten, leistungsfähigen rechentechnischen Basis bei der Realisierung von Produktionsautomatisierung und Mikroelektronik-Programm.

Wie beispielsweise aus einer Information des Ministeriums für Elektrotechnik und Elektronik an Mittag im September 1985 hervorgeht, avancierten die Entwicklung und der Bau eines 32-Bit-Minirechners zu einem *„Dreh- und Angelpunkt"* der Profilierungspläne der SED im Bereich der Herstellung hoch- und höchstintegrierter Schaltkreise.[57] Dem Staatsauftrag folgend, war hier das Kombinat Robotron als Entwickler und Hersteller federführend. Für die Zulieferung mikroelektronischer Komponenten war insbesondere das Kombinat Mikroelektronik Erfurt verantwortlich. Auf Grund offensichtlicher Forschungs- und Entwicklungsschwierigkeiten mußte mit Unterstützung von MfS und KoKo ein geeignetes Nachbaumuster beschafft werden.[58] Als Vorlage für die „Entwicklung" eines 32-Bit-Superminirechners diente der Embargo-Rechner DEC-VAX 11/780 der Digital Equipment Corp./USA.[59] Mittag mußte schließlich auch die Beschaffung eines zweiten Embargo-Rechners gleichen Typs genehmigen, damit eingetretene Entwicklungs- und Produktionsengpässe bei Robotron beseitigt werden konnten. Mit der Adaption und Rezeption westlicher Technologien war jedoch zwangsläufig auch die Inkaufnahme eines time lags verbunden: Das amerikanische Rechnervorbild war bereits Ende der siebziger Jahre im Westen allgemein erhältlich; Robotrons Nachbau wurde erstmals 1987, knapp zehn Jahre später, in Berlin(Ost) mit großem Presseaufwand vorgestellt. Die anschließend einsetzende Produktion vollzog sich mehr als schleppend. Schnell kamen dadurch die zentralen Einsatzplanungen ins Stocken; die durch eine Fülle von Veröffentlichungen zum neuen Rechnersystem besonders in der DDR-Industrie hochgeschraubten Erwartungen konnten nicht erfüllt werden.

Fallbeispiel 8: Internationale „Zusammenarbeit" für die Produktion von 256-K-DRAM-Speicher-Chips[60]

Die auf dem SED-Parteitag im April 1986 festgelegten und in Staatsaufträge umgesetzten umfangreichen forschungs- und technologiepolitischen Zielstellungen erforderten auch mit Blick auf die geplante Produktion von 256-K-DRAM-Speicher-Chips[61] *„qualitativ und quantitativ neue Anforderungen"* für die Beschaffung von Embargowaren.

Ausgangsbasis bildete hierfür eine zwischen der AHB Elektrotechnik und japanischen Vertretern geschlossene Vereinbarung, nach der der Chiphersteller Toshiba *„in drei Stufen das Know-how zur Herstellung eines 256-k-DRAM-Speicherschaltkreises in die DDR ‚übertragen' und dafür 25 Mio. Dollar erhalten sollte."* Danach lieferte Toshiba nicht nur die technischen Unterlagen und stellte Ingenieure bereit, sondern war ebenso bei der Beschaffung von Ergänzungsausrüstungen behilflich.

Wie es im einzelnen hieß, wurde die Vereinbarung im Interesse der Geheimhaltung und Sicherheit als mündliches Gentlemen's Agreement abgeschlossen, existierende Embargoprobleme und Detailfragen wurden aus den offiziellen Gesprächen ausgeklammert und sollten *„in geeigneter Expertenrunde konspirativ"* verhandelt werden.

Zur Abwicklung der mündlich festgelegten ersten Zahlungen in Höhe von 8,5 Mio. Dollar schloß der DDR-Vertreter auf Vorschlag der japanischen Seite einen *„Scheinvertrag über die Lieferung von know-how-Dokumentationen für Leistungstransistoren im Werte von 7,8 Mio. US$"* ab. *„Gleichzeitig wurde ein Protokoll unterzeichnet mit dem der Vertrag mit Ausnahme der Zahlungsverpflichtung für ‚Null und Nichtig' erklärt wurde. Aus Sicherheitsgründen für den Partner wurde diese Vereinbarung nur im Original ausgefertigt und befindet sich [...] nicht in den Akten."*

Wie sich zeigte, war eine termingerechte Produktion erster 256-K-DRAM-Musterschaltkreise nicht gesichert. Die DDR-Seite wollte daraufhin Toshiba-Mitarbeiter dazu veranlassen, ohne Wissen ihrer Konzernleitung von den 256-K-DRAM-Schablonen einen Satz Kopien anzufertigen und dem Handelsbereich 4 des AHB Elektronik Export-Import zu übergeben. Dies wie auch eine Ausleihe der Schablonen wurde von den angesprochenen Toshiba-Mitarbeitern jedoch abgelehnt.

Der japanische Konzern, der bereits in anderem Zusammenhang die Aufmerksamkeit des CIA gefunden hatte, sah sich nunmehr in Sachen Speicherchips zu größter Zurückhaltung veranlaßt. Er verlangte *„die völlige Vernichtung aller Unterlagen für die 64- und 256-k-DRAM-Produktion und eine Vernichtung der übergebenen Schablonensätze des 64-k-DRAM"*. Dies geschah im Februar 1988. Zu diesem Vorgang wurden *Schalck-Golodkowski* und Staatssekretär *Nendel* mit einem Vermerk des Außenhandelsbetrieb Elektronik informiert:

„Wir erklärten uns mit der Vernichtung aller übergebenen Unterlagen einschließlich Schablonen bereit und unter den Augen der japanischen Vertreter wurden in mehrstündiger Arbeit alle Dokumentationen vernichtet und die übergebenen Schablonensätze mechanisch und anschließend chemisch zerstört. [...] Tatsächlich wurden nicht die Originalschablonen vernichtet, sondern speziell zu diesem Zweck angefertigte Kopien. Die Originalschablonen befinden sich somit weiterhin in unserem Besitz und unter Verschluß [...] Von den vernichteten Dokumentationen waren vorher Kopien angefertigt worden, die sich gleichfalls [...] unter Verschluß befinden. Damit verfügen wir trotz dieser Vernichtungsaktion nach wie vor über alle notwendigen Voraussetzungen, um jederzeit nach Toshiba-Technologien produzieren zu können."

Die Entwicklung der Speicherchips ist ein aussagekräftiges Beispiel für den technologischen Rückstand der Forschung und Entwicklung in der DDR.

Chipfabriken für die Produktion von 64-KB-DRAM-Speicherchips wurden vor den Toren Erfurts aus dem Boden gestampft. Im Kombinat Carl Zeiss Jena entwickelte man erste Labormuster des 256 KB-DRAM-Speicherchips. Eine erste Versuchsserie dieser Chips wurde im Werk Erfurt Süd-Ost II (ESO II) des Kombinates Mikroelektronik Erfurt produziert.[62] Deren ebenfalls stark zeitverzögert angelaufene Produktion war jedoch von Pannen begleitet. Ersatzbeschaffungen aus dem Westen mußten die Lücken schließen. Nach Schabowski kosteten die *„ersten in der DDR hergestellten 256-Kilobyte-Chips [...] 536 Mark. Die Gesellschaft subventionierte je-*

des Speicherplättchen mit 520 Mark. Der verarbeitende Betrieb bezahlte dafür 16 Mark, ein Betrag, der noch immer hundert Prozent über dem Weltmarktpreis lag."[63]

Während japanische Firmen Ende 1985 bereits in der Lage waren, 1-Megabit-Chips in Serie herzustellen und 1986 sogar eine Testproduktion erster 4-Megabit-Speicherchips anlief, begann in der DDR der „*Traum von Entwicklung und Produktion eigener Megabit-Speicherchips*"oder 32-Bit-Mikroprozessoren[64] und damit verbunden der Glaube an eine „Marktführerschaft" im RGW.[65]

Die Durchsetzung staatlicher Zielstellungen, unterstützt durch umfangreichen West-Ost-Technologie-Transfer, wurde in der DDR-Industrie immer dann zu einem Problem, wenn es galt, diese auf Kombinats- und VEB-Ebene z.B. im Musterbau, in Prüffeldern oder Pilotanlagen umzusetzen. Probleme ergaben sich insbesondere auf Grund fehlender oder mangelhafter Anlagen, Ausrüstungen und Einsatzmaterialien. Auch die Monopolstellung der Kombinate, die Selbstgenügsamkeit in der Fertigung für den Eigenbedarf der DDR oder die vergleichsweise geringen Anforderungen an das wissenschaftlich-technische Niveau beim Export in die RGW-Länder erschwerten die Durchsetzung von Innovationen. Das planbürokratische Instrumentarium von „Pflichtenheft", „Erneuerungspaß" und „Plankennziffer Erneuerungsrate" bewirkte in der Praxis keine effiziente Steuerung von Forschung und Entwicklung.[66]

Darüber hinaus war mit einer zunehmenden Breite der Erzeugnisprogramme eine Zersplitterung des Forschungs- und Entwicklungspotentials verbunden. Problematisch wirkte sich auch die unzureichende Einbindung der industriellen Forschung und Entwicklung in die internationale Arbeitsteilung aus. Die international vergleichsweise geringe Lizenznahme hatte einen hohen Forschungs- und Entwicklungsaufwand zur Folge. Da in den Kombinaten im Rahmen von Forschung und Entwicklung sowie Rationalisierungsmittelbau fast jedes Gerät selbst gebaut werden mußte, war man nicht in der Lage, gegen solche Länder zu bestehen, die auf der Basis einer hohen Spezialisierung und mit geringem Aufwand auf die Erfordernisse der Märkte mit Prozeß- und Produktinnovationen reagieren konnten.

Beispielsweise bestand bei der Einführung von 16-Bit-Mikroprozessoren gegenüber der Bundesrepublik Deutschland ein Rückstand von rd. 4,5, gegenüber den USA sogar von rd. 7,5 Jahren.

Einige Probleme der industriellen Forschung und Entwicklung werden in den folgenden Beispielen anschaulich.

Fallbeispiel 9: Probleme bei der Verkürzung der Forschungs- und Überleitungszeiten und der Führung von Pflichtenheften

Eine 1982 „*gemeinsam von der Staatlichen Finanzrevision und der Staatsbank der DDR in 63 Kombinaten und 6 Wirtschaftsräten der Bezirke*" durchgeführte Kontrolle über die „*Verkürzung der Forschungs- und Überleitungszeiten*" deckte erhebliche Mängel auf:[67]

„1. In der Durchsetzung der Staatsdisziplin bei der Erarbeitung und ordnungsgemäßen Bestätigung der Pflichtenhefte wurden Fortschritte erreicht. Nach wie vor werden aber Forschungs- und Entwicklungsaufgaben durchgeführt, für die ein bestätigtes Pflichtenheft nicht vorliegt. Auch die Qualität vorliegender Pflichtenhefte muß weiter verbessert werden. [...]

In vielen bestätigten Pflichtenheften ist der ökonomische Nutzeffekt und der volkswirtschaftliche Aufwand, insbesondere an Investitionen für die Überleitung in die Produktion, unvollständig oder ungenau ermittelt. Pflichtenhefte, Investitionsvorbereitung und Plan stimmen nicht überein. Dadurch wird zum Teil von falschen bzw. unrealen Nutzenszielstellungen ausgegangen. 5,1 % aller Pflichtenhefte enthalten keine ökonomischen Zielstellungen. Nur für 49,5 % der F/E-Aufgaben liegen bestätigte Preislimite und für 55,1 % bestätigte Kostenlimite vor. [...]

Es wurde gefordert, die Übereinstimmung der Dokumente herbeizuführen und damit von realen Nutzenskennziffern in der Forschungskonzeption auszugehen. [...]

2.1. Die Zielstellungen für die Erhöhung des NSW-Exports sowie für die Ablösung von NSW-Importen entsprechen noch nicht den volkswirtschaftlichen Anforderungen. [...]

Im VEB Robotron Büromaschinenwerk ‚Optima' Erfurt wurde mit einem Entwicklungsaufwand von 16,5 Mio M (Planaufwand 9,5 Mio M) die elektronische Schreibmaschine S 6001 entwickelt und im IV. Quartal mit 1 1/2 Jahren Verspätung in die Produktion übergeleitet. 1981 und 1982 sollten 25 TStck (= 25 000 Stück). in das NSW exportiert werden. Durch das verspätete Auftreten auf dem NSW-Markt und Qualitätsmängel wurden von den Kunden Verträge storniert. Die französische Vertreter-Fa. [...] kündigte infolge der Reklamationen das Vertreterverhältnis. Gegenüber den ökonomischen Zielstellungen im Pflichtenheft für die Jahre 1981 und 1982 tritt dadurch ein NSW-Exportausfall von 60 Mio M ein.

Infolge fehlender Weltmarktfähigkeit soll die Produktion ab 1983 eingestellt werden. Dafür entwickelt der Betrieb mit einem Aufwand von 31,7 Mio. M eine neue Baureihe. Die Produktionsaufnahme ist in den Jahren 1983/84 vorgesehen. [...]

2.2. Größere Rückstände bestehen noch in der Absicherung der Zielstellungen zur Senkung des Produktionsverbrauchs und der Kosten in den Jahren 1982 und 1983. Das betrifft sowohl die Senkung des Material- und Energieverbrauchs als auch die Senkung des Arbeitszeitaufwandes. [...] So geht z.B. das Kombinat Haushaltchemie von einer Zielstellung für die Arbeitszeiteinsparung von 600 Th [=Tausend Stunden] aus, die staatliche Aufgabe 1983 beträgt aber 1.650 Th. Im Kombinat Deko beträgt die Differenz 1.670 Th, das sind fast 50 %. [...]

3. Die Forschungs- und Überleitungszeiten entsprechen bei rd. 80 % der Themen der Forderung, innerhalb der gesellschaftlichen Norm von 2 Jahren die Produktionswirksamkeit zu gewährleisten. [...]

Zur Einhaltung der Forschungs- und Entwicklungszeiten von 2 Jahren wird aber von einigen Betrieben und Kombinaten die Erprobung und Überleitung von der Forschung und Entwicklung getrennt und als selbständige Aufgabe geplant. Damit werden zwar die Entwicklungszeiten von 2 Jahren eingehalten, eine Produktionswirksamkeit jedoch erst wesentlich später erreicht. [...]

Fallbeispiel 10: *Barrieren bei der Entwicklung und Produktion von Siliziumscheiben im VEB Spurenelemente Freiberg*

Ein hochrangiges „Parteitagsvorhaben" mit Blick auf den XI. SED-Parteitag 1986 stellten die Entwicklung und Herstellung neuer Siliziumscheiben („Investitionsprojekt Siliziumscheiben größer/gleich 100 mm, SlS 100")dar. Mit diesem sollte die

Herstellung von Mikrochips in Halbleiterbetrieben gesichert werden. Die Realisierung des Projektes wurde zunächst – im Juni 1985 – durch fehlende Zulieferungen,[68] in der Folge durch Schäden in den Produktionsanlagen behindert:

> „In vier von den sieben parallel betriebenen Reinstsiliziumproduktionslinien sind Risse in den Wandungen der Verdampfer festgestellt worden. Ein vorhandener Reserveverdampfer wurde eingebaut.
> 2 Linien mußten stillgelegt werden, so daß täglich ca. 50 kg Reinstsilizium im Wert von ca. 30 TM [= 30 000 M] nicht produziert werden können.
> Eine weitere Linie produziert nur mit geringer Leistung. An Verdampfern der anderen 3 Linien sind auch bereits bedenkliche Risse bzw. Ansätze dazu vorhanden, die eine kurzfristige Auswechslung der Verdampfer erfordern. [...]"[69]

Zur Beseitigung der Havarie mußten neben Kombinats-Generaldirektoren auch der Ministerrat, Minister und das ZK der SED eingeschaltet werden.[70]

Als ein weiteres Problem stellten sich die vom Herstellerbetrieb festgesetzten stark überhöhten Preise für einzelne Siliziumscheiben heraus. Auch dies war im Rahmen einer Kontrolle kritisiert worden, weil die ausgegebenen Durchschnittspreise (mit Preisbasis 1986 und 1987) besonders bei Siliziumscheiben zwischen 51 und 125 mm den NSW-Preis bis um das Vierfache überstiegen.[71]

4. Zusammenfassung: Hauptziele und Fehlschläge der Investitionspolitik

Maßgeblich für die Ausrichtung der Investitionspolitik der SED war in den letzten Jahren die vom XI. Parteitag beschlossene „ökonomische Hauptaufgabe", mit der den Erfordernissen des wissenschaftlich-technischen Fortschritts und den Zielen der „sozialistischen ökonomischen Integration" (SÖI) der RGW-Länder entsprochen und die Herausbildung neuer leistungsfähiger Produktions- und Exportstrukturen gewährleistet werden sollte. Berücksichtigt man zudem die in der „Parteitags-Direktive" 1986 genannten Teilziele, dann war die Investitionspolitik der SED insbesondere gerichtet auf:

– die Entwicklung und breite Anwendung von Schlüsseltechnologien mit „*Spitzenpositionen*" auf „*volkswirtschaftlich entscheidenden Gebieten*" in Verbindung mit einer „*Modernisierung der Grundfonds*" in den Industriekombinaten,
– den Ausbau der Energie- und Rohstoffbasis durch Nutzung eigener Rohstoffressourcen und Veredelung verfügbarer Energieträger, Rohstoffe und Materialien (u.a. mit Intensivierung der Rohbraunkohleförderung, Ausbau der Kernenergie usw.),
– den Ausbau der Chemie-Industrie vor allem mit Blick auf die geforderte Veredelung einheimischer und vorwiegend aus der SU importierter Rohstoffe (insbesondere Braunkohle- und Erdölverarbeitung) und
– den Ausbau der Metallurgie sowie den Verarbeitungsmaschinenbau zur Stärkung des NSW-Exportes.

Daneben gab es die nicht in den offiziellen Plänen ausgewiesenen Investitionen zur Verbesserung des Rüstungspotentials der NVA, bei denen es erhebliche Verflechtungen mit den für die Mikroelektronik bereitgestellten Investitionen gab.

Trotz der zur Mitte der achtziger Jahre bereits kritisch zugespitzten Wirtschaftsprobleme vermittelten die offiziellen Verlautbarungen der SED über den XI. Parteitag 1986 oder nachfolgende ZK-Tagungen das Bild einer ungebrochen heilen Welt der sozialistischen Planwirtschaft. Insbesondere in Verbindung mit punktuellen Erfolgen im Bereich der Produktionsautomatisierung in einigen Vorzeigebetrieben oder vermeintlichen Erfolgen im Bereich der Mikroelektronik versuchte die DDR-Führung eine erfolgreiche Aufholjagd bei der Entwicklung und Anwendung von Schlüsseltechnologien zu demonstrieren. Es blieb der Öffentlichkeit mindestens bis in das Jahr 1989 verborgen, daß die stärker werdenden wirtschaftlichen Zwänge zunehmend eine Zurückstellung geplanter Investitionen in nicht wenigen Wirtschaftsbereichen mit sich brachten und daß sich die Entscheidung für den Ausbau der Mikroelektronik auf Kosten anderer notwendiger Entwicklungen vollzog.

Bereits kurz nach der politischen Wende gab es selbstkritische Stellungnahmen zur Investitionseffektivität. In der Zeitschrift „Die Wirtschaft" hieß es 1990 u. a.:

„Der Anteil des Verkehrs- und Verbindungswesens an den Investitionen im produzierenden Bereich lag in der BRD etwa doppelt so hoch wie in der DDR. Dadurch wurden die den wissenschaftlich-technischen Fortschritt und die Kooperations- und Kommunikationsbeziehungen bestimmenden Zweige schneller entwickelt. Das kommt auch im Handel DDR – BRD zum Ausdruck. Von 1985 bis 1987 stieg der Anteil der Investitionsgüter an den Lieferungen der BRD von 18,8 auf 36,4 Prozent, ihr Anteil an den Lieferungen der DDR von nur 11,7 auf 15,3 Prozent.

Vergleicht man die Verteilungsstruktur der Investitionen nach Zweigen innerhalb der Industrie, dann sind rund 60 Prozent des Niveauunterschiedes der unterschiedlichen Verteilungsstruktur geschuldet. So ging der Investitionsanteil der Zulieferkombinate der metallverarbeitenden Industrie (ohne die Kombinate der Mikroelektronik Erfurt und Elektronische Bauelemente Teltow) an den Investitionen in der metallverarbeitenden Industrie von 25,5 Prozent im Zeitraum von 1976 bis 1980 auf 19,5 Prozent in den Jahren 1986 und 1987 zurück.

[...] In der DDR hingegen wirkten 80 Prozent der Investitionen grundfondbestandserhöhend, sie wurden vorwiegend für – zum Teil nicht nutzbare – Kapazitätserweiterungen eingesetzt. [...]

Es wurden Investitionsprogramme durchgeführt, bei denen Aufwandserhöhungen in Kauf genommen wurden. Die Notwendigkeit des Aufbaus einer mikroelektronischen Industrie wird nicht bestritten. Doch die hohen Aufwendungen führten nicht – wie international üblich – zu einer Kosten- und Preissenkung für mikroelektronische Erzeugnisse.

[...] Schließlich widerspiegelt sich der vorwiegend extensive Investitionseinsatz in der DDR und der vorwiegend auf Intensivierung und Aufwandsenkung gerichtete Investitionseinsatz in der BRD im Anteil der Ausrüstungen an den Industrie-Investitionen. Dieser Anteil betrug in der DDR 71,0 Prozent (1980: 60 %) und in der BRD 76 Prozent (1980: 74 %). [...]

In den Jahren 1980 und 1988 wurde in der BRD nominell viermal so viel investiert wie in der DDR. Pro Einwohner waren es 18 bzw. 14 Prozent mehr. [...]"[72]

Trotz der Investitionen im Industriebereich konnten die in der „Parteitags-Direktive" 1986 vorgegebenen Zielstellungen nicht erreicht werden.

- Die breite Anwendung von Schlüsseltechnologien mit Spitzenpositionen auf wirtschaftlich entscheidenden Gebieten wurde nicht realisiert. Der produktions- und informationstechnische Ausstattungsstand in Kombinaten und forschungsorientierten Betrieben oder AdW-Insituten war in Menge und Qualität völlig unzureichend. Hinsichtlich der Computerisierung war die DDR ein Entwicklungsland geblieben.
- Der Ausbau der Energie- und Rohstoffbasis und der Ausbau der Chemieindustrie durch Nutzung eigener Ressourcen erforderte nicht nur umfangreiche Investitionen zu Lasten anderer Bereiche, sondern war – soweit überhaupt – nur auf Kosten erheblicher Umweltbelastungen möglich.
- Die besondere Förderung der Metallurgie sowie des Werkzeug- und Verarbeitungsmaschinenbaus beschränkte sich auf wenige exportorientierte Betriebe. Diese galten als „Automatisierungsinseln". In der Mehrzahl der Produktionsbetriebe blieben in der Regel technologisch veraltete Produktionsanlagen im Einsatz.[73]

Nach der bereits genannten unter Leitung von Schürer Ende Oktober 1989 erarbeiteten Schlußbilanz der Ära Honecker hatten sich fast sämtliche Erfolgsmeldungen der letzten Jahre als bewußt vorgenommene Fälschungen und Verdrehungen herausgestellt.

Sämtliche Zielstellungen, angefangen vom „dynamischen Wachstum des Nationaleinkommens" über den Abbau der Verschuldung bis hin zur Steigerung der Arbeitsproduktivität, hatten sich als unrealistisch erwiesen.[74] Die DDR hatte über ihre Verhältnisse gelebt, Schulden mit neuen Schulden bezahlt. Daher waren besonders die 1989 geplanten oder bereits durchgeführten Rettungsmaßnahmen nur noch als ein hilfloses Aufbäumen vor dem Wirtschaftskollaps einzuordnen.

Als Beispiel hierfür ist die zur Vermeidung einer Zahlungsunfähigkeit in den neunziger Jahren im Wirtschaftsapparat unter der Leitung Schürers eingerichtete „Arbeitsgruppe Zahlungsbilanz" zu nennen: In einer geheimen Vorlage an Mittag hielt sie noch im September 1989 Hilfe durch eine Verdoppelung des Exports in das „Nichtsozialistische Wirtschaftsgebiet" von 12,2 Mrd. Valutamark (VM) 1989 auf 24,0 Mrd. VM 1995 für möglich.[75] Dieses Vorhaben mußte jedoch bereits mangels ausreichender absatzfähiger Exportwaren scheitern. Lediglich die schon recht brüchige Integration in den Rat für gegenseitige Wirtschaftshilfe (RGW) und die relativ enge Kooperation mit der Sowjetunion als dem wichtigsten Rohstofflieferanten und Großkunden sowie das Wirtschaften auf Kredit verdeckte zunächst noch nach außen die Fülle der nicht lösbaren Probleme.

Anmerkungen

1 Vgl. auch *Maria Haendcke-Hoppe-Arndt*: Zum ökonomischen Erbe der SED-Diktatur: Versuch einer Bilanz. In: *Wolfgang-Uwe Friedrich* (Hsg.), Totalitäre Herrschaft – Totalitäres Erbe. German Studies Review, Sonderheft 1994, S. 47 u. 48.
2 Vgl. die Analyseergebnisse des Forschungsbeirates für Fragen der Wiedervereinigung Deutschlands, in: Zweiter Tätigkeitsbericht 1954/1956, Bonn 1957, S. 51ff. sowie *Bruno Gleitze*: Die Industrie der Sowjetzone unter dem gescheiterten Siebenjahrplan, Berlin 1964, S. 3 u. 4.
3 Forschungsbeirat, Zweiter Tätigkeitsbericht, a.a.O., S. 52.
4 Vgl. hierzu den Beitrag von *Gernot Gutmann* u. *Hannsjörg F. Buck* in diesem Band.
5 Zu den einzelnen Phasen der Beseitigung der Privatwirtschaft und der Sowjetisierung Mitteldeutschlands vgl. *Maria Haendcke-Hoppe*, Privatwirtschaft in der DDR, Geschichte –

Struktur – Bedeutung, FS-Analysen (Forschungstelle für gesamtdeutsche wirtschaftliche und soziale Fragen, Berlin) Nr. 1/1992.
6 Vgl. die Expertisen von *L. Baar/ R. Karlsch/ W. Matschke* sowie von *C. Buchheim* in den Materialien der Enquete-Kommission „Aufarbeitung von Geschichte und Folgen der SED-Diktatur in Deutschland", Baden-Baden 1995, Band II, 2; S. 868–988 und 1030–1069. Der Gesamtumfang der sowjetischen Reparationsentnahmen dürfte demnach deutlich über den von ihr auf den Kriegs- und Nachkriegskonferenzen geforderten 10 Mrd. Dollar gelegen haben. Die Demontagen haben mindestens 30 % der 1944 in der späteren SBZ vorhandenen industriellen Kapazitäten zerstört (im Gegensatz zu ca. 5 % in den Westzonen). Bei dem Vergleich ist allerdings zu berücksichtigen, daß die Westzonen vollständig die Kosten für Wiedergutmachungsleistungen und größtenteils die Kosten für die Eingliederung der Flüchtlinge und Vertriebenen erbrachten.
7 Vgl. hierzu auch: Sozialistische Volkswirtschaft, Hochschullehrbuch, Berlin(Ost), 1989, S. 349ff.
8 Vgl. *Maria Haendcke-Hoppe-Arndt,* Zum ökonomischen Erbe der SED-Diktatur, a.a.O. S. 52ff.; Bilanz der Ära Honecker; Die ökonomische Hinterlassenschaft der SED, in: *P. Eisenmann, G. Hirscher* (Hgg.), Bilanz der zweiten deutschen Diktatur, München 1993, S. 55ff., hier S. 60.
9 Vgl. die Beiträge von *Maria Haendcke-Hoppe-Arndt* in diesem sowie von *Fred Oldenburg* und von *Gerhard Wettig* im ersten Band.
10 *Gerhard Schürer,* Interview in der ARD-Fernsehserie „Das war die DDR", Teil 2: „Von der Zone zum Staat", gesendet am 10.10.1993, abgedruckt im Begleitheft zur Serie, hsg. vom MDR, Berlin 1993, S. 17.
11 Information der Abteilung Grundstoffindustrie des ZK der SED vom 4.3.1980 an Mittag. In: SAPMO BArch, DY 30/26559, Bd. 2.
12 *Maria Haendcke-Hoppe-Arndt,* Wer wußte was? Der ökonomische Niedergang der DDR. In: Deutschland Archiv, 28 (1995)-6, S. 592.
13 Vgl. *Gerhard Schürer,* Das war die DDR, a.a.O., S. 17.
14 *Hans-Hermann Hertle,* Der Weg in den Bankrott der DDR-Wirtschaft. Deutschland Archiv, 25 (1992)-2, S. 129.
15 Direktive des XI. Parteitages der SED, Berlin(Ost) 1986, S. 8.
16 *Erich Honecker,* Bericht des Zentralkomitees der Sozialistischen Einheitspartei Deutschlands an den XI. Parteitag der SED, Berlin(Ost) 1986, S. 27.
17 Direktive, a.a.O., S. 16, vgl. hierzu ergänzend auch S. 26ff.
18 Im Begriffsverständnis des in der DDR praktizierten planwirtschaftlich orientierten Rechnungswesens wurde die Gesamtheit der einem Betrieb zugewiesenen Grundmittel (auf der Passivseite von Bilanzen) auch als Grundfonds oder Grundmittelfonds bzw. Anlagenfonds bezeichnet. Auf Grund der in diesen Fonds nicht enthaltenen (Markt-)Zeitwerte können diese Begriffe nicht mit den „Anlagen" im Sinne des markwirtschaftlich geprägten Sprachgebrauchs gleichgesetzt werden.
19 Direktive, a.a.O., S.16 f., 31 f., S. 67f.
20 Um bestehende Produktions- und Zulieferdefizite in der Industrie abzubauen, ging man ab Beginn der achtziger Jahre dazu über, in den Kombinaten jeweils besondere Betriebe oder Bereiche für den Rationalisierungsmittelbau anzusiedeln. Diese wurden beauftragt, auf die Kombinatsproduktionen ausgerichtete Roboter, Kontroll- und Meßgeräte, Förder- und Steuereinrichtungen zur Gewährleistung der Produktionsprozesse zur Verfügung zu stellen. Hieran interessierte Betriebe eines anderen Kombinates hatten die Möglichkeit, eine Nachnutzung zu beantragen. Als Beispiel hierfür kann der VEB Robotron-Rationalisierung Weimar genannt werden, welcher für Robotron-Betriebe u. a. Roboter herstellte.
21 Anordnung über die Planung der Volkswirtschaft der DDR 1986–1990 vom 7.12.1984, Teil A, in: GBl. der DDR vom 1.2.1985, Sonderdruck Nr. 1190a, 1190bff.
22 Anordnung über die Rahmenrichtlinie für die Planung in den Kombinaten und Betrieben der Industrie und des Bauwesens – Rahmenrichtlinie – vom 7.12.1984, in: GBL der DDR vom 1.2.1985, Sonderdruck Nr. 1191.
23 Vgl. hierzu auch den Beitrag von *Gutmann/Buck* in diesem Band.

24 Mitteilung der Arbeitsgruppe für Organisation und Inspektion beim Ministerrat, Abt. Inspektion, vom 18.8.1987 an Mittag. In: SAPMO BArch, DY 30/ 41776, Bd. 1.
25 Mit Rat und Tat, in: Eulenspiegel Nr. 22/1989.
26 Notiz für das Büro Mittag vom 24.5.1989. In: SAPMO BArch, DY 30/41775, Bd. 1.
27 Schreiben des DDR-Ministerrates, Staatliche Zentralverwaltung für Statistik vom 28.11. 1988, an Mittag. In: SAPMO BArch, Büro Mittag, DY 30/41748.
28 Schreiben des Ministers für Glas- und Keramikindustrie an Mittag vom 10.2.1987. In: SAPMO BArch, Büro Mittag, DY 30/41776, Bd. 2.
29 Schreiben des Staatssekretärs für Arbeit und Löhne vom 8.2.1989 an Mittag. In: SAPMO BArch, DY 30/41763, hier Blatt 1 u. 2.
30 Vgl. die Krisenanalyse Schürers vom Oktober 1989. Diese Analyse hatte Egon Krenz am 24. Oktober 1989 bei Schürer mit dem Ziel in Auftrag gegeben, dem Politbüro der SED ein „ungeschminktes Bild der ökonomischen Lage" zu vermitteln. Deren Autoren unter der Leitung *Schürers* waren: Außenhandelsminister *Beil*, Finanzminister *Höfner*, Staatssekretär im Außenhandelsministerium, Leiter der Abteilung Kommerzielle Koordinierung und „Offizier im besonderen Einsatz" des Ministeriums für Staatssicherheit *Schalck-Golodkowski* sowie der Leiter der Staatlichen Zentralverwaltung für Statistik *Donda*. Vgl. weiterhin: „Vorlage für das Politbüro des Zentralkomitees der SED" vom 30. Oktober 1989. Abgedruckt in: Schürers Krisenanalyse, Deutschland Archiv 25 (1992)-10, S. 1112–1120.
31 Vgl. Schürers Krisen-Analyse, Deutschland Archiv, a.a.O., S. 114. – Vgl. in diesem Sinne ebenfalls die festgestellten Verschleißquoten des durchschnittlichen Grundmittel- und des Ausrüstungsbestandes je Wirtschaftsbereich. In: Statistisches Jahrbuch der DDR 1990, S. 120 und 121.
32 So u.a. festgestellt im Rahmen eines Forschungsprojektes des Institutes für Werkzeugmaschinen und Fertigungstechnik der TU Berlin und der Forschungsstelle für gesamtdeutsche wirtschaftliche und soziale Fragen, Berlin, 1. Projektbericht vom 30.5.1990 (Manuskriptdruck), S. 10.
33 Zu Altersstruktur und Verschleißgrad industrieller Anlagen vgl. *Gutmann/ Buck* in diesem Band.
34 Vgl. hierzu u.a. *Peter Przybylski*, Tatort Politbüro, Band 2: Honecker, Mittag, Schalck-Golodkowski. Berlin 1992, S. 196.
35 Kombinate. Was aus ihnen geworden ist. Reportagen aus den neuen Ländern. Herausg.: Wochenzeitung Die Wirtschaft, 1. Aufl., Berlin, München 1993, S. 41.
36 TGL = Technische Normen, Gütevorschriften und Lieferbedingungen; bezeichnet die seit 1960 herausgegebenen DDR-Standards, deren Einhaltung vom Amt für Standardisierung, Meßwesen und Warenprüfung (ASMW) überwacht wurde. Es galten sogen. Fachbereichs-Standards für spezifische Produktionssortimente und Werks-Standards für ein Kombinat, VEB usw.
37 Bericht des Komitees der Arbeiter- und Bauerninspektion an Jarowinsky vom 29.2.1988. In: SAPMO BArch, Büro Jarowinski, DY 30/41859, Bd. 1.
38 Schreiben von Schalck-Golodkowski mit einem Telegramm des Generaldirektors des Kombinates Schuhe Weißenfels als Anlage. In: SAPMO BArch, Büro Mittag, DY 30/41776, Bd. 1
39 ABI-Mitteilungen an Jarowinsky vom 23.3.1988, S. 2. In: SAPMO Barch, Büro Mittag, DY 30/41853, Bd. 1.
40 Die Exportrentabilitäten verschiedener Industrie-Kombinate werden u.a. ausgewiesen in: Wirtschaftsdaten ausgewählter DDR-Kombinate 1989/1990, FS-Analysen, Sonderheft 2. 1994.
41 Direktive, a.a.O., S. 31.
42 Vgl. hierzu *Ulrich Wagner*, Innovationsprobleme im Wirtschaftssystem der DDR. In: *Gernot Gutmann* (Hg.), Das Wirtschaftssystem der DDR. Wirtschaftspolitische Gestaltungsprobleme. Stuttgart, New York 1983, S. 311–329.
43 *Derselbe*, a.a.O., S. 320.
44 Cocom, Abkürzung für: Commitee for Coordinating of East-West Trade. – Hierbei handelt es sich um eine 1950 gegründete Organisation der NATO-Länder (ohne Irland), die den Transfer bestimmter Waren und Technologien aus sicherheitspolitischen Gründen in Ostblockländer ausschloß. Dazu dienten detaillierte Exportbestimmungen und permanent ergänzte Embargolisten, in welchen die vom Export ausgenommenen Waren und Technolo-

gien im einzelnen aufgeführt wurden. In der Bundesrepublik Deutschland wurden diesbezügliche Exportkontrollen vom Bundesamt für Gewerbliche Wirtschaft, Eschborn, durchgeführt. Die Grundlage bildete hierfür eine Ausfuhrliste (als Anlage zur Außenwirtschaftsverordnung) mit Embargowaren und -technologien. – Vgl. hierzu z. B. Ausfuhrliste (Anlage AL zur Außenwirtschaftsverordnung), Zusammenfassung der 54., 55., 56. und 57. Verordnung zur Änderung der Ausfuhrliste, Stand Februar 1987 (veröffentlicht beim Wilhelm Köhler Verlag, Minden, Frankfurt a.M., Hamburg, Bonn). – Siehe dazu ergänzend insbesondere: Beschlußempfehlung und Bericht des 1. Untersuchungsausschusses nach Artikel 44. des Grundgesetzes. Bundestags-Drucksache 12/7600, S. 251 („Die Bedeutung der Cocom-Liste").

45 Zum „Komplexprogramm" der RGW-Länder vgl. u.a. *Klaus Krakat*, Comecon-Länder verabschieden Programm zur Elektronisierung. Ost-Technologie will eigene Wege gehen. In: Computerwoche, München, Nr. 21 vom 21.3.1986, S. 44 u. 45 sowie 48 u. 49.

46 Hinweise über wirtschafts- und industriepolitische Hauptzielstellungen finden sich u.a. in: Zur Direktive des XI. Parteitages der SED zum Fünfjahrplan für die Entwicklung der Volkswirtschaft der DDR in den Jahren 1986 bis 1990. Berichterstatter: Willi Stoph, Berlin(Ost) 1986, S. 7ff.

47 Schreiben der Abteilung Forschung und technische Entwicklung des ZK der SED vom 10.9.1985 an Mittag. In: SAPMO BArch DY 30/41760.

48 Nach Mitteilungen verschiedener an FuE-Aufgaben beteiligter Personen gegenüber dem Autor.

49 *R. H. Brocke/E. Förtsch*, Forschung und Entwicklung in den neuen Bundesländern 1989–1991. Ausgangsbedingungen und Integrationswege in das gesamtdeutsche Wissenschafts- und Forschungssystem, Stuttgart 1991, S. 41.

50 Vgl. BT-DrS. 12/7600, S. 272.

51 Schriftwechsel zwischen dem Staatssekretär Nendel im Ministerium für Elektrotechnik und Elektronik und dem Leiter der Abteilung Maschinenbau und Metallurgie im ZK der SED, Tautenhahn, vom 26.6.1984. In: SAPMO BArch, DY 30/35048, Bd. 2.

52 Gliederung nach *R. H. Brocke/E. Förtsch*, a.a.O., S. 42.

53 Ministerrat der DDR, Stellvertreter des Vorsitzenden und Minister für Wissenschaft und Technik Weiz, an Mittag. Schreiben vom 25.6.1985 mit einer Anlage mit den zur Unterstützung der Industrieforschung in Frage kommenden Forschungseinrichtungen und Vorschlägen ihrer Zuordnung auf bestimmte Ministerien. In: SAPMO Barch, DY 30/41 760(15 Seiten).

54 Vgl. zum folgenden BT-DrS. 12/7600 mit Anlagenbänden.

55 Vgl. hierzu a.a.O., S. 264. – Nach mündlichen Aussagen von Zeitzeugen hatten in Einzelfällen die Preisforderungen den Normalpreis um das Drei- bis Vierfache überstiegen.

56 Vgl. Tagung des Politbüros des ZK der SED, Anlage Nr. 9 zum Reinschriftprotokoll Nr. 38 vom 25.9.1984 zum Thema: Komplexe Konzeption zur Durchführung der Modernisierung des Panzers T-55 A einschließlich Waffenleitsystem „Bastion". In: SAPMO BArch, DY 30/J IV 2/2-2078, Blatt 132–152. Weitere Informationen hierüber verdankt der Verfasser einem in dieses Projekt eingebundenen Mitarbeiter eines Kombinates aus dem Bereich Elektrotechnik/Elektronik.
Geheime Verschlußsache o008, Archiv-Bestand BStU. Zitiert in: Erste Beschließungsempfehlung und erster Teilbericht des 1. Untersuchungsausschusses nach Artikel 44 des Grundgesetzes, Beschlußempfehlung. Hier: „Entstehungsgeschichte, Arbeitsweise, Organisationsstruktur und Abwicklung des Bereiches Kommerzielle Koordinierung des Ministeriums für Außenhandel (MAH) der DDR mit seinem Leiter Dr. Alexander Schalck-Golodkowski". In: BT-DrS. 12/63462 vom 14.10.1992, Dokument 180, S. 1356 -1358.
Zum „Beschaffungsapparat" vgl. insbesondere die Ausführungen in BT-DrS 12/7600, S. 270ff., „Organisation und Abwicklung der Geschäfte".

57 Mitteilung des Ministeriums für Elektrotechnik und Elektronik vom 3.9.1985 an Mittag. In: SAPMO BArch, DY 30/41760 sowie ergänzend dazu die ebenfalls an Mittag gerichtete SED-Hausmitteilung vom 10.9.1985. In: SAPMO BArch, a.a.O.

58 So die Mitteilungen eines Beteiligten gegenüber dem Verfasser.

59 Vgl. hierzu auch BT-DrS. 12/7600, S. 263f.

60 Zum folgenden einschließlich der Zitate vgl. BT-DrS. 12/7600, S. 274 f., mit Dokumenten Nr. 593 bis 599 (Anlagenband 3).

61 DRAM, Abkürzung für: Dynamic Random Access Memory, Schreib-Lesespeicher (Hauptspeicher). 256 K, Hinweis auf die Speicherkapazität des Hauptspeichers in Byte, wobei $K = 2^{10} = 1.024$ Byte gilt. Die 256 K-Speichertechnologie zählte Mitte der 80er Jahre zum Höchststandard der Speicherchipherstellung. Die Realisierung der hierfür notwendigen Herstellungstechnologie gelang als erster der japanischen Firma Toshiba.

62 Auf Veranlassung des Generaldirektors des Kombinates Carl Zeiss Jena, Biermann, hatte Mittag die Produktion von Speicherchips 1987 aus dem Kombinat Mikroelektronik Erfurt gegen erheblichen Widerstand dessen Generaldirektors herausgelöst und dem Kombinat Carl Zeiss Jena übertragen.

63 *Günter Schabowski*, Der Absturz, a.a.O., S. 126.

64 Mikroprozessoren können allgemein als das Hirn eines Computers bezeichnet werden. – Das erste „Funktionsfähige Muster" eines 32-Bit-Mikroprozessors, bestimmt für eine neue DDR-Computergeneration, wurde Honecker am 14. August 1989 von Angehörigen des VEB Mikroelektronik Erfurt im Hause des ZK der SED überreicht. Auch dieser Prozessor stellt eine originaltreue Kopie des 32-Bit-Prozessors der amerikanischen Firma Intel dar. – Vgl. dazu *Klaus Krakat*, Neue Leistungsschaltkreise sollen die flexible Automatisierung verbessern. DDR-Kombinat entwickelt die erste eigene 32-Bit-CPU. In: Computerwoche, München, Nr. 41 vom 6.10.1989, S. 105.

65 Über die Mikroelektronik „Made in GDR" und den Rückstand von Chipentwicklung und -produktion gegenüber westlichen Industrieländern und die Folgen für die elektronische Datenverarbeitung der DDR vgl. *Klaus Krakat*, Schlüsseltechnologien in der DDR. Anwendungsschwerpunkte und Durchsetzungsprobleme. In: Die Wirtschaft der DDR unter Leistungsdruck und Innovationszwang, Teil II. 12. Symposion der Forschungsstelle am 20. und 21.11.1986, FS-Analysen Nr. 5/1986, hier S. 128ff. sowie *derselbe*, Realisierung des wissenschaftlich-technischen Fortschritts am Beispiel der Mikroelektronik, FS-Analysen Nr. 1/1980, S. 8 ff., 34ff. sowie 106ff.

66 Das Pflichtenheft war als ein Instrument der Leitung und Planung von Forschung und Entwicklung (Pflichtenheft-Ordnung vom 27.4.1977), GBl. I/1977, S. 145f., geänderte Fassung vom 17.12.1981, GBl. I/1982, S. 1), für alle Kombinate, VEB und wissenschaftlich tätigen Institutionen verbindlich vorgeschrieben.
Gegenstand eines Pflichtenheftes waren die mit der vorgegebenen Aufgabenstellung festgelegten technischen, ökonomischen und organisatorischen Zielstellungen und Anforderungen auf der Grundlage einer verbindlichen Gliederung. Die einzuschlagenden Verfahrensabläufe und zu berücksichtigenden „*materiell-technischen Bedingungen*" hingen primär davon ab, ob es sich um die angestrebte Realisierung von Produkt- und/oder Prozeßinnovationen handelte bzw. ob eine Neu- oder Weiterentwicklung anhängig war. Wesentliche Aktionsgrößen bzw. Vorgaben des Pflichtenheftes waren: Arbeitskräftestrukturen, produktionstechnische Rahmenbedingungen (einschl. Musterbau), bestimmte Inputmaterialien, Zeitvorgaben einschließlich notwendiger Arbeitsstufen (Zeitplanung), Zielstellungen (Kostenreduzierungen, Rationalisierungseffekte, Senkung des Materialverbrauchs, Innovationsvorteile, Devisenrentabilität, „*gesellschaftlicher Nutzen*").
Aufgabe des Pflichtenheftes sollte es vor allem sein, die notwendigen Ablaufplanungen in Übereinstimmung mit den Terminen des Planteils Wissenschaft und Technik vorzunehmen und die termingerechte Bereitstellung notwendiger leistungsfähiger Anlagen und Geräte, ausreichender Inputmaterialien (mit Blick auf Qualitäten und Quantitäten) sowie Arbeitsräume festzulegen.
Die Pflichtenhefte waren gegenüber dem Amt für Standardisierung, Meßwesen und Warenprüfung (ASMW) zu „*verteidigen*". Hinsichtlich ihres Inhaltes bedurften sie zudem der Zustimmung des Ministeriums für Materialwirtschaft, des Amtes für Erfindungs- und Patentwesen, des Amtes für industrielle Formgestaltung und des Amtes für Preise. Speziell für Aufgaben aus dem Staatsplan „Wissenschaft und Technik" waren die vom Generaldirektor des Kombinates bestätigten Pflichtenhefte schließlich auch dem Ministerium für Wissenschaft und Technik vorzulegen.
Der *Erneuerungspaß* wurde wiederum als Instrument der ökonomischen Leitung von Prozessen in Wissenschaft und Technik in den Industriekombinaten verwendet. Er war ein

„Leitungsdokument" des Generaldirektors zur Sicherung der aufgabenbezogenen Leitung, Planung und Kontrolle von produkt- und prozeßorientierten Erneuerungen innerhalb der Produktion. Hinsichtlich der Erneuerungsrate handelte es sich um den durch Planungsvorgaben festgelegten Anteil von Neuerungen an der Gesamtproduktion. Die Führung von Pflichtenheften und Erneuerungspässen (einschließlich der „Erneuerungsrate") war auch Gegenstand einer speziellen Verordnung vom 11.9.1986, enthalten in: GBl. I, S. 409.

67 Schreiben des Ministeriums der Finanzen und der Staatlichen Finanzrevision an Mittag vom 9.7.1982 einschließlich Kontrollinformation vom 6.7.1982 (15 Seiten). In: SAPMO BArch, Büro Mittag, DY 30/27978, Bd. 2.

68 Bericht der SED-Kreisleitung Freiberg vom 25.6.1985. In: SAPMO BArch, DY 30/35061, Bd. 2 (4 Seiten) Das Investitionsvorhaben „Siliziumscheiben größer/gleich 100 mm" galt als ein hochrangiges „Parteitagsvorhaben (XI. SED-Parteigag, 17.–21.4.1986).

69 Bericht der SED-Bezirksleitung Karl-Marx-Stadt (Chemnitz) an das ZK der SED, Leiter der Abteilung Maschinenbau und Metallurgie, Tautenhahn, mit Eingangsstempel vom 25.11.1985. In: SAPMO BArch, DY 30/35061, Bd. 1.

70 Vgl. Schreiben des Ministers für Elektrotechnik und Elektronik vom 26.11.1985 an das ZK der SED. In: SAPMO BArch, DY 30/ 53061, Bd. 1 sowie SED-Hausmitteilung vom 3.12.1985 (innerhalb des ZK der SED). In: SAPMO BArch, SY 30/35061, Bd. 1.

71 Schreiben des Betriebsdirektors des VEB Spurenmetalle Freiberg vom 25.6.1986 an das ZK der SED, Sektorenleiter Elektrotechnik/Elektronik. In: SAPMO BArch, DY 30/35061, Bd. 1, vgl. hierzu ebenfalls *Schabowski*, Der Absturz, a.a.O., S. 126.

72 *Dietmar Henke/Günter Specht*, Investitions- und Grundfondeffektivität. Im Vergleich zeigen sich deutliche Rückstände. In: Die Wirtschaft Nr. 9/1990, S. 19.

73 Vgl. auch die Ergebnisse des Forschungsprojektes der TU Berlin und der Forschungsstelle für gesamtdeutsche wirtschaftliche und soziale Fragen (s.o. Anm. 32), Bericht Stand 30.5.1990 (Manuskriptdruck), S. 6–12.

74 Vgl. hierzu im einzelnen *Hans-Hermann Hertle*: Staatsbankrott. Der ökonomische Untergang des SED-Staates. In: Deutschland Archiv, 25 (1992)-10, S. 1022f. u. S. 1028ff.

75 a.a.O., S. 1019 u. 1020.

Oben: Beflaggung zum 35. Jahrestag der DDR, Ost-Berlin, 1984.

Unten: Vor dem Haupttor der Leuna-Werke, Halle, in Erwartung des Besuches von Honecker im Mai 1980.

Oben: Robotron Standard-Personalcumputer, Sömmerda 1986: mit 8 Bit eine unzureichende rechentechnische Basis für die DDR-Wirtschaft.

Unten: Mit dem 32-Bit-Mikroprozessor, der mit großem propagandistischem Aufwand der Öffentlichkeit vorgestellt wurde, strebte die DDR die Marktführerschaft im RGW an. Bei diesem Prozessor handelte es sich lediglich um die Adaption eines westlichen Vorbilds. Seine Serienproduktion war nur unter Mehrkosten und erheblichem Zeitverzug möglich gewesen.

Oben: Honecker im Gespräch mit Wolfgang Biermann, Generaldirektor des Kombinates Carl-Zeiss-Jena. Dieses Kombinat stellte optische Erzeugnisse und Speicherchips her.

Unten: Honecker und Mittag bei der Entgegennahme des ersten Musters eines 32-Bit-Mikroprozessors aus dem Entwicklungslabor des Kombinates Mikroelektronik Erfurt, Berlin (Ost), 14. Aug. 1989.

176

Betriebe des Werkzeug- und Verarbeitungsmaschinenbaus, die auch für den westlichen Markt produzierten, gehörten zu den Vorzeigebetrieben der DDR-Industrie und genossen bei den Investitionen entsprechende Priorität.

Oben: Zahnrad-Wälzschleifmaschine aus dem Werkzeugmaschinenkombinat „7. Oktober", Berlin (Ost).

Unten: Fertigungsstraße aus demselben Kombinat.

Rosemarie Schneider

Das Verkehrswesen unter besonderer Berücksichtigung der Eisenbahn

Vorbemerkungen

Um die Jahreswende 1989/1990 stand dem neu zu gestaltenden ostdeutschen Wirtschaftsraum eine Verkehrsinfrastruktur zur Verfügung, die den Ansprüchen einer modernen Volkswirtschaft und den Bedürfnissen der Bevölkerung in keiner Weise entsprach. Die vorhandenen Mängel und Schwächen waren so schwerwiegend, daß nur geringe Chancen bestanden, die wirtschaftliche Erneuerung Ostdeutschlands aktiv zu unterstützen. Ganz im Gegenteil: Der damals vorgefundene Zustand der Verkehrsinfrastruktur hat sich in der Folgezeit als ein Hemmnis für den angestrebten wirtschaftlichen Aufschwung in den neuen Bundesländern erwiesen. In einer ersten Schätzung des Bundesverkehrsministeriums wurde bereits Anfang 1990 der Bedarf für Anpassungsinvestitionen für das gesamte Verkehrswegenetz der ehemaligen DDR auf beinahe 210 Mrd. DM veranschlagt, davon rund 135 Mrd. DM für das Gesamtstraßennetz (Autobahn, Fern-, Landes- und Gemeindestraßen), rund 55 Mrd. DM für das Gesamtschienennetz, rund 8 Mrd. DM für die Wasserstraßen (in Preisen von 1990 einschließlich 14 v.H. Mehrwertsteuer).[1] Die Gesamthöhe der für die Erneuerung der Verkehrsinfrastruktur tatsächlich benötigten Investitionen dürfte diesen Betrag übertreffen, da die erste Schätzung lediglich den zu finanzierenden Nachholbedarf umfaßte. Notwendige Erweiterungsmaßnahmen, grundlegende Netzverbesserungen oder der Einsatz moderner Verkehrsmittel wurden dabei noch nicht berücksichtigt.

1. Die Verkehrspolitik der DDR

1.1. Die Verkehrsinvestitionen

Zu den Gründen für den seit Jahrzehnten beklagenswerten Zustand im Verkehrsbereich der DDR gehörten eine viel zu geringe Kapitalzuteilung zur Erhaltung, Erweiterung und Erneuerung des Verkehrswegenetzes und des Transportmittelbestandes sowie die damit in engem Zusammenhang stehende Überlastung und Überalterung der zur Verfügung stehenden Anlagen. Investitionen in die Infrastruktur standen von jeher auf der Dringlichkeitsliste hintenan. Die Investitionspolitik des Staates richtete sich nach „gesellschaftlichen Möglichkeiten" und von der SED-Führung festgelegten Prioritäten.

Nach diesen Kriterien wurde das verfügbare Investitionskapital größtenteils für den Aufbau und die Modernisierung der Industrie verwendet. Die SED-Wirtschaftführung präferierte dabei sowohl die Industriezweige, von denen sie annahm, daß sie der Wirtschaft der DDR eine weitgehende Autarkie verschaffen würden (Grund- und Brennstoffindustrie, Energiewirtschaft, Schwerindustrie) als auch jene, von denen sie sich ein zukunftsorientiertes Wirtschaftswachstum erhoffte (Elektronik, Elektrotechnik, Chemische Industrie). Andere Bereiche mußten sich – so auch das Verkehrswesen – mit geringen Anteilen begnügen. Die vorhandenen Verkehrsanlagen und Transportmittel glaubte man hier bis an die Leistungsgrenzen ausnutzen und den erforderlichen Neubau, die Modernisierung und Erweiterung hinauszögern zu können. Dementsprechend spärlich nahmen sich dann auch die investiven Zuführungen aus. Der Anteil der Investitionen im Bereich Verkehr, Post- und Fernmeldewesen an den Gesamtinvestitionen der Volkswirtschaft bewegte sich seit beinahe 30 Jahren zwischen 8 v.H. und 11 v.H; im Jahre 1960 war er mit gut 10 v.H. sogar noch höher als 1988 mit knapp 8 v.H. Im Vergleich zu den Investitionen der Industrie standen für Reparaturen, Ersatz und Neubau der Verkehrsanlagen und Transportmittel sowie der Anlagen des Post- und Fernmeldewesens beinahe drei Jahrzehnte im Durchschnitt der Jahre nur 1/7 dessen zur Verfügung, was die Industrie Jahr für Jahr erhielt.[2]

Die ohnehin begrenzten Investitionsmöglichkeiten wurden zusätzlich noch durch ehrgeizige Investitionsprogramme, wie beispielsweise den Bau der Fährverbindung zwischen Mukran (DDR) und Klaipeda (Sowjetunion/Litauen), in Anspruch genommen.

In einer Analyse der Akademie der Wissenschaften der DDR, Zentralinstitut für Wirtschaftswissenschaften, wurde Mitte 1989 die knappe Investitionszuteilung rückwirkend wie folgt bewertet: *„So betragen die Investitionsanteile der produzierenden Bereiche seit 1970 bis 1987 in der DDR weniger als die Hälfte im Vergleich zur BRD – mit einer tendenziell weiter ansteigenden Differenz [...]"*[3]

Nicht nur im Vergleich zur Bundesrepublik waren die Investitionen für die Verkehrsinfrastruktur in der DDR äußerst gering. Fast alle anderen sozialistischen Staaten statteten seit Jahren diesen Bereich ebenfalls weitaus besser mit Finanzmitteln aus. So betrug beispielsweise der Anteil der Investitionen des Wirtschaftsbereiches Verkehr, Post- und Fernmeldewesen an den Gesamtinvestitionen in den Volksrepubliken Bulgarien, Ungarn, Mongolei sowie in der Sowjetunion, der CSSR und Vietnam im Jahre 1987 zwischen 11 und 12 v.H., während Polen lediglich gut 8 v.H. dafür ausgab.[4]

Bei der Beurteilung der Versorgung der Verkehrsträger mit Investitionsmitteln muß allerdings berücksichtigt werden, daß nicht allein die knappe Zuteilung von Finanzmitteln die Ende 1989 sichtbaren Defizite zu verantworten hat. Noch gravierender wirkte sich der die gesamte Wirtschaft prägende Warenmangel aus. Die Nichtübereinstimmung von materieller und finanzieller Planung, also eingeplanter Finanzmittel und verfügbarer Produktionsfaktoren, führte auch im Verkehrsbereich zu einer permanenten Unterversorgung mit Erzeugnissen aller Verarbeitungsstufen. Die für die DDR-Wirtschaft typische Warenknappheit, der Zwang zu improvisieren und ständig längst veraltete Fahrzeuge und Anlagen zu reparieren anstatt sie zu ersetzen, gehörten zu den Gründen für die schwierige Situation im Verkehrsbereich.

Der überwiegende Teil des gesamten Investitionsvolumens entfiel bei allen Verkehrsträgern auf Ausrüstungen, während der Bauanteil weit dahinter zurückblieb. Überalterung der baulichen Anlagen und zunehmend auch des Ausrüstungsbestandes sowie ständig steigende Aufwendungen für Reparaturen und letztendlich mangelnde Leistungsfähigkeit waren die Ergebnisse dieser jahrzehntelangen Investitionspolitik. Ein derartiger Substanzverzehr konnte nicht ohne Folgen bleiben. Beinahe über vierzig Jahre waren mehr oder weniger alle Bereiche der Wirtschaft und die Bevölkerung direkt oder indirekt von den Leistungsdefiziten der Verkehrsinfrastruktur betroffen.

1.2. Das Verkehrskonzept der achtziger Jahre – Die Verkehrsintensivierung

Neben der grundsätzlich knappen Zuteilung investiver Mittel für den Verkehrsbereich ist der seit Ende der siebziger Jahre von der SED-Führung verfolgte wirtschaftspolitische Kurs, insbesondere die Politik der sogenannten „Verkehrsintensivierung" für die 1989 vorgefundene Situation mitverantwortlich.

Ausgangspunkt für das damalige Verkehrskonzept war die energiepolitische Situation. Die Preisexplosion bei Energieträgern sowohl auf den westlichen Märkten als auch auf den RGW-Märkten führte für die DDR zu erheblichen außenwirtschaftlichen Belastungen. Außerdem standen der DDR seit 1981 rund 2 Mill. t Erdöl aus Lieferungen der Sowjetunion weniger zur Verfügung. Als Folge dessen stand die DDR-Wirtschaft vor der Notwendigkeit, in noch größerem Maße als vorher einheimische Energieträger (Braunkohle) zu nutzen, um so den Importbedarf bei den immer teurer werdenden Energierohstoffen zu drosseln.[5]

Eine wesentliche Einsparungsquelle sah man in dem äußerst energieverbrauchsintensiven Verkehrssektor, der damit noch stärker als bisher zu einem Experimentierfeld für risikoreiche Kürzungen wurde. Diese Kürzungen gingen allerdings weit über den importbedingten Einsparungsbedarf hinaus, weil große Mengen sowjetischen Erdöls in verschiedenen Verarbeitungsstufen vom DDR-Außenhandel auf westlichen Märkten gegen Hartwährung verkauft wurden.

Die Entscheidung der Wirtschaftsführung, Erdöl verstärkt durch Braunkohle zu ersetzen, stellte die Verkehrswirtschaft vor die Aufgabe, den Verbrauch flüssiger Energieträger bei allen Verkehrsträgern in größerem Umfang zu senken. Darüber hinaus sollten alle Bereiche und Zweige der Wirtschaft durch rigorose Reduzierung des Transportbedarfes in dieses Energiesparprogramm einbezogen werden.

Diese energiepolitisch determinierte Weichenstellung ist als eine entscheidende Zäsur in der Verkehrspolitik der DDR anzusehen. Sie trug maßgeblich zur Verschärfung der verkehrsinfrastrukturellen und darüber hinaus der gesamtwirtschaftlichen Schwierigkeiten bei. Angesichts der schon bei Verabschiedung dieses Programms vorhandenen Leistungsdefizite des Verkehrssystems, besonders jedoch der Eisenbahn, waren gravierende Probleme bei der Umsetzung vorhersehbar.

Folgende Maßnahmen sollten dazu dienen, das Intensivierungsprogramm umzusetzen:

- Die Transportnachfrage der verladenden Wirtschaft wurde mittels eines Systems restriktiver Maßnahmen noch stärker als vorher eingeschränkt. In der Wirtschaftspraxis der DDR hieß das, die Transportnachfrage auf ein „*gesellschaftlich notwendiges Maß*" zu senken und die verfügbaren Verkehrsleistungen nach Menge, Zeit und Struktur auf die einzelnen „Bedarfsträger der Wirtschaft" restriktiv zu verteilen. Den ordnungspolitischen Rahmen dafür bildete eine detaillierte Transportplanung. Über Vorgaben und Normen, durch Kontingentierungen (Personal, Treibstoff, Fahrzeuge), Sanktionen sowie durch Überwachung des Planungsvollzugs mittels eines engmaschigen Systems der Berichterstattung und Abrechnung wurde die Nachfrage nach Verkehrsleistungen spürbar reduziert und damit die dringend benötigte Flexibilität der Wirtschaft erheblich eingeschränkt. Noch weniger als vorher waren die Verkehrsträger gezwungen, sich den Transportbedürfnissen der Wirtschaft anzupassen.
- Vordringliches Kriterium für die Bestimmung der Verkehrsträgerstruktur wurden ausschließlich energieökonomische Gesichtspunkte. Man setzte neue Prioritäten. In erster Linie waren jene Verkehrsträger betroffen, die Erdöl und seine Verarbeitungsprodukte (Dieselkraftstoff) verwendeten. Dazu gehörten sowohl der Straßen- und der Luftverkehr innerhalb der DDR als auch der Transport durch mit Dieselkraftstoff angetriebene Lokomotiven. Diese Pläne erschienen erfolgversprechend, denn im Jahre 1980 wurden beinahe drei Viertel (71,8 v.H.) des Gütertransports mit Diesellokomotiven abgewickelt.
- Der Eisenbahntransport rückte noch stärker als zuvor in den Mittelpunkt der verkehrspolitischen Strategie, weil man sich durch ihn die größten Einsparungseffekte erhoffte. Er konnte seine Vorrangstellung damit weiter ausbauen. Durch zügige Elektrifizierung sowie konzentrierte Sanierung der Eisenbahnstrecken plante man, die Voraussetzungen für einen leistungsfähigen Bahntransport zu schaffen.

Durch Güterverlagerung von der Straße auf die Schiene und die Binnenwasserstraßen sollte weiterer Treibstoff eingespart werden.

2. Probleme der Verkehrsintensivierung

Ein Ausgangspunkt der Überlegungen der Wirtschaftsverantwortlichen bei der Verkehrsintensivierung war die Hoffnung, mögliche „stille Reserven" in allen Bereichen der Wirtschaft erschließen zu können, ohne die zwischenbetrieblichen Austauschbeziehungen ernsthaft zu gefährden. Doch diese Annahme erwies sich als irrig. Weil die Betriebe vor allem der gewerblichen Wirtschaft kaum über Reserven verfügten und sie schon jahrzehntelang von der Substanz zehrten, wurde ihre Mobilität unter dem Zwang der Umsetzung dieser Strategie noch stärker als bisher vermindert. Gleiches gilt auch für andere Bereiche der Wirtschaft. Als Folge dessen kam es zu ernsthaften Störungen nicht nur im Wirtschaftsablauf. Mangelhafte Transportleistungen beherrschten seit 1980 beinahe das gesamte Funktionieren des Gemeinwesens der DDR.

Noch gravierender als das Fehlen „stiller Reserven" wirkte sich allerdings aus, daß sowohl die Verkehrsträger als auch die Wirtschaft weder über die notwendigen

Voraussetzungen für die Umsetzung der Pläne verfügten noch erforderliche zusätzliche Investitionen zugewiesen bekamen. Ganz im Gegenteil: Die Mittel wurden noch weiter gekürzt. Die Ende der siebziger Jahre in der gesamten Wirtschaft vorhandenen Bedingungen hätten sowohl eine Güterverlagerung größeren Ausmaßes als auch eine konzentrierte Modernisierung unter Zeitdruck – wie von der DDR-Wirtschaftsführung geplant – als undurchführbar erscheinen lassen müssen.[6] Wenn der Versuch dennoch unternommen werden mußte, so war eine weitere Zuspitzung der wirtschaftlichen Gesamtsituation von vornherein mit einzukalkulieren.

In einem Schreiben des Ministers für Verkehrswesen Arndt an das Politbüromitglied Mittag und den Chef der Staatlichen Plankommission Schürer vom 8.8.1978 werden „*Situation und Probleme bei der Entwicklung der Leistungsfähigkeit der Umschlagbetriebe für den konzentrierten Güterumschlag*"[7] äußerst kritisch beurteilt. Eine mehrfache Unterbrechung des Transportprozesses (Vor- und Nachläufe) sowie die Inanspruchnahme unterschiedlicher Transportmittel, wie sie bei einer Güterverlagerung verstärkt auftritt, erfordert eine leistungsfähige Umschlagtechnik (Kräne, Gabelstapler, Hubwagen usw.). Nach der Einschätzung des Verkehrsministers waren zu dem Zeitpunkt die Bedingungen dafür äußerst ungünstig. Es fehlte moderne Umschlagtechnik, denn „*der Bedarf des Verkehrswesens an Umschlaggeräten wurde seit Jahren nur zu 10–20% abgedeckt [...]*" Die verfügbaren Geräte waren nach diesem Schreiben veraltet und reparaturbedürftig. So hatten danach beispielsweise im Jahre 1978 allein zwei Drittel der eingesetzten Gabelstapler die vorgegebene Nutzungsdauer bereits überschritten. Beklagt wurde auch in diesem Zusammenhang der Mangel an Ersatzteilen und Reparaturkapazitäten.[8]

Die Leistungsschwäche und Innovationsträgheit der Zulieferindustrie war ein weiteres Hindernis für die Modernisierungspläne der Bahn. Die einheimischen Betriebe waren nicht oder nur mit großen Einschränkungen in der Lage, die erforderlichen Ausrüstungen zur Verfügung zu stellen. Demzufolge behinderten gravierende Material- und Ausrüstungsprobleme von Anfang an das Rationalisierungskonzept. Zugleich aber war es, wegen der angespannten außenwirtschaftlichen Situation, der Wirtschaftsführung der DDR auch nicht möglich, zusätzliche Importe für den Verkehrsbereich zu tätigen. Die Probleme verschärften sich noch mehr, weil Devisen für dringend notwendige Ausrüstungsimporte gestrichen wurden oder nicht ausreichend bzw. verspätet zur Verfügung standen. Welche Folgen die Einschränkung der Importmittel für die Bahn hatte, geht beispielsweise aus einer Ausarbeitung des Ministeriums für Verkehrswesen aus dem Jahre 1981 hervor. Vorgesehen war danach, die für den Zeitraum 1981 bis 1985 geplanten ohnehin knappen Valutamittel sogar noch zu halbieren. Die restlichen Beträge wollte man ausschließlich für die Beschaffung von Ersatzteilen verwenden. Auf den Import dringend benötigter Gleisbaumaschinen sollte die Bahn verzichten. Sowohl die eigene Industrie als auch die der RGW-Länder waren nicht in der Lage, diese Bahntechnik zu liefern, denn „*gleichwertige Ausrüstungen stehen im gesamten sozialistischen Wirtschaftsgebiet noch nicht zur Verfügung*".[9] Letztendlich wird darin zugegeben, daß die Reduzierung der Mittel für Importe aus Ländern des „Nichtsozialistischen Wirtschaftsgebietes" (NSW) die Sanierungspläne der Bahn ernsthaft gefährdete.

Die Deutsche Reichsbahn (DR) sah sich bei der Durchsetzung des neuen Verkehrskonzepts über existenzielle Material- und Ausrüstungsdefizite hinaus einer Vielzahl von weiteren Schwierigkeiten und Belastungen ausgesetzt:

Ein Problem bestand darin, daß die Bahn als Folge der Güterverlagerung von der Straße auf die Schiene nicht nur eine größere Transportmenge, sondern zusätzlich auch transportempfindliche und terminlich gebundene Güter transportieren mußte. So wurden in größerem Umfang bruch- und stoßempfindliche Güter, wie beispielsweise Bierflaschen, Spirituosen, Waschmaschinen, Kühlschränke, Geschirr, Möbel, Medikamente, Schreibmaschinen, aber auch Halbfabrikate und Produkte der Zulieferindustrie, die von der weiterverarbeitenden Wirtschaft dringend benötigt wurden, mit der Bahn transportiert. Da weder in ausreichendem Maße Verpackungsmaterial, Container und Paletten noch – wie schon erwähnt – die erforderliche Umschlagtechnik zur Verfügung standen, nahmen nicht nur die Transportschäden, sondern auch die Transportzeiten zu. Durch den oftmals langen Eisenbahntransport entstanden volkswirtschaftliche Verluste größeren Ausmaßes. Erhebliche Einbußen für die Wirtschaft brachte auch die Zunahme von Rangiervorgängen durch die Güterwagenumstellungen beim Eisenbahntransport. Die Betriebe der gewerblichen Wirtschaft hatten weder einen ausreichenden zeitlichen Vorlauf, um sich beim Versand auf einen Eisenbahntransport einzustellen, noch verfügten sie über die entsprechenden güterwirtschaftlichen Voraussetzungen.

Bezeichnend für diese Situation ist, daß erst im Jahre 1985 – also beinahe fünf Jahre nach der Beschlußfassung über die Güterverlagerung von der Straße auf die Schiene – das Ministerium für Staatssicherheit im Rahmen einer *„Information über einige Probleme im Zusammenhang mit Erfordernissen der weiteren Reduzierung von Schäden und Verlusten im Transport [...] und der dazu notwendigen weiteren Ausgestaltung entsprechender rechtlicher Regelungen"* die Empfehlungen für eine transportgemäße Verpackung und Lagerung der Güter gab.[10]

Daß die Reichsbahn für die Wirtschaft der DDR in den achtziger Jahren in nur geringem Maße eine Alternative zum Straßengütertransport darstellte, belegt eine Einschätzung der Arbeiter- und Bauerninspektion über den Stückguttransport, in dem die jetzt noch längeren Transportzeiten beklagt wurden. Sie lagen nach diesem Papier in einigen Fällen zwischen 17 und 58 Tagen (Anhang, Nr. 1). Auch in der mangelhaften Abfertigung des Expreßgutes zeigte sich die eingeschränkte Leistungsfähigkeit der ostdeutschen Bahn (Anhang, Nr. 2). Viele Engpässe in der privaten Versorgung der Bürger waren auf Verspätungen im Zugverkehr, auf Mängel in der Organisation der Auslieferungen der Waren bzw. Entladung von Güterwagen, auf Verluste durch Diebstahl sowie Beschädigungen und Verderb des Transportgutes zurückzuführen. Lange Transportzeiten sowie verspätete Lieferungen haben in einer arbeitsteiligen Wirtschaft immer negative Auswirkungen. Einen Einblick über die Auswirkungen von Transportschäden vermittelt ein Bericht des Komitees der Arbeiter- und Bauern-Inspektion vom Januar 1984 (Anhang, Nr. 3).

Als exemplarisch für die vielfältigen Folgen der Güterverlagerungsstrategie auf die Wirtschaft kann eine Situationsbeschreibung der Bauindustrie vom 15. Oktober 1987 gelten, die die Minister für Bauwesen, Junker, und Verkehrswesen, Arndt, in einem Schreiben an ZK-Sekretär Mittag über die *„Situation bei der Bereitstellung* *von Transportraum für die Versorgung des Bauwesens mit schweren Zuschlagstoffen und Betonelementen"* gaben (Anhang, Nr.4).[11]

Die Bahn wurde jedoch nicht nur durch die Übernahme eines Teils der Straßenguttransporte stärker als bisher belastet. Da man gleichzeitig die Braunkohlengewinnung forcierte, wurden die Transportkapazitäten der Deutschen Reichsbahn zusätzlich durch die nunmehr erheblich gestiegenen Braunkohlentransporte gebunden. 1989 entfielen nicht weniger als drei Viertel ihrer Gesamtversandmenge auf die Gutarten Kohle und Koks – ein Viertel mehr als 1980 –;[12] hinzu kamen die in ebenfalls größeren Mengen anfallenden Verbrennungsrückstände der Braunkohle (Schlacke, Asche).

Die Zunahme der Transporte und die Erhöhung der bewegten Achsfahrmasse beanspruchten das hochgradig reparaturanfällige Gleisnetz über die Grenzen seiner Belastbarkeit. Noch mehr als vorher wurde das Eisenbahnnetz des mitteldeutschen Raums (Lausitz, Halle, Bitterfeld), also die Zentren der Braunkohlenförderung, frequentiert. Ungefähr 80 v.H. der gesamten Gütertransportleistung der Bahn wurde Ende der achtziger Jahre auf 40 v.H. des Streckennetzes erbracht; auf rund 2 500 Kilometer des Eisenbahnnetzes der Bahn entfiel knapp die Hälfte der Gesamttransportleistung. Die ungleichmäßige Belastung des Streckennetzes hatte zur Folge, daß vor allem auf diesen Verbindungen Kapazitätsengpässe auftraten, die zu Störungen mit entsprechenden Auswirkungen auf andere Verbindungen führten. Die Leistungsfähigkeit des gesamten Eisenbahnbetriebes der DDR wurde von diesen regionalen Engpässen bestimmt.

Glaubt man der DDR-Statistik, so transportierte die DR Ende 1989 insgesamt 12 v.H. mehr Güter als 1980. Bezogen auf die Gesamttransportmenge aller Verkehrsträger entfielen auf die Bahn 36 v.H. und auf die Gesamttransportleistung (Gewicht mal Transportweite) beinahe drei Viertel (ohne Seeschiffahrt).[13]

Schwierig erwies sich über die Bewältigung der größeren Transportmenge hinaus die notwendige *Sanierung der Verkehrswege* der Bahn. Die ohnehin stark gebundenen Transportkapazitäten sollten durch reparaturbedürftige Gleisanlagen nicht noch zusätzlich reduziert werden. Um den gestiegenen Anforderungen vor allem der Energiewirtschaft nachzukommen, waren kapazitätssichernde Maßnahmen dringend erforderlich. Dazu mußte die jahrzehntelang hinausgeschobene Reparatur des Schienennetzes, der Gleise, Brücken, Signaltechnik und Rangierbahnhöfe dringender als bisher in Angriff genommen werden. Für die Erhaltung und Erweiterung der Transportkapazitäten erlangte vor allem die grundlegende Erneuerung der Gleisanlagen existentielle Bedeutung. Unzureichende Kapitalausstattung, mangelnder zeitlicher Vorlauf sowie fehlende Reparaturkapazitäten und veraltete Reparaturtechnik erschwerten jedoch die Realisierung dieser Pläne. Trotzdem versuchte man ab 1980 verstärkt die jahrelang hinausgeschobene Sanierung zu forcieren.[14]

Im Mittelpunkt der Sanierungsbemühungen stand die Reparatur der schwer geschädigten Betonschwellen der Gleise. Sie drohten zu zerfallen und stellten zunehmend eine akute Gefährdung für den Transport von Gütern und die Beförderung der Menschen dar. Da die Gleise wegen der Beschädigungen stellenweise nur mit verminderter Geschwindigkeit bzw. überhaupt nicht befahren werden konnten, mußte schnell und wirksam gehandelt werden, wollte man den Eisenbahnbetrieb nicht noch weiter behindern.

Bereits seit Ende der siebziger Jahre war den Wirtschaftsverantwortlichen bekannt, daß die Betonschwellen der Bahn durch chemische Reaktionen im Beton stark beschädigt waren und vorzeitig ausgewechselt werden mußten. Auf diese Erkenntnisse wurde nach eigenen Einschätzungen jedoch zu spät reagiert. In einem Gutachten vom 13.11.1987 zur *„durchgeführten Überprüfung des Verschuldens für die entstandenen Schäden an Betonschwellen im Streckennetz der Eisenbahn in Verbindung mit den Ursachen"* werden auch die hausgemachten Gründe der Schädigung der Schwellen und Maste genannt:

> „Als eine Ursache der Alkalischäden muß nach dem jetzigen Erkenntnisstand der zu hohe Alkaligehalt bestimmter Zemente bezeichnet werden. [...]
> Eine bestimmte Erhöhung des Alkaligehaltes des Zementes ist auch durch die Energieträgerumstellung von Heizöl auf Braunkohlenbrennstaub eingetreten, da im Unterschied zu Öl oder Gas mit der Asche der Kohle Alkalien in den Brennprozeß eingebracht werden. Besonders problematisch ist in diesem Zusammenhang der Einsatz von Salzkohle aus dem westelbischen Förderraum, während die Lausitzer Kohle nur geringe Alkalibestandteile aufweist. [...]
> Neben der chemischen Zusammensetzung der Zemente und Zuschlagstoffe spielt für das Entstehen von Betonschäden auch die Technologie der Betonherstellung und die Einhaltung des technologischen Regimes in allen Prozeßstufen eine entscheidende Rolle. [...]
> Immer deutlicher hat sich auch in den letzten Jahren herausgestellt, daß eine forcierte Wärmebehandlung des Betons zur Beschleunigung der Abbindeprozesse das Entstehen von Betonschäden begünstigt. Durch zu raschen Temperaturanstieg und zu hohe Temperaturen wird der normale Abbindeprozeß gestört. Bei späterem Zutritt von Feuchtigkeit werden dann chemische Prozesse ausgelöst, die zu Treiberscheinungen führen.
> Im Falle der Betonschäden an den Schleuderbetonmasten durch Sulfattreiben wurde z.B ermittelt, daß dafür die Wechselwirkung von drei wesentlichen Faktoren die Ursachen setzte:
> – Der Einsatz eines für diese Zwecke ungeeigneten Zementes mit hohem Gehalt an Trikalziumaluminat.
> – Die Entmischung der Zement- und Zuschlagstoffbestandteile des Betons im Schleuderprozeß.
> – Eine zu forcierte Warmbehandlung des Fertigbetons und fehlende feuchte Nachbehandlung. [...]"

In diesem Papier wird u.a. bestätigt, *„daß die entstandenen Schäden an Betonschwellen im Streckennetz der Eisenbahn äußerst schwerwiegende Beeinträchtigungen der Transportprozesse für die Volkswirtschaft und auch im Reiseverkehr ausgelöst haben."*[15]

Aus einer Information des Ministeriums des Innern der DDR vom 16. Oktober 1987 geht auch der Umfang der schadhaften Betonschwellen hervor. Danach

> „befinden sich im Streckennetz der Deutschen Reichsbahn 6679 km Gleise, deren Standhaftigkeit durch Alkalisäurereaktion in den Betonschwellen gefährdet ist. Betroffen sind etwa 11. Mill. Betonschwellen, die 30 Jahre vor Ablauf ihrer planmäßigen Liegezeit auszuwechseln sind. Als Folgewirkung mußten Streckengeschwindigkeiten drastisch gesenkt und selbst auf Magistralen Langsamfahrstrecken bis auf 20 km/h eingerichtet werden." (Anhang, Nr. 5).

Ein weiterer wesentlicher Bestandteil der Modernisierungsabsichten der Bahn war die *Elektrifizierung* eines Teiles des Gleisnetzes, die ab Anfang der achtziger Jahre unter starkem Zeitdruck parallel zur Sanierung der Gleise vorgenommen werden mußte.

Die SED-Wirtschaftsführung hatte bis Ende der siebziger Jahre bei der Bahn hauptsächlich auf Dieselkraftstoff als Antriebsenergie gesetzt, weil Erdöl- und Fahrzeuglieferungen aus der Sowjetunion die Voraussetzung dafür boten und man den für die Elektrifizierung notwendigen Investitionsaufwand nicht erbringen werden konnte und wollte. Während alle anderen Länder des Ostblocks Anfang der achtziger Jahre bereits über ein umfangreiches elektrifiziertes Streckennetz verfügten (Bulgarien 23 v.H., Sowjetunion 30 v.H., Polen 25 v.H., CSSR 23 v.H., Rumänien 20 v.H., Ungarn 19 v.H.), war in der DDR nur 11 v.H. unter Fahrstrom. Erst die akuten wirtschaftlichen Probleme Anfang der achtziger Jahre zwangen zur schnellen Elektrifizierung. Durch den Übergang von der Diesel- zur Elektrotraktion wollte man flüssigen Treibstoff einsparen, die Durchlaßfähigkeit der Strecken erhöhen sowie eine dringend benötigte Leistungssteigerung der Bahn erreichen. Die 1960 schon einmal begonnene, dann aber abgebrochene Elektrifizierung des Bahnbetriebes wurde nunmehr wieder aufgenommen und sollte mit zwanzigjähriger Verspätung gewissermaßen von heute auf morgen durchgesetzt werden.

Folgt man der amtlichen Statistik, so gelang es zwischen 1980 und 1989, die elektrifizierte Strecke mehr als zu verdoppeln, d.h. von 1 695 km auf nunmehr 3 829 km zu erweitern. Der Anteil des Elektroantriebs an den Verkehrsleistungen der Bahn stieg im gleichen Zeitraum von 19,9 v.H. auf 52,1 v.H.[16] Dieser quantitativ positive Befund wird jedoch eingeschränkt, wenn man den Aufwand und die Frage der qualitativen Umsetzung in die Bilanz aufnimmt.

Infolge der innen- und außenwirtschaftlich angespannten Situation verfügte die Bahn in nicht ausreichendem Maße über produktive Ausrüstungen und Materialien weder für die Instandsetzung der Oberbauanlagen noch für die Elektrifizierung. Auch der bahneigene Rationalisierungsmittelbau, d.h. die Eigenfertigung von Maschinen, Ersatzteilen, Anlagen und Waggons bzw. Reisezugwagen bot nur geringe Möglichkeiten, den gestiegenen Bedarf mengenmäßig und qualitativ zu decken. So leitete das Elektrifizierungsprogramm eine beinahe zehnjährige Phase der Improvisation, des Stopfens von Löchern und permanenter Krisen ein.[17]

Informationen des Ministeriums für Staatssicherheit verdeutlichen diese vielfältigen Schwierigkeiten (Anhang, Nr. 6). Danach wurden dringend benötigte Ausrüstungen (z.B. für die Bahnstromversorgung) zu spät oder nicht bereitgestellt; bereits elektrifizierte Strecken konnten nicht oder nur mit Einschränkungen in Betrieb genommen werden, weil es an elementaren Zulieferungen fehlte. Außerdem wurde die Anfälligkeit der von der DDR-Schienenfahrzeugindustrie neu entwickelten Elektrolokomotive bemängelt.[18]

Ebenso gravierende Probleme bei der Umsetzung der Elektrifizierungspläne ergaben sich beim Bau und der Inbetriebnahme der neu errichteten Umformwerke. Sie konnten nicht termingerecht mit entsprechenden mikroelektronischen Steuerungssystemen ausgerüstet werden, weil die technische Entwicklung dafür zu spät oder überhaupt nicht in die Pläne aufgenommen wurde. Außerdem fehlte es an dafür benötigtem Personal (Software-Entwicklern). Die Fertigungskapazitäten für diese moderne Steuerungstechnik waren ebenfalls nicht vorhanden. Es mangelte sogar an konventioneller Technik. Die Zentrale Auswertungs- und Informationsgruppe des MfS stellt 1987 fest: „*Eine vollständige materiell-technische und kapazitätsseitige Sicherung und Lieferung auch dieser konventionellen Relais-Technik sei jedoch ebenfalls nicht gewährleistet.*"[19]

Schließlich wurden die Elektrifizierungspläne zusätzlich durch knappe Baukapazitäten behindert. Weil die Bahn die hochgesteckten Elektrifizierungsziele nicht aus eigener Kraft (Baubetriebe der DR) erreichen konnte, wurden die knappen personellen Ressourcen der Bahn aus anderen Bereichen der Wirtschaft aufgestockt. Neben Angehörigen der Streitkräfte wurden Studenten der Hochschulen und Universitäten (obligatorischer Studentensommer), Beschäftigte von Betrieben aller Branchen, Mitarbeiter von Verwaltungsbereichen und Reparaturarbeiter der Bahn zu Bahnbaumaßnahmen „delegiert". Die Bahnelektrifizierung wurde von der SED – treffend angesichts der mannigfaltigen Probleme und Bemühungen – zum „Kampfprogramm" erklärt. Die DR war sowohl mit der Organisation und der Vorbereitung als auch mit der Durchführung der Bauvorhaben überfordert, so daß letztlich nur mit großen qualitativen und quantitativen Abstrichen elektrifiziert wurde.

3. Die Leistungsbilanz der Verkehrsträger Ende 1989

3.1. Der Bahntransport

Die Eisenbahn, der wichtigste und größte Verkehrsträger der DDR, befand sich Ende 1989 in einem heruntergewirtschafteten Gesamtzustand und war daher nur eingeschränkt leistungsfähig. Wegen ihrer erhöhten Belastung seit Anfang der achtziger Jahre und der daraus resultierenden gravierenden Probleme stand die Bahn am Ende des Bestehens der DDR kurz vor dem Kollaps. Die vorhandenen Transportkapazitäten reichten nicht aus. Die Mobilität von Gütern und Personen, eine wichtige Voraussetzung für das Funktionieren jeder Volkswirtschaft, war infolge der mangelnden Leistungsfähigkeit der Eisenbahn stark eingeschränkt. Die dadurch entstandenen Disproportionen in den Wirtschaftsbeziehungen behinderten den gesamten Wirtschaftskreislauf.

Sicher ist inzwischen, daß sich im Jahre 1989 die Situation bei der Bahn in gewisser Weise zuspitzte und sich die vielfältigen Probleme und Hindernisse im Eisenbahntransport potenzierten. Rückblickende Einschätzungen, wonach die DDR die Bahn zum Verkehrsträger der Zukunft ausbauen und damit eine ökologisch orientierte Verkehrspolitik betreiben wollte, werden bereits durch die umweltpolitischen Folgen der verstärkten Braunkohleverstromung widerlegt. Für eine ökologisch und energiewirtschaftlich zukunftsweisende Verkehrspolitik fehlten damals in der DDR alle Voraussetzungen. Man kann davon ausgehen, daß die Strategie der „Intensivierung" eine kurzfristig angesetzte Reaktion auf die zugespitzt krisenhafte wirtschaftliche Lage war. Aus heutiger Sicht gesehen, hat die DDR ihr Ziel nicht oder nur unter Inkaufnahme erheblicher Folgelasten erreicht. Die Einsparungen im Energiesektor mußten durch schwere Störungen im Transportgeschehen und im Wirtschaftsablauf erkauft werden. Angesichts der absoluten Priorität der Energieeinsparung wurde nach dem tatsächlichen Verhältnis von Aufwand und Ergebnis nicht gefragt.

Ende des Jahres 1987 wurde vom Ministerium des Innern der DDR die bereits erwähnte Information über „*Aktuelle Probleme der Leistungsfähigkeit des Eisenbahntransports aus der Sicht des Ministeriums des Innern*" erarbeitet. Dieser Lagebericht (Anhang, Nr.5) mit seinem umfassenden Mängelkatalog kann als eine Bilanz nach sieben Jahren „Verkehrsintensivierung" betrachtet werden, er kommt einer Bankrotterklärung der Verkehrspolitik gleich. Es wird erkennbar, daß die vielfältigen und hektischen Maßnahmen zur Lösung der Konflikte sich gegenseitig konterkarierten und teilweise sogar zur Verschärfung der Situation führten.

Daß das Leistungsniveau der Eisenbahn den Anforderungen der Wirtschaft und Bevölkerung bei weitem nicht gewachsen war und sich die Probleme insbesondere in der zweiten Hälfte der achtziger Jahre verschärften, belegt auch eine Einschätzung des DDR-Verkehrsministers Arndt Ende 1987. Für seine zusammenfassende Beurteilung: „*Insgesamt entspricht das Leistungs- und Effektivitätsniveau der Eisenbahn nicht den volkswirtschaftlichen Anforderungen*" listete er als Gründe auf:

„– die ungenügende Kapazität und Instabilität des Streckennetzes, gegenwärtig werden monatlich 1500 bis 1800 Baumaßnahmen am Gleisnetz durchgeführt, die eine effektivere Betriebsdurchführung stark beeinträchtigen,
– das hohe Störgeschehen an Fahrzeugen und Anlagen in einer Größenordnung von 2200 Stück pro Monat infolge der hohen Beanspruchung und technischen Überalterung sowie des ungenügenden Automatisierungsgrades in der Betriebsführung,
– die hohe Anzahl von Zugunfällen, Zuggefährdungen und Ereignissen im Rangierbetrieb mit insgesamt über 300 Ereignissen im Monat sowie die nach wie vor zu hohen Beschädigungen von Güterwagen im Be- und Entladeprozeß. Jeder Güterwagen muß gegenwärtig im Jahr durchschnittlich 8mal repariert werden,
– die nicht den volkswirtschaftlichen Anforderungen entsprechende Struktur des Güterwagenparks, insbesondere bei offenen Großraum- und Spezialwagen,
– der unzureichende Ausrüstungsgrad der Werkstätten der Eisenbahn, als Voraussetzung für hochproduktive industrielle Reparatur- und Neubauleistungen sowie die nicht bedarfsgerechte materiell-technische Sicherstellung dieser Prozesse."[20]

Zu den Ursachen der prekären Lage Ende 1989 zählte auch das immer stärker abnehmende Leistungsniveau der Anlagen und des rollenden Materials.

Das Streckennetz der Bahn war trotz beinahe neunjähriger entbehrungsreicher Modernisierung weiterhin in seiner Leistungsfähigkeit erheblich eingeschränkt. Im Jahre 1989 waren noch immer lediglich 30 v.H. des Streckennetzes zwei- und mehrgleisig ausgebaut und 27,3 v.H. elektrifiziert.[21]

Die Hauptschwäche des Eisenbahnbetriebes war jedoch der sich in den letzten Jahren noch verschlechternde Zustand der Gleisanlagen. Nur knapp 23 v.H. aller Gleise waren nach westlichen Maßstäben unproblematisch, d.h. voll funktionsfähig.[22] Weitere gravierende Mängel im Oberbau der Bahn schränkten sowohl die Leistungsfähigkeit als auch die Sicherheit des Bahnbetriebes erheblich ein. Im Ergebnis dessen mußte die Geschwindigkeit von Personen- und Güterzügen stark reduziert, konnte nur auf einem Viertel der Strecken die Höchstgeschwindigkeit von 120 km/h gefahren werden. Neben Geschwindigkeits- waren auch Achslastbeschränkungen verantwortlich für Engpässe in der Streckenkapazität und Durchlaßfähigkeit.

Unbefriedigend war auch der Zustand der Brücken im Eisenbahnnetz der DDR. Beinahe die Hälfte aller Brücken waren älter als 100 Jahre, 62 v.H. der Massivbrücken und 45 v.H. der Stahlbrücken hatten schon vor 1989 die festgelegte technische Nutzungsdauer überschritten.[23] Stark verschlissen waren 17 v.H. der Stahlbrücken und 12 v.H. der Massivbrücken.[24] Wegen ihres prekären Allgemeinzustandes war Ende 1989 bei 3660 Brücken die Tragfähigkeit stark eingeschränkt. Beinahe 1000 Brückenwerke mußten nach dem Ende der DDR komplett saniert werden.[25]

Ein ähnliches Bild bot sich bei der Sicherungstechnik, die zu 88 v.H. veraltet war. Die Stellwerke hatten beispielsweise größtenteils die Nutzungsdauer von 45 Jahren überschritten und wurden mehrheitlich mechanisch betrieben. Nur 16 v.H. der Stellwerke verfügten über moderne Ausrüstungen.[26] Demzufolge war der Personal- und Erhaltungsaufwand bei diesem niedrigen technischen Niveau sehr hoch. Nur ein Drittel der Weichen war beheizt. Zusätzlich wurde die Sicherheit des Bahnbetriebes durch unmoderne Kommunikationsanlagen, einen hohen Anteil schienengleicher Bahnübergänge (1989 gab es davon beinahe 10000, d.h. 60 v.H. der Bahnübergänge waren ohne technische Sicherung) und unzureichende Ausstattung mit punktförmiger Zugbeeinflussung erheblich eingeschränkt.[27]

Auch der Erhaltungszustand der Gebäude und baulichen Anlagen beeinträchtigte die Leistungsfähigkeit des Eisenbahnbetriebes. Eine ungünstige Altersstruktur und damit auch ein hoher Anteil abgeschriebener baulicher Anlagen (1986: 61 v.H. der Empfangsgebäude, 60 v.H. der Lokschuppen, 78 v.H. der mechanischen Schrankenanlagen, 91 v.H. der Güterabfertigungsgebäude),[28] reparaturbedürftige Bahnsteige und Wegdurchlässe, erneuerungsbedürftige und veraltete Güter-, Lager- und Bahnsteighallen sowie Telekommunikationseinrichtungen gehören zur Bilanz der Bahn nach 40 Jahren DDR.

Von der Substanz gezehrt und bewußt „auf Verschleiß gefahren" – diese Einschätzung trifft auch auf das rollende Material zu. Trotz der Bemühungen ab 1980, von Diesel- auf Elektroantrieb umzustellen, waren Ende 1989 – was den mengenmäßigen Anteil am Gesamtbestand betrifft – immer noch dieselbetriebene Lokomotiven vorherrschend. Etwa 45 v.H. von ihnen wurden im Rangierdienst und auf kurzen Strecken eingesetzt. Elektrolokomotiven hatten lediglich einen Anteil von 22 v.H. am Gesamtbestand.[29]

Wie bereits erwähnt, waren die in der DDR gefertigten Elektrolokomotiven störanfällig, nach einer veralteten Grundkonzeption konstruiert und im internationalen Vergleich nicht konkurrenzfähig. Die aus der Sowjetunion und Rumänien importierten Diesellokomotiven präsentierten ihrerseits nicht nur äußerst ungünstige technische Parameter sowie mangelhafte Verarbeitung, sie hatten zudem 1989 ihre Nutzungsdauer größtenteils bereits überschritten, und die Ersatzteilversorgung war wegen Mangels an Zahlungsmitteln und chronischer Lieferschwierigkeiten der Herstellerländer permanent gefährdet. Das Durchschnittsalter der Diesellokomotiven betrug 21 Jahre, die Verschleißquote lag bei etwa 65 bis 70 v.H.[30] Die Betriebskosten und Umweltbelastung waren hoch. Außerdem erwies sich der Einsatz der Importlokomotiven wegen ihres erheblichen Gewichts für den Oberbau als äußerst ungünstig. Trotz Elektrifizierung mußten immer wieder Diesellokomotiven eingesetzt werden, weil es ständig Probleme mit der Inbetriebnahme der bereits elektrifizierten Strecken gab.

Der Zustand des Personenwagenparks und der Güterwagen unterschied sich nicht grundlegend von dem der Lokomotiven. Das technische Niveau der Reisezugwagen basierte auf einer veralteten Grundkonzeption. Der Übergang zu einer neuen Wagengeneration vollzog sich schleppend. So wurden für den Nahverkehr mehrheitlich (76,9 v.H.) modernisierte Vorkriegswagen eingesetzt. Bei den Reisezugwagen waren sie noch zu knapp 40 v.H. im Einsatz.[31] Überalterte Doppelstockwagen (Verschleißquote 68 v.H.) beförderten vor allem Berufstätige von und zu ihren Arbeitsstellen. Lediglich im Fernverkehr wurden moderne Reisezugwagen eingesetzt.

Beinahe 22 Jahre war das Durchschnittsalter der Güterwagen.[32] Auf Grund des hohen Anteils schadhafter Wagen und der gestiegenen Transportanforderungen waren Güterwagen immer knapp. Es herrschte ein chronischer Mangel an Transportraum für den Güterverkehr.

Weil der Fahrzeugpark der Bahn wegen zu geringer Aussonderung und unzureichendem Ersatz durch neue Fahrzeuge einen insgesamt überproportional hohen Reparaturaufwand hatte, konnten die Reichsbahnausbesserungswerke den ständig steigenden Instandsetzungsbedarf nicht befriedigen, um so weniger, als die meisten Ausbesserungswerke selbst nur über veraltete Ausrüstung mit einfachem technischem Niveau verfügten.

Die Versorgung mit Ersatzteilen und Reparaturmaterial nach Sortiment, Menge und Qualität war mangelhaft, diskontinuierlich und nicht bedarfsgerecht. Infolge dessen war beispielsweise die Verweildauer der Wagen in den Reichsbahnausbesserungswerken außerordentlich hoch.[33]

Seit Anfang der achtziger Jahre forcierte die SED-Führung die Eigenproduktion von Ersatzteilen und sogar den Neubau von Fahrzeugen in den Reparaturbetrieben. Im Ergebnis dieses sogenannten *Eigenbaus von Rationalisierungsmitteln* wurden beispielsweise von den Reichsbahnausbesserungswerken allein im Zeitraum von 1971 bis 1980 trotz leistungsstarker, vorwiegend für den Export produzierender, eigener Schienenfahrzeugindustrie 2 700 Reisezugwagen, 29 700 Güterwagen und 71 360 Container selbst hergestellt.[34]

Entsprechend hoch war der Personalbestand in den Reichsbahnausbesserungswerken. Er erreichte 14 v.H. des gesamten Personals der Reichsbahn. Darüber hinaus waren im Bereich Eisenbahntransport weitere Mitarbeiter mit Reparaturarbeiten betraut, so daß letztlich 24 v.H. aller Reichsbahnmitarbeiter in irgendeiner Weise instandsetzten, instandhielten oder sich mit dem Herstellen von dafür benötigtem Material beschäftigten. Daß die DR Ende 1989 pro km Streckenlänge den doppelten Personalbestand im Vergleich zur Bundesbahn aufwies, resultiert auch aus der übermäßigen Aufblähung dieses Bereiches.[35]

3.2. Der Straßengütertransport

Im dem Maße, wie die Wirtschaftsverantwortlichen seit Anfang der achtziger Jahre den Eisenbahntransport bevorzugten, schränkten sie den Straßengütertransport ein. Die Mittel waren langfristige Planung des Transportbedarfs, Zuteilung des Verkehrsträgers und des Umfangs der Transportleistung in Form von Transportkennziffern und verbindlichen Planauflagen, Strafe und Sanktionen sowie Zuschläge bei

Nichteinhaltung der Vorgaben, Vorschriften über den Einsatz der Fahrzeuge, Kontingentierung des Fahrzeugbestandes (Ausstattungsnormative), der Arbeitskräfte und des Dieselkraftstoffes. Der Fernverkehr wurde drastisch beschnitten. Für Transporte über 50 km mußten besondere Genehmigungen eingeholt werden. Außerdem konzentrierte man den verfügbaren Fahrzeugbestand bei den volkseigenen Verkehrskombinaten der Verwaltungsbezirke und reduzierte den Werkverkehr mit Ausnahme von Baustofftransporten.[36]

Als Folge dieser restriktiven Verkehrspolitik war der Straßengüterverkehr, in leistungsstarken Volkswirtschaften eine tragende Säule der Verkehrswirtschaft, jahrelang gelähmt.

Darüber hinaus mangelte es an Transportkapazitäten. Sowohl die staatlichen Verkehrskombinate als auch die Staatsbetriebe aller anderen Wirtschaftsbereiche wurden unzureichend mit Nutzfahrzeugen versorgt. Zum einen deshalb, weil die SED-Führung der LKW-Herstellung ohnehin einen nachrangigen Platz in den Zielprogrammen der Volkswirtschaftspläne zugewiesen hatte. Zum anderen wurden rund 80 v.H. der in der DDR hergestellten Nutzfahrzeuge zur Bezahlung der Rohstoff- und Halbwareneinfuhren exportiert und nur in bescheidenem Umfang LKW (Spezialfahrzeuge bzw. solche mit höherer Nutzlast) eingeführt. Die Folge war eine totale Überalterung des Fahrzeugbestandes beinahe aller Wirtschaftsbereiche. Weil schrottreife LKW ungenügend ausgesondert wurden, die Ersatzteilversorgung vernachlässigt wurde bzw. nicht dem Bedarf entsprach und man Reparaturkapazitäten nur schleppend ausbaute, verminderten sich die verfügbaren Transportkapazitäten des Straßengüterverkehrs zusätzlich.

Wie aus einer Studie des Verkehrsministeriums der DDR hervorgeht, waren im Jahre 1987 im Bereich Kraftverkehr knapp drei Viertel des Ausrüstungsbestandes bereits verschlissen. Den höchsten Anteil daran wiesen die damaligen Bezirke Halle und Dresden auf.

Störungen in den Lieferbeziehungen der Betriebe, Produktionsstörungen, Improvisationen, Sonderschichten, Überstunden sowie transportbedingte Mängel bei der Versorgung der Bevölkerung mit wichtigen Verbrauchsgütern waren die Folge. Die rigorose Einschränkung des Straßengütertransports erwies sich als ein schwerwiegender Fehler, weil die Bahn keine hinreichende Alternative zum LKW-Transport darstellte.

Rückblickend ist zu fragen, ob mit der Reduzierung des Straßengütertransports die angestrebte Einsparung an Dieselkraftstoffen tatsächlich auch erreicht wurde. Die offizielle Statistik gibt darüber keine Auskunft. Festzustellen bleibt allerdings, daß es der DDR trotz der Verminderung der sowjetischen Öllieferungen zunächst, bis Mitte der 80er Jahre, gelang, die Devisenverschuldung nicht weiter anwachsen zu lassen. Daß daran auch die Energiepolitik auf dem Verkehrssektor ihren Anteil hatte, bestätigt ein Bericht der Arbeiter- und Bauerninspektion vom 29.9.1987 an Egon Krenz. Demnach ist es in den Jahren 1980 bis 1984 *„in konsequenter Durchsetzung der Beschlüsse gelungen, die wachsenden volkswirtschaftlichen Leistungen mit absolut sinkendem Verbrauch an Kraftstoffen [...] im Inland zu erfüllen"*. Dieser Erfolg war aber offenkundig nur von kurzer Dauer, denn *„beginnend mit dem Jahre 1985 zeigt sich wieder ein Anstieg des Kraftstoffverbrauchs von 5386 kt im Jahre 1984 auf 5774 kt im Jahre 1986.*[37] Die Sparabsichten konnten immer weniger durchgesetzt werden, so daß der Straßengütertransport zumindest ab 1986 wieder an Bedeutung zunahm. Die Ursachen dafür lagen nach vorliegenden Einschätzungen sowohl in dringend notwendigen Transporten für die Versorgung der Bevölkerung, in zunehmenden Ver- und Entsorgungstransporten im Zusammenhang mit dem Rohkohleeinsatz, gestiegenen Landwirtschaftstransporten, aber auch in der sich immer stärker bemerkbar machenden Instabilität der ostdeutschen Eisenbahn.[38]

Trotz staatlich verordneten Bahntransports wurde auf die Straße rückverlagert, weil die Zulieferungen für die Wirtschaft und Versorgung der Bevölkerung gefährdet waren.

In einem Schreiben des Verkehrsministers der DDR, Arndt, an ZK-Sekretär Mittag vom 2. April 1987 wird sichtbar, daß *„die Aufgaben mit herkömmlichen Mitteln und mit eigener Kraft allein nicht gelöst werden können"* und eine personelle Verstärkung der Bahn sowie eine teilweise Rückverlagerung der Transporte auf die Straße als notwendig angesehen wurden.[39]

Obwohl die Verkehrswege der Eisenbahn in den achtziger Jahren nach eigenen Angaben in weitaus größerem Maße extensiv beansprucht wurden, trat auf den Straßen und Autobahnen keine erhebliche Entlastung ein, die sich positiv auf ihren Erhaltungszustand ausgewirkt hätte. Das Grundprinzip der Investitionszuteilung der SED-Führung für die gesamte Verkehrsinfrastruktur wirkte sich in besonderem Maße negativ auf diese Verkehrswege aus. Zwar verdoppelten sich zwischen 1980 und 1989 die nominalen Ausgaben des Staatshaushaltes für den Unterhalt und die Instandsetzung des Straßenwesens und lagen damit sogar noch geringfügig höher als die für die Schienenwege, doch grundlegende Qualitätsverbesserungen waren damit nicht zu erreichen. Steigende Preise für Material, Energie und Löhne waren neben anderen ein wesentlicher Grund dafür, daß die höhere Mittelzuteilung nicht wirksam werden konnte. Hinzu kamen Mängel an Baukapazitäten und Baumaterial, niedrige Produktivität, Mängel in der Organisation, hohe Fluktuation von Arbeitskräften sowie die vor allem in der zweiten Hälfte der achtziger Jahre zunehmende Übernahme von Auslandsaufträgen in NSW- und Entwicklungsländern u.a.m. Außerdem reduzierte man die Instandhaltung, Pflege und Modernisierung des Straßennetzes zugunsten des Baus von Straßen in Neubau- sowie Braunkohlentagebaugebieten. An der unbefriedigenden Gesamtsituation der Straßen und Autobahnen in der DDR waren aber auch die unzureichend beherrschte sowie veraltete und kostenintensive Technologie des Straßenbaus (Mängel in der Entwässerung, ungeeignete Zuschlagstoffe), ein überalterter Maschinenpark sowie die knappen Kapazitäten der Zementwerke schuld.

Exemplarisch für die Auswirkungen der Einsparungspläne von Erdöl auf den Straßenbau sei der Brief der Abteilung Transport und Nachrichtenwesen im ZK der SED an ZK-Sekretär Mittag vom 28.3.1980 angeführt (Anhang, Nr. 7). Reichten die Bitumenlieferungen schon vor 1980 nicht aus, um das Straßennetz zeitgemäß instandzuhalten bzw. neue Verkehrswege zu bauen, so mußte die jetzt amtlich verordnete erneute Reduzierung einen weiteren Verfall des Straßennetzes bedeuten. Die Zeitspanne zwischen 1980 und 1989 gestaltete sich folglich noch schwieriger. Sie prägte jedoch entscheidend das letztendlich vorgefundene Niveau.

Der Beurteilung der Leistungsfähigkeit des Straßennetzes müssen verschiedene Kriterien zugrunde gelegt werden.

Betrachtet man lediglich die Dichte des Straßennetzes, so könnte man die Verkehrserschließung des Gebietes der DDR als gut bezeichnen. Es entsprach in seiner Struktur Ende 1989 ungefähr dem Vorkriegsstand. Neu gebaut wurden in den vorherigen 44 Jahren vorwiegend Kommunalstraßen, die die entstandenen Satellitenstädte erschlossen, sowie 560 km Autobahnen und 396 km Fernverkehrsstraßen.[40]

Eingeschlossen in diese Angaben ist der Ersatz jener Verkehrswege, die der Braunkohlenförderung zum Opfer fielen.

Legt man qualitative Maßstäbe der Beurteilung der Straßenverkehrsanlagen zugrunde, zeigen sich erhebliche Mängel im Ausbauzustand und in der Bausubstanz. Zwar wurde teilweise „rekonstruiert", jedoch nur in geringem Maße ausgebaut. Das zeigt sich daran, daß Ortsumgehungen in der Regel fehlten und die Fahrbahnbreiten den gewachsenen Verkehrsverhältnissen nicht entsprachen. So fehlte bei knapp der Hälfte der Fernverkehrsstraßen die nach heutigen Maßstäben notwendige Breite von 7,00 m. Von den Bezirksstraßen wiesen 37 v.H. der Landstraßen 1.Ordnung und 70 v.H. der Landstraßen 2.Ordnung nicht die erforderliche Breite von 5,50 m auf.[41] Lediglich ein Fünftel der Autobahnen besaß Standstreifen und knapp ein Drittel (30 v.H.) Schutzplanken im Mittelstreifen. Knapp die Hälfte des Autobahnnetzes entsprach nicht den üblichen Sicherheitserfordernissen.[42]

Einmal unberücksichtigt gelassen, daß der Anteil kommunaler Straßen mit 90 v.H. am Gesamtstraßennetz der ehemaligen DDR sehr hoch war, zeigen sich neben dem unzureichenden Ausbauzustand auch erhebliche Mängel in der Bausubstanz.

Besonders in den letzten 10 Jahren des Bestehens der DDR hat sich hier die Situation verschärft. So stieg der Anteil der Straßen im Fernverkehrsstraßennetz mit schlechtem oder sehr schlechtem Zustand (Bauzustandsstufen 3 und 4) in dieser Zeitspanne von 14 v.H. auf 21. v.H. Bei den Landstraßen stiegen die entsprechenden Anteile von 28 v.H. auf 41 v.H.[43] Demnach wiesen flächenbezogen 54 v.H. (längenbezogen 58 v.H.) des Straßennetzes größere Schäden auf – von Schlaglöchern und Verschleißerscheinungen bis zum völligen Verfall der seitlichen Straßenbefestigungen –; besonders schlecht war der Straßenzustand in den Städten und Gemeinden.[44] Im kommunalen Netz galten mehr als zwei Drittel aller Straßen als stark bis sehr stark verschlissen, so daß das gesamte Straßennetz nur mit erheblichen Geschwindigkeitseinschränkungen genutzt werden konnte.

In einem ähnlichen Zustand wie die Straßen waren auch ihre Brücken. Die 31255 Straßenbrücken teilten sich in 26301 Massivbrücken, 2452 Stahlbrücken und 2502 Behelfsbrücken. Etwa 17 v.H. der Massivbrücken waren bereits älter als 100 Jahre, und 21 v.H. der Stahlbrücken hatten ein Alter von mehr als 70 Jahren. Von den Brücken mußten 10 v.H. neu gebaut werden, 40 v.H. waren so geschädigt, daß die Tragfähigkeit beeinflußt war.[45]

Da man in der DDR seit Beginn der achtziger Jahre für den Neubau und die Reparatur der Straßenverkehrsanlagen ebenso wie bei der Eisenbahn zunehmend Beton verwendete, traten auch hier Alkalischäden auf.

Zur Beurteilung des Zustandes des Straßennetzes der ehemaligen DDR gehört schließlich, notwendige Erneuerungen insbesondere an den kommunalen Straßen in engem Zusammenhang mit den dringend erforderlichen Sanierungsmaßnahmen an unter ihnen liegenden Ver- und Entsorgungsleitungen zu sehen. Auf diesem Gebiet ist der Neubaubedarf mindestens genauso umfangreich, denn das Niveau der technischen Ver- und Entsorgungssysteme der Energie- und Wasserversorgung bzw. der Abwasser- und Abfallbeseitigung lag, verglichen mit westlichen Industrieländern, um einige Jahrzehnte zurück.

3.3. Der Personenverkehr

Von jeher behandelte die SED-Führung den Personenverkehr, soweit er nicht der Beförderung der Menschen von und zu den Produktionsstätten diente, als nachrangig. Innerhalb des Personenverkehrs wurde der Arbeiterberufs- und Schülerverkehr bevorzugt.

Die Verkehrspolitik auf diesem Gebiet war von Anfang an durchgängig davon bestimmt, dem öffentlichen Personenverkehr, d.h. der Beförderung mit der Eisenbahn und innerstädtischen öffentlichen Verkehrsmitteln, eindeutige Priorität vor dem Individualverkehr (Auto, Motorrad, Fahrrad) einzuräumen. Hierfür waren nicht ökologische Gründe verantwortlich; vielmehr ließ es die Leistungskraft der DDR-Wirtschaft nicht zu, sowohl den öffentlichen als auch den Individualverkehr gleichermaßen zu entwickeln. Die staatliche Verkehrspolitik hinkte den wachsenden Mobilitätsbedürfnissen ständig hinterher und teilte die spärlichen Kräfte zwischen Auto und Eisenbahn, Bus und Straßenbahn auf. Die öffentlichen Gelder für die Verbesserung des Leistungsangebots der Massenverkehrsmittel reichten nicht aus, eine zeitgemäße Beförderungsqualität (Fahrzeugdichte, Fahrzeugverfügbarkeit, Beleuchtung, Beheizung, Reinigung, ausreichendes Platzangebot, Bewegungsfreiheit, sanitäre Einrichtungen, kurze Wege, Anschlüsse, kurze Fahrzeiten) anzubieten. Auch hier waren die bereits genannten Probleme der güterwirtschaftlichen Unterversorgung, knapper Investitionsmittel und fehlender Devisen maßgeblich für einen insgesamt unbefriedigenden Gesamtzustand.

Trotzdem der Berufsverkehr von jeher im Mittelpunkt der verkehrspolitischen Bemühungen stand, war selbst er nie konfliktfrei und ohne Probleme. In einer Lageanalyse der Staatlichen Plankommission, Abteilung Transport und Nachrichtenwesen, wird bereits Anfang der 70er Jahre das Verkehrsangebot und die Leistungsfähigkeit der Straßenbahn bemängelt. Zu den Gründen gehörten bereits damals u.a. *„hohe Störanfälligkeit der Grundfonds infolge der Überalterung", „unzureichende Reparaturkapazitäten und fehlende Ersatzteile", „unzureichend entwickelte Werkstätten und fehlender Vorlauf bei der Rekonstruktion der Stromversorgungs- und Gleisanlagen"*. Personalmangel und knappe Investitionsmittel wurden als weitere Ursachen benannt.[46]

Ende 1989 konnte beinahe eine ähnliche Bilanz gezogen werden:

a. Die bereits geschilderten Dauerprobleme und Intensivierungsfolgen bei der Eisenbahn wirkten sich auch auf den schienengebundenen Personenverkehr aus.[47] Schienenersatzverkehr mit Bussen bei gesperrten Strecken, Fahrzeitverlängerungen, Verspätungen wegen Bauarbeiten und schlechten Zustands der Gleisanlagen, lange Beförderungszeiten sowie niedrige Beförderungsqualität, keine oder unzureichende Serviceleistungen waren mehr oder weniger charakteristisch, wie Berichte der Arbeiter- und Bauern-Inspektion bestätigen (Anhang, Nr. 8).

b. Die ungünstige Altersstruktur der Busse und Straßenbahnen, der U- und S-Bahnen, der mangelhafte Zustand der Straßen und Gleiskörper, eine hohe Reparaturquote des Fahrzeugbestandes beeinträchtigten durchgehend die Leistungsfähigkeit der städtischen Verkehrsmittel und des Busbetriebes. Einen Eindruck insbesondere von den Folgen eines überalterten Fahrzeugparks bei Kraftomnibussen (KOM) und einer mangelhaften Ersatzteilversorgung vermittelt ein Schreiben vom Verkehrsminister Arndt an Ministerpräsident Stoph vom Juli 1989:

„Im Berufs-, Schüler- und Linienverkehr mit KOM haben in den letzten Wochen und Monaten die Ausfälle und Verspätungen weiter zugenommen. Auf Grund der sinkenden Instandhaltungsmöglichkeiten infolge fehlender Ersatzteile fallen nach Informationen der Bezirke arbeitstäglich ca. 1200 KOM für den fahrplangebundenen Verkehr aus, wovon 400000 bis 500000 Menschen, insbesondere Werktätige in den Industrie- und Ballungszentren, betroffen sind.
Das gegenwärtig verfügbare Ersatzteilvolumen reicht nicht aus, um den dringendsten Instandhaltungsbedarf in der laufenden und industriellen Instandsetzung für KOM Ikarus zu decken.
Mit den mit der STAL (Staalichen Planauflage) 1988 eingeordneten Mitteln zum Import von Ersatzteilen aus der VR Ungarn wird eine Bedarfsdeckung von 47,7 % erreicht.
Dadurch kam es bereits zu Produktionseinstellungen in der industriellen Baugruppeninstandsetzung, in deren Folge allein ca. 600 KOM Ikarus wegen fehlender instandgesetzer Motore, Getriebe und Achsen nicht einsatzbereit sind.
Im Bereich der Instandhaltung von Nutzkraftwagen aus der DDR-Produktion und aus Importen besteht eine analoge komplizierte Situation."[48]

c. Der Stand beim motorisierten Individualverkehr war durch jahrzehntelange Unterversorgung mit PKW geprägt, läßt man die vielfältigen Probleme der Ausrüstung des größten Teils der ostdeutschen Autos mit Zweitaktmotoren einmal unberücksichtigt. Während Ende des Jahres 1987 beim IFA Vertrieb ca. 5,9 Millionen Pkw-Bestellungen registriert waren, wurden jährlich lediglich rund 150000 Neufahrzeuge verteilt. Die Lieferfristen betrugen zwischen 12 und 17 Jahren. Für 1,5 Millionen Fahrzeuge (ca. 41 % des Pkw-Bestandes) war die Ersatzteilversorgung nicht mehr gesichert, da seit Produktionsende mehr als 10 Jahre vergangen waren. So war mehr als ein Viertel aller Fahrzeuge länger als 15 Jahre in Betrieb, 54% mehr als 10 Jahre.[49] Als Folge der Überalterung der Fahrzeuge und der geringen Reparaturkapazitäten betrugen die Anmeldefristen für allgemeine Durchsichten bis zu 140 Tagen, für Fahrwerkinstandsetzungen bis zu 160 Tagen, für Unfallschäden mit Karosseriereparaturen bis zu 180 Tagen, unter Umständen sogar mehrere Jahre.
Die Lage bei Privatautos war Ende der achtziger Jahre durch außerordentlich hohe Preise beim Weiterverkauf gebrauchter Autos gekennzeichnet. So wurden beispielsweise für einen „Trabant", dessen amtlicher Neupreis ca. 11000,- Mark betrug, nach 9 bis 10 Jahren noch immer bis zu 10000,- Mark bezahlt, für Fahrzeuge mit 5- bis 6jähriger Nutzung etwa der Neupreis und für einen fabrikneuen Trabant bis zu 17000,- Mark.[50]
Fehlende Ersatzteile für ihre Autos waren ein Dauerproblem für die DDR-Kraftfahrer. Beispielhaft für den wachsenden Unmut darüber ist eine Eingabe

an den Generalsekretär Honecker vom 14. April 1980. Darin bittet eine Petentin, ihr bei der Beschaffung einer neuen Bereifung für ihr Fahrzeug behilflich zu sein (vgl. Anhang Nr. 9). Die hier geschilderte Situation war Ende der achtziger Jahre keineswegs entspannter. Sie hatte sich im Gegenteil weiter verschärft Die Probleme bei der Ersatzteilbeschaffung für private PKW wurden zunehmend Gegenstand der Untersuchungen der staatlichen Kontrollbehörde. Nach einem Bericht der ABI vom Juni 1989 benutzten zu dem Zeitpunkt gut eine halbe Million Trabant-Fahrer Fahrzeuge, die dem erforderlichen technischen Standard nicht mehr entsprachen und ein Sicherheitsrisiko darstellten.[51]

3.4. Die Binnenschiffahrt und der Luftverkehr

Beide Verkehrsträger nahmen in der DDR eine Außenseiterposition ein. Die Binnenschiffahrt schon deshalb, weil der Verlauf der Binnenwasserstraßen und Kanäle auf dem Gebiet der DDR für eine intensive Nutzung ungünstig war. Das Binnenwasserstraßensystem besaß keinen Netzcharakter und beschränkte sich im wesentlichen auf die östlichen und mittleren ehemaligen Bezirke der DDR, während die industrialisierten südlichen Landesteile nicht oder nur in geringem Maße an das Binnenwasserstraßennetz angeschlossen waren. Bestimmt wurde es von der Elbe mit den beiden Anschlüssen Saale und Mittellandkanal und der Grenzstrecke der Oder sowie den dazwischenliegenden Flüssen und Kanälen.

Auf den Gütertransport auf Binnenwasserstraßen entfielen als Ergebnis dieser ungünstigen Situation auch nur gut 2 v.H. der Gesamtgütertransportmenge. Zwar plante die SED-Führung im Zuge der Umsetzung ihrer energiepolitisch determinierten Verkehrspolitik, diesen Verkehrsträger ab 1980 verstärkt zu nutzen, doch es blieb bei den Absichten. Die vorhandenen Bedingungen und die knappen Mittel waren, abgesehen von den ungünstigen regionalen Bedingungen, die Hauptgründe dafür. Weil man sich auch hier nur wenig oder auf vielen Gebieten überhaupt nicht um Erhaltung und/oder Erneuerung der vorhandenen Anlagen bemühte, war auch hier der Erhaltungs- und Ausbauzustand (geringe Tauchtiefen) in vielen Bereichen äußerst kritisch.

Die Bestandsaufnahme des Zustandes der Binnenwasserstraßen im Jahre 1989 zeigte keine günstigeren Resultate als die der übrigen Verkehrsanlagen. Die Anlagen waren überaltert und teilweise in einem nicht mehr funktionsfähigen Zustand. Von den hydrotechnischen Anlagen (Schleusen, Wehre) waren über 80 v.H. älter als 50 Jahre, rund die Hälfte sogar älter als 80 Jahre. Die Bauwerke waren zwar – bis auf einige Ausnahmen – noch funktionsfähig, bei rund einem Viertel der Anlagen waren jedoch Grundinstandsetzungen bzw. Ersatzmaßnahmen dringend angezeigt.[52] Die bauliche Substanz der Wasserstraßen und Anlagen entsprach damit nicht mehr modernen Verkehrsanforderungen.

Die Ausstattung der Wasserstraßenanlagen wies einen ähnlichen Erhaltungszustand auf. Vor allem die Elbe, der Mittellandkanal und der Elbe-Havel-Kanal waren davon betroffen. Hier gab es erhebliche Schäden an den Ufersicherungen und Regulierungsbauwerken (Buhnen). Von den Buhnen der Elbe und auch der Oder waren beispielsweise 10 v.H. so schwer beschädigt, daß sie ihre Regulierungsfunktion nicht mehr erfüllen konnten. Das zeigte sich in einer Verminderung der Tauchtiefen. Die Querschnitte der Wasserstraßen waren für die moderne Schiffahrt zu gering. Ein erhöhter Verschleiß der Uferwerke sowie die Verminderung der Verkehrssicherheit und der Bauwerkssicherheit gehörten zu den Folgen. Darüber hinaus war die Leistungsfähigkeit der Schleusen nicht ausreichend. Auch die Bedienungseinrichtungen und Signalanlagen der Schleusen und Wehre waren veraltet. Zentrale Steuerungseinrichtungen sowie Stoßschutzanlagen an Schleusen fehlten fast überall, ebenso Radar- und nachrichtentechnische Einrichtungen.[53]

Der Nachholbedarf für die Binnenwasserstraßen und Kanäle wurde nach ersten Schätzungen im Jahre 1990 auf 7,2 Mrd.DM veranschlagt. Auch für diesen Investitionsumfang gilt, daß er lediglich Anpassungsmaßnahmen umfaßt.[54]

Eine ähnlich untergeordnete Rolle wie die Binnenschiffahrt spielte auch die Luftfahrt. Im Rahmen der Einsparung an Kraftstoffen wurde die zivile Luftfahrt für die Bevölkerung innerhalb der DDR ab 1980 eingestellt. Als Devisenbringer hatte sie jedoch eine gewisse Bedeutung. Der Zustand der Infrastrukturanlagen für die Luftfahrt wich nicht von denen der übrigen Verkehrsträger ab. Die DDR besaß Ende 1989 4 Verkehrsflughäfen (Berlin-Schönefeld, Dresden, Leipzig und Erfurt). Für die Herstellung ihrer Leistungsfähigkeit wurde 1990 vom Verkehrsministerium der DDR ein Nachholbedarf von rund 840 Mio. DM ermittelt. Über 50 v.H. davon sollten nach ersten Schätzungen auf den Flughafen Berlin-Schönefeld entfallen. So erforderten hier beispielsweise 33 v.H. der Rollbahn und 14 v.H. der Flugzeugabstellflächen eine Grundinstandsetzung. Die Tank- und Löschwasserversorgung mußte dringend stabilisiert werden (im Südteil des Flughafens stammte das Trinkwassernetz noch aus dem Jahre 1936). Es waren Lärmschutzmaßnahmen notwendig, die Pistenenteisung mußte auf schadstoffarme Technologien umgestellt werden, und die Abfertigungsanlagen (Passagiere und Fracht) waren zu modernisieren sowie ihre Kapazitäten zu erweitern. Gleiche und ähnliche Maßnahmen wie für den Flughafen Berlin-Schönefeld waren auch für die Flughäfen in Dresden, Leipzig und Erfurt erforderlich. Die Palette des dringenden Sanierungsbedarfs reicht von der Erneuerung des Stromversorgungssystems und der Hochbauten (Abfertigungsgebäude), Neubau einer Sammelgrube zur Flugzeugentsorgung, Reparatur der betrieblichen Straßenverkehrsanlagen in Dresden, über teilweise Grunderneuerung der Rollbahn, Reparatur der Straßenverkehrsanlagen und engpaßbeseitigenden Maßnahmen in Leipzig. In Erfurt standen substanzsichernde Maßnahmen der Flugbetriebsflächen, der betrieblichen Straßenverkehrsanlagen und der Hochbauten als vordringlich auf der Tagesordnung. Hinzu kamen hier – wie bei den anderen Flughäfen auch – der Ersatz und die Modernisierung verschlissener baulicher Anlagen und Ausrüstungen (Elektroenergieversorgung, Wärmeenergieversorgung, Brandschutz, Anlagen der Ver- und Entsorgung), Umweltschutzmaßnahmen (Lärmschutz, Verbesserung der Flugzeugentsorgung) sowie engpaßbeseitigende Maßnahmen (Erweiterung der Flugbetriebsflächen, Rekonstruktion und Modernisierung der Frachtumschlagsanlagen usw.)[55]

In welchem kritischen Zustand sich beispielsweise die Verkehrsflugzeugflotte der Interflug befand, belegt eine Einschätzung des Verkehrsministers Arndt aus dem Jahre 1988 (Anhang, Nr. 10). Danach betrug das Durchschnittsalter der Flotte 15 Jahre, beinahe die Hälfte aller 41 Verkehrsflugzeuge hatte diesen Zeitraum bedem Jahre 1988 (Anhang, Nr. 10). Danach betrug das Durchschnittsalter der Flotte 15 Jahre, beinahe die Hälfte aller 41 Verkehrsflugzeuge hatte diesen Zeitraum bereits überschritten. Das älteste Flugzeug flog seit 1960. Folgen dieser Überalterung waren hohe Korrosionsschäden, Risse in tragenden Teilen der Flugzeugkonstruktion bei älteren Maschinen sowie Undichtheiten an Kraftstoffbehältern und eine geringe Zuverlässigkeit der Triebwerke – mit der Folge hoher Reparaturanfälligkeit und langer Standzeiten.

Ein Ausdruck dieser rückständigen Flugtechnik ist auch die Tatsache, die aus gleicher Quelle hervorgeht, daß pro Flugzeugmotor nur rund ein Viertel der international üblichen Flugstunden geflogen wurde und nur die Hälfte der Motoren die vom Hersteller vorgesehene Laufzeit bis zur Generalreparatur erreichte. Ergänzend ist festzustellen, daß die Anzahl in Reserve gehaltener Flugzeugmotoren die internationalen Normen dafür um das 7- bis 9fache überstieg und nur etwa die Hälfte der jährlichen Flugstunden je Flugzeug und Jahr geflogen werden konnten, vergleicht man die Qualitäts- und Leistungsparameter der Interflugmaschinen mit denen moderner Flugzeuge und die Instandhaltungsorganisation mit der westlicher Flughafengesellschaften.[56]

Exkurs: Leistungsschwächen des Post- und Fernmeldewesens an Beispielen

Die gleiche Strategie wie in der Verkehrspolitik verfolgte die SED auch beim Post- und Fernmeldewesen. Zweifellos waren auch hier die knappen Investitionsmittel und die Unterschätzung der ökonomischen Effekte einer gut funktionierenden Infrastruktur auf die Wirtschaft entscheidende Ursachen. Darüber hinaus wird man bezweifeln dürfen, ob der DDR-Staat ein großes Interesse daran hatte, den Informationsaustausch seiner Bürger durch moderne Kommunikationstechnik untereinander oder gar mit dem westlichen Teil Deutschlands und dem westlichen Ausland zu ermöglichen bzw. zu erleichtern. Daß sich aus einem niedrigen Niveau der Telekommunikation auch erhebliche Behinderungen für die Wirtschaft ergaben, deren Bedarf an einem Datenaustausch ständig zunahm, wurde immer deutlicher.

So bildete das Post- und Fernmeldewesen denn auch das Schlußlicht bei der Investitionszuteilung. Die Folgen waren auch hier eine weitgehende Überalterung der Ausrüstungen: Ein Viertel der Ausrüstungen war im Durchschnitt älter als 20 Jahre; die Endgeräte des Fernschreibverkehrs waren zu 70 bis 80 v.H., die Kabel im Landnetz zu 75 v.H. und die Freileitungslinien beinahe völlig verschlissen.[57]

Ein nicht unerheblicher Teil der Fernmeldeinfrastruktur befand sich auf dem technischen Standard der 20er und 30er Jahre. Lediglich etwa jede 7. Wohnung war im Durchschnitt mit einem Fernsprechanschluß ausgestattet. Mit 1,8 Millionen Telefonanschlüssen (davon 1,1 Millionen Privatnutzer, also 7 Anschlüsse auf 100 Einwohner) war die DDR im Versorgungsgrad im internationalen Vergleich zwar vor Ungarn, Rumänien und Polen plaziert, sie befand sich damit jedoch am unteren Ende der Skala. Für 100 Beschäftigte in Wirtschaft und Verwaltung gab es 17 Telefone (zum Vergleich: 48 in der alten Bundesrepublik), 2000 Ortschaften in der DDR waren noch gänzlich ohne Telefon. Eingeschränkt wurde das Versorgungsniveau noch dadurch, daß sich oftmals zwei, vier, gelegentlich sogar zehn Benutzer einen Anschluß teilen mußten bzw. nur in zeitlich begrenztem Umfang über den reits im Sommer 1993 die Telekom in Ostdeutschland so viele Telefonanschlüsse geschaffen hatte, wie seit der Installation des ersten Telefons in Berlin im Jahre 1881 bis zum Ende der DDR installiert worden waren.

Zur Bilanz gehört auch, daß weder die Wirtschaft noch die Bevölkerung über moderne Telekommunikationseinrichtungen wie Bildschirmtext oder Mobilfunk verfügten. Der Entwicklungsrückstand bei dem Aufbau eines Mobilfunknetzes in der DDR geht aus einem Schreiben des Chefs der Staatlichen Plankommission vom April 1989 an Politbüromitglied Mittag hervor. Darin wird vorgeschlagen, *„wegen des außerordentlich hohen Aufwandes [...] mit dem Aufbau des digitalen flächendeckenden Mobilfunknetzes in der DDR bis zum Jahr 2000 nicht zu beginnen"*. Selbst eine vorherige Ausrüstung *„der bewaffneten Organe (besonders Ministerium für Staatssicherheit und Ministerium des Innern)"* würde Probleme für den Fünfjahrplan 1991 – 1995 aufwerfen *„für die es gegenwärtig keine Lösungen gibt"*.[58]

Ähnlich charakteristisch ist ein Schreiben des damaligen Ersten Stellvertreters des Vorsitzenden des Ministerrates, Alfred Neumann, an Politbüromitglied Mittag vom 7.10.1987, in dem ein ungünstiger Vergleich mit der sowjetischen Situation gezogen wird:

„Dem ‚Sputnik' Nr. 10/87 entnehme ich die Aussage, daß dem Moskauer Fernmeldeamt 3 Millionen Teilnehmer angeschlossen sind und sich diese Anzahl bald auf 8 Millionen erhöht.

Diese quantitative Entwicklung in Moskau sollte uns nachzudenken veranlassen, in der DDR nach Wegen zu suchen, wie das Post- und Fernmeldewesen, insbesondere das Telefonnetz, auf einen Stand gebracht wird, der auch international der volkswirtschaftlichen Stellung unseres Staates entspricht. International sind wir eine der zehn leistungsfähigsten Industrienationen der Welt, aber bei den Fernsprechhauptanschlüssen je 100 Einwohner liegen wir etwa an 44. Stelle! – ! Das ist eine Disproportion, die wir nicht bis ins nächste Jahrhundert beibehalten können, weil es uns politisch schadet.

Ich meine, wir sollten zielgerichtet die planmäßige, proportionale Entwicklung des Post- und Fernmeldewesens entschiedener ansteuern und dafür die materiell-technischen Bedingungen schaffen. Solch eine Entwicklung ist für das Nationaleinkommen, für die Volkswirtschaft und die ganze Bevölkerung von Nutzen. Das Telefon ist sicher kein Grundbedarf! Es gehört zum gehobenen Bedarf!

Wenn ich mir einen Radioapparat kaufen kann, warum denn keinen Telefonanschluß ?

Ich bin Ihnen dankbar, wenn Sie mir zu dieser Problematik brauchbare Vorschläge übermitteln könnten.[59]

Anmerkungen

1 Straße und Autobahn, Heft 11/90, Heft 1/91, Internationales Verkehrswesen, Heft 9/91, Berechnungen und Schätzungen des ifo Instituts. – Der Bundesverkehrswegeplan 1992 sieht für die Zeit bis 2012 ein Investitionsvolumen von mehr als 150 Mrd. DM für Erhaltung, Auf- und Ausbau der Schienenwege, Bundesfernstraßen und Bundeswasserstraßen in den neuen Bundesländern vor; dazu kommen Bundesfinanzhilfen zur Verbesserung der Verkehrsverhältnisse in den Gemeinden.

2 Vgl. Statistische Jahrbücher der DDR, Berlin (Ost), verschiedene Jahrgänge.

3 Zu Entwicklungstendenzen des ökonomischen Wachstums auf dem Wege der umfassenden Intensivierung der Volkswirtschaft in den 90er Jahren und darüber hinaus, Stiftung Archiv der Parteien und Massenorganisationen der DDR im Bundesarchiv (SAPMO BArch), DY 30/IV 2/2.039/16.

Das Verkehrswesen unter besonderer Berücksichtigung der Eisenbahn 199

4   erstellt nach: Bundesarchiv – Zwischenarchiv Berlin, Ruschestraße, DM 101 1907 Anlage 2, sowie: Statistisches Jahrbuch des RGW, hrsg. vom Sekretariat des RGW, Moskau 1988, S. 167/172.
5   Vergleiche die Beiträge von *Maria Haendcke-Hoppe-Arndt und* in diesem und von *Gerhard Wettig* im ersten Band.
6   Vgl. *Rosemarie Schneider,* Eisenbahngüterverkehr, Realisierung der Aufgabenstellung nach dem X. Parteitag der SED. FS-Analyse Nr. 3/1985.
7   SAPMO BArch, DY 30/22756, Bd. 1.
8   Ebd.
9   Ausarbeitung des Ministeriums für Verkehrswesen vom 13. Mai 1981, SAPMO BArch, DY 30/27615.
10 MfS ZAIG, BStU ZA ZAIG Nr. 234/85.
11 Vergleiche auch „Information über einige Probleme aus dem Monatsbericht des Genossen Modrow (Bezirksleitung Dresden)" vom Oktober 1987, SAPMO BArch., DY 30/J IV A 2/2.030/252.
12 Vgl. Statistische Jahrbücher der DDR, entsprechende Jahrgänge.
13 Vgl. Statistisches Jahrbuch der DDR, 1990, S. 248.
14 Vgl. *Rosemarie Schneider*, Aufwand und Ergebnisse der Verkehrspolitik der DDR. In: Finanzierungsprobleme des Sozialismus in den Farben der DDR, FS-Analyse Nr. 2/1990.
15 Vgl. SAPMO BArch 30/41783, Bd. 1.
16 Vgl. Statistisches Jahrbuch der DDR, 1990, S. 250.
17 Vgl. *Rosemarie Schneider*, Innovationen auf dem Gebiet des Eisenbahnverkehrs in der DDR. FS-Analyse Nr. 2/1987.
18 Vgl. Information des Ministeriums für Staatssicherheit der DDR aus dem Jahre 1987, MfS ZAIG, BStU ZA ZAIG Nr. 31/87, Blatt 1–9. Vgl. auch: Politische Verwaltung der Deutschen Reichsbahn, Bericht zur politischen Lage im Eisenbahnwesen, SAPMO BArch, DY 30/35354.
19 MfS ZAIG, 3570, BStU ZA ZAIG Nr. 31/87, Bl. 1–9.
20 SAPMO BArch, DY 30/41783, Bd. 1.
21 Vgl. Statistisches Jahrbuch der DDR, 1990, S. 247.
22 Vgl. *Rosemarie Schneider*, Anpassungsprobleme der Deutschen Reichsbahn, FS-Forschungsbericht 1992.
23 Vgl. *J. Huber*, Gesamtdeutsche Verkehrswegeplanung und investitionspolitische Perspektiven. In: Internationales Verkehrswesen, Hamburg, Nr. 9/1991, S. 340.
24 Vgl. *Gerd Aberle*, Wirtschaft wartet nicht auf eine leistungsfähige Eisenbahn. In: Deutsche Verkehrs Zeitung (DVZ), Hamburg Nr. 49/1990, S. 3.
25 Vgl. Ministerium für Verkehrswesen der DDR: Grundfondsanalyse des Verkehrswesens der DDR 1980–1989, S. 42.
26 Vgl. Ministerium für Verkehrswesen der DDR: Niveauvergleich DR – DB, 1990, (unveröffentlicht), Anlage 5, Blatt 2.
27 Vgl. Ministerium für Verkehrswesen der DDR, Grundfondsanalyse, (s.o. Anm. 25), S. 41.
28 Vgl. Information über die Entwicklung und den Zustand der materiell-technischen Basis des Verkehrswesens der DDR im Zeitraum 1981 bis 1987, Studie der Zentralverwaltung für Statistik der DDR, 1988, (unveröffentlicht), S. 13.
29 Vgl. Die Bahn in Zahlen, Deutsche Bundesbahn – Deutsche Reichsbahn, Berlin – Frankfurt a. M. 1990 und 1992.
30 Vgl. Information über die Entwicklung, (s.o. Anm. 28), S. 14.
31 Vgl. *Brian Rampp*, Die Verkehrswirtschaft Ostdeutschlands – eine Analyse ihres Verfalls und seiner Ursachen. München 1993, S. 92 sowie *Peter Molle, Rainer Enders*, Die Schienenfahrzeuge der DR und DB. In: Die Bundesbahn, Darmstadt, Nr. 12/1990, S. 1227.
32 Vgl. Ministerium für Verkehrswesen der DDR: Grundfondsanalyse, (s.o. Anm. 25), S. 36.
33 Bericht der Arbeiter- und Bauern-Inspektion vom 27.6.1986, SAPMO BArch, DY 30/39543, Bd. 1.
34 Vgl. Bundesarchiv – Zwischenarchiv Berlin, Ruschestraße, DM 101 2010.
35 Vgl. *Rosemarie Schneider*, Anpassungsprobleme der Deutschen Reichsbahn, FS-Forschungsbericht 1992.

36 Vgl. *Rosemarie Schneider*, Das Speditionsgewerbe Ostdeutschlands zwischen Chancen und Hemmnissen – eine Situationsanalyse im Kammerbezirk Potsdam, FS-Analyse Nr. 5/1991.
37 SAPMO BArch, DY 30/IV 2/2.039/94.
38 Ebd.
39 Schreiben des Ministers für Verkehrswesen Arndt und seines Stellvertreters Grohmann an Politbüromitglied Mittag... v. 2. April 1987, SAPMO BArch., DY 30/41783, Bd, 2.
40 Vgl. Statistische Jahrbücher der DDR, verschiedene Jahrgänge.
41 Vgl. PM Consult: Ermittlung des Nachholebedarfs für die Verkehrsinfrastruktur auf dem Gebiet der ehemaligen DDR, Teil Straße, Bonn 1990, S. 4 und 15.
42 Vgl. a.a.O., S. 26.
43 Vgl. Deutscher Bundestag – 12. Wahlperiode, Raumordnungsbericht, Drucksache 12/1098 vom 30.08.91, S. 65.
44 *K. Roßberg*, Der Zustand des Straßennetzes in der ehemaligen DDR, Straße und Autobahn Nr. 5/1991, S. 264–269.
45 Ebd.
46 „Analyse des Berufsverkehrs im Zeitraum 1966 bis 1970, gegenwärtiger Stand und Probleme seiner Entwicklung bis zum Jahre 1975, als Bestandteil des öffentlichen Personenverkehrs", Abteilung Transport und Nachrichtenwesen der Staatlichen Plankommission, März 1972, SAPMO BArch, DY 30/17312.
47 Vgl. *Rosemarie Schneider*, Ausgewählte Probleme der Neuorganisation des öffentlichen Personennahverkehrs (ÖPNV) in den neuen Bundesländern. FS-Analyse Nr. 1/1993.
48 SAPMO BArch, DY 30/41783, Bd. 2.
49 Vgl. den Beitrag von G. Schneider in diesem Band.
50 Vgl. Zur Situation bei der Versorgung mit PKW, 2.5.1989, SAPMO BArch, DY 30/38644.
51 Bericht der Arbeiter- und Bauern-Inspektion vom 2.6.1989, SAPMO BArch, DY 30/41713.
52 Vgl. Bestandsaufnahme der Wasserstraßenverbindungen zwischen der DDR und der BRD vom 30.3.1990. Ausgearbeitet vom Wasseraufsichtsamt der DDR, unveröffentlichtes Material.
53 Vgl. ebd.
54 Ermittlung des Nachholbedarfs für die Verkehrsinfrastruktur auf dem Gebiet der ehemaligen DDR „Teil Wasserstraße", Oktober 1990, Bundesministerium für Verkehr, unveröffentlichtes Material.
55 Vgl. Ministerium für Verkehrswesen der DDR, Referat A 21: Ermittlung des Nachholebedarfs, Teil Luftverkehr, Berlin (Ost) 1990.
56 Vgl. SAPMO BArch, DY 30/41783, Bd. 2.
57 Vgl. Akademie der Wissenschaften der DDR, Zentralinstitut für Wirtschaftswissenschaften: Intensivierung der Volkswirtschaft in den 90er Jahren (und darüber hinaus), Mai 1989; VVS, S. 67f.; mit Schreiben Kurt Hagers versandt an die Mitglieder und Kandidaten des Politbüros, 18.7.1989, SAPMO BArch, DY 30/J IV 2/2.03916.
58 SAPMO BArch, DY 30/41784.
59 Ebd.

Anhang

Nr. 1

„Über Ergebnisse der Kontrolle zur Erhöhung des Leistungsvermögens und der Verbesserung der Qualität des Stückguttransportes"

Bericht der Arbeiter- und Bauern-Inspektion vom 25. April 1983

[...] Die fehlende Attraktivität und nicht ausreichende Qualität des derzeitigen Stückguttransportes wirken sich negativ auf eine noch stärkere Verlagerung der Transporte von Stückgütern von der Straße auf die Schiene aus.

Die Kontrollen der ABI in Schwerpunkt-Güterabfertigungen aller Reichsbahndirektionen ergaben, daß die Transportzeiten der Stückgutsendungen derzeitig das Zwei- bis Vierfache der festgelegten Lieferfristen betragen. Von z.B. 870 überprüften Sendungen im Bezirk der Reichsbahndirektion Magdeburg wurden nur bei rund 6 % die Lieferfristen eingehalten. Bei einer durchschnittlichen Beförderungsweite von 200 km (3 Tage Lieferfrist) ergab sich eine durchschnittliche Transportzeit von 9,5 Tagen; das ist mehr als das Dreifache der Lieferfrist. In den dabei kontrollierten 12 Stückgutabfertigungen lagen die jeweils maximalen Transportzeiten einer Sendung zwischen 17 und 58 Tagen.

Außer diesen Überschreitungen der Lieferfristen kommt es zu weiteren Verzögerungen durch Mängel bei der Bearbeitung der Frachtdokumente sowie durch Nichteinhaltung der von den Transportausschüssen bestätigten Pläne der tage- und richtungsweisen Annahme der Stückgüter durch den Kraftverkehr. Durch diese langen Transportzeiten ist für die Wirtschaft der Stückguttransport im Vergleich zum „Haus-Haus-Verkehr" mit Kraftfahrzeugen nicht attraktiv. [...]

Die Mängel im Stückguttransport zeigen sich auch in der steigenden Tendenz der Schadensfälle. Die Deutsche Reichsbahn mußte 1982 für 25 096 anerkannte Schadensfälle, das sind 0,5 % der beförderten Sendungen, rund 15,3 Mio. M Schadensersatz leisten. Neben der unbefriedigenden Arbeit der Eisenbahn zeigt sich auch eine steigende Tendenz in der mangelhaften Verpackung des Gutes, da sich die Wirtschaft nicht ausreichend auf die geänderten Transportbedingungen gegenüber der Beförderung mit Kraftfahrzeugen eingestellt hat. Vorwiegend aus diesen Gründen wurden 9 726 Schadensfälle mit 14,8 Mio. M von der Deutschen Reichsbahn abgelehnt.[...]

Quelle: SAPMO BArch, DY 30/39543, Bd. 2.

Nr. 2

„Die Abfertigung des Expressgutes wird nicht beherrscht"

Information des Komitees der Arbeiter- und Bauern-Inspektion vom 24. Juni 1986

[...] Obwohl die in der DDR möglichen Transportentfernungen nur eine Beförderungszeit vom Absender bis Empfängerbahnhof von max. 4 Tagen zulassen und danach sofort die Auslieferung zu erfolgen hat, lagerte ein Großteil des Gutes für die Empfänger im Ballungsgebiet Karl-Marx-Stadt 6–8 Wochen. Da es sich bei den Expreßgutsendungen zu einem Teil um Konsumgüter handelte, die vom Produzenten zum Großhandel gelangen sollen, führten diese Verzögerungen bereits zu Sortimentslücken beim Einzelhandel, wie Kontrollen im Bezirk über das Kurzwarenangebot zeigten.

Am Kontrolltag* wurden beispielsweise Koffer von Bürgern aufgefunden, die bereits im Februar 1986 aufgegeben wurden.

Auf dem Expreßgutboden lagerten die Sendungen überwiegend unsortiert in großen Bergen, wobei infolge der Nichtbefahrbarkeit die Brandschutzbestimmungen verletzt wurden. Durch den Leiter der Transportpolizeidienststelle Karl-Marx-Stadt wurden sofort Maßnahmen zur Herstellung des gesetzlichen Zustandes veranlaßt.

Vielfach lagerten Expreßgutsendungen nicht im Güterboden, sondern unabgedeckt auf der nicht überdachten Umladerampe und waren tagelang der Witterung ungeschützt ausgesetzt.

Am 3. 6. 1986 wurde auf der Rampe das gesamte Gut, aufgrund des tagelangen Regens, durchnäßt (Kartons z. T. beschädigt, Verpackung gerissen u. ä.) vorgefunden, so daß teilweise Wertminderungen bzw. die Unbrauchbarkeit als Folge eintreten werden.

* 3. Juni 1986

Quelle: SAPMO BArch, DY 30/39543, Bd. 1.

Nr. 3

„Ergebnisse der Kontrolle zur Senkung der Transportverluste"

Bericht des Komitees der Arbeiter- und Bauern-Inspektion vom 16. Januar 1984

[...] Die Kontrollergebnisse führen zu der Gesamteinschätzung, daß gegenwärtig von der großen Mehrheit der kontrollierten Kombinate, Betriebe und Einrichtungen noch nicht den Forderungen entsprechend zielstrebig und konsequent um die Senkung der Transportverluste gekämpft wird und die Transportschäden weiterhin eine steigende Tendenz aufweisen. Eine zentrale Übersicht über die der Volkswirtschaft durch Transportschäden entstandenen Verluste liegt nicht vor. [...] Im hohen Maße betreffen die Transportverluste wichtige Güter für die Versorgung der Bevölkerung.

Zum Beispiel wurden für den Zeitraum von Januar bis September 1983 u. a. folgende Warenverluste durch Transportschäden festgestellt:

- ca. 200 000 Gläser mit Obst und Gemüse (280 TM) vom VEB Kombinat Obst, Gemüse und Speisekartoffeln Magdeburg
- 12 t Reis, 11,2 t Graupen, 2,6 t Kindernahrungsmittel, 1,7 t Haferflocken (insgesamt 28 TM) vom Nahrungsmittelwerk Wurzen
- 61 000 0,7-l-Flaschen Spirituosen von Bärensiegel Berlin (1 027 TM)
- ca. 33 000 Rollen Dachpappe (500 TM) vom Dachpappenwerk Staßfurt
- 24 187 Thermoscheiben (950 TM) vom Flachglaswerk Radeburg (entsprechen 3 000 Wohneinheiten).

[...] Allgemein ist von den Betrieben und Kombinaten die Verpackung und die Transporttechnologie unverändert wie beim Straßengütertransport beibehalten worden. Das Ansteigen der Transportverluste wurde in der Regel nicht zum Anlaß genommen, die Ursachen zu erforschen und unter Nutzung der eigenen Möglichkeiten (wissenschaftlich-technische Einrichtungen, Rationalisierungsmittelbau, Neuererwesen) gezielten Einfluß auf ihre Senkung zu nehmen.

Von prinzipieller gesamtvolkswirtschaftlicher Bedeutung erweist sich das Problem der gegenwärtig nicht bedarfsgerechten Produktion und Bereitstellung von Großcontainern, Kleincontainern und Paletten, insbesondere Boxpaletten. [...]

In zahlreichen Fällen mußten sich die Kontrollkräfte mit solchen Denk- und Verhaltensweisen der Leiter sowie Meinungen der Werktätigen auseinandersetzen:

- Beim Straßentransport der Güter hatten wir immer die niedrigsten Verluste, also laßt uns wieder mit dem LKW fahren.
- Für die entstehenden Transportschäden ist in erster Linie die Eisenbahn schuld.
- Was wollt Ihr denn? Wir liegen ja noch innerhalb der festgelegten Bruchquoten mit den Transportverlusten. [...]

Die unsachgemäße rangierdienstliche Behandlung der Güterwagen im Transportprozeß ist eine weitere Ursache für das Entstehen von Transportverlusten. [...]
Quelle: SAPMO BArch, DY 30/39543, Bd. 2.

Nr. 4
Komplizierte Sicherung der Transportprozesse

Information der Minister für Bauwesen, Junker, und des Verkehrswesens, Arndt, an Politbüromitglied Mittag vom 15. Oktober 1987

„Infolge der angespannten Transportsituation, die durch unaufschiebbare Bauarbeiten bei der Eisenbahn zur Gewährleistung der Betriebssicherheit sowie eine Reihe von Störungen und Unregelmäßigkeiten hervorgerufen wurde, besteht gegenwärtig eine äußerst komplizierte Lage bei der Versorgung des Bauwesens mit Betonkies, Betonkiessand und Splitt sowie bei der Abfuhr von Betonelementen aus den Betrieben des Betonleichtbaukombinates auf Baustellen, insbesondere des Industriebaus. Trotz enger operativer Zusammenarbeit zwischen dem Ministerium für Bauwesen und dem Ministerium für Verkehrswesen ist es auch im III. Quartal 1987 nicht gelungen, die geplanten Absatzleistungen, vor allem mit Transportkapazitäten der Eisenbahn, zu realisieren. [...]

In der 1. Dekade des Monats Oktober konnte infolge fehlender Transportraumbereitstellung keine Verbesserung der Lage erreicht werden. Die Bestände bei den Verbrauchern haben sich mit Ausnahme der Bestände in der Hauptstadt weiter verringert. In einigen Betonwerken und auf Baustellen kam es zu Produktionseinschränkungen wegen fehlender Zuschlagstoffe. Die geplante tägliche Absatzleistung für den Eisenbahnversand im Kombinat Zuschlagstoffe und Natursteine in Höhe von 71,9 kt ist in der ersten Oktoberdekade nur mit 55,9 kt, das sind 77 Prozent, erfüllt worden. Damit ist in den Plattenwerken des Wohnungsbaus sowie in Betonwerken und auf Baustellen des Industriebaus, in den Bezirken Rostock, Potsdam, Frankfurt, Neubrandenburg und Schwerin eine außerordentlich kritische Versorgungssituation eingetreten. In wichtigen Sortimenten sind die Bestände teilweise auf nur 2 bis 3 Tage Vorrat für die Produktionsdurchführung abgesunken.

Als besonders ernst ist einzuschätzen, daß es auch im III. Quartal nicht gelungen ist, die unbedingt erforderlichen Bestände für die Winterbevorratung an schweren Zuschlagstoffen entsprechend den staatlichen Vorratsnormativen aufzubauen. [...]

Ein weiterer Schwerpunkt ist der Transport von Betonelementen, insbesondere aus dem Betonleichtbaukombinat. Die in diesem Kombinat infolge fehlenden Transportraums, insbesondere bei Plattenwaren, entstandenen Lieferrückstände betragen gegenwärtig mehr als 50 kt. Damit ist die termingerechte Montage auf über 70 Baustellen des Industriebaus nicht gewährleistet. [...]

Quelle: SAPMO BAch, DY 30/41783, Bd. 1.

Nr. 5
„Aktuelle Probleme der Leistungsfähigkeit des Eisenbahntransportes aus der Sicht des Ministeriums des Innern"

Information des Ministeriums des Innern vom 16. Oktober 1987

[...] Die Erweiterung der materiell-technischen Basis der Eisenbahn hat jedoch nicht allseitig mit dem Tempo der dynamischen Entwicklung unserer Volkswirtschaft und den sich daraus ergebenden Transportanforderungen Schritt gehalten. So wurden u. a. über einen längeren Zeitraum die eigenen Baukapazitäten der Deutschen Reichsbahn für Investitionsmaßnahmen eingesetzt. Es wurde weniger Zeit zur Durchführung notwendiger Erhaltungsarbeiten an Gleisanlagen und Brücken zur Verfügung gestellt und die einfache Reproduktion des Gleisnetzes nicht umfassend gesichert.

Hinzu kommt, daß die erforderliche Gleisbautechnik über den Zeitraum von fast 10 Jahren nicht erweitert wurde und im Baubereich ein Rückgang der Arbeitskräfte eintrat.

Im Jahr 1986 wurde das massenhafte Auftreten von Schäden an Betonschwellen bei etwa 3 000 km Gleis, hervorgerufen durch Alkalikieselsäurereaktion, festgestellt.

Durch die Gesamtheit der genannten Faktoren bedingt, gibt es erhebliche Einschränkungen der Durchlaßfähigkeit des Streckennetzes wegen Baumaßnahmen zur Instandhaltung sowie zur Beseitigung von Mängelstellen an Schienen, Weichen, Sicherungsanlagen und Fahrleitungen. Im Monat September 1987 gab es ca. 2 000 Baustellen, davon 1 200, die entsprechend ihrem Charakter die planmäßige und pünktliche Zugförderung beeinträchtigen.

Der einsatzfähige Bestand an Triebfahrzeugen und Wagen entspricht nicht dem für die Realisierung der Transportanforderungen notwendigen Bedarf. Darüber hinaus fehlen die für die laufende Unterhaltung erforderlichen Instandhaltungskapazitäten. Hohe Umlaufzeiten, der technische Zustand der Strecken, Überschreitung der festgelegten Warenaufenthaltszeiten während der Be- und Entladung sowie Wagenbeschädigungen beeinflussen die Gesamtsituation negativ.

Die Stabilität und Sicherheit des Eisenbahnbetriebes entsprechen nicht im vollen Umfang den gesellschaftlichen Erfordernissen. Immer wieder treten schwere Bahnbetriebsunfälle im Zugbetrieb auf, die sowohl auf subjektives Fehlverhalten von Eisenbahnern, fehlende oder ungenügende Qualifikation als auch auf technische Mängel an Anlagen und Fahrzeugen zurückzuführen sind.

Mit Stand vom 31.5.1987 beträgt der technologische Bedarf der Deutschen Reichsbahn 285 958 Arbeitskräfte; vorhanden sind 246 007, so daß 39 951 Arbeitskräfte fehlen.

In den meisten Dienststellen der Deutschen Reichsbahn veranlaßt der vorhandene Unterbestand an Arbeitskräften die Leiter oftmals dazu, Dienstposten mit nicht ausreichend ausgebildeten, diszipliniert und zuverlässig handelnden Kräfte zu besetzen. [...]

Der Kauf bzw. die Anmietung von gebrauchten Güterwagen fremder Bahnen löste bei Experten gegensätzliche Auffassungen aus. Obwohl sich der Bestand an Güterwagen dadurch erhöhte, trat durch die fehlenden Reparatur- und Instandhaltungskapazitäten keine Verbesserung, sondern eine Verschlechterung des flüssigen Betriebslaufes durch die schon vorhandene hohe Belastung des Netzes und die Belegung von Gleisen durch abzustellende Schadwagen ein.

Darüber hinaus bewirkten die derzeitigen Sanktionen zur Einhaltung der Be- und Entladefristen gegenüber den Betrieben keine umfassende Beschleunigung des Wagenumlaufs.

Klare Konzeptionen mit gründlich ausbilanzierten Lösungswegen werden auch die für perspektivische Entwicklung des Betriebsdienstes, des Reiseverkehrs, die Erhaltung der Grundmittel, die Produktion von Ersatzteilen für Triebfahrzeuge, Wagen und Sicherungstechnik für erforderlich gehalten.

Die Zielstellungen zur Verbesserung des Reiseverkehrs wurden bisher nicht erreicht. Die Garantierung von Pünktlichkeit, Ordnung und Sauberkeit auf Bahnhöfen und in Zügen, die Versorgung der Reisenden durch die MITROPA sowie einer aktuellen Information muß für Bürger spürbar verbessert werden. [...]

Anlage Nr. 1:
[...] Durch die hohe Belastung des Streckennetzes sowie fehlende Baukapazitäten und Arbeitskräfte werden nur etwa zwei Drittel der für die belastungsabhängige Erhaltung des Oberbaues notwendigen Arbeiten ermöglicht.

Ende des Monats September 1987 gab es rund 1 180 Langsamfahrstellen auf einer Gesamtlänge von 1 702 Kilometern, die im Fahrplan ihre Berücksichtigung fanden.

Weitere 184 Langsamfahrstellen konnten im Fahrplan nicht berücksichtigt werden und verursachten teilweise erhebliche Zugverspätungen.

Im Jahre 1986 gab es auf dem Gleisnetz von 9000 Kilometer überwachungspflichtigen Gleisen 7 800 Schienenbrüche mit Störungen im Betriebsablauf. Das sind 87 Schienenbrüche je 100 Kilometer im Durchschnitt (vergleichsweise: Deutsche Bundesbahn 5, Polnische Staatsbahn 51 und Schwedische Staatsbahn 0,7 Schienenbrüche). Mit Stand vom 30.09.1987 waren im Gleisnetz der Deutschen Reichsbahn 602 Schienenbrüche, die nur behelfsmäßig gesichert waren.

Im Streckennetz der Deutschen Reichsbahn befinden sich 6679 Kilometer Gleise, deren Standhaftigkeit durch Alkalikieselsäurereaktion in den Betonschwellen gefährdet ist. Betroffen sind etwa 11 Mill. Betonschwellen, die 30 Jahre vor Ablauf ihrer planmäßigen Liegezeit auszuwechseln sind. Als Folgewirkung mußten Streckengeschwindigkeiten drastisch gesenkt und selbst auf Magistralen Langsamfahrstellen bis auf 20 km/h eingerichtet werden. In Umsetzung des Beschlusses des Präsidiums des Ministerrates vom 22.7.1986 wurden hochleistungsfähige Gleisbaumaschinen zur Sanierung des Streckennetzes importiert. Jedoch konnte mit Stand vom 30.9.1987 die Jahreszielstellung erst mit 68 Prozent erfüllt werden. Ursachen waren Maschinenausfälle wegen zu harter Bettung und Mängel im technologischen Regime.

Im Zusammenhang mit schwerwiegenden Eisenbahnbetriebsunfällen hat die Partei- und Staatsführung 1983 Beschlüsse zur beschleunigten Ausrüstung mit moderner Sicherungstechnik gefaßt.

Das betraf die verstärkte Einführung der punktförmigen Zugbeeinflussung (PZB), Zugfunk und automatische Wegübergangssicherungsanlagen (Wüsa).

Bedeutende Rückstände gibt es bei der Erfüllung der Beschlußgrößen für die PZB. So sah der Beschluß für die Jahre 1983–1986 die Inbetriebnahme der PZB auf 528 km Strecken und in 280 Triebfahrzeugen vor. Realisiert wurden 202 km Strecke und 204 Triebfahrzeuge. Der Ausrüstungsumfang für 1987 sieht 298 km Strecke und 396 Triebfahrzeuge vor. Mit Stand vom 30.9.1987 wurden 17 km Strecke und 175 Triebfahrzeuge realisiert.

Bei der Ausrüstung mit Zugfunk sah der Beschluß für 1984–1986 insgesamt 21 175 km Strecke und 898 Triebfahrzeuge vor. Ausgerüstet wurden 1 879 km Strecke und 846 Triebfahrzeuge. Vorgesehen für 1987 waren 1 327 Strecke und 228 Triebfahrzeuge.

Ursachen der Nichterfüllung sind Material- und Kapazitätsprobleme der Zulieferbetriebe aus dem Bereich des Ministeriums für Elektronik und Elektrotechnik. [...]

Quelle: SAPMO BArch, DY 30/41783, Bd. 1.

Nr. 6
„Einige Probleme im Zusammenhang mit der Gewährleistung der Stabilität und Leistungsfähigkeit des elektrischen Zugbetriebes auf dem Streckennetz der Deutschen Reichsbahn"

Information des Ministeriums für Staatssicherheit der DDR vom 27. Mai 1986

Nach dem MfS vorliegenden Hinweisen wird die Leistungsfähigkeit der elektrischen Zugförderung auf dem Streckennetz der Deutschen Reichsbahn insbesondere durch das Störgeschehen an Fahrleitungsanlagen und Mängel in der Stabilität der Bahnstromversorgung in zunehmendem Umfang beeinträchtigt.

Wie die dazu gemeinsam mit Fachexperten geführten Untersuchungen ergaben, sind die Ursachen dafür im wesentlichen auf

– die ungenügende Gewährleistung der planmäßig vorbeugenden Instandhaltung der Anlagen,
– die mangelnde Sicherung der Qualität beim Neubau elektrifizierter Strecken und schleppende Beseitigung dabei zugelassener Provisorien,
– subjektiv verursache Fehlhandlungen von Triebfahrzeugführern und Schaltpersonal sowie
– auf eine Reihe materialbedingter Störungen

zurückzuführen.

Weitere Beeinträchtigungen entstanden darüber hinaus auch aus der allgemein ungenügenden Standfestigkeit des Oberbaus sowie aus Mängeln an der Sicherungstechnik und am Fahrzeugpark. Nicht unerhebliche Störungen im elektrischen Zugbetrieb wurden auch durch Bahnbetriebsunfälle hervorgerufen.

Wie die Untersuchungen dazu ergaben, führten 1985 insgesamt 418 Störungen an Fahrleitungsanlagen und in der Bahnstromversorgung zu zeitweiligen Unterbrechungen im elektrischen Zugbetrieb, was spürbare Auswirkungen auf die Pünktlichkeit im Reise- und Güterverkehr und auf die Einhaltung der Regeltechnologie im Betrieb der Deutschen Reichsbahn hatte.

Damit zeichnete sich 1985 gegenüber 1984 eine deutlich ansteigende Tendenz des Störungsgeschehens ab, die sich auch im ersten Quartal 1986 weiter fortsetzte.

Die Störungen im elektrischen Zugbetrieb entstanden hauptsächlich durch

– auf Materialermüdung, ungenügende vorbeugende Instandhaltung, Pflege und Wartung der Anlagen zurückzuführende Störungen an elektrischen Fahrleitungen und Bahnstromversorgungsanlagen (45 %),
– unmittelbare Fehlverhaltensweisen von Angehörigen der Deutschen Reichsbahn (18 %) bzw. Einwirkungen von Dritten (5 %),
– objektive Einflüsse, insbesondere Witterungserscheinungen (ca. 22 %) und
– Beschädigungen der elektrischen Fahrleitungen durch schadhafte Stromabnehmer elektrischer Triebfahrzeuge (9 %). [...]

Wie Experten der verschiedenen Ebenen einschätzen, hätten sich die Belastungen des elektrifizierten Streckennetzes, speziell der Magistralen, bis an die Grenze der betriebstechnologischen Belastbarkeit erhöht.

(Z.B. werden solche Streckenbereiche wie die Güteraußenringe im Norden und Süden der Hauptstadt der DDR, Berlin, und um Leipzig und verschiedene weitere Magistralen hauptsächlich im Raum Berlin, Halle, Dresden und Erfurt bereits bis zu 130 % ausgelastet.)

Betriebsleitende Stellen berücksichtigen häufig nicht den infolge der hohen Belastungen ständig zunehmenden Verschleiß der Fahrleitungsanlagen, woraus sich zwangsweise auch ein erhöhter Unterhaltungsaufwand ergibt, der jedoch wiederum mit zeitlichen Einschränkungen des Zugbetriebes verbunden ist.

Die Einordnung von Sperrpausen zur Durchführung einer planmäßigen Instandhaltung der Fahrleitungsanlagen einschließlich der für Korrosionsschutzarbeiten an Gittermasten notwendigen Stromabschaltungen gestalten sich zunehmend komplizierter (1985 konnten nur 50% der beantragten Sperrpausen gewährt werden). [...]

In zunehmendem Umfang sind auch neu elektrifizierte Strecken von Fahrleitungsstörungen betroffen.

So entfielen allein im Jahr 1985 ca. 20% aller Fahrleitungsstörungen – die überwiegend als Folge mangelhafter Bauausführungen auftraten – auf Abschnitte des Berliner Außenrings und der Strecke Berlin – Rostock, auf denen erst in den Jahren 1982–1985 die Aufnahme des elektrischen Zugbetriebes erfolgte. [...]

Als ein spezielles Problem erwiesen sich die in den letzten Jahren immer häufiger auftretenden Isolatorenbrüche (10% aller Fahrleitungsstörungen) sowohl auf langjährig als auch neu elektrifizierten Strecken, an deren Ursachenermittlung noch gearbeitet wird.

Nach gegenwärtigen Erkenntnissen müssen 1986–1988 ca. 22 000 Isolatoren zum Zwecke ihrer Überprüfung ausgetauscht werden, was nur unter äußerster Anspannung der Instandhaltungsbereiche als realisierbar eingeschätzt wird.

Ein weiteres, die planmäßige vorbeugende Instandhaltung erschwerendes Problem resultiert aus der komplizierten Arbeitskräftesituation. [...]

Verschärfend wirkt sich seit Jahren die ständige Abordnung von 170 und mehr Arbeitskräften aus den Instandhaltungsbereichen für Vorhaben der Streckenelektrifizierung aus. Infolge ungenügender Kapazitätsentwicklung durch die in die Montage von Fahrleitungsanlagen einbezogenen Betriebe anderer Industriebereiche (vor allem des VEB SFFB Halle) sieht sich die Deutsche Reichsbahn zur Sicherung geplanter Inbetriebnahmetermine immer wieder gezwungen, Arbeitskräfte aus den Instandhaltungsbereichen zu Lasten der Instandhaltungsarbeit einzusetzen.

Darüber hinaus wird immer wieder ein bedeutender Teil der Instandhaltungskräfte nach Übergabe neu elektrifizierter Strecken durch Arbeiten für Nachrüstungen der mit Mängel behafteten Streckenabschnitte gebunden.

Ein wesentlicher Faktor, der die Effektivität der Instandhaltung der Fahrleitungsanlagen beeinflußt, resultiert aus der mangelhaften Ausstattung der Werkstätten mit Ersatzteilen und entsprechenden Großgeräten. [...]

Wie die Untersuchungen weiter ergaben, beeinflußte darüber hinaus auch die schleppende Beseitigung von zeitweilig bei der Streckenelektrifizierung neuer Streckenabschnitte zugelassenen Provisorien das Störgeschehen im elektrischen Zugbetrieb. [....]

Wie die Untersuchungen weiter deutlich machten, wird die Effektivität der elektrischen Zugförderung durch nicht ausreichende Instandhaltungsprozesse am Oberbau des elektrifizierten Streckennetzes, die die Durchlaßfähigkeit der Strecken stark einschränken, wesentlich beeinträchtigt.

Diese Situation wird insbesondere mit darauf zurückgeführt, daß in den zur Verfügung stehenden Sperrpausen mit einem überalterten Gleisbaumaschinenpark (Fehlen hochleistungsfähiger Gleisbaumaschinen) die planmäßigen Instandhaltungsaufgaben nicht mehr zu bewältigen sind.

Eine Lösung dieses Problems zur Erhöhung der Standhaftigkeit des Oberbaus könne nach Meinung zuständiger Bereiche des Verkehrswesens nur in der Einleitung von Überbrückungsimporten aus dem NSW (Österreich) bestehen, da leistungsfähige Gleisbaumaschinen im sozialistischen Wirtschaftsgebiet sich erst in der Entwicklung befinden. [...]

Quelle: BStU ZA ZAIG Nr. 249/86.

Nr. 7

Auswirkungen der Reduzierung des Bitumeneinsatzes für den Straßenbau der DDR

Bericht der Abteilung Transport- und Nachrichtenwesen der Staatlichen Plankommission an Politbüromitglied Mittag vom 23.März 1980

[...] In Verwirklichung des Beschlusses des Präsidiums des Ministerrates vom 31.1.1980 zur Reduzierung des Inlandverbrauchs von Heizöl um 2 Millionen Tonnen wurde der geplante Umfang des Straßenbaubitumens für 1980 von 317kt auf 134kt verringert. Von dieser Summe stehen dem Bauwesen 90kt und dem Verkehrswesen 44kt zur Verfügung. Gegenüber der staatlichen Auflage wurde das Straßenbaubitumen für das Bauwesen um 56% und für das Verkehrswesen um 55% vermindert. Die materiell-technische Sicherung und damit das Leistungsvermögen des Straßenbaus der DDR beträgt somit im Jahre 1980 nur noch ein Viertel des Niveaus von 1978.

Mit den zur Verfügung stehenden Fonds Bitumen können nur noch die dringendsten Vorhaben der bisher für 1980 geplanten Straßenbaumaßnahmen realisiert werden.

Entsprechend der weitreichenden Konsequenz galt es, für den effektivsten Einsatz von Straßenbaubitumen

- eine neue Rang- und Reihenfolge festzulegen,
- vorrangig den Einsatz des Bitumens für die Erhaltung der Substanz d.h. des bestehenden Straßennetzes nach volkswirtschaftlichen Kriterien zu sichern, [...]

Für 1980 tritt auf Grund dieser Situation eine absolute Verringerung der Bauleistungen ein, da für eine Umprofilierung der Baukapazität auf neue Technologien und andere Bauweisen wie Betonstraßenbau oder Mischbauweisen die materiell-technische Basis noch nicht zur Verfügung steht. [...]

Quelle: SAPMO BArch, DY 30/27567, Bd. 2.

Nr. 8

„Völlig unbefriedigende Gesamtsituation"

Aus Kontrollberichten der Arbeiter- und Bauern-Inspektion der DDR über die Qualität des Reise- und des Berufsverkehrs, zur Versorgung der Reisenden und zu Störungen im Bahnbetrieb, 1985, 1986 und 1988

Nr. 8a

[...] Auf der Grundlage der Kontrollergebnisse – wie auch eigener Aufschreibungen des Ministeriums für Verkehrswesen – muß eingeschätzt werden, daß hinsichtlich der bestimmenden Kriterien für die Qualität des Reiseverkehrs insgesamt bisher noch keine zufriedenstellenden und stabilen Qualitätsverbesserungen erreicht wurden. Das betrifft insbesondere die Pünktlichkeit, den der Reisekultur entsprechenden technischen Zustand sowie die Ausrüstung und Sauberkeit der Züge. So kamen z.B. im Monat August von den insgesamt 15 793 schnellfahrenden Reisezügen nur 9643 Züge (61 %) fahrplanmäßig am Zielort an. Von den 6150 verspäteten Zügen hatten 1 036 (17 %) eine Verspätung von mehr als 30 Minuten. Die örtliche Kontrolle auf solchen für den Reiseverkehr wichtigen Bahnhöfen, wie z.B. Berlin-Ostbahnhof, Berlin-Lichtenberg, Erfurt, Rostock und Magdeburg, bei denen die technologiebezogene Abrechnung Anwendung findet, ergab, daß hier die Ankunftspünktlichkeit noch erheblich unter dem Durchschnitt liegt. [...]

Quelle: SAPMO BArch, DY 30/41783, Bd. 1.

Nr. 8b

[...] In 58,2 % der kontrollierten Einrichtungen der MITROPA entsprechen die versorgungspolitischen Aufgabenstellungen nicht den Anforderungen an eine hohe Versorgungsqualität, waren teilweise 5–10 Jahre alt und wurden seit Jahren nicht überarbeitet bzw. präzisiert.

Bei 29,1 % der Versorgungseinrichtungen entsprach das Speisen- und Warenangebot nicht den Anforderungen einer Reisendenversorgung. In den Verkaufsstellen und Kiosken herrschte zumeist ein breites Angebot an alkoholischen Getränken und Süßwaren vor, während die Erfüllung der speziellen Versorgungsaufgabe hinsichtlich niveauvoller Imbißversorgung und reisendengerechter Handelsware nicht befriedigenden konnte. Es entstand der Eindruck, daß die ökonomischen Belange zur Erfüllung der beauflagten Leistungen den Vorrang haben und die eigentliche Aufgabenstellung zur bedarfs- und qualitätsgerechten Versorgung und Betreuung der Reisenden vielfach diesem Ziel untergeordnet war.

In 46,8 % der kontrollierten Objekte wurden erhebliche Verstöße gegen verbindliche Festlegungen der versorgungspolitischen Aufgabenstellungen festgestellt. Das betrifft insbesondere die unberechtigte Einschränkung des vorgeschriebenen Speiseangebotes und Warensortiments (31,6 %), eigenmächtige Veränderungen der Öffnungszeiten, vor allem bei Verkaufseinrichtungen und Kiosken (29,1 %)

sowie ungerechtfertigte Einschränkungen der Sitzplatzkapazitäten ohne Genehmigung durch die örtlichen Räte (8,9%). [...]

Das gegenwärtige Niveau der Reisendenversorgung in den Zügen des Binnenverkehrs entspricht weder hinsichtlich des Leistungsumfangs noch der Leistungsqualität den Ansprüchen des angestrebten qualitätsgerechten Berufs- und Reiseverkehrs. Zur Zeit werden im Binnenverkehr lediglich 126 schnellfahrende Züge durch die MITROPA gastronomisch versorgt; das entspricht rund 26 %. Bei 102 Zügen erfolgt dies durch die Büfettwagen mit und ohne Speiseabteil und bei den übrigen 24 Zügen behelfsmäßig durch den Warenverkauf in Abteilen der Reisezugwagen mit eingeschränktem Warenangebot (Wirtschaftsbetrieb). [...]

Der Zustand der MITROPA-Wagen kann insgesamt gleichfalls nicht befriedigen. Hohe Störanfälligkeit der technischen Anlagen, ungenügende Ablufteinrichtungen und fehlende Eigenheizung sind u.a. Ursachen für eine gegenüber dem Versorgungsauftrag eingeschränkte Reisendenversorgung. In 49 von 132 durchgeführten Kontrollen in Zügen mit Büfettwagen (37,1 %) waren die Kühleinrichtungen teilweise bereits seit längerer Zeit defekt. Trotz bestehender Wartungsvereinbarungen mit Betrieben des VEB Kühlanlagenbau ist die regelmäßige Wartung und Pflege der eingesetzten Haushaltskühlschränke nicht ausreichend gewährleistet. [...]

Quelle: SAPMO BArch, DY 30/41783, Bd. 1.

Nr. 8c

[...] Die Fahrzeitzuschläge für Bauarbeiten und Mängelstellen im Gesamtnetz der Deutschen Reichsbahn wuchsen im Fahrplanabschnitt 1986/87 um 2000 Minuten. Das sind 11,5 % der Reisezeit der schnellfahrenden Züge.

Die Reisegeschwindigkeit der Städteexpreßzüge ist von 78,3 auf 77,0 und der Schnellzüge von 65 auf 64,4 km/h zurückgegangen.

Die Pünktlichkeit der Städteexpreßzüge hat sich von 80,1 auf 71,8, der Städteschnellverkehrszüge von 67,5 auf 58,7 und des Schwerpunktberufsverkehrs von 96,9 auf 95,9 % verschlechtert.

Das Störgeschehen hat einen hohen Einfluß auf die durchschnittlich täglich von Januar bis Mai 1986 im Transportrückstau gestandenen 133 Güterzüge mit ca. 4400 Wagen, die nicht entsprechend der Technologie befördert wurden. Im Vergleichszeitraum 1985 waren es noch 66 Züge mit 2180 Wagen.

Nicht durchgeführte notwendige Instandhaltungsmaßnahmen an den Gleisanlagen waren eine wesentliche Ursache für 199 Bahnbetriebsunfälle, die von Januar bis Mai 1986 eintraten und bei denen z.T. hoher volkswirtschaftlicher Schaden entstand.

Die völlig unbefriedigende Gesamtsituation und die damit verbundene negative Entwicklung im Störgeschehen, vor allem im Bereich Bahnanlagen, stößt, da gegenwärtig keine Perspektive einer positiven Veränderung gesehen wird, auf das Unverständnis zahlreicher Leiter und Eisenbahner und führt zu ständigen politisch-ideologischen Diskussionen. [...]

Quelle: SAPMO BArch, DY 30/ 39543, Bd. 1.

Nr. 8d

Der Zustand der Reisezüge ist auch gegenwärtig noch kritikwürdig und beeinträchtigt die Attraktivität des Reiseverkehrs erheblich. Die überwiegende Zahl der kontrollierten Züge wies Mängel in der Reinigung und Ausrüstung sowie im technischen Zustand auf.

Das Kontrollergebnis macht den noch bestehenden Widerspruch sichtbar zwischen den umfassenden konzeptionellen Festlegungen, den in Dienstvorschriften enthaltenen Qualitätskriterien zur Gewährleistung des geforderten Niveaus der Reisezüge und ihrer praktischen Verwirklichung.

- Von den insgesamt 487 kontrollierten Reisezügen mußten 333 Züge = 68,4 % bemängelt werden.
- Unvertretbar hoch war dabei der Anteil der unmittelbar nach erfolgter Reinigung beanstandeten Züge. Von 282 Reisezügen wiesen 167 Züge = 59,2 % Mängel auf.
- Von den insgesamt 205 während der Fahrt kontrollierten Zügen wurden bei 166 Zügen = 81 % Mängel festgestellt.
- 138 der kontrollierten Züge waren in das [...] einbezogen. Davon mußten 93 Reisezüge = 67,4 % bemängelt werden.

Die festgestellten Mängel konzentrieren sich, obwohl sie vielfach komplex zu verzeichnen waren, schwerpunktmäßig wie folgt:

- Unzulänglichkeiten in der Innenreinigung – die Außenreinigung konnte verbessert werden – bei 95 Zügen = 28,5 % der kontrollierten Züge, wie unterlassene Entleerung von Aschenbechern und Abfallbehältern, ungenügende Fußbodenreinigung, Nässeeinwirkung durch nicht geschlossene Fenster, Unsauberkeit von Toiletten und Waschräumen.
- Fehlende oder unvollständige Ausrüstung der Waschräume und Toiletten mit Wasser, Seife, Handtüchern und Papier, fehlende Feuerlöscher sowie leere Ersatzteilschränke bei 87 Zügen = 26,2 %.
- Ungenügender technischer Zustand bei 139 Zügen = 41,7 %. Hauptmängel waren Tür-, Fenster- und Toilettenschäden, Glasschäden, fehlende Fensterkurbeln – z.B. in einem Wagen beim D 796 16 von 18 Fensterkurbeln –, fehlende Aschenbecher und Abfallbehälter, Schäden an Sitzen.

Quelle: SAPMO BArch, DY 30/39543, Bd. 2.

Nr. 9

„Der Zustand in den Geschäften für PKW-Ersatzteile ist katastrophal"

Eingabe einer Besitzerin eines PKW „Trabant" an Generalsekretär Honecker vom 14. April 1980

Werter Genosse Honecker!
Da ich mich seit einem halben Jahr in Karl-Marx-Stadt und Umgebung bisher vergeblich um 4 neue Trabantreifen bemüht habe, sehe ich mich gezwungen, mich mit der Bitte um Hilfe an Sie zu wenden.

Ich besitze seit 1977 einen PKW vom Typ ‚Trabant' und habe bisher ca. 30 000 km damit zurückgelegt. Die Reifen sind dringend erneuerungsbedürftig, da das Profil fast völlig abgefahren ist. Bisher ist es mir trotz umfangreicher Bemühungen nicht gelungen, 4 Reifen zu erstehen. [...]

Da am vergangenen Wochenende durch einen unglücklichen Zufall (Glassplitter auf der Straße) noch ein Reifen unbrauchbar geworden war, mußten wir das Reserverad montieren und sind nun total aufgeschmissen, da man ja ohne Ersatzrad laut Straßenverkehrsordnung keine größeren Strecken fahren darf.

Der Zustand in den Geschäften für PKW-Ersatzteile ist katastrophal und schockierend! Immer mehr Autobesitzer gehen auf Grund der unzumutbaren Ersatzteillage dazu über, sich Reifen, Außenspiegel usw. durch Diebstahl zu beschaffen. Daß man sich nicht gerade freut, wenn man früh feststellt, daß der Außenspiegel gestohlen wurde, dürfte doch klar sein. Nun befürchten wir jeden Tag, daß es uns mit den Reifen genauso gehen könnte, da wir ‚Laternenparker' sind!

Ich glaube kaum, daß es im Sinne einer sozialistischen Moral und Lebensweise ist, durch fehlende Ersatzteile Rechtsbrecher am laufenden Band heranzuziehen!

Beim Ingenieurstudium hören wir in den Konsultationen in fast jedem Fach, wie weit unser Lebensstandard fortgeschritten sein soll! Bis jetzt habe ich bei den Ersatzteilen jedoch noch nichts davon bemerken können. Oder soll sich die Erhöhung des materiellen Lebensniveaus neuerdings so bemerkbar machen, daß man sich ein nagelneues Auto kaufen muß, wenn man ein paar Reifen braucht? Ähnlich ist es bei Tonbandkassetten. Da getraut man sich schon gar nicht mehr danach zu fragen, weil einen die Verkäufer glatt auslachen! So etwas entbehrt in meinen Augen jeder Logik.

Besonders erfreulich ist es, wenn einem auf seine Frage nach Reifen zur Antwort gegeben wird: ‚Jaa, heute früh haben wir eine halbe Stunde lang pro Person 2 Reifen verkauft, aber jetzt gibt es nichts mehr!!!'

Sollen die Berufstätigen dafür, daß sie für unseren Staat, für eine gesicherte Zukunft arbeiten, noch bestraft werden, indem ihnen jede Möglichkeit genommen wird, auch nach der Arbeitszeit noch an ‚Mangelware' heranzukommen? Es gibt nicht nur Schichtarbeiter, die sich auch mal vormittags nach Reifen anstellen können und somit wenigstens die Chance haben, mal etwas zu erwischen. Der verlängerte Erholungsurlaub soll doch sicher nicht dazu dienen, daß sich die Normalschichtler gezwungen sehen, Urlaub zu nehmen, um sich dann ab und zu nach Autoreifen anzustellen? In unserer Stadt (und sicher nicht nur hier) herrscht nämlich die schöne Sitte, Reifen immer nur vormittags zu verkaufen!

Bei den jetzigen Zuständen fragt man sich wirklich, wozu man überhaupt noch auf Arbeit geht, da man für sein Geld ohnehin nicht das kaufen kann, was man benötigt (ich denke dabei außer an die von uns dringendst benötigten Trabantreifen noch an Bett- und Tischwäsche, Gläser, Töpfe usw.). Wo soll da noch die vielgepriesene Arbeitsfreude herkommen, wenn man den Erfolg seiner tagtäglichen Bemühungen nicht sieht und jeden Tag neue Rückschläge in den Geschäften bekommt?

Ich bitte Sie um Stellungnahme in der gesetzlich vorgeschriebenen Frist und um einen Hinweis, wo ich mich noch um Trabantreifen bemühen kann, ohne mit einem ‚Bedaure, da sind schon seit langem keine mehr da gewesen' abgefertigt zu werden.

Man wird ja zur Zeit direkt gezwungen, sich unlauterer Mittel und Wege zu bedienen, wenn man sein Auto nicht ‚auf Eis legen' will oder mit abgefahrenen Reifen zuletzt noch einen Unfall bauen will!

In der Hoffnung, von Ihnen bald einen positiven Bescheid in bezug auf die Reifenbeschaffung zu erhalten, verbleibe ich:

Mit sozialistischem Gruß
[Unterschrift]

Quelle: SAPMO BArch, DY 30/26559, Bd. 1.

Nr. 10
Über die Verkehrsflugzeugflotte der Interflug

Information des Verkehrsministers Arndt an die Mitglieder und Kandidaten des Politbüros des ZK der SED vom 26. Mai 1988

Zur Erfüllung der Transportaufgaben unterhält die INTERFLUG eine Flotte von 41 Verkehrsflugzeugen.

In 50 000 Flugstunden wurden damit 1987 24 360 internationale Flüge durchgeführt, mit denen 40 Millionen Kilometer zurückgelegt und 2,85 Milliarden Personenkilometer realisiert wurden.

Die Flotte umfaßt:

11 Flugzeuge des Typs IL-18   – Baujahr 1960 bis 1968;
17 Flugzeuge des Typs TU-134 – Baujahr 1971 bis 1978;
4 Flugzeuge des Typs IL-62   – Baujahr 1971 bis 1973;
9 Flugzeuge des Typs IL-62M – Baujahr 1979 bis 1987

Das Durchschnittsalter der Flotte beträgt 15 Jahre.

Älter als 25 Jahre sind   4 Flugzeuge;
älter als 15 Jahre sind   18 Flugzeuge.

Das älteste im internationalen Verkehr eingesetzte Flugzeug der INTERFLUG fliegt seit 1960.

Auf Drängen der INTERFLUG erlauben die Generalkonstrukteure Tupolev und Iljushin, daß die für die Flugzeugtypen festgelegte Grenznutzungsdauer bei bisher 16 Flugzeugen überschritten werden darf.

Zur Zeit sind 13 Flugzeuge im Einsatz, die die Grenznutzungsdauer um 1 bis 8 Jahre überschritten haben.

Die Flugzeuge verkörpern einen Entwicklungsstand vom Ende der fünfziger, Anfang der sechziger Jahre. Seither vorgenommene Modernisierungen haben mit der internationalen Entwicklung nicht Schritt gehalten, so daß neben hohen wirtschaftlichen Aufwendungen für den Betrieb der Flugzeuge in den Folgejahren Restriktionen wegen des zu hohen Lärmpegels und der zu ungenauen Navigationsausrüstung im internationalen Einsatz nicht ausgeschlossen werden können.

Die 41 Verkehrsflugzeuge sind mit 130 Flugmotoren ausgerüstet, für die zusätzlich 112 Motoren in Reserve gehalten werden. Die Reserve übersteigt die internationale Norm um das 7–9fache. Sie ist der geringeren Zuverlässigkeit der Triebwerke, dem hohen Wartungsaufwand und den langen Reparaturzeiten in den Motorenwerken der UdSSR geschuldet.

Während international bei einer Reserve von 10% im Durchschnitt 10000 Flugstunden je Flugmotor realisiert werden, erreichen die eingesetzten Motoren im Mittel 2370 Stunden. 50% aller Flugmotoren erreichen nicht die vom Hersteller vorgesehenen Laufzeiten bis zur Generalreparatur.

Zur Gewährleistung der Flugsicherheit werden vom sowjetischen Hersteller Wartungs- und Kontrollarbeiten vorgeschrieben, deren Umfang ein Mehrfaches der internationalen Norm beträgt. So fordern die Vorschriften die technische Durchsicht nach jeweils 85–120 Flugstunden mit einer Standzeit von 30 Stunden.

Generalreparaturen sind nach jeweils 5000–8000 Flugstunden in den Instandsetzungswerken der UdSSR durchzuführen. Sie erfordern durchschnittliche Standzeiten von 60–180 Tagen.

Im internationalen Vergleich werden technische Durchsichten an Verkehrsflugzeugen nach jeweils 250 bis 400 Flugstunden in einer Standzeit von 5 Stunden, Generalreparaturen nach 20000 bis 30000 Flugstunden innerhalb von 30 Tagen durchgeführt.

Zu den wesentlich höheren Standzeiten führen vor allem auch Korrosionsschäden und Risse in tragenden Teilen der Flugzeugkonstruktion an älteren Flugzeugen sowie Undichtheiten an Kraftstoffbehältern.

Im Gefolge von Flugvorkommnissen wurde der vorgeschriebene Wartungsumfang wiederholt erhöht. So wurden alleine im Jahre 1987 19 Bulletins vom Hersteller herausgegeben, in deren Folge sich der Wartungsaufwand für das Triebwerk der IL-62M verdoppelt hat.

Neben dem aufwendigen Wartungsrhythmus beeinträchtigt die Häufigkeit von technischen Störungen die intensive Ausnutzung des Flugzeugparks und die Stabilität des Transportprozesses. [...]

In 12 Fällen kam es zu einer Beeinträchtigung der Flugsicherheit durch technisches Versagen einzelner Systeme. Ernster Schaden wurde dabei durch das fliegerische Können der Flugzeugbesatzungen abgewendet. [...]

Die Ersatzteilversorgung wird im wesentlichen gewährleistet. Zunehmende Probleme bereitet jedoch die Sicherstellung für die IL-18, deren Produktion Ende der sechziger Jahre eingestellt wurde. Anhaltende Schwierigkeiten bestehen ferner aus genannten Gründen bei dem Triebwerk der IL-62M. [...]

Im Vergleich zu modernen Flugzeugen und moderner Instandhaltungsorganisation erreicht die INTERFLUG im Durchschnitt nur etwa 50% der jährlichen Flugstunden je Flugzeug [...]

Quelle: SAPMO BArch, DY 30/41783, Bd. 2.

Elektrifizierung der Bahn im Bezirk Cottbus 1989.

Wartungsarbeiten an Bahngleisen, Potsdam, Jan. 1987. Im Winter war es erforderlich, Weichen manuell aufzutauen.

Gleissanierung Halle 1988. Im Jahre 1989 waren lediglich 23 v.H. der Gleisanlagen nach westlichen Maßstäben voll funktionsfähig.

Wegen Treibstoffmangels mußten Straßenbahnen einen Teil des Gütertransports übernehmen.

Oben: Magdeburg 1983.

Unten: Leipzig 1989.

Oben: Trabant-Karosserien, Zwickau 1990.

Unten: Trabant-Reparatur in Selbsthilfe, Halle 1989.

Bushaltestelle in Cottbus, 1990.

Hannsjörg F. Buck

Umweltpolitik und Umweltbelastung

Das Ausmaß der Umweltbelastung und Umweltzerstörung beim Untergang der DDR 1989/90

Es gibt wohl keinen gesellschaftspolitischen Bereich der ehemaligen DDR, in dem zwischen propagiertem Anspruch und düsterer Realität eine solche riesige Lücke klaffte wie auf dem Gebiet des Umweltschutzes.

Um in Europa und der Welt als Vorreiter für eine ökologische Neubesinnung zu gelten, hatte die DDR bereits im April 1968 den Umweltschutz als „Staatsziel" in der Verfassung verankert. In *Artikel 15* der Verfassung wurden Staat und Gesellschaft verpflichtet, im *„Interesse des Wohlergehens aller Bürger"* alle *„kostbaren Naturreichtümer"* strikt zu schützen und rationell zu nutzen.[1] Vordringlich sei vor allem ein fürsorglicher Umgang mit dem nicht vermehrbaren land- und forstwirtschaftlich genutzten Boden, die Reinhaltung der Gewässer und der Luft, die Erhaltung der heimischen Pflanzen- und Tierwelt und die Bewahrung der *„landschaftlichen Schönheiten der Heimat"* (s. Art 15, Abs 2).

> Demgemäß verpflichtete sich die SED auch in ihrem auf dem IX. Parteitag im Mai 1976 verabschiedeten (2.) Programm dazu, alles zu tun, um „die Natur als Quell des Lebens, des materiellen Reichtums, der Gesundheit und der Freude der Menschen zu erhalten, [und] rationell, auf wissenschaftlicher Grundlage zu nutzen, [...] damit sie dem gesicherten und glücklichen Leben kommender Generationen in der kommunistischen Gesellschaft dienen kann. Durch wirksame gesellschaftliche Anstrengungen zum Schutz des Bodens, zur Reinhaltung von Luft und Wasser sowie zur Verminderung des Lärms werden bessere Bedingungen für Arbeit und Freizeit geschaffen". [...]
> „Insbesondere die Industriebetriebe, die landwirtschaftlichen Produktionsgenossenschaften und volkseigenen Güter haben dazu einen großen Beitrag zu leisten."[2,3]

Zur gesetzlichen Umsetzung dieses Verfassungsauftrages von 1968 wurde dann im Jahre 1970 ein weit gefaßtes Grundlagengesetz für den Umweltschutz verabschiedet. Es erhielt abgekürzt den Namen „Landeskulturgesetz".[4] Dieses nach 1970 durch zahlreiche weitere Gesetze und Durchführungsverordnungen ergänzte Gesetz verpflichtete den SED-Staat auf dem Papier zu einer umweltverträglichen Nutzung der nicht erneuerbaren Umweltressourcen, zu einem umfassenden Schutz des Bodens, der Gewässer und der Wälder, zur Reinhaltung der Atemluft und zu einer schadlosen Beseitigung der Siedlungsabfälle und des Industriemülls.[5,6] Knapp zwei Jahre nach dem Erlaß des „Landeskulturgesetzes" gründete die Staatsführung der

DDR mit Wirkung vom 1. Januar 1972 das „Ministerium für Umweltschutz und Wasserwirtschaft".[7] Als Exekutivinstanz des DDR-Gesetzgebers sollte es in der Wirtschaftspraxis für die Durchsetzung des Umweltschutzrechts sorgen.

Obwohl somit in der DDR bereits recht früh sowohl die *gesetzlichen* als auch die *institutionellen* Voraussetzungen für eine aktive Umweltschutzpolitik geschaffen worden waren, änderten diese optisch so wirkungsvollen ökologischen Aushängeschilder nichts an der eklatanten Vernachlässigung des Umweltschutzes im realen DDR-Sozialismus und an der fortschreitenden Belastung und Verwüstung der Umwelt in Ostdeutschland.

Dies lag u.a. daran, daß die effektiven Investitionen zum Schutze der Umwelt weit hinter den Erfordernissen zur Erhaltung einer lebensfähigen und lebenswerten Umwelt zurückblieben. Für den Schutz der Umwelt hatte die SED-Staats- und Wirtschaftsführung im Zeitraum von 1980 bis 1989 nicht mehr übrig als 1,7 v.H. der gesamten jährlichen Investitionen in der Volkswirtschaft. Dies entsprach einem Anteil von lediglich 0,4–0,5 v.H. des im Inland verwendeten „Nationaleinkommens"[8] [9] Damit stand fest, daß mit dieser Bagatellsumme natürlich nur die dringendsten Umweltschäden notdürftig repariert werden konnten. Im Vergleich zu den stets geschmähten „kapitalistischen" Industriestaaten blieb daher die DDR mit diesen dürftigen Schutzmaßnahmen weit hinter deren jährlichen Anstrengungen zurück.

Ungeachtet der tagtäglich direkt vor der Haustür erfahrbaren Umweltbelastungen und Umweltschäden ließen die Parteiideologen der SED und die ihnen angepaßten Wissenschaftler der DDR nicht davon ab, den „Sozialismus" als die *einzige* Wirtschafts- und Gesellschaftsordnung zu preisen, in der Wirtschaftswachstum und Wohlstandsvermehrung auf der einen und Schutz der Umwelt auf der anderen Seite harmonisch miteinander vereint werden können (vgl. Anhang, Nr. 1). Ferner gehörte es in der DDR jahrzehntelang zum Ritual jeder Erklärung und Veröffentlichung zum Thema „Ökonomie und Ökologie", den weltweit vorkommenden Raubbau an den Naturressourcen und die der Umwelt durch Produktionswachstum zugefügten Schäden allein dem auf rücksichtslose Profitmaximierung ausgerichteten kapitalistischen System anzulasten.[10] Hierdurch sollte natürlich nicht zuletzt von den hausgemachten Umweltverwüstungen abgelenkt werden (vgl. Anhang, Nr. 2). Aber auch für diese wurden wiederum nicht die eigenen Umweltsünden, sondern die noch nicht überwundenen Erblasten des besiegten Kapitalismus und der dem Sozialismus aufgezwungene Systemwettstreit mit dem kapitalistischen Lager („Kalter Krieg") verantwortlich gemacht.[11]

Nach der „Wende" urteilte der DDR-Wissenschaftler Horst Paucke (Professor am Institut für Soziologie und Sozialpolitik der AdW der DDR) wie folgt über die Umweltpolitik der SED-Staatsführung:

„Die Mißwirtschaft der ‚entwickelten sozialistischen Gesellschaft' hat die Natur geschädigt, die Wirtschaft ruiniert und den ökologischen Imperativ einer ‚Versöhnung des Menschen mit der Natur' demoralisiert. Sie betrieb Raubbau an Natur und Mensch. Ähnliche Verhältnisse charakterisierte F. Engels bereits im vorigen Jahrhundert als sozialen Mord, der versteckt und heimtückisch begangen wird, gegen den sich niemand wehren kann, weil er ganz natürlich aussieht, weniger eine Begehungs- als eine Unterlassungssünde ist, der die Gesundheit der Menschen allmählich zersetzt und sie vorzeitig ins Grab bringt. Engels begründete seine Anklage auf Mord mit dem Indiz der Vorsätzlichkeit, weil die Gesellschaft weiß, wie schädlich Umweltbelastungen sind und doch nichts dagegen unternimmt. Die frühere Partei- und Staatsführung der DDR lebte im wahrsten Sinne des Wortes unter Naturschutzbedingungen und verdrängte die Wirklichkeit nach dem Motto: Nach uns die Sintflut."[12]

1. Verschmutzung und Vergiftung der Luft durch Schadstoffe

1.1. Luftbelastung durch Schwefeldioxid (SO_2) und Staub

Bis 1989 war die DDR mit weitem Abstand vor allen anderen Staaten der größte Umweltverschmutzer bei Schwefeldioxid und Staub in Europa. In ihrer Endzeit (1987–1990) wurden auf dem Territorium der DDR pro Jahr 5,2 bis 5,6 Mio. t Schwefeldioxid (SO_2) und 2,2 bis 2,3 Mio. t Staub emittiert. *Je Einwohner* bliesen die DDR-Schadstoffemittenten 1988 rd. 313 kg Schwefeldioxid und 132 kg Staub in die Luft. Hätten Luftströmungen der DDR nicht geholfen, einen Teil ihres immensen Schadstoffausstoßes zu „exportieren", so wären zum Beispiel im Jahre 1988 auf dem Territorium der DDR pro Quadratkilometer 48 t Schwefeldioxid und über 20 t Staub niedergegangen.

Die höchsten Belastungen durch die Vergiftung der Luft mit SO_2 und Staub hatten die Menschen in den Bezirken *Cottbus, Frankfurt/Oder, Halle, Karl-Marx-Stadt (später wieder Chemnitz)* und *Leipzig* zu ertragen. Hier wurden auch knapp 70 v.H. der SO_2-Gesamtemission freigesetzt. In diesen fünf Territorien wies nach amtlichen Messungen die Luft nahezu das ganze Jahr die höchstmöglichen *Belastungsstufen* auf. Wer dort lebte, hatte somit eine Luft zum Atmen, die das Etikett „mit Schadstoffen überlastet", „stark überlastet" oder „sehr stark überlastet" trug (Belastungsstufen 3–5). 3,6 bis 3,9 Millionen Menschen waren somit in diesen Bezirken gezwungen, nahezu ständig gesundheitsgefährdende Konzentrationen von Schadstoffen in der Atemluft hinzunehmen.[13]

> – Mehr als ein Drittel der DDR-Bevölkerung (ca. 6 Millionen Menschen) lebten in Gebieten, in denen mehrfach während eines Jahres Immissionskonzentrationen bei *Schwefeldioxid* oberhalb der noch tolerierbaren Grenzwerte gemessen wurden. Dies traf auch auf Berlin (Ost) zu.[14]
> – Jedes Jahr war im Süden der DDR rund ein Viertel der DDR-Bewohner (ca. 4,3 Millionen Menschen) über längere Zeiträume *Sedimentationsstaubbelastungen* ausgesetzt, die beträchtlich über den amtlich zulässigen Grenzwerten lagen.[15]

Über diese Belastungen durften allerdings die DDR-Medien nicht berichten. Selbst bei regionalem Auftreten gesundheitsgefährdender hoher Schadstoffkonzentrationen in der Luft untersagte die SED die Auslösung von Smog-Alarm. Die Geheimhaltungsbefehle des DDR-Ministerrats verhinderten nahezu jede Warnung an die Bevölkerung und verboten zudem Berichte über das erreichte Ausmaß der Luftvergiftung in den einzelnen Territorien der DDR. Dabei hätte im nördlichen Mittelgebirgsvorland von Sachsen (Karl-Marx-Stadt, Aue, Zwickau) und Thüringen (Gera, Erfurt) und ebenfalls in den industriellen Ballungsgebieten in Sachsen

(Leipzig, Grimma, Borna, Altenburg) und Sachsen-Anhalt (Halle, Bitterfeld, Weißenfels) nicht nur bei austauscharmen Wetterlagen, sondern beinahe jede Woche einmal Smog-Alarm gegeben werden müssen.

Mit dem Geheimhaltungsbeschluß des Ministerrates vom 16. November 1982 „[...] zum Schutz von Informationen über den Zustand der natürlichen Umwelt der DDR" wurde die bereits bestehende Zensur von Berichten über die Belastung und Verwüstung der Umwelt in Ostdeutschland noch einmal verschärft. Aus panischer Angst vor der Entstehung einer „grünen" Protest- und Massenbewegung vergatterte die SED-Führung selbst Wissenschaftler im Bereich der Naturwissenschaften und der ökologischen Forschung dazu, absolutes Stillschweigen über ihre Entdeckungen zu wahren und in Vorträgen und Veröffentlichungen keine Angaben über die fortschreitenden Umweltzerstörungen zu machen. Hierdurch wurde ab Ende 1982 „die Veröffentlichung von Absolutwerten der Schadstoffkonzentration selbst in der Fachpresse verboten. Auch auf Fachtagungen und im persönlichen Gespräch durften diese Daten nicht genannt werden, es sei denn, der Partner war VVS – (Vertrauliche Verschlußsache-)verpflichtet."[16, 17] Damit wurde die Medienzensur durch den SED-Staat um eine neue Tabuzone erweitert und zudem die Naturwissenschaftler der DDR noch mehr vom internationalen Wissenschaftsdialog abgekoppelt.[18]

Entgegen diesen Fakten hat die SED-Staatsführung öffentlich stets bestritten, daß sie zu irgendeinem Zeitpunkt Befehle zur Verheimlichung der Umweltbelastungen in der DDR erlassen habe.

Abseits dieser durch den SED-Staat errichteten Geheimhaltungsbarrieren vereitelten Dutzende von Investitions- und Versorgungsmängeln ständig eine realistische Erfassung der Emissionsmengen und Immissionswerte durch die in der DDR bestehende ökologische Forschung (Umwelthygieneforschung). Infolge einer viel zu geringen Zahl von Meßstationen und der häufig auch ungeeigneten Meßgeräte blieb während der gesamten DDR-Zeit die Luftüberwachung zur Abwehr von Gesundheitsgefahren unzureichend (vgl. zum Beleg Anhang, Nr. 3).

Höhere Konzentrationen von Schwefeldioxid in der Atemluft reizen und schädigen die Atemorgane von Menschen und Tieren. Können diese längere Zeit einwirken, so führen diese Gasbeimengungen in der Atemluft zu Entzündungen der Lunge und können unter Smogbedingungen vor allem bei älteren Menschen zudem Herz-Kreislauf-Versagen auslösen. Aus diesem Grunde litten auch in den Zentren der Braunkohlenenergiewirtschaft und in den industriellen Ballungsgebieten der Bezirke Halle, Leipzig, Karl-Marx-Stadt und Cottbus weit mehr Menschen ständig an Bronchitis, Asthma und Herz-Kreislauf-Erkrankungen als in den weniger belasteten Regionen der DDR. Atemwegsbelastungen durch Umweltgifte treffen vor allem Kinder. Nach Untersuchungen der Staatlichen Hygieneinspektion und des Instituts für Umweltschutz der DDR litt in der zweiten Hälfte der 80er Jahre fast jedes zweite Kind in den Südbezirken der DDR unter Atemwegserkrankungen. Seit 1970 war in diesem Raum die Zahl der an Bronchitis erkrankten Kinder um etwa 50 v.H. angestiegen.[19] Bei den chronischen Bronchitiden lag dieser Anstieg sogar bei 75 v.H.

Auch die Zahl der Kinder, die unter endogenen Ekzemen litten, hatte sich in den durch Umweltgifte lufthygienisch hoch belasteten Territorien der DDR seit 1970 dramatisch erhöht. In der Endzeit des DDR-Sozialismus war dort beinahe jedes dritte Kind durch Ekzeme befallen.[20]

Umweltpolitik und Umweltbelastung 227

Letztlich schädigen höhere Schwefeldioxidanteile in der Luft den Assimilationsapparat der Pflanzen durch Verätzungen des Blattwerks (Schädigung der Zellmembranen; Blattnekrose). Sie stören die Regulation der Spaltöffnungen und damit den internen Wasserhaushalt der Pflanzen und hemmen den Photosynthese-Ablauf beim Pflanzenwachstum. Ferner begünstigen sie durch Bildung von Schwefelsäure die Entstehung von Saurem Regen, die Versäuerung des Bodens und sind letztlich für das Verkümmern und Absterben ganzer Waldbezirke verantwortlich.[21]

Tabelle 1: Gesamtemission von Schwefeldioxid (SO$_2$) in der Bundesrepublik Deutschland und in der DDR 1970 bis 1990 sowie in den alten und neuen Bundesländern 1991/1992
(einschließlich Verkehrswesen)

Jahr	Bundesrepublik Deutschland	DDR	DDR : BRD BRD = 100
	in 1000 t		in vH.
1970	3 800		
1975	3 308	4 111	124
1978	3 400		
1980	3 166	4 320	136
1981		ca. 4 360	
1982	2 900	4 610	159
1983		ca. 4 700	
1984	2 600	5 090	196
1985	2 369	5 385	227
1986	2 300	5 403	235
1987		5 605	
1988	1 218	5 255[1]	431
1989	939	5 250[1]	559
1990	878	4 755[2]	542
	Früheres Bundesgebiet	Neue Bundesländer und Berlin-Ost	
1991	896	5 534[2]	394
1992	875	3 021[1]	345

1 Rückgang des SO$_2$-Ausstoßes durch den Einfluß milder Winter.
2 Rückgang des SO$_2$-Ausstoßes infolge von Sanierungen erhaltenswerter Kraftwerke und von Stillegungen veralteter Kraftwerke sowie von Produktionsanlagen mit hohem Verschleißgrad und mit einer weit überdurchschnittlichen Umweltbelastung.

Quellen: Statistische Jahrbücher der DDR 1989, S. 155; Ausgabe 1990, S. 146/147; Statistische Jahrbücher der Bundesrepublik Deutschland 1987, S. 588; Ausgabe 1989, S. 590; Ausgabe 1990, S. 621; Ausgabe 1993, S. 742; Ausgabe 1995, S. 722/723; Bundesministerium für Umwelt, Naturschutz und Reaktorsicherheit: Sonderbericht „Bilanz und Perspektiven der ökologischen Entwicklung in den neuen Bundesländern", in: Umwelt, Heft Nr. 9/1995, 16 Sonderseiten; „Umweltbericht DDR", Hrsg. vom Institut für Umweltschutz, Berlin (Ost), 15. Februar 1990, S. 10; *Winkler, Gunnar* (Hrsg.): „Sozialreport DDR 1990 (Daten und Fakten zur sozialen Lage der DDR)", Stuttgart, München und Landsberg 1990, S. 175ff.

Anders als seinerzeit gelegentlich von DDR-Seite behauptet, waren für die Luftverschmutzung nicht Schadstoffimporte aus dem Ausland verantwortlich; sie war hausgemacht. Dies rührte nicht in erster Linie daher, weil die benötigte Elektroenergie ab 1985 u.a. aus Devisenmangel zu über 82 v.H. aus heimischer Braunkohle erzeugt wurde (Rohbraunkohle und Braunkohlenbriketts). Hauptursache für dieses Umweltdesaster war, daß die DDR kein technisch ausgereiftes, großindustriell einsetzbares Verfahren zur Rauchgasentschwefelung ihrer Kraftwerke besaß, die Entwicklung moderner Umweltschutztechnik sträflich vernachlässigte und dem Produktionswachstum unbedingte Priorität vor dem Umweltschutz einräumte.[22] Außerdem verzögerte die DDR-Führung viele Jahre lang auch die Annahme großzügig bemessener Angebote der Bundesrepublik für eine technische und finanzielle Hilfe (= Know how- und Kapitaltransfer) bei der Durchführung von Luftentgiftungsinvestitionen, weil sie glaubte, sie dürfe sich nicht in die Abhängigkeit ihrer kapitalistischen Gegner begeben.

In Übereinstimmung mit den anderen westeuropäischen Staaten gelang es der Bundesrepublik in den 80er Jahren die Emission von Schwefeldioxid um *rd. 70 v.H.* zu senken, und zwar von 3,2 Mio.t 1980 auf 0,94 Mio.t 1990.[23] Demgegenüber verlief die Entwicklung in der DDR genau umgekehrt. Dort erhöhte sich die jährliche Emissionsmenge von 4,3 Mio.t 1980 auf 5,2 Mio.t in Jahren mit milden Wintern (1988/89) und auf 5,6 Mio.t in Jahren mit strengen Wintern (z.B. 1987).[24] Mit diesen Emissionsmengen hatte die DDR in Europa den „Spitzenplatz" (vgl. Tabelle 1) im Pro-Kopf-Ausstoß bei Schwefeldioxid erklommen. Bezogen auf die mittlere Bevölkerungszahl betrug in den Jahren 1988/89 die SO_2-Emission je DDR-Bewohner rund das 15- bis 20-fache derjenigen pro Einwohner im westlichen Teil Deutschlands (vgl. Tabelle 2).

Tabelle 2: **Belastung der DDR mit Luftschadstoffen 1988 im Vergleich zur Bundesrepublik Deutschland Schadstoffemissionen bei den Hauptschadstoffarten ohne Emissionen des Verkehrswesens[1]**

Schadstoff	DDR			Bundesrepublik		
	Tsd. t/a	t/km²	kg/Einwohner	Tsd. t/a	t/km²	kg/Einwohner
Schwefeldioxid (SO_2)	5 208,7	48,1	312,5	1 142,0	4,6	18,6
Schwebstaub	2 198,5	20,3	131,9	458,0	1,8	7,5
Stickoxide (NO_x)	408,2	3,8	24,5	1 010,0	4,1	16,4
Kohlenmonoxid (CO)	2 854,6	26,4	171,3			
Kohlenwasserstoffe (einschließlich CO_2 und FCKW)	345,0[2]	3,2	20,7	ca. 1 200,0	4,8	19,5
Fluorkohlenwasserstoff (FCKW)	1,14	0,01	0,07			

1 Emissionen aus stationären Anlagen einschließlich private Haushalte (Hausbrand).
2 Einschließlich der Emissionen des Verkehrswesens.
Quellen: Ministerium für Umweltschutz und Wasserwirtschaft der DDR: „Information zur Entwicklung der Umweltbedingungen in der DDR und zu weiteren Maßnahmen", Material für die Beratung am Runden Tisch, nicht im Buchhandel, Berlin (Ost), erste Fassung vorgelegt im Januar 1990, hier: Fassung vom 15. Februar 1990, S. 4ff., S. 9 und Anlage 1, 6 und 11 dieser Studie; Ministerium für Naturschutz, Umweltschutz und Wasserwirtschaft der DDR: „Konzeption für die Entwicklung der Umweltpolitik", als Manuskript vervielfältigt, nicht im Buchhandel, Berlin (Ost), 2. März 1990, Anlage 1/1, 1/3, 1/5 und 1/9; *Ostwald, Werner* (Hrsg.): „Raumordnungsreport '90", Daten und Fakten zur Lage in den ostdeutschen Ländern, Verlag Die Wirtschaft, Berlin (Ost) 1990, S. 163ff.; Statistisches Jahrbuch der DDR 1990, S. 146; Statistisches Jahrbuch 1991 „für das vereinte Deutschland", S. 686; und Bundesministerium für Raumordnung, Bauwesen und Städtebau (Hrsg.): „Raumordnungsbericht 1991", Bonn 1991, S. 109.

Allein das größte Braunkohlenkraftwerk der ehemaligen DDR, „Boxberg" bei Cottbus (Kapazität = 3 520 Mega-Watt), blies jährlich mehr Schwefeldioxid in den Himmel (= rd. 460 000 t) als alle Kraftwerke Dänemarks, Norwegens und der Schweiz zusammen.[25] Erhöht man die SO_2-Emission von „Boxberg" noch um diejenige des „jüngsten" und modernsten Großkraftwerks der ehemaligen DDR, „Jänschwalde" (1990 = 17 Jahre alt; Kapazität = 3 000 MW, SO_2-Emission = 400 000 t/a), so entsprach deren gemeinsamer Ausstoß 1988/89 demjenigen der Energiewirtschaft aller vier skandinavischen Länder oder dem aller öffentlichen Stromerzeuger in der damaligen Bundesrepublik.[26]

Hätte die Wirtschaft der DDR geeignete Technologien zu entwickeln vermocht und zudem auch eine genügend große Investitionskraft besessen, um diese dann anzuwenden, so hätte sie aus ihren eigenen Industrieabgasen die 10fache Menge ihres jährlichen Schwefelbedarfs herausholen können.

Ähnlich hoch wie beim Schwefeldioxid war auch der Belastungsabstand zwischen Ost und West bei der Schwebstaubbefrachtung. In der Endzeit der DDR übertraf der jährliche Staubausstoß aller DDR-Emittenten umgerechnet je Einwohner denjenigen, der im früheren Bundesgebiet auf einen Bundesbürger entfiel, um rd. das 14- bis 16fache.[27]

Hauptquelle der extrem hohen SO_2-Emissionen waren in den beiden Jahren 1988/89 mit einem Anteil von rd. 78–79 v.H. die Energieerzeugungsanlagen. Die übrigen Produktionsanlagen waren nur zu rd. 5 v.H. und die Heizungsanlagen in den privaten Haushalten nur zu etwa 7 v.H. an den SO_2-Emissionen beteiligt. Dennoch traf auch sie eine gehörige Portion Mitschuld an der schlechten Luftqualität in der ehemaligen DDR. 1988/89 wurden in Ostdeutschland noch *fast zwei Drittel* aller Wohnungen (= rd. 4,5 Mio.) mit Braunkohlenbriketts oder mit Braunkohlenstaub beheizt (Einzelfeuerungsstätten und Braunkohlenzentralheizungen).[28] Diese Heizungsanlagen befrachteten im Jahre 1989 die Luft mit 343 000 t Schwefeldioxid, 144 000 t Staub und 6 700 t Stickstoffoxid.[29] In Wohngebieten mit einem hohen Althausbestand verursachten diese Hausbrandemissionen bis zu 60 v.H. der Immissionsbelastung. Sie waren und sind z.T. noch heute in Altstadtgebieten und Tallagen die Hauptquelle für lokale Smogbelastungen.

Auch für die hohe Staubbefrachtung der Atemluft waren in erster Linie die Energieerzeugungsanlagen verantwortlich. Rund 1,2 Mio. t Staub pro Jahr (= 55 v.H. der Gesamtmenge) steuerte 1988/89 die Energiewirtschaft zur Minderung der Luftqualität über der DDR bei.[30] Sowohl die in den Kraft- und Heizwerken als auch die in den Zement- und Brikettfabriken der DDR eingesetzten Entstaubungsanlagen wiesen nach westlichen Maßstäben nur eine unzureichende Filterleistung auf. Eine weitere Minderung ihres Leistungsvermögens ergab sich durch die ständige Verlängerung der Betriebszeiten und dem hiermit verbundenen jahrzehntelangen Verschleiß.

Rund 10 v.H. der für die Dampferzeugung eingesetzten Kapazitäten besaßen überhaupt keine Entstaubungsanlage. Weitere 29 v.H. dieser Anlagen hatten bis 1989 nur wenig wirksame mechanische Staubabscheider erhalten. Die übrigen Dampferzeugungsanlagen (= 61 v.H. der installierten Leistung) waren mit Elektrofiltern ausgerüstet worden. Ihre Reinigungsleistung war jedoch nicht zufriedenstellend (erreichter mittlerer Entstaubungsgrad = 85 v.H.).[31]

Die durch Staubniederschläge verursachten Gesundheitsgefahren rühren vor allem daher, daß sich an die niedergehenden Stäube Umweltgifte wie Blei und Cadmium anlagern. Dies führt zu Belastungen des Bodens durch zunehmende Schwermetallbeimengungen und damit zu einem Eintrag von Schadstoffen in die Nahrungskette.

Nach Untersuchungen staatlicher Stellen wurden in der Umgebung vieler Metallhütten und einiger Akkumulatorenfabriken die Grenzwerte für Schwermetalle im Staubniederschlag zum Teil ständig beträchtlich überschritten.[32]

Die Emissionsdichte beim Staubniederschlag war 1988 in Berlin (Ost) mit rd. 74 t je km² am höchsten. Danach folgten die Bezirke Cottbus, Halle und Leipzig mit folgenden Höchstbelastungswerten: 58 t/km²; 54 t/km² und 48 t/km² (siehe zum Beleg Tabelle 3).

Tabelle 3: Staubemissionen in der DDR aus stationären Anlagen 1980–1990[1]

Jahr	DDR insgesamt[2] in 1000 t	Staubemission je km²	Bezirke der DDR[3][4] Staubemission je km²			
			Berlin (Ost)	Cottbus in t	Halle	Leipzig
1980	2 456,3	22,7	141,4	77,8	59,8	58,0
1981	2 430,6	22,4	126,8	73,6	63,5	58,9
1982	2 385,2	22,0	84,6	79,9	58,7	57,6
1983	2 226,6	20,6	83,6	71,8	53,3	49,7
1984	2 267,4	20,9	91,3	67,5	55,8	50,1
1985	2 335,1	21,6	69,2	64,8	57,1	52,9
1986	2 322,8	21,4	69,5	64,2	58,6	53,6
1987	2 335,2	21,6	91,3	58,7*	62,6	52,8
1988	2 198,5	20,3	74,4	57,5	53,7	47,6
1989	2 100,0					
1990[5]	1 850,0					

1 Ermittlungsergebnisse des DDR-Ministeriums für Umweltschutz und Wasserwirtschaft. Grundlage dieser Ermittlungsergebnisse waren die Meßergebnisse und Untersuchungen der bis 1990 bestehenden Staatlichen Umweltinspektionen in den Bezirken und Kreisen der DDR. Die Angaben für die Jahre 1989/90 stammen aus dem Bundesumweltamt.
2 1988 wurden in der DDR aus stationären Anlagen (Kraft- und Heizwerken, Brikettfabriken, Hütten-, Stahl- und Buntmetallurgiewerken, Karbidöfen, Zementanlagen usw.) 2,2 Millionen Tonnen Staub pro Jahr in die Luft geblasen. Dies entsprach einer Staubbelastung von 0,14 Tonnen je Einwohner oder von 20 Tonnen je km² Fläche. Rund 41 v.H. der Staubemissionen (= 902 000 t) gingen auf das Konto der Industriezweige Kohle und Energie, während 12 v.H. der Staubmenge (= 270 000 t) durch Betriebe der chemischen Industrie emittiert wurden.
3 Bezirke mit der größten Staubemission und -belastung.
4 Die höchsten Staubmengen wurden in den Kreisen Spremberg, Borna, Merseburg, Senftenberg, Calau, Görlitz, Gräfenhainichen, Bernburg, Bitterfeld und Weißwasser emittiert. Die stationären Staubemittenten in diesen zehn Kreisen verursachten rund 40 v.H. der gesamten Staubbelastung der Luft in der DDR.
5 Rückgang der Staubemission durch die Verminderung der Produktion und die Stillegung von nicht sanierbaren Unternehmen mit hohem Ausstoß von Schwefelstaub.

Quellen: Erstellt auf der Grundlage der Daten des Ministeriums für Umweltschutz und Wasserwirtschaft der DDR, „Information zur Entwicklung der Umweltbedingungen in der DDR und zu weiteren Maßnahmen", hrsg. vom Institut für Umweltschutz/Zentrum für Umweltgestaltung, Material für die Beratung am Runden Tisch, nicht im Buchhandel, erste Fassung vorgelegt im Januar 1990, hier: Fassung vom 15. Februar 1990, S. 4, 6 und 7ff. und Anlage 6 dieser Studie; dazu Statistisches Jahrbuch 1993 der Bundesrepublik Deutschland, S. 742; und eigene Berechnungen.

Durch das Mißlingen aller Anstrengungen, DDR-eigene Problemlösungen für die Rauchgasentschwefelung zu entwickeln, und durch die absolut unzureichende Bereitstellung von Devisen und Investitionskapital zur Durchführung von Umweltschutzinvestitionen scheiterte die Staats- und Wirtschaftsführung in Ostberlin bis 1989 bei dem Versuch, einen nennenswerten Anteil des durch die Verbrennungsprozesse erzeugten Schwefeldioxids aufzufangen und zu binden. Energie- und Umweltexperten schätzen, daß durch den Einsatz der „Stückwerk"-Filtermaßnahmen nur 1–2 v.H. der jährlichen Gesamtproduktion von SO_2 zurückgehalten werden konnten.

Lediglich bei der Vermeidung von Staubemissionen konnte die DDR in den 80er Jahren einen bescheidenen Erfolg verbuchen. Dies lag vor allem daran, daß die Abscheidung von Schwebstaubbeimengungen im Rauchgas technisch kein besonders kompliziertes Problem darstellte. Außerdem drängte die SED-Führung darauf, daß vordringlich die für die Bevölkerung und die westliche und internationale Öffentlichkeit optisch auffälligsten Formen der Umweltverschmutzung mit weitflächigen Auswirkungen eingedämmt werden sollten. Von 1980 bis 1989 konnte dementsprechend die Emission von Staub vor allem durch den Einsatz von Elektrofiltern von 2,5 Mio. t auf 2,1 Mio. t im Jahr vermindert werden.[33]

1.2. Verunreinigungen der Luft durch Stickoxid-Gase

Der Gesamtausstoß der in höheren Konzentrationen die Gesundheit gefährdenden Stickoxid-Gase (NO, NO_2 = NO_x) aus *stationären* Verbrennungsanlagen betrug in der zweiten Hälfte der 80er Jahre rd. 400 000 t pro Jahr. Aus *mobilen* Quellen (Straßen- und Schienenfahrzeuge, Baumaschinen usw.) wurden weitere 250 bis 300 Tausend Tonnen im Jahr emittiert. Die Gefährlichkeit des Stickstoffdioxids resultiert daher, daß es nach seiner Freisetzung in die Atmosphäre zusammen mit der Luftfeuchtigkeit Salpetersäure bilden kann. Diese ist nachweislich zu einem Drittel mit an der Entstehung von Saurem Regen beteiligt, dem maßgeblich die hohen Wald- und Vegetationsschäden sowie das biologische Absterben der stehenden Gewässer anzulasten ist.

Überschlägig verteilte sich in der zweiten Hälfte der 80er Jahre der Stickoxid-Ausstoß zu 60 v.H. auf stationäre und zu 40 v.H. auf mobile Emissionsquellen. Unter den stationären Emittenten entfielen 1988 wiederum 73 v.H. der Stickoxid-Freisetzung auf die Energieerzeugungsanlagen, die fast in keinem Fall Rauchgasentstickungsanlagen besaßen.[34] Weitere 17 v.H. des Ausstoßes stammten aus Verbrennungsanlagen in den übrigen Industriezweigen und 7 v.H. aus betrieblichen Luftverunreinigungsquellen außerhalb der Industrie. Für die restlichen 3 v.H. Stickoxidbelastung waren die Heizungsanlagen der privaten Haushalte und die der Kleinverbraucher von Heizmaterial verantwortlich.

1.3. Luftbelastung und Klima-Gefährdung durch Freisetzung von Kohlenwasserstoffen

Nach Angaben des DDR-Ministeriums für Umweltschutz und Wasserwirtschaft wurden 1988 aus allen Emissionsquellen (einschließlich mobile Emittenten z.B. im Verkehrswesen) 345 000 t Kohlenwasserstoffe freigesetzt. Darunter befand sich auch eine Beigabe von 1 140 t des klimagefährdenden Spurengases Fluorchlorkohlenwasserstoff (FCKW).[35] Kohlenwasserstoffe (z.B. *Paraffine* wie Propan und Octan und getrennt davon ringförmige Kohlenwasserstoffe wie Benzol) sind Grundbausteine der organischen Chemie. In die Luft entlassen fördern sie die Entstehung der für die Waldschäden mitverantwortlichen Photooxidantien, sind an der Entstehung von Smog beteiligt, verstärken den klimaschädigenden Treibhauseffekt und zerstören (insbesondere in Form von FCKW) die das Leben auf der Erde schützende Ozonschicht („Ozonloch").[36]

Etwas mehr als 40 v.H. der jährlich der Umwelt aufgebürdeten Belastung durch Kohlenwasserstoffe und Lösungsmitteldämpfe stammten in den Schlußjahren der DDR aus stationären Quellen (1988 = 140 000 t). Unter diesen Quellen war die DDR-Chemieindustrie (ohne Karbidherstellung) mit 63 v.H. der größte Emittent, gefolgt von der Karbochemie mit 10 v.H..[37]

1.4. Verschwendung von Primärenergie und Emission von Kohlendioxid

In den letzten 10 Jahren ihres Bestehens stand die DDR in Europa auf Platz 1 bei der Verschwendung von Primärenergie. Zur Erzeugung von einer Einheit Sozialprodukt mußte die Wirtschaft des SED-Staates bis zu 50 v.H. mehr Primärenergie einsetzen als die führenden Industriestaaten der westlichen Welt.[38] Verantwortlich hierfür war der geringe Wirkungsgrad bei der Umwandlung von Energierohstoffen in Elektroenergie, die viel zu geringe Produktivität und Wertschöpfung der mit Hilfe von Elektroenergie durchgeführten Produktionsprozesse und der unrationelle Einsatz von kostbarer Gebrauchsenergie z.B. für Raumheizung und technische Wärme.[39] Der Wirkungsgrad der DDR-Kraftwerke auf Braunkohlenbasis (= Stromausbeute) lag im Durchschnitt bei etwas über 20 v.H.. Hieraus folgt, daß etwa 80 v.H. des Energiepotentials der verfeuerten Braunkohle ungenutzt in die Atmosphäre entwichen oder unverwertet ins Wasser abgegeben wurden.[40] Jede in Ostdeutschland geförderte Tonne Rohbraunkohle hat einen Wassergehalt von 50 bis 60 v.H.. Dieser Ballast zwang die Energiekombinate der DDR dazu, zunächst einmal 20 v.H. der in der Braunkohle enthaltenen Energie zur Verdampfung dieses Wassers einzusetzen. Ohne diese vorherige Trocknung hätte die DDR-Braunkohle überhaupt nicht verfeuert werden können.

Demnach war es also keineswegs ein Zeichen für einen hohen industriellen Entwicklungsstand und ein Indiz für eine komfortable Überflußversorgung mit Energie, wenn die ansonsten rohstoffarme DDR beim Verbrauch von Primärenergie je Einwohner in Europa den Spitzenplatz besetzte und in der Welt hinter den energiereichen Staaten Kanada und USA den dritten Rang einnahm (zu den ökologischen Folgen der Energiepolitik vgl. auch Anhang, Nr. 4).[41]

Umweltpolitik und Umweltbelastung

Aus diesem ökonomisch völlig widersinnigen Umgang mit Energierohstoffen und Gebrauchsenergie resultierte ein weiterer Umweltsünderrang mit Weltniveau.

Bedingt durch die fast ausschließliche Erzeugung von Elektro- und Heizenergie aus fossilen Energieträgern, die vergleichsweise geringe Effizienz beim Einsatz der mühsam gewonnenen Gebrauchsenergie und durch den hohen Pro-Kopf-Verbrauch bei Primärenergie schaffte es der SED-Staat, in den 70er und 80er Jahren den auf der Welt höchsten Ausstoß an Kohlendioxid (CO_2) je Einwohner in die Atmosphäre abzugeben (= zwischen 18 und 21 t je DDR-Bewohner jährlich). Die DDR-Emission des klimagefährdenden Kohlendioxid-Gases übertraf damit Ende der 80er Jahre den Ausstoß aller Emittenten auf dem Territorium der früheren Bundesrepublik um fast das Doppelte. Somit trug die DDR bis zu ihrem Untergang in herausragender Weise zu einer Aufheizung der Atmosphäre und zur Verstärkung des Treibhauseffektes bei.[42] Diese negativen Auswirkungen auf das Klima wurden dazu noch durch die bis 1989 ungebremste Ausbreitung großflächiger Waldschäden verschärft. Denn durch kranke Wälder kann weniger Kohlendioxid zu Nährstoffen verarbeitet und Sauerstoff für die Umwelt produziert werden.

1.5. Beim Schadstoffexport „Spitze"

Für auf dem Luft- und Wasserwege exportierte Schadstoffe aus DDR-Emissionsquellen war die Westgrenze der DDR trotz Mauer und Grenzsperren auch schon vor dem 9. November 1989 stets offen. Hätte bei den Luftschadstoffen nicht die in Westeuropa vorherrschende Westwinddrift dafür gesorgt, auch auf diesem Gebiet das Primat des Ostexports durchzusetzen, so wäre im westlichen Anrainerstaat Bundesrepublik schon sehr viel eher und deutlicher zu riechen, zu schmecken und zu spüren gewesen, in welchem kranken Zustand sich das Umweltmedium „Luft" über dem SED-Staat befand.

1988 exportierte die DDR *netto* 804 000 t Schwefeldioxid in ihre Nachbarstaaten. Dies entsprach etwa 15 v.H. ihrer in diesem Jahr hausgemachten SO_2-Emissionen. Damit verfrachtete die DDR 1988 fast ebenso viel SO_2-Schadstoff über ihre Grenzen, wie im gleichen Jahr in der räumlich mehr als doppelt so großen Bundesrepublik insgesamt emittiert wurde (= rd. 90 v.H. der westdeutschen Emissionsmenge).

Mit netto 450 000 t erhielt Polen davon den Löwenanteil. Demgegenüber bezog 1988 die frühere Bundesrepublik mit dem Ostwind Schwefeldioxidschwaden, deren Gesamtgewicht „nur" 106 000 t betrug.[43]

Diese beträchtlichen Schadstoffexporte in die Nachbarstaaten waren aus der Sicht der SED-Staatsführung keinesfalls ein bedauerliches Nebenprodukt ihrer auf Selbstversorgung ausgerichteten Energiepolitik und zudem auch keine zeitweise unvermeidliche Übergangserscheinung bis zur gelungenen Verminderung des Ausstoßes von Luftschadstoffen. Diese Exporte waren vielmehr das gewünschte Ergebnis eines darauf angelegten Verfahrens zur Entlastung des eigenen Territoriums von Schadstoffimmissionen. Denn da die DDR-Wirtschaftsführung nur höchst widerwillig bereit war, den Produktionsbetrieben Investitionsmittel zu entziehen und diese für den Umweltschutz abzuzweigen, war der Bau möglichst hoher Schornsteine die bequemste Lösung zur Begrenzung der Immissionsbelastung. Hierbei wurde die Regierung in Ost-Berlin auch von den Leitungen ihrer Staatskombinate in der Energiewirtschaft, in der Chemiebranche und in der metallurgischen Industrie unterstützt. Diese konnten nämlich so am leichtesten ihre staatlichen Umweltschutzauflagen erfüllen. Denn je höher die Kombinate dieser Industriezweige ihre Schornsteine bauten, um so größere Mengen an Schwefeldioxid durften sie mit Billigung des Gesetzgebers in die Luft blasen. Infolgedessen zielte die Strategie der DDR-Regierung nicht in erster Linie darauf ab, die Atemluft vor Schadstoffemissionen zu bewahren, sondern begnügte sich damit, toxische Luftverunreinigungen auf ein für erträglich gehaltenes Maß zu verdünnen (= „Immissionsbegrenzung").[44]

Tabelle 4: Gesamtemission von Schwefeldioxid in der DDR 1970 bis 1990[1]

Jahr	Angebliche Gesamtemission (gefälscht!)	Tatsächliche Gesamtemission ermittelt durch Messungen	Tatsächliche Gesamtemission von SO_2 in kg je Einwohner	Tatsächliche Gesamt-emission in Tonnen je Quadratkilometer
	Amtliche Angaben bis 1989		Amtliche Angaben 1990	
	in 1000 Tonnen		in kg	in Tonnen
1970[2]				
1975		4 100	243	37,8
1980	5 000	4 264	255	39,4
1981		ca. 4 300	257	39,7
1982		4 551	273	42,0
1983		ca. 4 650	278	42,9
1984		5 039	302	46,5
1985		5 340	321	49,3
1986	5 000	5 358	322	49,6
1087	4 990	5 560	334	51,3
1988	4 850	5 209[3]	313	48,1
1989		5 203[3]	313	48,0
1990		4 750[4]	285	43,8

1 Ohne Emissionen des Verkehrswesens.
2 Keine Angaben verfügbar.
3 Rückgang des SO_2-Ausstoßes vor allem durch den Einfluß milder Winter.
4 Rückgang des SO_2-Ausstoßes infolge der Stillegung von veralteten Kraftwerken und Produktionsanlagen mit dem höchsten Verschleißgrad.

Quellen: Statistisches Jahrbuch der DDR 1989, S. 155; Statistisches Jahrbuch der DDR 1990, S.146/47; „Umweltbericht DDR", hrsg. vom Institut für Umweltschutz, Berlin (Ost), 15. Februar 1990, S. 10; *Gunnar Winkler* (Hrsg.): „Sozialreport DDR 1990, (Daten und Fakten zur sozialen Lage der DDR)", Stuttgart, München und Landsberg 1990, S. 175ff.; Statistisches Jahrbuch 1993 der Bundesrepublik Deutschland, S. 742; eigene Berechnungen.

Auf starken internationalen Druck trat die DDR am 9. Juli 1985 der von der UNO-Wirtschaftskommission für Europa (ECE) erarbeiteten „Konvention über weitreichende grenzüberschreitende Luftverunreinigungen" bei. Nach dem Protokoll dieser für alle Unterzeichnerländer verbindlichen Vereinbarung verpflichtete sich die Regierung der DDR dazu, bis 1993 „die jährliche SO_2-Emission bzw. die grenzüberschreitenden Schadstoffströme" im Vergleich zum Jahre 1980 um 30 v.H. zu senken. In grober Selbstüberschätzung der Investitionskraft und der technischen Innovationsmöglichkeiten der DDR-Wirtschaft beschloß darauf die DDR-Staatsführung, zur Verwirklichung ihrer Zusagen an die ECE-Staaten etwa 14,4 Mrd. Mark zu investieren. Hiermit sollten leistungsfähige DDR-eigene Rauchgasentschwefelungsanlagen entwickelt und diese dann in die Braunkohlenkraft- und -heizwerke eingebaut werden. Das Vorhaben mißlang nahezu vollständig. Nach dem Eingeständnis des DDR-Umweltministeriums vom 15. Februar 1990 scheiterte seine Durchführung „an der fehlenden materiellen und finanziellen Einordnung und am fehlenden wissenschaftlich-technischen Vorlauf".[45] Die Folge war, daß der Ministerrat der Volkskammer die bereits unterschriebene ECE-Konvention nicht zur Ratifizierung vorlegen konnte. Um jedoch die Nachbarstaaten der DDR irrezuführen und ihnen vorzutäuschen, daß die DDR bereits erste Erfolge bei der Rauchgasentschwefelung erreicht habe, beschloß das Präsidium des Ministerrates, die im amtlichen Statistischen Jahrbuch ausgewiesenen Jahresemissionsmengen bei Schwefeldioxid zu fälschen (vgl. Tabelle 4).

1.6. Ökologische Folgelasten der Braunkohlenautarkiewirtschaft und der Vergeudung von Energierohstoffen für die Landschaft, den Boden und das Grundwasser

Die Kettung der Energiewirtschaft an die heimische Braunkohle, die kaum gebremste Verschwendung von Energieressourcen und die Vernachlässigung des Umweltschutzes hatten jedoch nicht nur negative Auswirkungen auf die Umweltmedien Luft und Oberflächengewässer. Diese politischen Fehlleistungen führten darüber hinaus in den Bergbaugebieten auch zu gravierenden Eingriffen in die Bodennutzung, den regionalen Wasserhaushalt und das Landschaftsbild.

So nahm die SED-Führung mit dem ab Ende der 70er Jahre verordneten Hochfahren der Braunkohlengewinnung[46] in Kauf, daß dadurch folgende ökologische Schäden verursacht wurden:

1. Ein großflächiger Entzug von bis dahin land- und forstwirtschaftlich genutzten Flächen für die Einrichtung neuer Tagebaue;
2. gewaltige Erdbewegungen aufgrund der sich mit jedem Tagebauneuaufschluß verschlechternden Förderbedingungen (= Inkaufnahme ungünstigerer Abraum-Kohle-Verhältnisse);
3. drastische Eingriffe in die Grundwasserreserven und eine allgemeine Absenkung des Grundwasserspiegels. Dies führte zwangsläufig zu einer erheblichen Beeinträchtigung der Pflanzenproduktion in der umliegenden Landwirtschaft und in einigen Landstrichen sogar zu Versteppungserscheinungen;
4. eine kostspielige Verlagerung ganzer Dörfer, städtischer Siedlungen und Fabrikanlagen vor den heranrückenden Baggern; und
5. die Zerstörung gewachsener Landschaften.

Insgesamt verbrauchte der forcierte Braunkohlenbergbau in den 12 Jahren von 1976 bis 1988 eine Nutzfläche von 42 500 Hektar. Darunter befanden sich 17 939 Hektar landwirtschaftlich genutzter Fläche (dies waren rd. 42 v.H. der insgesamt ihrer ursprünglichen Nutzung entzogenen Fläche). Dieser hohe Flächenverbrauch resultierte daher, daß Braunkohle in der ehemaligen DDR aus zumeist nicht sonderlich wirtschaftlichen Tagebauen gewonnen werden mußte. Während die in Westdeutschland abgebauten Braunkohlenlager eine Mächtigkeit von etwa 150 Meter haben, weisen die ostdeutschen Tagebaue nur Flözmächtigkeiten von 8 bis 15 Meter auf.[47]

Daß diese Eingriffe in die Natur dann jedoch zu einem Dauerschaden ausarteten, war Schuld der DDR-Wirtschaftsführung. Sie ließ zu, daß seit den 80er Jahren ein immer geringerer Teil der ausgekohlten Tagebaue wieder urbar gemacht wurde.[48] Dabei verpflichteten das geltende Landeskulturgesetz (§ 21), das Berggesetz (§ 13–16),[49] die Bodennutzungsverordnung (§ 19) und weitere Spezial-Anordnungen[50] sowohl die Regierung als auch die Bergbaubetriebe ausdrücklich dazu, bergbaulich nicht mehr in Anspruch genommene Flächen ohne Zeitverzug wieder urbar zu machen und sie damit für eine *Folgenutzung* als Äcker, Wiesen, Wälder oder Naherholungsgebiet vorzubereiten (= Rekultivierung).

Die sozialistische Wirklichkeit sah jedoch völlig anders aus. Noch in der ersten Hälfte der 70er Jahre war es der DDR mit erheblichen Anstrengungen gelungen, 84 v.H. der von 1971 bis 1975 für die Braunkohlengewinnung in Anspruch genommenen Flächen wieder urbar zu machen. Demgegenüber fiel diese Regenerationsquote im Fünfjahrplanzeitraum 1981 bis 1985 auf nur noch 47 v.H. und in den Endzeit-Jahren der DDR von 1986 bis 1988 auf nur noch 43 v.H. der zeitweise bergbaulich genutzten Tagebauflächen zurück. Nachdem die Bagger abgezogen waren, blieb somit ab 1981 jede zweite ausgekohlte Grube als Mondlandschaft zurück (vgl. Tabelle 5).[51]

Tabelle 5: Verbrauch von Nutzflächen durch den Braunkohlenbergbau in der DDR von 1971–1988
(Versäumnisse bei der Rekultivierung stillgelegter Tagebaue)

Jahr	Der ursprünglichen Nutzung entzogene Fläche in Hektar	Insgesamt in Anspruch genommene Fläche	Rückgabefläche	Wieder urbar gemachte Fläche insgesamt[1]	Anteil der nicht urbar gemachten Fläche in v.H.
1971–75	14 282	12 277	13 348	12 001	16
1976–80	15 517	12 792	13 517	12 238	21
1981–85	15 930	13 784	8 413	7 533	53
1986–88	11 032	9 608	5 236	4 731	57
1971–88 insgesamt	56 761	48 461	40 514	36 503	36

1 Die nach der Beendigung von Bergbaumaßnahmen *wieder urbar gemachte* Fläche ehemaliger Gruben darf nicht mit der von den land- und forstwirtschaftlichen Folgenutzern (z.B. VEG, LPG, Forstbetriebe) *rekultivierten* Fläche gleichgesetzt werden.
Nach den Begriffsbestimmungen des Umwelt- und Agrarrechts der DDR umfaßte die „Wiederurbarmachung" nur diejenigen Maßnahmen, die notwendig waren, um die devastierten Bodenflächen für eine land-, forst- oder wasserwirtschaftliche Folgenutzung wiederherzurichten (siehe hierzu § 15 des Berggesetzes der DDR). Die Wiederurbarmachung war somit nur die erste Etappe der Wiedernutzbarmachung von Bodenflächen. Sie schloß auch die Befestigung von Halden und die Absicherung von Restlöchern durch Planieren von Grubenrändern und Anlage von Böschungen ein. Zuständig für die Wiederurbarmachung waren allein die Bergbaubetriebe, welche die Devastierungen verursacht hatten.
Eine Wiederurbarmachung war erst dann abgeschlossen, wenn der Bergbaubetrieb die gesetzlich oder behördlich festgelegten Maßnahmen qualitätsgerecht durchgeführt und der Folgenutzer die Fläche abgenommen hatte.

Als „rekultiviert" galt demgegenüber nur die Fläche, deren vollwertige Bodenfruchtbarkeit nach der vorangegangenen Wiederurbarmachung von ehemals bergbaulich genutzten Böden wiederhergestellt war. Somit umfaßte die „Rekultivierung" ausschließlich diejenigen acker- und pflanzenbaulichen, waldbaulichen und meliorativen Maßnahmen, die notwendig waren, um die gewünschte land- und forstwirtschaftliche Folgenutzung aufnehmen zu können.
Hieraus folgt, daß aus dieser Tabelle nicht exakt entnommen werden kann, wie groß tatsächlich der Anteil war, der von der ursprünglich für Bergbauzwecke entzogenen Fläche später rekultiviert worden ist und z.B. von der Landwirtschaft wieder als Äcker genutzt werden konnte.
Zum Beleg vgl. „Landeskulturrecht Lexikon", hrsg. von der Akademie für Staats- und Rechtswissenschaft der DDR, Berlin (Ost) 1983, S. 142 und S. 191; und
„ABC Umweltschutz", 3., überarbeitete und erweiterte Auflage, hrsg. von Rudolf Scheibe, Leipzig 1984, S. 236 und S. 333.

Quelle: Erstellt unter Verwendung der Daten des Ministeriums für Umweltschutz und Wasserwirtschaft der DDR, hier: „Information zur Entwicklung der Umweltbedingungen in der DDR und zu weiteren Maßnahmen", Material für die Beratung am Runden Tisch, hrsg. vom Institut für Umweltschutz/Zentrum für Umweltgestaltung, Berlin (Ost), erstmals vorgelegt im Januar 1990; hier: Fassung vom 15. Februar 1990, Anlage 17; eigene Berechnungen.

Noch schlechtere Resultate weist – für sich genommen – die Bilanz der Wiederurbarmachung bei denjenigen Flächen auf, die ursprünglich einmal von Agrarbetrieben bewirtschaftet wurden und welche der Landwirtschaft verlorengegangen waren. Infolge des ständigen Rückgangs der Leistungen bei der Wiederurbarmachung von Tagebaurestlöchern erhielt dieser Wirtschaftsbereich in der Periode von 1981–1985 nur noch 43 v.H. und im Zeitraum von 1986 bis 1988 nur noch 33 v.H. der Fläche zurück, die ihm der Bergbau abgenommen hatte.[52 53]

Insgesamt wurde der forcierten Braunkohlengewinnung während der Honekker-"Ära" (1971–1989) eine Fläche geopfert, die größer ist als der Bodensee oder welche das 10fache Ausmaß des Starnberger Sees hat.

Um die Wende von den 70er zu den 80er Jahren waren in der DDR die oberflächennahen Lagerstätten vor allem im Kernbereich des Lausitzer Reviers weitgehend abgebaut. Die Lagerstättenerkundung und -aufschließung wanderte infolgedessen immer weiter nach Norden. Um an neue Kohleflöze zu gelangen, mußten die Abraumbagger in immer tiefere Erdschichten (Teufen) vorstoßen, immer mächtigere Deckgebirge abtragen und die mehr als 10 000 gegrabenen Tief- und Filterbrunnen immer größere Mengen an Grund- und Grubenwasser abpumpen. Während zur Förderung von einer Tonne Braunkohle im Jahre 1950 im Durchschnitt erst 2,6 Kubikmeter Deckgebirge abgeräumt werden mußte, erhöhte sich dieser Abräumaufwand bis 1973 bereits auf 3,6 m^3 Erdreich.[54] Ab 1983 konnte keine Tonne Rohbraunkohle mehr geborgen werden, bevor nicht zunächst 4,3 Kubikmeter Deckgebirge weggebaggert und abtransportiert worden war. Hätte die Wirtschaftsführung der DDR, wie geplant, ihre umweltpolitisch rücksichtslose Energiepolitik fortsetzen können, so hätte sich bis zum Jahre 2 000 das Kohle-Abraum-Verhältnis durch „den notwendigen Abbau tiefer gelegener Flözpartien auf voraussichtlich 1:6 verschlechtert".[55]

In der gleichen Zeit (1950–1989/90) erhöhte sich auch der Abpumpaufwand zur Trockenlegung der Gruben von durchschnittlich 3,0 Kubikmeter Wasser je Tonne Braunkohle auf fast 6 Kubikmeter (1988 = 5,8 m^3). Jedes Jahr wurden hierdurch dem Boden in den Bergbaugebieten 1,7 bis 1,9 Mrd. Kubikmeter Grundwasser entzogen, die Grundwasservorräte massiv geschröpft und dieses Grubengrundwasser sogleich mit seiner Einleitung in die Flüsse verschmutzt, so daß es für weitere Nutzungen unbrauchbar würde.

Als Spätfolgen dieser Devastierungseingriffe in den Wasserhaushalt und in die Bodenbeschaffenheit traten in der Umgebung oberhalb der riesigen Braunkohlentiefgruben teilweise massive Gebietssenkungen auf.[56] Auf etwa 15–20 v.H. der Fläche des Bergbaubezirks Leipzig ist die obere Erdkruste während der letzten drei Jahrzehnte z.T. beträchtlich abgesackt. Diese Erdbewegungen führten zu Bauschäden an Fabriken, Wohnhäusern, Kirchen und öffentlichen Einrichtungen und in Extremfällen sogar zu baupolizeilichen Nutzungssperren von Gebäuden.

Mit dieser Kette ökologischer Schäden wurde am Ende aus den Neuaufschlüssen eine Rohbraunkohle erkauft, die immer höhere Anteile an Schwefel, Salz und Asche aufwies.[57] Dies verminderte ihre Qualität, senkte ihren Heizwert und erhöhte bei ihrer Verwertung den Schadstoffausstoß.

Alle diese Nachteile brachten die DDR-Führung jedoch nicht dazu, umzudenken und ihren ökologiefeindlichen Kurs in der Energie- und Wirtschaftspolitik zu ändern. Diese wachsenden Lasten wurden der Umwelt, der Landschaft und den Menschen aufgebürdet.

1.7. Hygienische Belastungen durch weitere Schadstoffbefrachtungen der Luft

Neben den bereits dargestellten Schadstoffbefrachtungen sorgten vor allem der Einsatz von Braunkohle in verschiedenen Schwelprozessen und die Befeuerung von kleinen und mittleren Heizungsanlagen mit Salzkohle für weitere Luftverunreinigungen und Geruchsbelästigungen. Dazu gehörte vor allem die Freisetzung von Schwefelwasserstoff (H_2S), Schwefelkohlenstoff (CS_2), Phenol, Fluorverbindungen und anderen penetranten Geruchsstoffen (Mercaptane). So wurde in der Umgebung des Chemiefaserkombinates „Wilhelm Pieck", Schwarza, (29 000 Beschäftigte) der amtlich zugelassene MIK-Wert für Schwefelwasserstoff häufig um das 220fache überschritten.[58]

Erhebliche Gesundheitsgefahren sowohl für die Menschen am Arbeitsplatz als auch für die hiervon in ihrer Wohnumwelt betroffenen Bürger beschwor auch die in der DDR beträchtlich ausgeweitete Produktion von Asbestprodukten herauf. So wurden allein jedes Jahr im Industriebau, bei kommunalen Bauten und im Wohnungsbau der DDR 14 Millionen m^2 „ungeschützte Asbestzement-Welltafeln" verarbeitet. „Die Erfolge bei der Reduzierung der Gesundheitsgefährdung [durch] (Asbestose) [waren bis 1989] gering."[59]

2. Wasserdargebot, Wassernutzung und Gewässerbelastung

2.1. Trotz Wasserarmut – Gewässer ohne Schutz

Die ehemalige DDR gehörte geographisch zu den wasserärmsten Staaten auf der Welt. In Jahren mit durchschnittlicher Niederschlagsmenge stand der Gesamtheit aller Wassernutzer nur ein ausschöpfbares natürliches Wasserdargebot von maximal 17,7 Mrd. Kubikmeter/Jahr zur Verfügung (Dargebot für das frühere Bundesgebiet = 160 Mrd. Kubikmeter/Jahr). Während in mittleren hydrologischen Jahren jeder Einwohner in Europa über ein Wasserreservoir von etwa 3 000 m³ gebieten konnte, mußte sich die Bevölkerung der DDR mit einem Dargebot von etwas mehr als 1 000 m³ je Einwohner begnügen.[60]

In Trockenjahren verminderte sich das natürliche Pro-Kopf-Dargebot auf rd. 530 m³.[61] Da der Regelbedarf aller Wassernutzer umgerechnet je Einwohner in den Jahren 1986–1988 bei rd. 480 m³ lag, zeigt diese Gegenüberstellung, wie hochgradig angespannt der Wasserhaushalt Ostdeutschlands z.B. 1988/89 gewesen wäre, hätte es in dieser Zeit zwei Dürrejahre gegeben.[62] In keinem Land Europas stellte Wasser ein so knappes Gut dar wie in der DDR.

Bedingt durch die Klima- und Bodenverhältnisse waren etwa 70 v.H. der landwirtschaftlichen Nutzfläche ständig trockenheitsgefährdet. Je nach Witterung und Niederschlagsmenge mußte diese Fläche während der Pflanz- und Wachstumszeit in unterschiedlichem Ausmaß bewässert werden. Ohne die fast jedes Jahr erforderlichen intensiven Bewässerungsmaßnahmen hätte die DDR das von ihr erreichte Produktions- und Versorgungsniveau in der Pflanzen- und Tierproduktion nicht aufrechterhalten können.[63]

Diese Naturgegebenheiten hätten die Staatsführung der DDR eigentlich zu einem besonders sorgsamen Umgang mit Wasser anspornen und den Gewässerschutz zu einer Staatsaufgabe von höchster Priorität machen müssen. Wie die deprimierende Verschmutzungsbilanz der ostdeutschen Gewässer in der Endzeit des realen SED-Sozialismus zeigt, war dies mitnichten der Fall.

Der Wasserverbrauch sämtlicher Wasserverbraucher in der DDR belief sich 1989 auf rd. 8,3 Mrd. Kubikmeter. Davon nahmen die Industrie, die Bauwirtschaft und das Verkehrswesen rd. 57 v.H. und die Land- und Forstwirtschaft rd. 25 v.H. in Anspruch. Auf die Bevölkerung (einschließlich des Verbrauchs der „gesellschaftlichen Einrichtungen")[64] entfiel 1989 ein Anteil von rd. 14 v.H. des Jahresbedarfs. Dieser Anteil entsprach einem Wasserverbrauch je DDR-Bewohner von rd. 68,2 m³ im Jahr.

Die Trinkwasserentnahme je Einwohner aus dem öffentlichen Versorgungsnetz betrug 1985 132 Liter und erhöhte sich bis 1988/89 auf 138 Liter am Tag.

Angesichts dieses vergleichsweise hohen Wasserverbrauchs einerseits und des in der Regel geringen jährlichen Wasserdargebotes andererseits erreichte der Nutzungsgrad des natürlichen Wasseraufkommens in der DDR den höchsten Wert in Europa. Er übertraf den in den europäischen Nachbarstaaten um das Doppelte bis das 4fache.[65] In Jahren mit mittlerer Niederschlagsmenge wurden im Durchschnitt knapp 50 v.H. und in Jahren mit längeren Trockenperioden bis zu 90 v.H. des Wasserdargebotes in Anspruch genommen. Angesichts dieses allgemeinen Versorgungsengpasses ist es nicht verwunderlich, daß der Nutzungsgrad der regionalen Wasservorkommen vor allem in den Industriezentren und in den Ballungsgebieten der Besiedelung extrem hoch war. Hier mußten die vorhandenen Wasserressourcen im Durchschnitt vier- bis sechsmal erfaßt, genutzt, gereinigt und wieder in die Fließgewässer eingeleitet werden. So nahmen zum Beispiel die an der Spree ansässigen Industriebetriebe das Wasseraufkommen dieses Flusses bis zu neunmal in Anspruch und gaben dieses dann wieder als Industrieabwässer in das Flußbett zur Weiterleitung in die Havel zurück. Selbst das zu DDR-Zeiten wohl am schlimmsten verschmutzte und vergiftete Wasser der Saale wurde in Jahren mit durchschnittlichen Niederschlagsmengen 5- bis 7-mal umgeschlagen und mußte in Trockenjahren bis zu 13-mal verwertet werden.[66 67]

2.2 Ursachen und Ausmaß der Gewässerverschmutzung und Gewässervergiftung

Die intensive Nutzung der Oberflächengewässer, die unzureichende Reinigung der Abwässer einer Vielzahl von Wassernutzern und Abwassereinleitern und die immense Belastung der Fließgewässer mit Wasserinhaltsstoffen und Wasserschadstoffen stellte die Wasserwirtschaft der DDR ständig vor Probleme, die sie nur zum Teil zu lösen vermochte. Besondere Schwierigkeiten bereitete die ausreichende Versorgung der Bevölkerung mit sauberem, geschmacksneutralem und hygienisch einwandfreiem Trinkwasser. Folgende Gewässerverschmutzungen und -vergiftungen machten diesen Versorgungsauftrag zu einer schier unlösbaren Aufgabe:

1. Rund 19 v.H. des im Jahr verfügbaren knappen (stabilen) Wasserdargebotes der Natur konnten wegen der unmittelbar nach den Niederschlägen einsetzenden Vergiftung und Verschmutzung a) nicht für die Trinkwasserherstellung und b) auch nicht als Bewässerungswasser für die Pflanzenproduktion eingesetzt werden.[68]
2. Die Länge aller Fließgewässer der ehemaligen DDR betrug 90 200 km. Davon waren rd. 10 750 km der wichtigsten Flußläufe (= 12 v.H.) klassifiziert. Auf dieser Strecke hatten das Ministerium für Umweltschutz und Wasserwirtschaft und die ihm nachgeordnete staatliche Gewässeraufsicht zur Feststellung der Intensität der Gewässernutzung und zur Ermittlung der Belastung der Fließgewässer mit Wasserinhaltsstoffen und Wasserschadstoffen Meß- und Gütekontrollstellen mit Labors stationiert. Aufgrund ihrer Meßergebnisse wurde jährlich eine aktuelle Gewässergütekarte der DDR erstellt.

Nach den Feststellungen der Ämter für Gewässeraufsicht war im Jahre 1989 das Wasser auf 47 v.H. der klassifizierten Flußstrecken der DDR so verschmutzt und vergiftet, daß es entweder biologisch weithin verödet oder bereits abgestorben war. Überschlägig formuliert war somit am Ende des SED-DDR-Sozialismus jeder zweite größere Fluß (d. h. fast die Hälfte der klassifizierten Flußstrecken) in Ostdeutschland biologisch tot.

In der Nähe der großen Chemiekombinate Böhlen, Buna, Bitterfeld, Leuna, Piesteritz und Wolfen war auf einzelnen Flußstreckenabschnitten (= insgesamt 8 v.H. aller klassifizierten Flußläufe) sogar Bootfahren verboten, da die aus dem Flußwasser ausgasenden Chemikalien zu Gesundheitsschädigungen führen konnten.[69]

Zu den biologisch verendeten Flüssen gehörten die wichtigsten Nebenflüsse der Elbe wie die Mulde, Saale und Schwarze Elster, aber auch kleinere Flußläufe wie die Unstrut, die Pleiße und die Weiße Elster. Ihr Selbstreinigungsvermögen war nahezu erloschen. Hauptursache für diese Vergiftungskatastrophe war, daß vor allem die drei Hauptnebenflüsse der Elbe: Saale, Mulde und Schwarze Elster, jahrzehntelang als Abwässerkanäle der Industrieregionen Schkopau, Leipzig, Halle, Zwickau, Bitterfeld, Dessau und Hoyerswerda/Lauchhammer mißbraucht wurden.[70]

Umweltpolitik und Umweltbelastung 241

3. Infolge der hochgradigen Belastung der Flüsse mit Wasserschadstoffen waren rd. 70 v.H. der Gewässerstrecken aller klassifizierten größeren Wasserläufe der DDR für jede Entnahme von Flußwasser für die Herstellung von Trinkwasser gesperrt. Nur auf etwa 20 v.H. der so klassifizierten Gewässerstrecken konnte noch Rohwasser für die Aufbereitung von Trinkwasser entnommen und mit herkömmlichen Reinigungsverfahren aufbereitet werden. Sämtliche größeren Flußläufe der DDR führten nur noch auf einem Streckenabschnitt von 5 v.H. der Gewässerstrecke im traditionellen Sinne „sauberes Wasser" (vgl. zum Beleg Tabelle 6).

Tabelle 6: **Wasserqualität des Rohwassers der Fließgewässer der DDR 1989/90 Wasserqualität der klassifizierten Gewässerstrecken eingeteilt nach Güteklassen**[1]

Einzelne Güteklassen[2]	Wasserbeschaffenheit nach Güteklassen	Gesamte Gewässerstrecke aufgeteilt nach Güteklassen in v.H.
Güteklasse 1	Für jeden Verwendungszweck; insbesondere für die Trinkwasserherstellung geeignet	1
Güteklasse 2	Als Trinkwasser nach umfangreicher Aufbereitung geeignet; für Sport- und Erholungszwecke, für die Viehwirtschaft sowie als Produktions- und Kühlwasser gut geeignet	14
Güteklasse 3	Vorwiegend als Kühl- und Bewässerungswasser geeignet, eine Trinkwassernutzung ist nur nach komplizierter Aufbereitung möglich	38
Güterklassen 4 und 5	Unbrauchbar für die Trinkwassernutzung und die Gemüseberegnung; als Kühlwasser noch bedingt brauchbar; für sonstige Nutzungen nur nach komplizierter Aufbereitung einsetzbar	47[3]
Güteklasse 6	Für alle Nutzungen – außer Schiffahrt – unbrauchbar	
Güteklassen insgesamt		100

1 Die Länge der Fließgewässer der DDR betrug 90 200 km. Davon waren rd. 10 650 km (= 12 v.H.) zur Feststellung der Intensität der Wassernutzung und zur Ermittlung des Ausmaßes der Belastung der Wasserläufe mit Wasserinhaltsstoffen und Wasserschadstoffen klassifiziert worden.
Vgl. hierzu auch das Statistische Jahrbuch der DDR 1990, S. 151.
2 Die Einstufung der rd. 10 650 km klassifizierten Fließgewässerstrecken in bezug auf die Qualität des Rohwassers erfolgte nach drei Belastungs- oder Merkmalsgruppen: 1. *Organische Belastung*; 2. *Salzbelastung* und 3. *Belastung mit sonstigen Wasserinhaltsstoffen*.
3 Einschließlich des Anteils der Strecken, die der schlechtesten Güteklasse (= Güteklasse 6) zugeordnet wurden.
Quelle: Ministerium für Naturschutz und Wasserwirtschaft der DDR: „Konzeption für die Entwicklung der Umweltpolitik", als Manuskript vervielfältigt, nicht im Buchhandel, Berlin (Ost), vorgelegt am 2. März 1990, S. 29.

4. Nach einer 1989 durchgeführten Güteklassifizierung von 665 Seen und Talsperren in der DDR ergab sich, daß 24 v.H. der stehenden Gewässer solche hohen Konzentrationen an Wasserschadstoffen enthielten, daß sie für die Trinkwassergewinnung nicht mehr genutzt werden konnten. Darüber hinaus waren weitere 54 v.H. der stehenden Gewässer so stark mit Ballast-, Nähr- und

Schadstoffen befrachtet und durch ein Algenmassenwachstum verdorben, daß ihre Verwendung als Trinkwasserreservoir nur dann in Betracht kam, wenn das entnommene Rohwasser mit sehr kostspieligen und komplizierten Reinigungstechnologien zu Trinkwasser aufbereitet worden wäre. Aber selbst bei den 21 v.H. der stehenden Gewässer, deren Wasser als nur mäßig belastet eingestuft wurde, hätten für die Gewinnung von Trinkwasser umfangreiche Reinigungs- und Aufbereitungsarbeiten aufgewendet werden müssen.

Nur noch 1 v.H. der stehenden Gewässer war am Ende des DDR-Sozialismus ökologisch völlig intakt.[71][72]

Etwa *ein* Drittel aller Seen der DDR war 1988/89 zur biologischen Selbstreinigung nicht mehr fähig, bei einem weiteren Drittel war die Selbstreinigungskraft zum Teil beträchtlich eingeschränkt.

Bei über 1 000 ostdeutschen Seen hatten die DDR-Behörden aufgrund der Schadstoffbelastung des Wassers das Baden verboten.

5. Zur Reinigung der jährlich anfallenden Abwasserlasten, zur Eindämmung der ständig anwachsenden Schadstoffkonzentrationen in den Flußsedimenten und zur Wiederbelebung der Selbstreinigungskraft der Flüsse fehlten der Wasserwirtschaft der DDR Hunderte von dringend benötigten Klärwerken. Daher wurden noch 1987/88 fast 50 v.H. der gesamten organischen Abwasserlast der DDR ungereinigt in die ostdeutschen Flüsse eingeleitet (Tabelle 7).[73]

Tabelle 7: Entwicklung der Abwasserlasten und des Leistungsvermögens der Abwasserreinigungsanlagen in der DDR 1985–1988

	1985	1986	1987	1988
	Abwasserlast und Abwasserreinigungsleistung gemessen in Tsd. Einwohnergleichwerten (EGW)[1] Aufteilung in v.H.			
Durch Abwasserkläranlagen zurückgehaltene Abwasserlast	47,4	49,2	50,5	52,7
In die Gewässer eingeleitete Abwasserlast	52,6	50,8	49,5	47,3
Anfallende Abwasserlast insgesamt	100	100	100	100

1 Der Einwohnergleichwert (EWG) ist die einheitliche Maßeinheit für verschiedene Formen der organischen Wasserverschmutzung und Wasservergiftung. Diese Einheit entspricht der von einem Einwohner während eines Jahres durchschnittlich verursachten organischen Abwasserlast.

Quelle: Ministerium für Umweltschutz und Wasserwirtschaft der DDR: „Information zur Entwicklung der Umweltbedingungen in der DDR und zu weiteren Maßnahmen", Material für die Beratung am Runden Tisch, nicht im Buchhandel, hrsg. vom Institut für Umweltschutz/Zentrum für Umweltgestaltung, Berlin (Ost), erste Fassung vorgelegt im Januar 1990, hier: Fassung vom 15. Februar 1990, S. 17 und Anlage 14 dieser Studie.

6. Soweit den Kommunen zur Reinigung von Abwässern Klärwerke zur Verfügung standen, war ihre Reinigungstechnik überwiegend veraltet und verbraucht sowie ihr Betriebszustand weithin desolat. Bei etwa einem Drittel der Klärwerkskapazitäten war die Bausubstanz geschädigt. Dabei betrafen diese amtlich festgestellten Bauschäden sogar zu 60–70 v.H. vergleichsweise jüngere Klärwerke. Sie waren in den drei Jahrzehnten vor 1990 und somit zur DDR-Zeit

gebaut worden. Ursachen der meisten Schäden an Bauten und Ausrüstungen (z.B. an Absetz- und Belebtschlammbecken, Gebäuden, Betonkanälen, Klärwerksausrüstungen) waren in erster Linie die Aggressivität der Wasserinhaltsstoffe und die geringe Güte der verwendeten Baustoffe.[74]
Ein erheblicher Teil der kommunalen Klärwerke erreichte 1989/90 nur noch geringe Reinigungsleistungen. Ausgerechnet Großstädte, wie z.B. Karl-Marx-Stadt, Zwickau, Halle, Magdeburg und Rostock, in denen eine überdurchschnittliche Ballung von Industriebetrieben entstanden war, besaßen Klärwerke, deren Abwasser-Reinigungsleistung – gemessen an der ihnen zugeleiteten Schmutz- und Giftfracht – nicht einmal mehr 20 v.H. betrug. Obwohl das lange vor dem I. Weltkrieg gebaute Klärwerk in Dresden (Dresden-Kaditz) seit Beginn der 80er Jahre kaum noch Reinigungsleistungen zustande brachte, wurde es bis Mitte der 80er Jahre noch mitgeschleppt. 1986 entschloß sich dann der Rat des Bezirkes endlich dazu, dieses Werk stillzulegen.[75] Von da an bis zum Untergang der DDR erklärte die Bezirksleitung Dresden der SED auf die Anfragen besorgter Bürger nach dem Schicksal des Klärwerkes, die Schließung diene der Durchführung einer umfassenden „Rekonstruktion".

7. Von den rd. 1,13 Mrd. Kubikmetern Siedlungsabwässern, die über öffentliche Kanalnetze abtransportiert wurden, landeten 12 v.H. gar nicht in einem Klärwerk, sondern wurden völlig ungereinigt in die Flüsse eingeleitet. Für 36 v.H. der Siedlungsabwässer standen lediglich *mechanische* Reinigungsanlagen zur Verfügung (Absetzbecken, Siebverfahren). 38 v.H. dieser Abwässer erhielten zudem noch eine *biologische* Behandlung. Lediglich 14 v.H. der Siedlungsabwässer aus der öffentlichen Kanalisation wurden mehreren Reinigungsverfahren unterworfen (= einer mechanischen, einer biologischen und einer modernen chemischen Reinigung z.B. zur Ausfällung von Phospat und Nitrat).[76]

8. Die Länge des öffentlichen Abwasserkanalnetzes der DDR betrug 1989/90 insgesamt 36 000 km. Rund zwei Drittel davon wies Bauschäden auf. „Etwa 800 km [waren] in hohem Maße funktionsgefährdet und dringend sanierungsbedürftig".[77] Jährlich wurden den Behörden etwa 30 000 größere Havarien im Abwassernetz gemeldet (z. B. Einsturz von Kanalstücken, Durchbrüche von Abwasserleitungen), die insgesamt große volkswirtschaftliche Verluste verursachten.
Überschlägig betrachtet entstand somit in der Endzeit der DDR jedes Jahr auf praktisch jedem Kilometer Abwasserkanalisation ein Schadensfall.
Die Stadt Dresden besaß bis 1989 zur Reinigung ihrer verschlammten und verstopften Uralt-Abwasserkanäle keinen einzigen modernen „Sielwolf". Dieses dringend benötigte Gerät erhielt sie dann endlich Ende 1989, allerdings nicht von der SED-Bezirksleitung, sondern von der Partnerstadt Hamburg.

9. Zu den intensivsten und gefährlichsten Gewässervergiftungen führten die häufig nur unzureichend oder gar nicht gereinigten Abwässer aus der *chemischen* Industrie, dem Kalibergbau, aus den Zellstoff- und Textilfabriken sowie aus der metallverarbeitenden Industrie. Selbst 1988/89 wurde noch fast ein Viertel des Abwassers aus der DDR-Industrie (einschließlich Kühlwasser) gänzlich ungereinigt in die ostdeutschen Oberflächengewässer entlassen (siehe Anhang, Nr. 5).[78]

Die darüber hinaus noch jedes Jahr anfallenden Abwässer aus den Industriebetrieben (= 67 v.H. der Gesamtmenge) wurden in der Regel nicht angemessen behandelt und ausreichend gereinigt. Gewöhnlich bestand die „Behandlung" dieser Abwässer lediglich darin, ihre Ballast- und Schwebstoffe in einem Absetzbecken aufzufangen, und die Abflußbrühe danach grob durch Siebe, Fett- und Ölabscheider zu reinigen. Eine Abwasserreinigung nach den in Westdeutschland üblichen und praktizierten Standardregeln der Abwassertechnik oder gar nach dem neuesten Stand der Technik fand nur in Ausnahmefällen statt.[79] Dieses nur unvollständig behandelte Einleitungs- und Belastungsvolumen umfaßte pro Jahr in der Endzeit der DDR rd. 3,3–3,6 Mrd. Kubikmeter unterschiedlich hoch verschmutzter Industrieabwässer. Auch sie trugen damit zu einer weiteren Intensivierung der Schad- und Ballaststoff-Befrachtung der ostdeutschen Flüsse bei.[80]

Letztlich waren nachweislich in Hunderten von Industriebetrieben (einschließlich Chemie- und Galvanikbetrieben) die Sicherheitsvorkehrungen gegen mögliche Wasserschadstoffhavarien mangelhaft (siehe zum Beleg Anhang, Nr. 6). Daher kam es immer wieder zu Vergiftungen der Fließ- und stehenden Gewässer durch Betriebsunfälle oder durch versehentlichen Austritt hochbelasteter Sickerwässer.[81] Größere Fischsterben wurden allerdings in den 80er Jahren dadurch nicht mehr ausgelöst, da der Flußfischbestand zumeist schon vorher an Vergiftungen oder Sauerstoffarmut verendet war und die übriggebliebenen Reste ohnehin nicht verzehrt werden durften oder konnten.

10. Die Folge dieser enormen Gewässerschädigung war, daß zur DDR-Zeit die Elbe und ihre Nebenflüsse, über die etwa drei Viertel des DDR-Territoriums entwässert wurden, zur Industriekloake verkamen. Zumindest seit den 70er Jahren ist der Kernbereich dieser Fließgewässer das schmutzigste und in höchstem Grade vergiftete Flußsystem Europas.[82] Dieses Desaster ist eindeutig der verantwortungslosen Vernachlässigung des Gewässerschutzes durch die SED-Staats- und Wirtschaftsführung zu „verdanken". Denn rd. 90 v.H. der Schadstoffe, welche die Elbe in den 80er Jahren in ihren Fluten mit sich führte, stammten aus Eintragungen auf dem Territorium der DDR.

Welche Schmutz- und Giftfrachten diesem Fluß jedes Jahr auf 566 Kilometer Flußstrecke zwischen Schmilka an der Grenze zur CSSR und Boitzenburg an der innerdeutschen Grenze durch Schadstoffeinleiter aus der DDR aufgeladen wurden, übersteigt beinahe jede Vorstellungskraft. Diese Belastungen wurden schon vor dem Untergang des SED-Staates jedes Jahr akribisch durch die „Wassergütestelle Elbe" der Bundesländer Niedersachsen, Hamburg und Schleswig-Holstein (= *Arbeitsgemeinschaft für die Reinhaltung der Elbe*/ARGE) gemessen und errechnet. Danach schleppte der Fluß 1988 bei der Meßstation Schnackenburg allein an NE-Metallen 4 300 t Zink, 970 t Kupfer, 550 t Chrom und 210 t Nickel mit sich. Bei den hochtoxischen Schwermetallen betrug die Jahresgiftfracht bei Cadmium 10 t, bei Quecksilber 16 t und bei Blei 180 t. Zumeist aus diffusen Verschmutzungsquellen (= weitgestreute Überfütterung der Gewässer durch ausgeschwemmte Nährstoffe aus der Landwirtschaft) stammte ein 1988 mit dem Fluß nach Westdeutschland exportierter Ballast von 12 000 t Gesamt-Phosphat, 43 000 t Ammonium und 160 000 t Nitrat. Die gemessen an

der Tonnenzahl höchste Jahresfracht bürdeten der Elbe jedoch die Kaligruben und Düngemittelfabriken der DDR auf. Sie entsorgten über diesen Fluß 1988 insgesamt 4 900 000 t anorganische Salze (Chlorid) in Richtung Westdeutschland (Tagesfracht des Elbwassers bei „reinem Salz" = rd. 13 400 t).[83][84]
Allein das Chemiekombinat Bitterfeld (größter DDR-Produzent von Pflanzenschutz- und Schädlingsbekämpfungsmitteln; 1984–1988 rd. 32 000 Beschäftigte)[85] entließ in seiner Abwasserbrühe jedes Jahr etwa 3,5 t Quecksilber in den Strom. Dort im Wasser wurde dieses (durch bakterielle Einwirkung) z.T. in das heimtückisch-giftige und schon in geringsten Dosen nervenschädigende Methyl-Quecksilber umgewandelt.[86] Keineswegs fürsorglicher ging der Chemie-Gigant Leuna-Werke (Großproduzent von Düngemitteln, Methanol, Formaldehyd, Aminen, Lösungsmitteln, Waschrohstoffen und Weichmachern, Kunststoffen und Treibstoffen) mit dem Saale-Wasser um. Hinter den Abflußrohren seiner Werke sank auf Dutzenden von Stromkilometern der ohnehin schon geringe Sauerstoffgehalt des Saale-Wassers schlagartig auf Null ab.
Durch die hochgradige Vergiftung des Elbewassers zur DDR-Zeit muß bis zum heutigen Tage das gesamte Baggergut (Schlick) aus dem Elbeabschnitt zwischen Schnackenburg und der Nordseeküste an Land in besonderen platzaufwendigen Deponien untergebracht werden, um eine Kontaminierung des Bodens mit Schwermetallen zu verhindern.[87] Eine Verwendung des nährstoffreichen Schlicks zu Düngezwecken in der Landwirtschaft ist wegen der damit verbundenen Gefahren für die Gesundheit von Menschen und Tieren schon seit Jahrzehnten nicht mehr möglich. Ob in der DDR eine umfassende schadstofffreie Entsorgung des kontaminierten Baggergutes aus der Mulde, Saale und Elbe stattgefunden hat, ist nicht bekannt und muß erst durch weitere Recherchen ermittelt werden.

2.3. Trinkwasser nicht das reinste Lebensmittel
Trinkwasserversorgung und Trinkwasserqualität mangelhaft

Die aus diesen gravierenden Umweltsünden herrührenden Probleme für die Trinkwassergewinnung versuchte die Wasserwirtschaft der DDR dadurch aus dem Wege zu räumen, indem sie als „Rohstoff" für die Aufbereitung von Trinkwasser überwiegend Grundwasser verwendete. Dementsprechend stammte in der zweiten Hälfte der 80er Jahre das für die Herstellung von Trinkwasser benötigte Rohwasser zu 80 v.H. aus Grundwasser, Quellwasser, künstlich angereichertem Grundwasser und aus uferfiltriertem Flußwasser. Nur 5 v.H. des Rohwassers für die Trinkwasserproduktion konnten noch aus Flüssen und nur 1 v.H. aus Seen entnommen werden.
Dennoch half auch diese Not- und Ausweichlösung nur die gröbsten Rohwassermängel zu beheben. Das Hauptproblem blieb jedoch die immer weiter ansteigende großräumige Belastung der Grundwasserdepots durch Nitrat, Phosphat und ins Erdreich ausgewaschene Pflanzenschutz- und Schädlingsbekämpfungsmittel.[88] Hierfür war in erster Linie das Übermaß an diffusen Eintragungen von Mineraldünger und von organischen Abprodukten (Gülle, Silosickersaft) in die Böden verant-

wortlich. Seine Eindämmung gelang trotz aller Mäßigungs-Appelle an die sozialistischen Landwirtschaftsbetriebe für Pflanzenproduktion und für Massentierhaltung bis zum Ende der DDR nicht.

Aber auch die aus nicht abgeschirmten Produktionsprozessen und die aus schadhaften Abwasserkanälen in der Industrie stammenden Sickerwässer mit ihren Kontaminationen setzten so manchem Grundwasserspeicher arg zu und schränkten vielerorts seine Nutzung für die Trinkwassergewinnung ein. Zu den Grundwasserverderbern aus der Industrie mit der höchsten Schädigungsmacht gehörten vor allem in den Boden gelangte Altöle, Teer- und Destillationsrückstände, Phenole,[89] Metallsalze, Sulfide und Schwermetalle (Quecksilber, Blei und Cadmium).

Eine weitere üble Verseuchungsquelle für die Grundwasserdepots war die marode Abwasserkanalisation im kommunalen Bereich. Da die Staatsverwaltung der DDR nichts unternommen hatte, um die Altersstruktur ihres öffentlichen Kanalnetzes zu ermitteln, und sie zudem auch kein aussagefähiges Kataster über Ausmaß und Verteilung der Kanalschäden angelegt hatte, konnten diese Grundlagenuntersuchungen erst nach dem Untergang des DDR-Sozialismus angepackt werden. Hieraus ergab sich, daß 1989/90 rd. ein Drittel (= 32 v.H.) der insgesamt vorhandenen kommunalen Abwasserkanäle bereits eine Dienstzeit von mehr als 50 Jahren hinter sich hatte (Altersklasse 50–75 Jahre) und somit bereits vor dem II. Weltkrieg gebaut worden war. Rund 22 v.H. der im Dienst befindlichen Abwässerkanäle stammten sogar noch aus der Kaiserzeit vor dem I. Weltkrieg (Altersklasse 75–100 Jahre).[90] Daher verwundert es nicht, daß Ende der 80er Jahre die Wasserwirtschaftsdirektionen der DDR jährlich etwa 30 000 Schäden im Abwassernetz registrieren und reparieren mußten.[91]

Von den 6 471 im Jahre 1988 für die Trinkwasseraufbereitung in der DDR vorhandenen Wasserwerken waren die meisten veraltet. Durch den eingetretenen Verschleiß und die ständige Überbeanspruchung durch hochverschmutztes Rohwasser war ihre Reinigungskraft in der Regel ungenügend. Nur rd. 7 v.H. der DDR-Wasserwerke waren 1989 jünger als 10 Jahre. Nur diese genügten im Hinblick auf die eingesetzten Reinigungsverfahren und hinsichtlich der von ihnen genutzten EDV-gestützten Steuerungs-, Meß- und Kontrollmethoden höheren Ansprüchen.[92]

In einem noch weit trostloseren Zustand befand sich zur Zeit der „Wende" das Rohrleitungsnetz für den Trinkwassertransport. Dieses erreichte 1989/90 eine Länge von etwa 98 000 km. Über ein Drittel dieses zumeist aus Guß- und Stahlrohren gebauten Rohrleitungsnetzes war schon vor Beginn des II. Weltkrieges verlegt worden und daher mehr als 50 Jahre alt.[93] Nach der bei der Wirtschaftsverwaltung unter Verschluß geführten *Alters- und Nutzungsstatistik für Produktionsanlagen* hatten 1989 rd. 52 v.H. des Trinkwasser-Rohrleitungsnetzes die ihm seitens der Investitionsplaner unterstellte „normative Nutzungsdauer" längst überschritten. Deshalb ist es auch nicht verwunderlich, wenn in der Endzeit der DDR die in jedem der 15 Bezirke (einschließlich Ostberlin) bestehenden „VEB Wasserversorgung und Abwasserbehandlung" jedes Jahr 70 000 bis 80 000 Havarien im Trinkwassernetz verbuchen und beseitigen mußten. Allein im Bezirk Leipzig wurden Ende der 80er Jahre etwa 6 000 Rohrbrüche im Jahr gezählt.

Nur zwei Drittel des insgesamt in der DDR pro Jahr aufbereiteten Trinkwassers erreichten in den 80er Jahren tatsächlich den Verbraucher. Ein Drittel versickerte

Umweltpolitik und Umweltbelastung

Jahr um Jahr auf dem Wege von den Wasserwerken zu den privaten Haushalten und den gewerblichen Verbrauchern. Eine zuverlässige Trinkwasserversorgung und befriedigende Trinkwasserqualität konnten fast überall in Ostdeutschland nicht gewährleistet werden.[94]

Als Folge all dieser gravierenden Umweltsünden erhielt fast die Hälfte der DDR-Bewohner (= 7,6 Millionen Menschen) ein Trinkwasser geliefert, das ständig oder zeitweise nicht den von der DDR-Regierung selbst festgelegten Reinheits- und Hygiene-Normen entsprach (= TGL-Normen[95]).[96] Ein großer Teil dieser Abweichungen von den amtlichen Gütenormen beruhte darauf, daß ausgerechnet solche TGL-Grenzwerte bei den Standards überschritten wurden, die extra zur Eindämmung von Gesundheitsgefahren für die Bevölkerung festgelegt worden waren.

Durch laufende Überschreitungen des gerade noch zulässigen Nitratgehaltes (DDR-Norm = 40 mg/l) wurden 1988/89 1,3 bis 1,4 Millionen Menschen geplagt (vgl. Tabelle 8). Sie entnahmen ihr täglich benötigtes Wasser nicht etwa nitratverseuchten Hausbrunnen, sondern erhielten ihr Trinkwasser aus dem öffentlichen Wassernetz. Bei einigen weiteren Hunderttausend auf dem Lande lebenden DDR-Bürgern, die Eigenversorgungsanlagen für Trinkwasser besaßen (Tief- und Hausbrunnen), hatte die sozialistische Landwirtschaft durch ständige Überdüngung der Felder mit Kunstdünger und Gülle dafür gesorgt, daß auch sie für den Hausgebrauch nahezu täglich nitratverseuchtes, ihrer Gesundheit abträgliches Trinkwasser verwenden mußten.[97] Von den zur Endzeit der DDR noch genutzten privaten Trinkwasserbrunnen förderten die Pumpen bei 34 bis 42 v.H. dieser Eigenversorgungsanlagen nur noch nitratbelastetes Wasser zutage.

Tabelle 8: **Belastung der Bevölkerung der DDR durch nitrathaltiges Trinkwasser oberhalb des zulässigen Grenzwertes 1981 bis 1989 Bereich „zentrale Trinkwasserversorgung" aus öffentlichen Wasserwerken**
(Ständige und zeitweilige Nitratbelastungen)

Jahr	Zahl der betroffenen Einwohner nach Nitratbelastungsstufen in Milligramm je Liter (mg/l)			Gesamtzahl der belasteten Einwohner
	> 40 ... 80	> 80 ... 150	> 150	
1981	1 081 106	161 430	53 661	1 296 197
1982	1 261 231	212 357	18 280	1 491 868
1983	1 166 027	166 990	38 648	1 371 665
1984	1 070 191	196 944	36 034	1 303 167
1985	1 282 000	180 000	34 000	1 496 000
1986	768 004	210 527	60 056	1 038 587
1987	1 004 839	189 685	32 089	1 226 613
1988	1 149 465	233 452	10 734	1 393 651
1989	1 090 980	176 090		1 267 070

Quelle: Priesemuth, Bernhard (1990 Inspektionsleiter für Wasserhygiene im Ministerium für Gesundheits- und Sozialwesen der DDR): „Wasserhygiene in der DDR", in: Wissenschaft und Fortschritt, Berlin (Ost), 40. Jg., Heft Nr. 4/1990, S. 94–96, hier S. 94; Statistisches Jahrbuch der DDR 1990, S. 152.

Sobald die Dienststellen der Staatlichen Hygieneinspektion auf Bezirks- und Kreisebene bei ihren laufend durchgeführten Wasserproben feststellten, daß das aus den Wasserwerken gelieferte oder aus Hausbrunnen entnommene Trinkwasser die zentral festgesetzten Grenzwerte bei Nitrat überschritt, wurden diese Wasserversorgungsanlagen für die Trinkwasserabgabe an Säuglinge und Kleinkinder gesperrt. Dies führte dazu, daß z. B. im Jahre 1989 in 964 Gemeinden und Ortsteilen der DDR eine Wasser-Sonderversorgung für Kinder durch Tankwagen und Mineralwasserflaschen angeordnet und organisiert werden mußte.[98]

Etwa 1,4 Millionen Menschen wurden Ende der 80er Jahre ständig oder zeitweise mit Trinkwasser beliefert, welches hygienisch nicht einwandfrei war, sondern Beimengungen von Bakterien und auch Krankheitserregern aufwies. Hauptursache hierfür war der beträchtliche Verschleiß der Rohrleitungsnetze für Trinkwasser. Hierdurch entstanden immer wieder Verunreinigungen des transportierten Trinkwassers durch Ablagerungen (= Rohrnetzverkeimungen) und durch Lecks in den überalterten Wasserleitungen.[99] 1987/88 wies etwa jede zehnte aus den Wasserhähnen der privaten Haushalte entnommene Wasserprobe bakteriologische „Anreicherungen" auf und mußte von den staatlichen Wasserhygieneämtern beanstandet werden (vgl. Tabelle 9). Auch über dieses gesellschaftspolitisch hochbrisante Thema hat das Zentralorgan der SED, „Neues Deutschland", zu keinem Zeitpunkt auch nur mit einer Zeile berichtet.

Im Jahre 1989 umfaßte die Lebensmittelindustrie der DDR insgesamt 579 Betriebe mit rd. 2 800 Produktionsstätten.[100] Diese nutzten zur Herstellung von Getränken und Nahrungsmitteln etwa 2 000 betriebseigene Wasserversorgungsanlagen. Über die „Qualität" des in diesen Betrieben verarbeiteten Rohwassers heißt es in einem Bericht aus dem Ministerium für Gesundheits- und Sozialwesen der DDR vom April 1990, der nicht mehr durch die Geheimhaltungsdekrete der SED-Führung unterdrückt wurde: „Ein hygienisches Risiko sind auch viele Eigen-Wasserversorgungsanlagen für die Produktion und Bereitung von Lebensmitteln. Hier mußten 1988 rd. 40 % chemisch (21,3 % nitratbelastet) und 24 % bakteriologisch beanstandet werden".[101]

Hätten für die DDR-Bewohner schon vor 1990/91 die erheblich schärferen westdeutschen Reinheits- und Hygiene-Vorschriften für Trinkwasser gegolten, so hätte sich daraus ableiten lassen, daß bis 1989 9,6 Millionen Bürger Ostdeutschlands mit einem Trinkwasser vorliebnehmen mußten, welches nicht dem in Westdeutschland geltenden Qualitätsstandard entsprach.[102]

Zu den Großstädten, deren Bewohner ständig Trinkwasser unterschiedlich *schlechter* Qualität geliefert erhielten, gehörten in der ehemaligen DDR Dresden, Gera, Leipzig, Karl-Marx-Stadt und Halle.

Umweltpolitik und Umweltbelastung

Tabelle 9: Trinkwasserabgabe der Wasserversorgungsbetriebe an die Bevölkerung und erreichter Anschluß der privaten Haushalte an das öffentliche Versorgungsnetz der DDR 1970 bis 1989
Bakteriologische Beanstandungen von Trinkwasserproben

Jahr	Trinkwasserabgabe an die privaten Haushalte	Einwohner mit einem Anschluß ihrer Wohnung an das zentrale Wasserversorgungsnetz	Bakteriologische Beanstandungen bei Proben von Trinkwasser aus dem öffentlichen Versorgungsnetz
	in Millionen Kubikmeter	in v.H. der Wohnbevölkerung	Beanstandete Proben in v.H.
1970	498,9	80,7	
1972	549,8	81,6	20,0
1975	595,6	85,2	19,0
1979	690,1	88,5	17,4
1980	695,4	89,1	19,4
1981	702,5	89,9	15,9
1982	728,6	90,3	13.5
1983	772,0	90,4	15,3
1984	732,9	90,7	13,0
1985	730,6	90,7	11,6
1986	758,8	91,1	10,7
1987	759,8	92,0	9,8
1988	783,1	92,5	9,2[1]
1989	810,9	93,3	

1 Bei Untersuchungen des Wassers von Eigenwasserversorgungsanlagen wurden 1988 in 30 v.H. aller Fälle bakteriologische Beimengungen festgestellt.

Quellen: Statistisches Jahrbuch der DDR 1978, S. 128; Ausgabe 1982, S. 146; Ausgabe 1988, S. 157 und Ausgabe 1990, S. 188; Priesemuth, Bernhard (1990 Inspekterleiter für Wasserhygiene im Ministerium für Gesundheits- und Sozialwesen der DDR: in: „Wasserhygiene in der DDR"), in Wissenschaft und Fortschritt, Berlin (Ost), 40. Jg., Heft Nr. 4/1990, S. 94–96, hier S. 96.

Anmerkungen

1 Vgl. die Verfassung der DDR vom 6. April 1968, in: GBl. der DDR, Teil I, Nr. 8 , S. 199ff., hier S. 208.
2 Vgl. hierzu das Programm der Sozialistischen Einheitspartei Deutschlands (verabschiedet auf dem IX. Parteitag, 18.–22. Mai 1976). Berlin (Ost) 1976, S. 26.
3 In dem Standardwerk der ehemaligen sozialistischen Staatengemeinschaft und Wirtschaftsallianz (RGW) heißt es zum Thema „Sozialismus und Umweltschutz":
„*In den kapitalistischen Ländern, in denen die ökonomische und politische Macht in der Hand kapitalistischer Monopole liegt, sind der Verderb und die Zerstörung günstiger Naturverhältnisse ein unausbleibliches Resultat des wissenschaftlich-technischen Fortschritts. Umweltschutz ist mit dem Wesen des Kapitalismus schlechthin unvereinbar. [...]
In den sozialistischen Ländern bilden die rationelle Nutzung, die Erhaltung und Reproduktion der Naturressourcen sowie der schonende Umgang mit der Natur Grundlagen für die Entwicklung der Produktivkräfte und die Erhöhung des Volkswohlstandes, sind sie ein Element der Wirtschaftstätigkeit und der Kultur.*"

Vgl. Akademie für Staats- und Rechtswissenschaft der DDR (Hrsg.), Sozialismus und Umweltschutz (Recht und Leitung in den Mitgliedsländern des RGW). Berlin (Ost) 1982, S. 19/20.

4 Vgl. hierzu das Gesetz über die planmäßige Gestaltung der sozialistischen Landeskultur in der DDR – Landeskulturgesetz – vom 14. Mai 1970, in: GBl. der DDR, Teil I, Nr. 12, S. 67ff.

5 Vgl. die Fünfte Durchführungsverordnung zum Landeskulturgesetz – Reinhaltung der Luft – vom 17. Januar 1973, in: GBl. der DDR, Teil I, Nr. 18, S. 157ff. in der Neufassung vom 12. Februar 1987, in: GBl. der DDR, Teil I, Nr. 7, S. 51ff.;
das Wassergesetz vom 2. Juli 1982, in: GBl. der DDR, Teil I, Nr. 26, S. 467ff. und die Erste Durchführungsverordnung zum Wassergesetz vom 2. Juli 1982, ebenda, S. 477ff.;
die Zweite Durchführungsverordnung zum Wassergesetz – Anwendung ökonomischer Regelungen für die Reinhaltung der Gewässer und zur rationalen Nutzung des Grund- und Oberflächenwassers vom 16. Dezember 1970, in: GBl. der DDR, Teil I, Nr. 3, S. 25ff.; abgelöst durch die im wesentlichen bis 1989 geltende
Zweite Durchführungsverordnung zum Wassergesetz – Abwassergeld und Wassernutzungsentgelt vom 2. Juli 1982, in: GBl. der DDR, Teil I, Nr. 26, S. 485ff.;
die Dritte Durchführungsverordnung zum Wassergesetz – Schutzgebiete und Vorbehaltsgebiete – vom 2. Juli 1982, in: GBl. der DDR, Teil I, Nr. 26, S. 487ff.;
die Anordnung über Abwassereinleitungsentgelt vom 2. Februar 1984, in: GBl. der DDR, Teil I, Nr. 5, S. 70/71, ergänzt und geändert durch die
Anordnung Nr. 2 über Abwassereinleitungsentgelt vom 1. Juni 1987, in: GBl. der DDR, Teil I, Nr. 14, S. 164/165;
die Verordnung zum Schutz des land- und forstwirtschaftlichen Bodens und zur Sicherung der sozialistischen Bodennutzung – Bodennutzungsverordnung – vom 26. Februar 1981, GBl. der DDR, Teil I, Nr. 10, S. 105ff.;
die Verordnung über Bodennutzungsgebühr vom 26. Februar 1981, in: GBl. der DDR, Teil I, Nr. 10, S. 116 ff;
die Anordnung über die Inkraftsetzung der Liste der Schadstoffe vom 20. Februar 1981, in: GBl. der DDR, Sonderdruck Nr. 1059, abgelöst durch die Neufassung dieser Anordnung vom 30. September 1985, in: GBl. der DDR, Sonderdruck Nr. 1059/1 und
die Zweite Durchführungsbestimmung zum Giftgesetz – Verzeichnis eingestufter Gifte – vom 16. August 1984, in: GBl. der DDR, Sonderdruck Nr. 1192, ebenfalls abgelöst durch die Neufassung dieser Anordnung vom 5. Dezember 1988, in: GBl. der DDR, Sonderdruck Nr. 1192/1.

6 Eine Übersicht über die grundlegenden Rechtsvorschriften zum Umweltschutz der DDR bis zum Jahre 1983 wird im Anhang des Nachschlagewerks ABC – Umweltschutz, 3. Auflage, Leipzig 1984, vorgelegt. Siehe außerdem folgende juristische Nachschlagewerke und Gesetzeskommentare:
Autorenkollektiv, Landeskulturrecht, 1. Auflage, Berlin (Ost) 1986;
Akademie für Staats- und Rechtswissenschaft und Ministerium für Umweltschutz und Wasserwirtschaft der DDR (Hrsg.), Wasserrecht, Textausgabe, Berlin (Ost) 1984 und dieselben: Wasserrecht, Kommentar, Berlin (Ost) 1987.

7 Vgl. die Bekanntmachung über die Bildung von Ministerien vom 3. Januar 1972, in: GBl. der DDR, Teil II, Nr. 2, S. 18/19 und
das Statut des Ministeriums für Umweltschutz und Wasserwirtschaft – Beschluß des Ministerrates – vom 23. Oktober 1975, in: GBl. der DDR, Teil I, Nr. 43, S. 699ff.

8 Das nach den Vorgaben der marxistischen Politökonomie ermittelte (produzierte oder im Inland verwendete) „Nationaleinkommen" entspricht vom Begriff, nicht jedoch von der Berechnungsmethode her dem „Bruttoinlandsprodukt" der westlichen Volkswirtschaftlichen Gesamtrechnung (Sozialproduktsermittlung). Diese Erfassungsgröße der jährlichen gesamtwirtschaftlichen Leistung umfaßt die Summe aller in den „produzierenden Wirtschaftsbereichen" hergestellten Güter und produktiven Leistungen (= Nettoproduktwerte). Nicht in die Ermittlung des Sozialprodukts einbezogen wurden die als „nichtproduktiv" betrachteten Dienstleistungen. Dazu gehörten nach dem Konzept der früheren östlichen Volkswirt-

schaftlichen Gesamtrechnung die Leistungen der Banken, Versicherungen, Vermittlungs-, Werbe-, Beratungs-, Nachrichten-, Schreib- und Übersetzungsbüros, der Wohnungswirtschaft, der Staatsverwaltung und Kommunalwirtschaft, der Touristikbüros und Beherbergungsstätten (Hotels), der Forschung, des Bildungswesens, der Gesundheitseinrichtungen und der Verschönerungsdienste (u.a. Kosmetik- und Friseursalons).

9 Vgl. zum Beleg das Statistische Jahrbuch der DDR 1990, S. 14, 15 und S. 146.

10 Vgl. *Martin Helmbold*, Staatsmonopolistische Umweltpolitik – Wesen und Bilanz. In: IPW-Berichte, Heft Nr. 7/1977, Berlin (Ost), S. 29–36;
Hans Reichelt (1972 bis 1989 Stellvertreter des Vorsitzenden des Ministerrates der DDR und Minister für Umweltschutz und Wasserwirtschaft), Die Mitverantwortung unserer Partei beim Schutz und der Gestaltung der natürlichen Umwelt. In: Der Pflüger, Berlin (Ost), Heft Nr. 12/1979, S. 1–7, hier S. 3;
Harry Nick, Mensch und Umwelt. In: Einheit, Berlin (Ost), Heft Nr. 7/1979, S. 702–712, hier S. 704;
Horst Paucke und Adolf Bauer, Umweltprobleme – Herausforderung der Menschheit. Berlin 1979; Lizenzausgabe, Verlag Marxistische Blätter, Frankfurt am Main 1980, S. 31 und S. 61ff.;
Herbert Schindler, Graben wir uns selbst das Wasser ab? Berlin (Ost) 1979, S. 31ff. und
Horst Paucke, Zum Verhältnis von Wirtschaftswachstum und Umweltbelastung. In: Zeitschrift für den Erdkundeunterricht, 34 (1982)-2/3, S. 49–55.

11 Siehe hierzu auch *Hans Reichelt*, Rationelle Nutzung und Schutz der Natur – eine globale Aufgabe hohen Ranges. In: Einheit, Berlin (Ost), 43 (1988)-10, S. 907–916, hier S. 907ff.

12 *Horst Paucke*, Umweltsituation der DDR. In: Wissenschaft und Fortschritt, hrsg. von der Akademie der Wissenschaften der DDR, Berlin (Ost), 40 (1990)-6, S. 153–156, hier S. 156.

13 Der Immissionsschutzgrenzwert lag in der DDR bis zuletzt bei 150 Milligramm pro Kubikmeter Luft (in der Bundesrepublik galt zur gleichen Zeit ein etwas härterer Grenzwert = 140 Milligramm pro Kubikmeter). In den SO_2-Krisenregionen der DDR wurde dieser oft mehrmals im Jahr deutlich überschritten.

14 Akademie der Wissenschaften der DDR, Institut für Soziologie und Sozialpolitik: Sozialpolitik konkret. Zur Umweltsituation in der DDR, (Zur sozialpolitischen Relevanz von Umweltdaten der DDR). Bearbeiter *Maier* und *Franke*, Broschüre, Berlin (Ost) Frühjahr 1990, S. 11.

15 Bundesministerium für Umwelt, Naturschutz und Reaktorsicherheit: Eckwerte der ökologischen Sanierung und Entwicklung in den neuen Ländern. Bonn, November 1991, S. 15.

16 Vgl. zum Beleg *Klaus Wettig*, Zur Lage der Umwelthygiene in der Deutschen Demokratischen Republik. In: *Thomas Elkeles u.a.* vom Wissenschaftszentrum Berlin für Sozialforschung (Hrsg.), Prävention und Prophylaxe (Theorie und Praxis eines gesundheitspolitischen Grundmotivs in zwei deutschen Staaten 1949–1990). Berlin 1991, S. 264–439, hier S. 264/65.

17 Die Ende 1982 von der SED-Führung durchgesetzte Verschärfung der Geheimhaltung über das Ausmaß der Umweltbelastungen und der Umweltschäden in der DDR wurde von der Regierung der DDR nach der „Wende", und zwar am 13. November 1989, wieder aufgehoben. An diesem Tage wurde auf der 11. Sitzung der Volkskammer Hans Modrow (SED) zum Vorsitzenden des Ministerrates der DDR gewählt. Er löste den zurückgetretenen Willi Stoph (SED) in diesem Amt ab. Die Verordnung über die Aufhebung des Geheimhaltungsbeschlusses wurde von dem gleichen Fachminister unterschrieben (Hans Reichelt, DBD), der 1982 neben Stoph das Geheimhaltungs-Dekret unterzeichnet hatte.
Vgl. die Verordnung über Umweltdaten vom 13. November 1989, in: GBl. der DDR, Teil I, Nr. 22, S. 241/42 und
den Artikel Koalitionsregierung Modrow mit großer Mehrheit gewählt. In: Neues Deutschland vom 20. November 1989, S. 1, 3 und 4.

18 Da die DDR trotz aller Versuche zur Perfektionierung ihrer Geheimhaltungsmaßnahmen immer wieder in die negativen Schlagzeilen der internationalen Presse geriet und dort zutreffend als der in Westeuropa größte Umweltsünder vorgeführt wurde, erließ die SED-Führung am 27. Februar 1984 noch eine weitere „Abdichtungs"-Anordnung (AO Nr. 2). Durch sie

wurde flächendeckend bestimmt, daß alle gemessenen oder berechneten Werte der Konzentration von Inhaltsstoffen (Schadstoffe, Gifte) in den Umweltmedien (Luft, Gewässer, Boden usw.) und in Lebewesen (Menschen und Tieren), soweit sie die Grenzwerte überschritten, als Staats- oder Dienstgeheimnis zu behandeln sind.
Näheres siehe bei *Hans-Henry Wieczorek*, Umweltschäden in der DDR (Dargestellt an einer Analyse von Bekämpfungsaktionen gegen den Forstschädling Nonne (Lymantria monache L.) in den Jahren 1980 bis 1984). Giessener Abhandlungen zur Agrar- und Wirtschaftsforschung des europäischen Ostens, Bd. 184, Berlin 1992, S. 148–152.

19 Vgl. hierzu auch Deutsche Presse-Agentur – Hintergrundinformation –: Umweltschutz in der DDR. Teil I, Bonn, 14. Juni 1990, S. 1–11, hier S. 10/11.

20 Vgl. Ministerium für Naturschutz, Umweltschutz und Wasserwirtschaft der DDR: Umweltbericht DDR (Information zur Analyse der Umweltbedingungen in der DDR und zu weiteren Maßnahmen). 1. Auflage, Berlin (Ost), hrsg. im März 1990, S. 65.
Bei dieser Ausgabe des Umweltberichts DDR handelt es sich um eine erweiterte Fassung der Vorlagen für den Runden Tisch vom Januar 1990 und vom 15. Februar 1990.

21 Vgl. *Hannsjörg F. Buck und Bernd Spindler*, Luftbelastung in der DDR durch Schadstoffemissionen (Ursachen und Folgen). In: Deutschland Archiv, 15 (1982)-9, S. 943–958, hier S. 943ff.

22 1970 stammten 85,0 v.H., 1980 78,7 v.H., 1985 82,7 v.H. und 1988 85,0 v.H. der in der DDR erzeugten Elektroenergie aus der Umwandlung von Rohbraunkohle und Braunkohlenbriketts. Der restliche Primärenergiebedarf wurde durch Kernenergie (1988/89 = 10,1 v.H.), Wasserkraft (= 1,4 v.H.), Mineralöl (= 0,7 v.H.), Steinkohle (= 0,2 v.H.) und sonstige Brennstoffe (= 4,1 v.H.) gedeckt. Vgl. das nach der „Wende" im September 1990 erschienene letzte Statistische Jahrbuch der DDR 1990, S. 185.

23 Vgl. Statistisches Jahrbuch der Bundesrepublik Deutschland 1993, S. 741.

24 Vgl. Statistisches Jahrbuch der DDR 1990, S. 146/47 und
Umweltbericht DDR, hrsg. vom Institut für Umweltschutz, Berlin (Ost), 15. Februar 1990, S. 10.

25 Vgl. auch *Horst Förster*, Umweltprobleme und Umweltpolitik in Osteuropa. In: Aus Politik und Zeitgeschichte, Beilage der Wochenzeitung „Das Parlament", Heft B 10/91 vom 1. März 1991, S. 13–25, hier S. 15ff.

26 Vgl. *Cord Schwartau*, Umwelt und Modernisierung. In: DDR-Perspektiven, hrsg. von der Frankfurter Allgemeinen Zeitung GmbH, Informationsdienste, und von der Dresdner Bank AG, Frankfurt am Main, Mai 1990, S. 122–124, hier S. 123.

27 Vgl. auch Bundesministerium für Raumordnung, Bauwesen und Städtebau (Hrsg.): Raumordnungsbericht 1991 der Bundesregierung. Bonn, September 1991, S. 109.

28 Vgl. *Hannsjörg F. Buck und Ute Reuter*, Das Scheitern des SED-Wohnungsbauprogramms und die infrastrukturellen und ökologischen Erblasten für die Wohnumwelt in den neuen Bundesländern (Vom Mißbrauch der Statistik unter dem SED-Regime). Analysen und Berichte Nr. 6/1991, hrsg. vom Gesamtdeutschen Institut, Bonn, 15. November 1991, S. 48–50

29 Zum Beleg siehe das Statistische Jahrbuch der DDR 1990, S. 147 und
Bundesministerium für Umwelt, Naturschutz und Reaktorsicherheit: Eckwerte ... (s.o. Anm. 15), S. 16.

30 Siehe hierzu auch das Statistische Jahrbuch 1993 der Bundesrepublik Deutschland, S. 742.

31 Siehe hierzu Bundesministerium für Umwelt, Naturschutz und Reaktorsicherheit: Eckwerte ... (s.o. Anm. 15), S. 16.

32 Vgl. Akademie der Wissenschaften der DDR: Sozialpolitik konkret (s.o. Anm. 14), S. 13.

33 Vgl. hierzu die Datensammlung des Ministeriums für Umweltschutz und Wasserwirtschaft der DDR: Information zur Entwicklung der Umweltbedingungen in der DDR und zu weiteren Maßnahmen, hrsg. vom Institut für Umweltschutz/Zentrum für Umweltgestaltung, Material zur Beratung am Runden Tisch, nicht im Buchhandel, erste Fassung vorgelegt im Januar 1990, hier Fassung vom 15. Februar 1990, S. 4, 6 und S. 7ff. und Anlage 6 dieser Studie;
dazu Statistisches Jahrbuch 1993 der Bundesrepublik Deutschland, S. 742 und
„Umweltschutz verlangt rasches Handeln" (Interview mit Dr. Peter Diederich, Minister für Naturschutz, Umweltschutz und Wasserwirtschaft). In: Regierungspressedienst DDR, Nr. 2 vom 30. Januar 1990, S. 1 und 2.

34 Vgl. Ministerium für Naturschutz, Umweltschutz und Wasserwirtschaft der DDR: Konzeption für die Entwicklung der Umweltpolitik, erarbeitet aufgrund des Beschlusses des Ministerrates der DDR vom 8. Februar 1990 unter der Leitung des Ministerpräsidenten Modrow, nicht im Buchhandel, als Manuskript vervielfältigt, Berlin (Ost), den 2. März 1990, S. 24.

35 Nach Angaben der Ostberliner Regierung vom 15. Februar 1990 war die DDR allerdings am Weltverbrauch von Fluorchlorkohlenwasserstoff (FCKW) nur mit ca. 1 Prozent beteiligt.
Vgl. Ministerium für Umweltschutz und Wasserwirtschaft der DDR: Information zur Entwicklung der Umweltbedingungen in der DDR und zu weiteren Maßnahmen, nicht im Buchhandel, als Manuskript vervielfältigt, Berlin (Ost), 15. Februar 1990, S. 9.

36 Einige der ringförmigen Kohlenwasserstoffe, z. B. diejenigen, die mit den Autoabgasen in die Luft abgegeben werden, die beim Kraftstoffumschlag auf Depot- und Handelsplätzen verdunsten oder die über emittierte Reinigungs- und Teerprodukte freigesetzt werden, sind starke Krebserreger (= Polycyclische aromatische Kohlenwasserstoffe).
Vgl. Umwelt-Lexikon, hrsg. von der Katalyse-Umweltgruppe, Köln 1985, S. 309 und
Udo E. Simonis, Globale Umweltprobleme und zukunftsfähige Entwicklung. In: Aus Politik und Zeitgeschichte, Beilage der Wochenzeitung „Das Parlament", Heft B 10/91 vom 1. März 1991, S. 3–12.

37 Vgl. Bundesministerium für Umwelt, Naturschutz und Reaktorsicherheit: Eckwerte ... (s.o. Anm. 15), S. 17.

38 Institut für angewandte Wirtschaftsforschung, Berlin (Ost), (Hrsg.): Wirtschaftsreport, Daten und Fakten zur wirtschaftlichen Lage Ostdeutschlands. Berlin (Ost) 1990, S. 34–38.
(Das Institut für angewandte Wirtschaftsforschung ging in der ersten Hälfte des Jahres 1990 aus dem früheren Wirtschaftsforschungsinstitut bei der Staatlichen Plankommission der DDR hervor.).

39 Für die Beheizung von Räumen wurden in der DDR im Jahre 1987 40 v.H. und im Jahre 1988 37 v.H. der erzeugten Gebrauchsenergie aufgewendet. Die Erzeugung von technischer Wärme verschlang in diesen beiden Jahren 37 v.H. bzw. 39 v.H. der kostbaren Gebrauchsenergie. Demgegenüber wurden im gleichen Zeitraum nur 8 v.H. der Gebrauchsenergie für den Antrieb von Maschinen und nur 2 v.H. für Beleuchtungszwecke eingesetzt.
Vgl. Institut für angewandte Wirtschaftsforschung, Berlin (Ost), Wirtschaftsreport (s.o. Anm. 38), S. 37.

40 Demgegenüber erreichten zur Endzeit der DDR die Braunkohlen-Kraftwerke der früheren Bundesrepublik mit einem Wirkungsgrad von in der Regel 35 bis 38 v.H. eine fast doppelt so hohe Stromausbeute.
Vgl. *Fritz Vahrenholt*, Sanierung der DDR-Umwelt – eine deutsche Aufgabe. In: Wissenschaft und Fortschritt, hrsg. von der Akademie der Wissenschaften der DDR, Heft Nr. 7/1990, S. 170–172, hier S. 170 und
Gerhard Voss (Institut der Deutschen Wirtschaft, Köln), Erste Betriebsstillegungen reichen noch längst nicht aus (Energieversorgung und Umweltschutz in der DDR). In: Blick durch die Wirtschaft, Frankfurt am Main, 28. März 1990, S. 7.

41 Dies beweist unter anderem, daß alle seit den zwei Ölpreisexplosionen (1973/74 und 1978/79) unternommenen Versuche der DDR-Wirtschaftsführung, den Energieverbrauch in der DDR einzudämmen und die wirtschaftliche Ausbeute des Energieeinsatzes in der Zentralplanwirtschaft zu steigern, wenig gefruchtet hatten.

42 Siehe zu dieser Thematik auch den informativen Überblicksartikel von *Regula Heinzelmann*, Die Erde darf nicht zum Treibhaus werden (Die Hoffnung auf den technischen Fortschritt). In: Blick durch die Wirtschaft, Frankfurt am Main, 8. November 1988, S. 7.

43 Diese Zahlen über den Schadstoffexport beruhen auf Angaben, die seitens der Regierung der DDR der UNO-Wirtschaftskommission für Europa (ECE) offiziell mitgeteilt wurden.
Vgl. Ministerium für Umweltschutz und Wasserwirtschaft der DDR: Information zur Entwicklung der Umweltbedingungen in der DDR und zu weiteren Maßnahmen, op. cit., a.a.O., S. 4ff.

44 Vgl. hierzu die Belege aus dem Umweltrecht der ehemaligen DDR bei *Buck/ Spindler*, Luftbelastung ... (s.o. Anm, 21), S. 956ff.

45 Vgl. Ministerium für Umweltschutz und Wasserwirtschaft der DDR: Information zur Entwicklung der Umweltbedingungen (s.o. Anm. 35), S. 5, siehe ergänzend Tabellen 1,2 und 4 dieser Studie.

46 Bis 1989 hatte die Wirtschaftsführung der DDR die Zahl der Braunkohlengruben auf insgesamt 38 erhöht (Zahl der in Betrieb befindlichen Tagebaue 1986/87 = 32). Diese beschäftigten über 100 000 Bergleute.
Die Jahresfördermenge bei Rohbraunkohle betrug 1975 247 Mio. t, 1980 258 Mio. t, 1985 312 Mio. t und 1989 301 Mio. t. Mit dieser Jahresausbeute wurde die DDR zum bedeutendsten Braunkohleförderland der Welt.

47 Vgl. *Gerhard Voss*, Erste Betriebsstillegungen reichen noch längst nicht aus (Energieversorgung und Umweltschutz in der DDR). In: Blick durch die Wirtschaft, Frankfurt am Main, 28. März 1990, S. 7 und
Horst Paucke, Umweltsituation ... (s.o. Anm. 12), S. 153–156, hier S. 153.

48 Rechtlich verantwortlich für die Wiederurbarmachung von ausgekohlten Braunkohlengruben waren in der DDR diejenigen Bergbaubetriebe, welche die Devastierungen verursacht hatten. Die zur Erfüllung dieser Aufgabe benötigten Geräte und Fahrzeuge wurden ihnen, soweit vorhanden, durch die staatliche Wirtschaftsführung zugeteilt (= Investitionsmittelbilanzierung). Die Räte der Bezirke hatten demgegenüber den Auftrag erhalten zu kontrollieren, ob und wie die Bergbaubetriebe ihren gesetzlichen Auftrag erfüllten, Bergbaufolgebrachen wieder urbar zu machen.
Vgl. hierzu § 1 bis 5 der Anordnung über die Wiederurbarmachung bergbaulich genutzter Bodenflächen – Wiederurbarmachungsanordnung – vom 4. November 1985, in: GBl. der DDR, Teil I, Nr. 33, S. 369ff. und
Landeskulturrecht Lexikon, hrsg. von der Akademie für Staats- und Rechtswissenschaft der DDR, Berlin (Ost) 1983, S. 142 und S. 191.

49 Vgl. das Berggesetz der DDR vom 12. Mai 1969, in: GBl. der DDR, Teil I, Nr. 5, S. 29ff.

50 Vgl. hierzu die Anordnung Nr. 1 über die Rekultivierung bergbaulich genutzter Bodenflächen – Rekultivierungsanordnung – vom 23. Februar 1971, in: GBl. der DDR, Teil II, Nr. 30, S. 245ff. in der Fassung der Anordnung Nr. 2 vom 4. Januar 1984, in: GBl. der DDR, Teil I, Nr. 5, S. 63ff.;
die Anordnung über die Wiederurbarmachung bergbaulich genutzter Bodenflächen – Wiederurbarmachungsanordnung – vom 10. April 1970, in: GBl. der DDR, Teil II, Nr. 38, S. 279ff. und die Neufassung dieser Wiederurbarmachungsanordnung vom 4. November 1985, in: GBl. der DDR, Teil I, Nr. 33, S. 369ff.
Dazu den Kommentar Landeskulturrecht, Berlin (Ost) 1986, S. 148.

51 Nach Feststellungen des DDR-Ministeriums für Umweltschutz und Wasserwirtschaft nahm in den Bergbaufolgelandschaften während der 80er Jahre auch die Rekultivierungsqualität der als wieder urbar und nutzbar gemeldeten Flächen beträchtlich ab.

52 Ermittlungsergebnisse des Instituts für Energetik der DDR, Leipzig; vorgelegt vom Ministerium für Wasserwirtschaft und Umweltschutz der DDR: Information zur Entwicklung der Umweltbedingungen in der DDR und zu weiteren Maßnahmen, op. cit., a.a.O., Anlage 17 dieser Studie.

53 Gänzlich im Widerspruch zu dieser Realität heißt es in einer Presseerklärung des Ministeriums für Kohle und Energie der DDR vom September 1988: *„Die Wiederurbarmachung ausgekohlter Tagebaue ist fester Bestandteil langfristiger Planung der DDR. Die in den Territorien von den jeweiligen Bezirkstagen gefaßten Beschlüsse sind darauf gerichtet, die Bergbaufolgelandschaften im Interesse der Bürger zu gestalten."*
Vgl. Was geschieht mit ausgekohlten Tagebauen? In: Presse-Informationen des Presseamtes beim Vorsitzenden des Ministerrates der DDR, Nr. 115 vom 30. September 1988, S. 4.

54 Vgl. hierzu auch *Wolfgang Stinglwagner*, Energiewirtschaft in der DDR. In: Geographische Rundschau, Heft Nr. 11/1987, S. 635–640, hier S. 636.

55 Vgl. Braunkohle – wichtigster Energieträger und wertvoller Rohstoff. In: Presse-Informationen des Presseamtes beim Vorsitzenden des Ministerrates der DDR, Nr. 130/31 vom 9. November 1989, Beilage, S. I und ergänzend
„Asche umfassend verwerten". In: Presse-Informationen Nr. 4 vom 10. Januar 1989.

56 Vgl. auch *Wolfgang Stinglwagner*, Die Energiewirtschaft der DDR (Unter Berücksichtigung internationaler Effizienzvergleiche), hrsg. vom Gesamtdeutschen Institut, Bonn, Juli 1985, S. 48–53.

57 Siehe ergänzend auch *C. Hoppe*, Kraterlandschaft, der Fluch des „Braunen Goldes". In: Die Welt vom 8. Februar 1990, S. 14.
58 MIK-Werte = Grenzwerte über die maximal zulässige Immissions-Konzentration.
59 Akademie der Wissenschaften der DDR: Sozialpolitik konkret (s.o. Anm. 14), S. 14.
60 Im Durchschnitt betrug das natürliche Wasserdargebot 1988 1 062 m^3 und 1989 1 065 m^3 je DDR-Bewohner.
61 Demgegenüber konnte jeder Bürger der früheren Bundesrepublik selbst in Trockenjahren noch über ein Pro-Kopf-Wasserdargebot von im Durchschnitt rund 1 900 Kubikmeter gebieten. In Jahren mit einer durchschnittlichen Niederschlagsmenge belief sich dieses Dargebot auf über 2 600 Kubikmeter im Jahr.
62 Vgl. zur Bestätigung Ministerium für Umweltschutz und Wasserwirtschaft der DDR: Information zur Entwicklung der Umweltbedingungen ... (s.o. Anm. 35), S. 16.
63 1988/89 betrug die Anbaufläche in der Landwirtschaft der DDR, die künstlich bewässert wurde, 1,2 bis 1,3 Millionen Hektar. Dies entsprach einem Anteil von 19–21 v.H. an der gesamten Landwirtschaftlichen Nutzfläche (LN).
Vgl. hierzu auch das Statistische Jahrbuch der DDR 1990, S. 211 und 220.
64 Zur diesen „Einrichtungen" gehörten unter anderem die Kinderkrippen, Kindergärten, Jugend- und Studentenwohnheime, Kultur- und Klubhäuser, Feierabend- und Pflegeheime, Sportstätten, Freizeiteinrichtungen und Ferienheime.
65 Vgl. *Manfred Melzer* unter Mitarbeit von *Cord Schwartau*, Hauptartikel Umweltschutz. In: DDR Handbuch, hrsg. vom Bundesministerium für innerdeutsche Beziehungen, 3. Auflage, Bd. 2 M – Z, Köln 1985, S. 1369–1381, hier S. 1372.
66 Vgl. *Manfred Melzer*, Wasserwirtschaft und Umweltschutz in der DDR. In: *M. Haendcke-Hoppe, K. Merkel* (Hrsg.), Umweltschutz in beiden Teilen Deutschlands. Schriften der Gesellschaft für Deutschlandforschung, Bd. 14, Jahrbuch 1985, S. 69–87, hier S. 72.
67 Ausgehend von dieser naturgegebenen Wasserarmut der Flüsse der DDR auf der einen und der enormen Inanspruchnahme ihres relativ dürftigen Wasserdargebots auf der anderen Seite konnten diese Gewässer im Vergleich zu Flüssen in wasserreichen Staaten auch viel weniger als „Vorfluter" genutzt und als kostenfrei arbeitende biologische Reinigungskräfte eingesetzt werden.
68 Zum Beleg vgl. Ministerium für Naturschutz, Umweltschutz und Wasserwirtschaft der DDR: Konzeption für die Entwicklung der Umweltpolitik, als Manuskript vervielfältigt, nicht im Buchhandel, Berlin (Ost), vorgelegt am 2. März 1990, S. 29.
69 Vgl. *Fritz Vahrenholt*, Sanierung ... (s.o. Anm. 40), S. 170–172, hier S. 172.
70 Vgl. ergänzend auch die ausführlichen Untersuchungsergebnisse zur Gewässergüte der wichtigsten Fließ- und Standgewässer Sachsen-Anhalts im Umweltbericht 1990 des Landes Sachsen-Anhalt, hrsg. vom Ministerium für Umwelt und Naturschutz des Landes Sachsen-Anhalt. Magdeburg, September 1991, S. 55ff.
71 Vgl. Bundesministerium für Umwelt, Naturschutz und Reaktorsicherheit (Hrsg.): Eckwerte ... (s.o. Anm. 15), S. 13;
über die Gewässergüte der 598 klassifizierten größeren Seen der DDR im Jahre 1988 informiert folgender Artikel: Schlechte Noten für das H_2O, Zustand der Flüsse und Seen: Übersicht der Staatlichen Gewässeraufsicht. In: umWelt (Das neue Öko-Magazin), Berlin (Ost), 1. (1990)-1 (erschienen im September 1990), S. 4.
72 Eine von der Bewertung her etwas andere Gütebestimmung legten 1990 die Wasserwirtschaftsdirektionen der DDR aufgrund einer 1989 durchgeführten Überprüfung von 744 Binnengewässern vor. Siehe hierzu die Veröffentlichung des Ostberliner Statistischen Amtes im Statistischen Jahrbuch der DDR 1990, S. 151.
73 Ministerium für Umweltschutz und Wasserwirtschaft der DDR: Information zur Entwicklung der Umweltbedingungen (s.o. Anm. 35, S. 17).
74 Vgl. *H.-J. Krehl* (Hrsg.) und Autorengemeinschaft, Wohnbausubstanz und Wohnbaubedarf in der DDR (Zustand, Erhaltungs- und Erneuerungserfordernisse städtischer Bausubstanz, vor allem der Wohngebäude in der DDR – Studie –). Leipzig, Bremerhaven 1990, S. 28.
75 Vgl. u.a. *L. Brodtbeck und J. Karras*, Möglichkeiten zur Sanierung der Abwasserverhältnisse bei den kommunalen und industriellen Direkteinleitern in die Oberflächengewässer der neu-

en Bundesländer, Kommunale Abwässer. Texte des Umweltbundesamtes, Berlin, Nr. 31/1991, S. 64.
76 Zum Beleg siehe Bundesministerium für Umwelt, Naturschutz und Reaktorsicherheit (Hrsg.): Eckwerte ... (s.o. Anm. 15), S. 14.
77 Siehe hierzu ebenda.
78 Dieser Durchschnittswert für die gesamte Industrie der DDR verschleiert jedoch die tatsächliche Gewässerschädigung der ostdeutschen Fließgewässer mehr als daß er sie offenlegt. Denn der Anteil der Industrieabwässer, die ungeklärt in diese Flüsse abgeleitet wurden, belief sich bei der metallurgischen Industrie (Säure- und Kühlmittelverunreinigungen) auf 50 v.H. und bei der chemischen Industrie auf 75 v.H. der Einleitungsmenge.
Vgl. *L. Brodtbeck und J. Karras*, Möglichkeiten zur Sanierung der Abwasserverhältnisse bei den kommunalen und industriellen Direkteinleitern in die Oberflächengewässer der neuen Bundesländer; industrielle Direkteinleitungen. Textband, UBA Texte (Texte des Umweltbundesamtes), Berlin, Nr. 29/91, S. 43.
Siehe dazu auch die hierauf aufbauenden Berechnungen des Ifo-Instituts in: Baubedarf in den neuen Bundesländern bis 2005, bearbeitet von Erich Gluch u.a., Ifo-Studien zur Bauwirtschaft, Nr. 18, München 1992, S. 120.
79 Vgl. *Brodtbeck/Karras*, Möglichkeiten ... (s.o. Anm. 78), S. 23ff.
80 Vgl. Bundesministerium für Umwelt, Naturschutz und Reaktorsicherheit (Hrsg.): Eckwerte ... (s.o. Anm. 15), S. 14.
81 So gab es u.a. 1986 eine Phenol-Havarie in dem an der Pleiße gelegenen VEB „Otto Grotewohl", Böhlen, (Kombinatsbetrieb des Petrolchemischen Kombinates Schwedt; Erdölverarbeitungsbetrieb, Produzent von Erzeugnissen der Olefin- und Karbochemie) und 1988 und 1989 zwei Heizöl-Havarien in den Buna-Werken (Anlieger der Saale). Alle Berichte über das Ausmaß der Vergiftungskatastrophen und die dadurch entstandenen Schäden wurden durch die SED-Zensur unterdrückt.
Vgl. *Hartmut Petersohn*, Tatort Saale. In: umWelt (s.o. Anm. 71), S. 5–9, hier S. 5/6.
82 Siehe ausführlicher hierzu *Hannsjörg Buck, Bernd Spindler und Hans Georg Bauer*, Wasserversorgung, Wasserverbrauch und Gewässerbelastungen im Einzugsgebiet des Flußsystems Elbe. Analysen und Berichte Nr. 2/1989, hrsg. vom Gesamtdeutschen Institut, Bonn, 14. Februar 1989, hier u. a. S. 6ff.
83 Vgl. *Buck/Spindler/Bauer*, Wasserversorgung ... (s.o. Anm. 82), S. 1a.
und die von der ARGE Elbe durchgeführten Untersuchungen über die Veränderung der Schadstofffrachten dieses Flusses seit dem Beitritt der früheren DDR zur Bundesrepublik Deutschland. Eine Zusammenfassung hierüber enthält der Artikel Schadstoffe in der Elbe. In: umWelt, 2 (1991)-6, S. 261–264.
84 Ähnlich hohe, z.T. aber auch stark abweichende Resultate ergaben interne DDR-Messungen über die Höhe der Schadstofffrachten bei der Meßstation Boitzenburg der Staatlichen Gewässeraufsicht.
Vgl. Bundesministerium für Umwelt, Naturschutz und Reaktorsicherheit: Eckwerte ... (s.o. Anm. 15), S. 13;
siehe ferner hierzu die Meßergebnisse des Greenpeace Flußlaborschiffes Beluga bei Magdeburg im Frühjahr 1990; Sendung von Radio DDR I am 30. April 1990, 12.00 Uhr, in: RIAS-Monitor vom 1. Mai 1990, S. 6–7.
85 Vgl. ergänzend den Artikel Chemische Industrie. In: DDR Handbuch, Bd. 1 A – L, 3., überarbeitete und erweiterte Auflage, hrsg. vom Bundesministerium für innerdeutsche Beziehungen. Köln, Januar 1985, S. 253–256.
86 Zu den Gesundheitsschäden durch Quecksilbervergiftungen und zu der damit auch verbundenen Lebensgefahr siehe den Stichwort-Artikel Quecksilber. In: Umweltlexikon. Köln 1985, S. 318/19.
87 Vgl. den Artikel Schadstoffe in der Elbe. In: umWelt, 2 (1991)-6, S. 261–264, hier S. 263.
88 Siehe hierzu auch *Friedrich Winkler*, Nitrateliminination aus Trinkwasser. In: Wissenschaft und Fortschritt, hrsg. von der Akademie der Wissenschaften der DDR, 40 (1990)-1, S. 13–15.
89 Untersuchungen der Inspektionen für Wasserhygiene der ehemaligen DDR haben ergeben, daß ein Phenolgehalt von 0,001 Milligramm Phenol je Liter bereits zu einer geschmackli-

chen Beeinträchtigung des Trinkwassers führt. Bei höheren Phenolkonzentrationen wird Trinkwasser genußuntauglich.

90 Vgl. Ifo-Institut für Wirtschaftsforschung, München, (Hrsg.): Baubedarf in den neuen Bundesländern bis 2005. Ifo Studien zur Bauwirtschaft, Nr. 18, bearbeitet von Erich Gluch u.a., München 1992, S. 122/23.
91 Vgl. *H.-J. Krehl* (Hrsg.), Wohnbausubstanz ... (s.o. Anm. 74), S. 28.
92 Vgl. *Buck/Reuter*, Das Scheitern ... (s.o. Anm. 28), S. 84/85.
93 Siehe zum Beleg u. a. den bereits 1981 erschienenen Bericht von *Klaus-Eberhard Müller*, Rationeller Betrieb und planmäßige Instandhaltung erhöhen die Leistungskraft der Wasserwirtschaft, in: Presse-Informationen des Presseamtes beim Vorsitzenden des Ministerrates der DDR, Nr. 83/1981, S. 3ff.
94 Vgl. hierzu ebenfalls *Buck/Reuter*, Das Scheitern ... (s.o. Anm. 28), S. 85 und dazu
Edmund Schunk (Bauakademie der DDR), Wie alt sehen unsere Städte aus? Gedanken zum Bauzustand der sozialen und technischen Infrastruktur in der DDR. In: Technische Gemeinschaft, Zeitschrift der Kammer der Technik der DDR, Berlin (Ost), 38 (1990)-7, S. 5–7 und
H.-J. Krehl (Hrsg.), Wohnbausubstanz ... (s.o. Anm. 74), S. 28–30.
95 TGL = Standardisierte Technische Normen, Gütevorschriften und Allgemeine Lieferbedingungen.
96 Vgl. *Bernhard Priesemuth* (1990 Inspektionsleiter für Wasserhygiene im Ministerium für Gesundheits- und Sozialwesen der DDR), Wasserhygiene in der DDR. In: Wissenschaft und Fortschritt, Berlin (Ost), 40 (1990)-4, S. 94–96, hier S. 96.
97 Die Zahl der durch diese Nitratbelastungen betroffenen Trinkwasserverbraucher betrug in den Jahren 1986 bis 1989 zwischen 200 000 und 500 000 Personen.
Die in diesem Abschnitt dargestellten Qualitätsmängel des bis 1989 an die Bevölkerung der DDR gelieferten Trinkwassers beruhen auf den Analyseergebnissen der „Staatlichen Hygieneinspektion" und des Ministeriums für Gesundheitswesen der DDR.
Vgl. Ministerium für Umweltschutz und Wasserwirtschaft der DDR: Information zur Entwicklung der Umweltbedingungen ... (s.o. Anm. 33), S. 21 und
*Priesemuth, W*asserhygiene ... (s.o. Anm. 96), S. 96.
98 Siehe zum Beleg *Priesemuth*, Wasserhygiene ... (s.o. Anm. 96), S. 96.
99 Da die brüchigen Rohrleitungsnetze in den Kommunen der DDR zumeist nicht durch Druckspülungen gereinigt werden konnten, versuchte die DDR, bakteriologische Verunreinigungen durch kräftige Beigaben von Chlor und Fluor zu bekämpfen.
Näheres siehe bei *Buck/Reuter*, Das Scheitern ... (s.o. Anm. 28), S. 84ff.
100 Vgl. das Statistische Jahrbuch der DDR 1990, S. 155, S. 158 und S. 166.
101 Vgl. *Priesemuth*, Wasserhygiene ... (s.o. Anm. 96), S. 95/96.
102 Vgl. hierzu den Leitartikel von *Klaus Töpfer* (Bundesumweltminister), Eckwerte der ökologischen Sanierung in den neuen Bundesländern. In: umWelt, 2 (1991)-1, S. 5–7, hier S. 5 und
Bundesministerium für Umwelt, Naturschutz und Reaktorsicherheit (Hrsg.): Eckwerte ... (s.o. Anm. 15), S. 15.

Anhang

Nr. 1

**Die „Vorzüge des Sozialismus" als „Garant"
für eine konfliktfreie Beziehung zwischen Wirtschaftswachstum
und Umweltschutz**

„Der Sozialismus mit seinem gesellschaftlichen Eigentum an den Produktionsmitteln, dem Plancharakter der Wirtschaft und seinem humanistischen System gesellschaftlicher Ziele schafft die günstigsten Möglichkeiten und Bedingungen für ein vernünftiges und fürsorgliches Verhältnis zur Natur, für die rationale Nutzung ihrer Ressourcen und für die zielgerichtete, dem Menschen dienliche Umgestaltung der Umwelt seines Seins. Das Wesen des Sozialismus schließt den Antagonismus zwischen den Zielen der Produktion und der Erhaltung der Qualität der den Menschen umgebenden Umwelt aus. Das kann selbstverständlich nicht bedeuten, daß die Vorzüge des Sozialismus im Bereich der Naturnutzung ganz [...] von allein – ohne daß etwas hierfür getan werden müßte – ihre Verwirklichung finden. Dessen ungeachtet werden Kollisionen in den Wechselbeziehungen zwischen der sozialistischen Gesellschaft und der Natur, sofern solche entstehen, in Übereinstimmung mit den Interessen sowohl der Gesamtgesellschaft als auch jedes einzelnen überwunden".

Quelle: „Probleme der Umweltbedingungen in der Wirtschaft und in den internationalen Beziehungen", Moskau 1976, S. 164, hier zitiert nach: „Sozialismus und Umweltschutz". (Recht und Leitung in den Mitgliedsländern des RGW), Moskau 1979, deutsche Ausgabe hrsg. von der Akademie für Staats- und Rechtswissenschaft der DDR, 1. Auflage, Berlin (Ost) 1982, S. 20.

Nr. 2

**Der Sozialismus ist auch am rücksichtslosen Umgang
mit der Umwelt und der Natur zerbrochen**

Erklärung von Bundesumweltminister Klaus Töpfer

„Ein System, das gestern noch den neuen Menschen schaffen wollte, ist an sich selbst zerbrochen: An Unfreiheit und Menschenverachtung, an Autarkiestreben und wirtschaftlicher Inkompetenz und nicht zuletzt an der rücksichtslosen Ausbeutung von Umwelt und Natur.

"Über 40 Jahre zentralistische Kommandowirtschaft im real existierenden Sozialismus haben Belastungen in allen Bereichen von Natur und Umwelt angerichtet,

– haben Flüsse zu toten Gewässern gemacht,
– haben die Luft sichtbar und riechbar gemacht und Böden vergiftet,

und dies nicht nur auf Kosten der Umwelt, sondern auch auf Kosten menschlicher Gesundheit.
Die ökologische Erblast ist gewaltig."

Quelle: Töpfer, Klaus (Bundesumweltminister): „Vorwort" bei der Vorlage der „Eckwerte der ökologischen Sanierung und Entwicklung in den neuen Ländern", Informationsschrift, hrsg. vom Bundesministerium für Umwelt, Naturschutz und Reaktorsicherheit, Bonn, November 1991, S. 5.

Nr. 3
Unzureichende Luftüberwachung zur Abwehr von Gesundheitsgefahren

„Die Bereitstellung von SO_2-Meßgeräten reicht nicht aus, um den Bedarf, besonders für die Meßnetze der Großbetriebe und Kombinate, zu decken. Insgesamt ist die Zahl der automatischen Schwefeldioxid-Meßgeräte rückläufig, da auf Grund des Verschleißes gegenwärtig mehr außer Betrieb gehen als neu gefertigt werden.
Die Überwachung der Immissionen wird durch das Fehlen geeigneter Meßgeräte für Schwefelwasserstoff, Stickoxide, Kohlenmonoxid, Schwebstaub und Kohlenwasserstoff sehr erschwert."*

* Ausgehend hiervon läßt sich ableiten, daß vermutlich durch alle bis zum Untergang der DDR veröffentlichten Angaben das tatsächliche Ausmaß der Immissionsbelastungen in einzelnen Territorien oder in der DDR insgesamt zu gering angegeben wurde. Dieses Urteil wird auch dadurch gestützt, weil bis 1989/90 die Erfassung der Immissionsbelastungen ausschließlich auf der Messung und Schätzung von bestimmten Indikatorverunreinigungen durch einzelne Leitkomponenten der Luftbelastung beruhte. Diese Werte sagen jedoch u.a. wenig über die bis zum Untergang der DDR tatsächlich bestehenden Gesundheitsgefahren für Menschen und Tiere aus, da bis dahin vor allem lokal weitere Luftschadstoffe zu den Hauptschadstoffen hinzutraten und sich hierdurch hochbrisante Schadstoffgemische bildeten.
Vgl. auch Wettig, Klaus: „Zur Lage der Umwelthygiene in der DDR", in: Thomas Elkeles u.a.: „Prävention und Prophylaxe, (Theorie und Praxis eines gesundheitspolitischen Grundmotivs in zwei deutschen Staaten 1949-1990)", hrsg. vom Wissenschaftszentrum Berlin für Sozialforschung, Berlin 1991, S. 263-277, hier S. 266/67

Quelle: Akademie der Wissenschaften der DDR, Institut für Soziologie und Sozialpolitik (Hrsg.): „Sozialpolitik konkret. Zur Umweltsituation in der DDR", (Bearbeitet von Dr. Maier und Dr. Franke), Broschüre, Berlin (Ost), erschienen im Frühjahr 1990, S. 14.

Nr. 4

Erblasten der SED-Versäumnispolitik für die Umwelt der DDR 1989/90 und ihre Ursachen

Aus den vom DDR-Umweltministerium am 2. März 1990 der Regierung Modrow übergebenen Empfehlungen für ein ökologisches Notprogramm*

„Die Umweltbedingungen in der DDR werden durch eine extrem hohe Belastung der Luft, der Gewässer und des Bodens durch Schadstoffe geprägt. Sie sind verbunden mit Gesundheitsgefährdungen der Menschen und mit einer erheblichen Belastung des nationalen und globalen Naturhaushaltes. Die Lage ist entstanden durch

- das jahrelange Festhalten an einer Energie- und Strukturpolitik, die durch einen hohen Einsatz von Braunkohle, energie- und rohstoffintensive Prozesse der Schwerindustrie, einen hohen Energieverbrauch und überalterte Produktionsprozesse gekennzeichnet ist
- eine jahrlange Vernachlässigung der Umweltvorsorge und einem viel zu geringen Fondseinsatz für Maßnahmen des Umweltschutzes
- eine unterentwickelte und nicht den Bedarf deckende Industrie für die Entwicklung und die Produktion von Umwelttechnik.

Aus der Grundfondsanalyse der Wirtschaft ergibt sich mit 8–9% produktive Akkumulation eine zu geringe Akkumulationsrate und als Folge davon ein mit 55% außerordentlich hoher Verschleiß der Ausrüstungen. Das führte zu [...] 420 Ausnahmegenehmigungen der Arbeitshygiene für Abweichungen vom arbeitshygienischen Standard, darunter 180 für chemische Schadstoffe und 130 für nichttoxische Stäube, für 54 000 betroffene Werktätige."

* Der Auftrag zur Erarbeitung einer „Konzeption für die Entwicklung der Umweltpolitik" der DDR wurde dem Ministerium für Naturschutz, Umweltschutz und Wasserwirtschaft der DDR am 8. Februar 1990 durch einen Beschluß des Ministerrates der DDR unter Leitung des Ministerpräsidenten Modrow erteilt.

Quelle: Ministerium für Naturschutz, Umweltschutz und Wasserwirtschaft der DDR: „Konzeption für die Entwicklung der Umweltpolitik", als Manuskript vervielfältigt, nicht im Buchhandel, Berlin (Ost), vorgelegt am 2. März 1990, S. 8.

Nr. 5

Gewässerverschmutzung und Gewässervergiftung und ihre Ursachen

Aus den vom DDR-Umweltministerium am 2. März 1990 der Regierung Modrow übergegebenen Empfehlungen für ein ökologisches Notprogramm*

„Das natürliche potentielle Wasserdargebot im Gebiet der DDR beträgt in einem mittleren hydrologischen Jahr 17,7 Mrd. m^3 und in einem Trockenjahr nur 8,90 Mrd. m^3.

Rund 19 % des stabilen verfügbaren Wasserdargebotes sind wegen seiner hohen Verschmutzung für die Trinkwasseraufbereitung und als Bewässerungswasser nicht nutzbar und erfordern für die Aufbereitung zu Brauchwasser hohe Aufwendungen.

Hauptursachen der hohen Gewässerbelastung sind

- die unzureichende Rückhaltung spezifischer Abwasserinhaltsstoffe, insbesondere aus der chemischen Industrie, Kali-, Zellstoff-, Textil- und metallverarbeitenden Industrie;
- die fehlende bzw. nicht ausreichende Klärkapazität für industrielle und kommunale Abwässer.

Gegenwärtig werden in der Industrie nur 67% des zu reinigenden Abwassers in Abwasserbehandlungsanlagen gereinigt.

Im kommunalen Bereich beträgt der Anschlußgrad an die Abwasserableitung gegenwärtig / 1. Halbjahr 1990 / 72,5% und an die Abwasserbehandlung 57,7%.**

- der diffuse Eintrag organischer Abprodukte aus der Pflanzen- und Tierproduktion der Landwirtschaft als Folge nicht ausreichender Kapazitäten zur Stapelung bzw. schadlosen Lagerung sowie nicht ordnungsgemäßer Ausbringung von Gülle, Jauche, Silosickersaft, Mineraldünger, Pflanzenschutz- und Schädlingsbekämpfungsmitteln."

* Der Auftrag zur Erarbeitung einer „Konzeption für die Entwicklung der Umweltpolitik" der DDR wurde dem Ministerium für Naturschutz, Umweltschutz und Wasserwirtschaft der DDR am 8. Februar 1990 durch einen Beschluß des Ministerrates der DDR unter der Leitung des Ministerpräsidenten Modrow erteilt.

** Nach den Angaben der amtlichen Statistik der DDR 1990 waren am Jahresende 1988 72,1 v.H. und 1989 73,2 v.H. der Bewohner der DDR mit ihren Haushalten an eine zentrale Abwasserkanalisation angeschlossen. Der Anteil derjenigen Einwohner, die darunter ihre Abwässer in ein Kanalnetz entließen, welches in ein Klärwerk mündete, belief sich Ende 1988 auf 57,6 v.H. und Ende 1989 auf 58,2 v.H.
Vgl. Statistisches Jahrbuch der DDR 1990, S. 189

Quelle: Ministerium für Naturschutz, Umweltschutz und Wasserwirtschaft der DDR: „Konzeption für die Entwicklung der Umweltpolitik", als Manuskript vervielfältigt, nicht im Buchhandel, Berlin (Ost), vorgelegt am 2. März 1990, S. 29/30.

Nr. 6
Unzureichende Vorkehrungen der Industriebetriebe der DDR gegen Vergiftungs-Havarien von Gewässern

Anlagenverschleiß und Investitionsschwäche als Ursachen für die Bedrohung von Fließgewässern

„1987/88 wurden durch die Staatliche Umweltinspektion und die Staatliche Gewässeraufsicht komplexe Kontrollen in 1485 Betrieben, darunter 152 der chemischen Industrie und 130 Betrieben mit Galvanikanlagen, mit folgendem Ergebnis durchgeführt:

Bushaltestelle in Cottbus, 1990.

Oben: Luftbelastung durch Abgase der Schwelöfen des Braunkohlen-Chemiewerkes Espenhain, Juni 1990

Unten: Verrottete Chemiefässer auf einer Abstellfläche ohne Bodenschutz vor der Kulisse der Chemiewerke Leuna, 30. April 1990

Oben: Abwasserkanal der Chemischen Werke Buna, Bezirk Halle, März 1990.
Rund 90 Prozent der oft mit hochgiftigen Substanzen belasteten Industrieabwässer der DDR flossen teils ungeklärt und teils nur unzureichend gereinigt in die Flüsse und Seen.

Unten: Einleitung ungeklärter Industrieabwässer des Zellstoff- und Zellwollewerkes Wittenberge, Kreis Schwerin, in die Elbe, Mai 1990.

Oben: Abwasser einer Zellstoff-Fabrik bei Heidenau, Bezirk Dresden, verfärben die Elbe, 1987.

Unten: Dicke Luft über Dresden – Meßdaten über die Verunreinigung der Atemluft durch Schadstoffe unterlagen in der DDR zumeist der Geheimhaltung.

Oben: Abgestorbener Wald in der Sächsischen Schweiz.

Unten: Trabant beim Start, 1986. Die Geruchs-, Lärm- und Schadstoffbelastung der Umwelt war bei den PKW infolge schlechter Kraftstoffverwertung, eines oftmals hohen Verschleißes und fehlender Abgaskatalysatoren sehr hoch. Mehr als zwei Drittel des PKW-Bestandes waren Zweitakter.

Diethard Mager

Wismut – die letzten Jahre des ostdeutschen Uranbergbaus

1. Zusammenfassender Überblick

Im Süden der ehemaligen DDR wurde unter dem Namen „Wismut" an zahlreichen Standorten seit 1946 intensiver Uranbergbau betrieben. Insgesamt wurden in der Nachkriegszeit knapp 220.000 Tonnen Uran gewonnen und in die Sowjetunion geliefert. Die Menge entspricht etwa 13 % der gesamten weltweiten Uranproduktion bis zum Jahr 1990. Damit war die DDR – hinter den USA und Kanada – der weltweit drittgrößte Uranproduzent.

Der Uranbergbau unterlag strengster Geheimhaltung. Erst ab 1986 begann in kirchlichen Kreisen eine kritische Auseinandersetzung mit den fortschreitenden Umweltbelastungen in den Uranbergbaugebieten.

Seit Mitte der siebziger Jahre war die Uranproduktion rückläufig. Obwohl der Bergbau noch bis 2000 projektiert war, waren die letzten Jahre der Sowjetisch-Deutschen Aktiengesellschaft Wismut geprägt von dem sowjetischen Wunsch nach vorzeitiger Beendigung der Uranbezüge. Die DDR-Regierung und die Unternehmensleitung versuchten demgegenüber zunächst, an der ursprünglichen Produktionsplanung festzuhalten. Regierungsverhandlungen, in denen die Modalitäten der weiteren Reduzierung vereinbart werden sollten, wurden vom Einigungsprozeß überholt.

Heute werden die bergbaulichen Anlagen und die bei der Uranproduktion entstandenen umfangreichen Umweltbelastungen durch das Bundesunternehmen Wismut GmbH im Auftrag des Bundeswirtschaftsministeriums stillgelegt und saniert. Dieses Umweltprojekt ist auf etwa 10 bis 15 Jahre angelegt und wird voraussichtlich etwa 13 Mrd. DM kosten.

2. Historischer und völkerrechtlicher Hintergrund

Der Uranbergbau in Sachsen und Thüringen begann im Jahr 1946 in den alten Silberbergbauregionen des Erzgebirges. Die hohen Radiumgehalte in Gesteinen der Umgebung z.B. des ehemaligen Radiumbades Schlema waren auch sowjetischen Fachleuten aus der deutschen und internationalen Fachliteratur bekannt. Radium, ein Tochterprodukt des natürlichen radioaktiven Zerfalls von Uran, ist ein zuverlässiger Indikator für Uranlagerstätten. Der Rohstoff wurde von der Sowjetunion für die Kernwaffenproduktion dringend benötigt; daher wurden in allen besetzten Gebieten und Einflußbereichen (Bulgarien, Tschechoslowakai, Ungarn, Rumänien und Ostdeutschland, aber auch China) mit höchster Priorität Uranvorkommen und -lagerstätten exploriert; im eigenen Staatsgebiet der UdSSR waren seinerzeit keine ergiebigen Lagerstätten bekannt.

Ab 1946 wurde der Uranbergbau im Osten Deutschlands zunächst in rein sowjetischer Regie betrieben. Die „Staatliche sowjetische Aktiengesellschaft" (SAG) Wismut mit Sitz in Moskau baute in großem Umfang die Infrastruktur für den Uranbergbau im Süden der damaligen Besatzungszone auf. Grundstücke wurden enteignet, Ortschaften umgesiedelt. Eine umfassende Kampagne zur Personalrekrutierung begann; soweit der hohe Personalbedarf nicht durch für die damalige Zeit besonders günstige Lohn- und Sonderversorgungsangebote gedeckt werden konnte, wurde das Personal – zunächst in erheblichem Umfang – auch zwangsverpflichtet.[1] Das Bergbaugebiet, das im Jahre 1947 bereits 13 Stadt- bzw. Landkreise mit etwa 2,1 Millionen Einwohnern umfaßte, wurde 1948 um weitere Bergbaubetriebe und Explorationsgebiete in Thüringen und im Harz erweitert.[2]

Die ersten etwa zehn Jahre werden als die „wilden Jahre" der Wismut bezeichnet. Der Abbau wurde damals ohne Rücksicht auf Mensch und Umwelt, unter besonders harten und gefährlichen Arbeitsbedingungen betrieben. Ausführliche Beschreibungen enthalten Zeitzeugenberichte, die in den neunziger Jahren veröffentlicht wurden.[3] Sie stehen in krassem Gegensatz zu den heroisierenden Propaganda-Darstellungen aus früheren Jahren, in denen ausschließlich die Leistungen der Wismut-Betriebe hervorgehoben wurden.[4] Besonders gravierend waren die Folgen des damals unter Tage angewandten sog. Trockenbohrverfahrens bei der Vorbereitung von Sprenglöchern für den Vortrieb von Strecken und Stollen und für den Erzabbau sowie die aufgrund der langen Latenzzeit im Zusammenhang mit der ungenügenden Belüftung entstandenen hohen Konzentrationen des radioaktiven Edelgases Radon in den Hohlräumen der Bergwerke. Die dabei von den Bergarbeitern eingeatmeten Staubpartikel und radioaktiven Radon-Folgeprodukte führten und führen heute noch zu einer Vielzahl von Lungenkrebserkrankungen.[5]

Im Gegensatz zu den anderen sowjetischen Aktiengesellschaften blieb die Wismut aufgrund ihrer enormen rüstungstechnischen Bedeutung auch weiterhin unter sowjetischer Kontrolle. Sie wurde nicht an die DDR rückübereignet, sondern 1954 in die zweistaatliche Sowjetisch-Deutsche Aktiengesellschaft (SDAG) Wismut umgewandelt. An diesem Unternehmen war nunmehr die DDR zu 50% beteiligt. Grundlage für die supranationale Gesellschaft war ein Regierungsabkommen zwischen der DDR und der UdSSR vom 22. August 1953.[6] Eine Neufassung des völkerrechtlichen Abkommens trat 1962 in Kraft.[7]

Wesentliche Elemente der Vereinbarungen waren:

1. Die Tätigkeit des Unternehmens wurde von einem gemischten deutsch-sowjetischen Aufsichtsgremium („Vorstand") überwacht, dem Regierungsvertreter beider Staaten angehörten. Alle Entscheidungen mußten einstimmig gefaßt, strittige Fragen auf die Regierungsebene verlagert werden.
2. Das Unternehmen war eindimensional ranghierarchisch strukturiert. Alleiniger Entscheidungsträger war der Generaldirektor, der nahezu uneingeschränkte Voll-

machten hatte. Er wurde bis 1986 von sowjetischer, danach von deutscher Seite gestellt.
3. Die Uranproduktion wurde vollständig in die UdSSR geliefert. Die Aufwendungen für die Uranproduktion wurden nach einem Berechnungsschlüssel abgedeckt, der sich auf einen in Regierungsverhandlungen festgesetzten Uranpreis in transferablen Rubeln sowie auf die „Selbstkosten plus Plangewinn" stützte.
4. Die DDR-Regierung hatte die notwendigen Bergbaurechte und Grundstücke für den Uranbergbau und seine Infrastruktur zur Verfügung zu stellen. Die Regierung der UdSSR erklärte sich im Gegenzug einverstanden, *„[...] notwendige wissenschaftlich-technische Hilfe bei der Erkundung der Lagerstätten, der Projektierung und Betriebsführung ihrer Betriebe zu leisten [...]"*.
5. Für die Stillegung und Altlastenbeseitigung hatte der deutsche Vertragspartner zu sorgen: *„Nach Einstellung der Tätigkeit der ‚Wismut' wird sämtliches mobiles und immobiles Vermögen der ‚Wismut' unentgeltlich in das Eigentum der Regierung der Deutschen Demokratischen Republik übergeben."*

Die gesamte Nachkriegsproduktion der sowjetischen Staatlichen Aktiengesellschaft Wismut und der zweistaatlichen Sowjetisch-Deutschen Aktiengesellschaft Wismut beläuft sich auf 216 559 Tonnen Uran. Dies entspricht etwa 13 % der gesamten weltweiten Uranförderung in diesem Zeitraum. Die maximale Jahresproduktion lag bei etwa 7 000 Tonnen Uran Mitte der sechziger und Mitte der siebziger Jahre; sie ging allmählich zurück auf ca. 4 000 Tonnen Uran in den Jahren 1986 bis 1989. 1990 wurden noch 2 972 Tonnen Uran produziert.

Aus den Uranerzen wurden in den Aufbereitungsanlagen der Wismut transportfähige Uranerzkonzentrate (sog. Yellow Cake, chemisch Ammoniumdiuranat) hergestellt, die vollständig mit bewachten Militärtransporten in die Sowjetunion geliefert wurden. Die DDR besaß keine Anlagen des Kernbrennstoffkreislaufes in industriellem Maßstab, in denen Urankonzentrat weiter verarbeitet werden könnte. Die seit Mitte der sechziger Jahre zum Betrieb ihrer Kernkraftwerke sowjetischer Bauart benötigten Kernbrennstoffe wurden in fertigen Kassetten von der Sowjetunion bezogen.

Seit Mitte der siebziger Jahre wurden zunehmend Erze aus größeren Tiefen gefördert; die kostengünstige Tagebaugewinnung lief allmählich aus. Die Erze hatten einen durchschnittlichen Urangehalt von nur etwa 0,1 %. Dies und die hohe Belegschaftszahl in den Betrieben führte im Zuge der deutschen Wiedervereinigung zu der Schlußfolgerung, daß nach westlichen Maßstäben der Betrieb nicht wirtschaftlich fortgeführt werden konnte. Die Produktionskosten lagen weit über dem am Weltmarkt erzielbaren Preis für Natururan. Auch bei Einführung modernster Abbau- und Gewinnungsverfahren wäre ein wettbewerbsfähiger Betrieb nicht möglich gewesen.

3. Wismut – ein „Staat im Staate"

Der Uranbergbau wurde unter größtmöglicher Geheimhaltung betrieben. So diente schon der Name des Unternehmens zur Tarnung: Wismut-Metall war zwar zeitweilig im Erzgebirge zu pharmazeutischen und Stahlveredlungszwecken gewonnen worden, hatte jedoch keinerlei Bedeutung im Uranbergbau.

Der Tarnname ‚Wismut' wurde auch in offiziellen Dokumenten benutzt. So wird beispielsweise die Zweckbestimmung des Unternehmens im Artikel 1 des o.g. Abkommens zwischen der DDR und der UdSSR von 1953 folgendermaßen formuliert: *„Die Tätigkeit besteht aus dem Suchen, der Erkundung und Gewinnung von Wismut".*

Bis zum Ende des Uranbergbaus durfte der Begriff ‚Uran' auch unternehmensintern nicht verwendet werden; man sprach von ‚Metall'.

Um im Interesse eines störungsfreien und geheimen Betriebes möglichst geringe Abhängigkeiten und Verflechtungen mit außenstehenden Kombinaten oder Institutionen zu schaffen, wurde innerhalb der Wismut ein fast lückenloses System von Hilfs- und Nebenbetrieben errichtet. Es umfaßte Transporteinrichtungen, eigene Telekommunikationsnetze, Bau- und Montagebetriebe ebenso wie Planungs- und Ingenieurkapazitäten, Laboreinrichtungen, Bohrbetriebe und vieles mehr. Für Wismut bestanden eine eigene Gewerkschaft, eine eigene Parteiorganisation, eigene Ferienheime, ein eigenes Gesundheitswesen, berufliche Ausbildungszentren, Sicherheitsorgane und eine eigene Organisationseinheit der Staatssicherheit mit direkten Verbindungen zur Berliner Zentrale und zum sowjetischen Geheimdienst KGB. Über die noch in den letzten Jahren intensive und hinsichtlich ihres Detaillierungsgrades geradezu grotesk wirkende Überwachung der Geheimhaltung durch die Wismut-Staatssicherheit berichtet eine umfangreiche Dokumentensammlung, die 1991 veröffentlicht wurde.[8]

Auch genehmigungsrechtlich genoß die Sowjetisch-Deutsche Aktiengesellschaft Wismut in der DDR eine Sonderstellung aufgrund ihrer Zweistaatlichkeit. Betrieb und Stillegung von Einrichtungen wurden nicht von den für den Vollzug des Atom- und Strahlenschutzes zuständigen Behörden genehmigt, sondern beruhten weitgehend auf Vereinbarungen der Unternehmensleitung mit Behörden oder lediglich auf Entscheidungen des Generaldirektors.

Die Abschottung des geheimen Uranbergbaukomplexes auch gegenüber der Bevölkerung in den vom Uranbergbau betroffenen Regionen in Sachsen und Thüringen war nahezu perfekt. Eine kritische Auseinandersetzung in der Öffentlichkeit oder gar Bürgerproteste gegen die Aktivitäten der Wismut und insbesondere gegen die fortschreitende Umweltbeeinträchtigung waren undenkbar.

Besondere Bedeutung kommt in diesem Zusammenhang der Studie „Pechblende – der Uranbergbau in der DDR und seine Folgen" von Michael Beleites zu, die im Jahr 1988 vom kirchlichen Forschungsheim Wittenberg und dem Berliner kirchlichen Arbeitskreis „Ärzte für den Frieden" herausgegeben wurde.[9]

Die evangelische Kirche der DDR hatte sich nach dem Reaktorunglück von Tschernobyl kritisch zur Kernenergienutzung geäußert und sich in einem Beschluß der Synode des Bundes der evangelischen Kirchen in der DDR vom September 1986 *für „ein weltweites Moratorium für den Ausbau der Nutzung der Atomenergie"* ausgesprochen. Vor diesem Hintergrund führte Beleites verdeckte Recherchen in den Uranbergbaugebieten durch. Er selbst beschreibt im Jahr 1992 die Entstehung der 60seitigen Studie „Pechblende":

„[...] Ende 1986 zeichnete sich bereits ein Bild ab, das unsere anfänglichen Befürchtungen bei weitem übertraf. Auch ohne Geigerzähler hatten wir herausbekommen, daß an sehr vielen Stellen radioaktive Stoffe in die Umwelt gelangten. Zusammen mit Freunden aus Zeitz organisierte ich ein heimliches Uranbergbauseminar im März 1987 in Zangenberg bei Zeitz, zu dem wir sowohl kritische Fachleute als auch Anwohner und frühere Arbeiter von Wismut-Betrieben einluden. Die Ergebnisse des Zangenberger Seminars wollte ich in einer Art Protokoll zusammenfassen, doch es kamen immer mehr neue Fakten zusammen, und schließlich ermutigte mich Sebastian Pflugbeil [...], eine umfangreiche Dokumentation zu erstellen."[10]

Der Studie kommt zweifellos das Verdienst zu, daß durch sie erstmals Kreise der Öffentlichkeit insbesondere in den Uranbergbauregionen umfassend über die Dimension des ostdeutschen Uranbergbaus und der damit verbundenen Umweltschäden informiert wurden. Die Reaktion des Staatsapparates beschreibt Beleites so:

„Bereits einen Tag nach der Fertigstellung der ‚Pechblende' hat die für Ermittlungsverfahren und Inhaftierungen zuständige Hauptabteilung IX der Berliner Stasi-Zentrale eine rechtliche Stellungnahme geschrieben, in der es heißt: ‚Der politisch-operativ relevante Charakter der Schrift ergibt sich insbesondere aus ihrer Zielstellung, eine einseitig orientierte, mit den staatlichen Interessen kollidierende Umweltschutzdiskussion auszulösen. [...] Damit bildet sie ihrer Zweckbestimmung nach eine dauernde erhebliche Gefahr für die öffentliche Ordnung und Sicherheit [...]' „[11]

Die vom MfS als *„antisozialistisches Vervielfältigungserzeugnis innerer Feinde"* klassifizierte Studie löste in den Uranbergbauregionen Diskussionen in der Bevölkerung aus, auf die die Staatssicherheit mit allen Mitteln Einfluß zu nehmen versuchte. Gegen den Autor der Studie wurden Disziplinierungs-, Zersetzungs- und Verunsicherungsmaßnahmen eingeleitet sowie Redeverbote ausgesprochen. Dennoch kam es in der Folgezeit in kirchlichen Kreisen zu zahlreichen Vortrags- und Diskussionsveranstaltungen über den Uranbergbau und seine Folgen.

4. Probleme und Planungen der Uranproduktion im letzten Jahrzehnt der DDR

Trotz sinkender Urangehalte in den von der Sowjetisch-Deutschen Aktiengesellschaft Wismut geförderten Uranerzen und damit ständig steigenden Produktionskosten war der Uranbergbau bis über das Jahr 2000 hinaus geplant. Am 14. November 1975 wurde in Regierungsverhandlungen folgender Satz in das 1962er DDR-UdSSR-Abkommen zu Wismut aufgenommen: *„Entsprechend der besonderen Bedeutung der gemischten Sowjetisch-Deutschen Aktiengesellschaft ‚Wismut' stimmen die Abkommensparteien darin überein, gemäß dem gemeinsamen Protokoll vom 14. November 1975 die Tätigkeit der gemischten Sowjetisch-Deutschen Aktiengesellschaft ‚Wismut' bis zum 31. Dezember 2000 fortzusetzen."*

Die abnehmende Qualität der Erze und die zunehmende Schwierigkeit ihrer Gewinnung im Tiefbau führten allerdings bereits in der zweiten Hälfte der 70er Jahre zu einer erheblichen Verteuerung der Produktion. Im April 1979, vor Ende des laufenden Fünfjahrplanzeitraums, mußten auf Verlangen der DDR die Lieferbedingungen mit der Sowjetunion neu verhandelt werden. Dabei wurde u.a. die Anwendung des RGW-Preisbildungsmechanismus auch für die Uranlieferungen vereinbart; dieser Modus – Zugrundelegung des durchschnittlichen Weltmarktpreises der zurückliegenden fünf Jahre – bedeutete zum damaligen Zeitpunkt für die DDR einen Mehrerlös von rd. 130 Millionen Transferrubel jährlich, entsprechend ca. 950 Millionen Mark (Anhang, Nr. 1, vgl. auch Nr. 2).

In den Regierungsverhandlungen über die Uranproduktion im Fünfjahrplanzeitraum von 1986 bis 1990 blieb die Frage der Preisbildung in Verbindung mit den mittel- und längerfristigen Perspektiven der Wismut zwischen beiden Seiten kontrovers. Während die DDR zunächst eine Erhöhung des Preises auf 108 Transferrubel pro kg Uran vorschlug, war es das Interesse der sowjetischen Seite, durch Verringerung des Aufwandes, d. h. insbesondere durch Stillegung von besonders aufwendig arbeitenden Produktionsstätten, am bestehenden Preisniveau festzuhalten. Die in einer Information des MfS geäußerte Vermutung: *„Alles macht den Eindruck, daß die sowjetische Seite aus dem gemeinsamen Betrieb im nächsten Fünfjahrplan aussteigen will und jetzt alles tut, um das, was noch günstig herauszuholen ist, herauszuholen"*, dürfte von den Tatsachen nicht allzuweit entfernt gelegen haben (Anhang, Nr. 2, vgl. auch Nr. 3). In den Überlegungen, die offenbar auf maßgeblicher Ebene der Wismut angestellt wurden (Anhang, Nr. 4) und auf die das MfS sein Urteil stützte (Anhang, Nr. 5) spielte dabei auch eine Rolle, daß angesichts der schwieriger werdenden Erschließung von Braunkohle mittel- und längerfristig ein Energiemangel eintreten werde, dem sich nur durch die nahezu vollständige Erschließung einheimischer Energiereserven entgegentreten lasse. Die sehr allgemein gehaltenen Vorschläge zur Reduzierung des Aufwandes (Anhang, Nr. 5), übernommen aus den Darlegungen von IM „Horn" (Anhang, Nr. 4) machen einen Teil der Probleme anschaulich.

Bei den Regierungsverhandlungen 1985/86 setzte sich die sowjetische Seite mit ihren Vorschlägen zur Kostensenkung durch. Zwar wurde nochmals bekräftigt, daß die Zusammenarbeit im Uranabbau bis zum Jahre 2000 fortgesetzt werden sollte, doch wurde dies mit der Festlegung präzisiert, daß durch umfangreiche Stillegungen die Abbaumenge gesenkt (für 1986 bis 1990 19 600 t Uran) und die Kosten dadurch verringert werden sollten (Anhang, Nr. 6).

Schon im November 1987 zeichnete sich die Absicht der sowjetischen Seite ab, die Lieferbedingungen weiter zu verändern. Die Ankündigung, daß *„der Bedarf an Uran als Kernbrennstoff zurückgegangen sei"*, wenn auch zunächst mit dem beruhigenden Zusatz versehen, daß dies *„eine vorübergehende Situation"* sei (Anhang, Nr. 7), bestätigte sich im Januar 1989, als die Sowjetunion eine Reduzierung ihres Urananankaufs für das laufende Jahr von 3 800 t auf 3 000 t, entsprechend einer Einnahmenminderung für die DDR in Höhe von rd. 56 Millionen Transferrubel, vorschlug. Der Präsident der Staatsbank, Kaminsky, zugleich Mitglied des Vorstandes der Wismut, gab die fernmündliche Mitteilung der sowjetischen Seite in einem Schreiben an Ministerpräsident Stoph, Politbüromitglied Mittag und Plankommissionschef Schürer weiter:

> „Die sowjetische Seite versteht, daß dies eine schwerwiegende Entscheidung ist und außerordentliche Probleme damit verbunden sind. Es gäbe aber definitiv weniger Geld für dieses Produkt und deshalb mußte eine solche Entscheidung über die genannte Reduzierung getroffen werden. Sie würde auch analog alle anderen Länder, die für die UdSSR Uran produzieren, gleichermaßen betreffen."

Energische Proteste der DDR-Seite führten dazu, daß die Reduzierung der Uranförderung auf das Jahr 1990 verschoben und um 100 t (von 800 t auf 700 t) korrigiert wurde.

Die Produktionskürzungen führten zu der Entscheidung der Wismut-Unternehmensleitung, Kapazitäten früher als ursprünglich geplant stillzulegen. So beschloß die Generaldirektion, die Uranproduktion in dem Aufbereitungsbetrieb Crossen und im Bergbaubetrieb „Willi Agatz" (Dresden-Gittersee) mit Beginn des Jahres 1990 sowie im Bergbaubetrieb Beerwalde im Verlaufe des Jahres 1990 einzustellen.

Im Rahmen der Vorbereitung des neuen Fünfjahrplanes 1991–1995 ging die sowjetische Seite noch einen Schritt weiter: Der stellvertretende Ministerratsvorsitzende der UdSSR übersandte am 8. Dezember 1989 den Vorschlag, die Uranlieferungen an die UdSSR auf insgesamt 6 000 Tonnen abzusenken, die darüber hinausgehende Uranproduktion im Eigentum der DDR zu belassen und ab 1996 die Uranlieferungen aus der DDR in die UdSSR vollständig einzustellen. Darüber hinaus wurde vorgeschlagen, der Unternehmensleitung der Sowjetisch-Deutschen Aktiengesellschaft Wismut ein umfassendes Rationalisierungsprogramm aufzuerlegen.

Die Unternehmensleitung reagierte im Januar 1990 mit einem Positionspapier für Verhandlungen auf Regierungsebene. Die sowjetischen Vorschläge werden darin folgendermaßen bewertet:

> „Im Ergebnis einer eingehenden Diskussion und Prüfung [...] muß festgestellt werden, daß die von der sowjetischen Seite vorgelegte Konzeption nicht realisierbar ist und praktisch die kurzfristige Beendigung der Uranproduktion auf dem Territorium der DDR zur Folge haben müßte."

Konsequenzen der sowjetischen Konzeption wären die Einstellung der Produktion, die Notwendigkeit, kurzfristig 21 000 Ersatzarbeitsplätze zu schaffen, der Verlust eines Rohstoffpotentials von 75 000 Tonnen Uranvorräten und die einseitige finanzielle Belastung des DDR-Haushaltes für Stillegungs- und Sanierungsarbeiten sowie für den Sozialplan.

Für die Verhandlungslinie mit der Sowjetunion werden zwei Varianten vorgeschlagen:

1. Fortführung des Uranbergbaus bis 1996/97 mit einer Uranproduktion in Höhe von 8 500 Tonnen, davon Lieferung eines Teils in die UdSSR, im übrigen Export ins westliche Ausland.
2. Sofortige Einleitung des Restabbaus und Beendigung der Uranproduktion 1991/92, dabei Restgewinnung von ca. 3 400 Tonnen Uran.

Variante 2 wird in diesem Positionspapier folgendermaßen kommentiert:

> „Diese Variante entspräche offensichtlich am ehesten den Vorstellungen der sowjetischen Seite. Enorme Probleme wären jedoch hinsichtlich der Beherrschung der sich für die DDR ergebenden politischen Wirkungen und sozialen Aspekte aus der kurzfristigen Freisetzung der Arbeitskräfte zu erwarten."

Eine von Plankommissionschef Schürer gemachte Politbüro-Vorlage vom März 1989 schlägt für den Zeitraum 1996–2000 eine Produktion von ca. 5 500t Uran vor und stellt, rein rechnerisch, fest, daß „durch den Einsatz der freizusetzenden Kapazitäten für den Maschinenbau der DDR" in der Zahlungsbilanz gegenüber dem

„Nichtsozialistischen Wirtschaftsgebiet" eine Verbesserung um 302 Millionen Valuta-Mark ermöglicht werde; das entscheidende Problem dabei sei, *„daß die freiwerdenden Kapazitäten und Arbeitskräfte genutzt werden zur bedeutenden Steigerung der für den Absatz in die UdSSR, in das NSW und für das Inland dringend benötigten Werkzeugmaschinen und anderen Maschinenbauerzeugnisse in hoher Produktivität"* (Anhang, Nr. 7).

Zu den vorgesehenen Verhandlungen zwischen der DDR und der UdSSR kam es nicht mehr. Im Zuge der Regierungsverhandlungen zur Herstellung der deutschen Einheit vereinbarte die Regierung der Bundesrepublik Deutschland mit der Regierung der UdSSR im sog. Überleitungsabkommen vom Oktober 1990, den Uranbergbau zum 31. Dezember 1990 einzustellen.[12]

Parallel dazu hatte die Unternehmensleitung der Sowjetisch-Deutschen Aktiengesellschaft Wismut ab Ende 1989 Gespräche und Verhandlungen mit westlichen Bergbauunternehmen mit dem Ziel geführt, rentablere Produktionsstätten der Wismut möglicherweise im Rahmen von Joint Ventures zu erhalten oder zumindest als Restabbau befristet fortzuführen. Sie führten nicht zum Erfolg, da aufgrund der niedrigen Urangehalte im Erz und des im Vergleich zu Westunternehmen extrem hohen Personalbestandes auch einschneidende Rationalisierungsmaßnahmen bei weitem nicht zu einer wettbewerbsfähigen Produktion nach marktwirtschaftlichen Maßstäben geführt hätten.

5. Abwicklung und Altlastensanierung

Mit der deutschen Einheit hat die Bundesrepublik Deutschland, vertreten durch das Bundesministerium für Wirtschaft, den deutschen Aktienanteil dieses großen Bergbau- und Industriekomplexes übernommen: Fast 40 000 Beschäftigte waren 1989 noch in der Hauptverwaltung in Chemnitz (damals Karl-Marx-Stadt), in den damals sieben verschiedenen Bergbaubetrieben sowie in den zahlreichen Hilfs- und Nebenbetrieben in Sachsen und Thüringen tätig. In der großen und modernen Aufbereitungsanlage in Seelingstädt bei Gera wurden die Erze zu Uranerzkonzentrat verarbeitet. Die Produktion in der zweiten großen Uranerzaufbereitungsanlage Crossen bei Zwickau war bereits Ende 1989 eingestellt worden.

Nach mehreren Verhandlungsrunden zwischen dem deutschen Wirtschaftsministerium und dem sowjetischen Atomministerium sowie der Ratifizierung im sog. Wismut-Gesetz trat am 20. Dezember 1991 ein Regierungsabkommen mit der Sowjetunion in Kraft, das die Übertragung des sowjetischen 50 %-Anteiles an der Gesellschaft auf die Bundesrepublik Deutschland vorsieht, bei gleichzeitiger Freistellung der Sowjetunion von der finanziellen Beteiligung an den Kosten für die Stillegung der Bergbauanlagen und die Sanierung und Rekultivierung kontaminierter Betriebsflächen.[13] Aufgrund der von der DDR früher völkerrechtlich eingegangenen Vereinbarungen mit der UdSSR war eine finanzielle Beteiligung der Sowjetunion in den Verhandlungen nicht durchsetzbar.

Die Stillegungs- und Sanierungsarbeiten werden voraussichtlich 10 bis 15 Jahre dauern und etwa 13 Mrd. DM kosten. Der Bund hat die finanzielle Verantwortung für dieses Projekt übernommen. Die Wismut GmbH wird vom Bundeswirtschaftsministerium, das die Gesellschafterrolle des Bundesunternehmens innehat, durch jährliche Zuwendungen finanziert. Die Mittel sind durch eine Verpflichtungsermächtigung im Bundeshaushalt abgesichert.

Landschaft und Umwelt waren an den verschiedenen Bergbaustandorten der Wismut (Abb. 1) im Laufe der jahrzehntelangen Gewinnung und Verarbeitung von Uranerzen stark beeinträchtigt worden. Viele Schachtanlagen, Halden, Schlammteiche (sog. Absetzanlagen) und das Tagebaurestloch am Rand der thüringischen Stadt Ronneburg weisen auf den intensiven Bergbau in dichtbesiedelten Gebieten hin. Erst mit der Wiedervereinigung und der Beendigung der Geheimhaltung wurde das Ausmaß der Umweltbelastungen und Gesundheitsrisiken allmählich vollständig sichtbar.

In einer Aufzeichnung des Bundeswirtschaftsministeriums vom 13. Mai 1991 heißt es hierzu: *„[...] Der Uranerzbergbau hat in großem Umfang Halden und sog. Absetzanlagen ('Schlammteiche') hinterlassen, die nicht oder nur ungenügend gesichert bzw. rekultiviert sind. Über das genaue Ausmaß der Umweltbelastungen und der erforderlichen Sanierungsmaßnahmen sind derzeit noch keine belastbaren Daten vorhanden. Mit einer umfassenden Bestandsaufnahme der Altlasten wurde begonnen. [...]"*

Eine ausführliche Darstellung der Umweltsituation, insbesondere auch im Hinblick auf die radiologischen Belastungen, kann der Antwort der Bundesregierung auf die Große Anfrage der Gruppe Bündnis 90/Die Grünen vom September 1992 entnommen werden.[14]

Die Betriebsanlagen der Wismut umfassen insgesamt eine Fläche von 37 km^2. Die folgende Tabelle enthält allgemeine Angaben über die Wismut-Betriebe.

Das Problem der vom Uranbergbau verursachten Umweltschäden besteht vor allem darin, daß radioaktive und andere Schadstoffe in die Atmosphäre, in die Böden und in die Hydrosphäre freigesetzt wurden. Dadurch können Natur und Mensch nachhaltig beeinträchtigt und auch geschädigt werden.

Umweltschutzaspekten war von der Sowjetisch-Deutschen Aktiengesellschaft Wismut nur in dem Umfang Rechnung getragen worden, als dies für die Bergbausicherheit und die Sicherstellung der weiteren Produktion erforderlich war. Eine zielgerichtete Planung des Abbaus und der Lagerung von Aufbereitungsrückständen und Halden im Hinblick auf die spätere Stillegung und langfristig sichere Verwahrung war unterblieben. Erst in den Jahren 1987 und 1988 verabschiedete der Vorstand der Sowjetisch-Deutschen Aktiengesellschaft Wismut ein „Komplexprogramm für den Umweltschutz", das eine umfassendere Berücksichtigung der bergbaulich bedingten Umweltbeeinträchtigungen und erste Schritte zur Beseitigung von Umweltschäden beinhaltete.

Seit 1991 konzentriert sich die vom Bund finanzierte Stillegungs- und Sanierungstätigkeit der Wismut GmbH auf folgende Schwerpunkte:

1. Die untertägigen bergbaulichen Anlagen – Schächte, Stollen, Strecken und ehemalige Abbaufelder – werden entsprechend den geltenden rechtlichen Regelungen ordnungsgemäß verwahrt und stillgelegt. Dabei wird sichergestellt, daß Kontaminationen des Grund- und Oberflächenwassers mit radiologischen und nichtradiologischen Schadstoffen akzeptable Niveaus nicht überschreiten.

Abbildung 1: Lage der Betriebe der Wismut GmbH und wichtiger ehemaliger Gewinnungsgebiete der SAG/SDAG Wismut

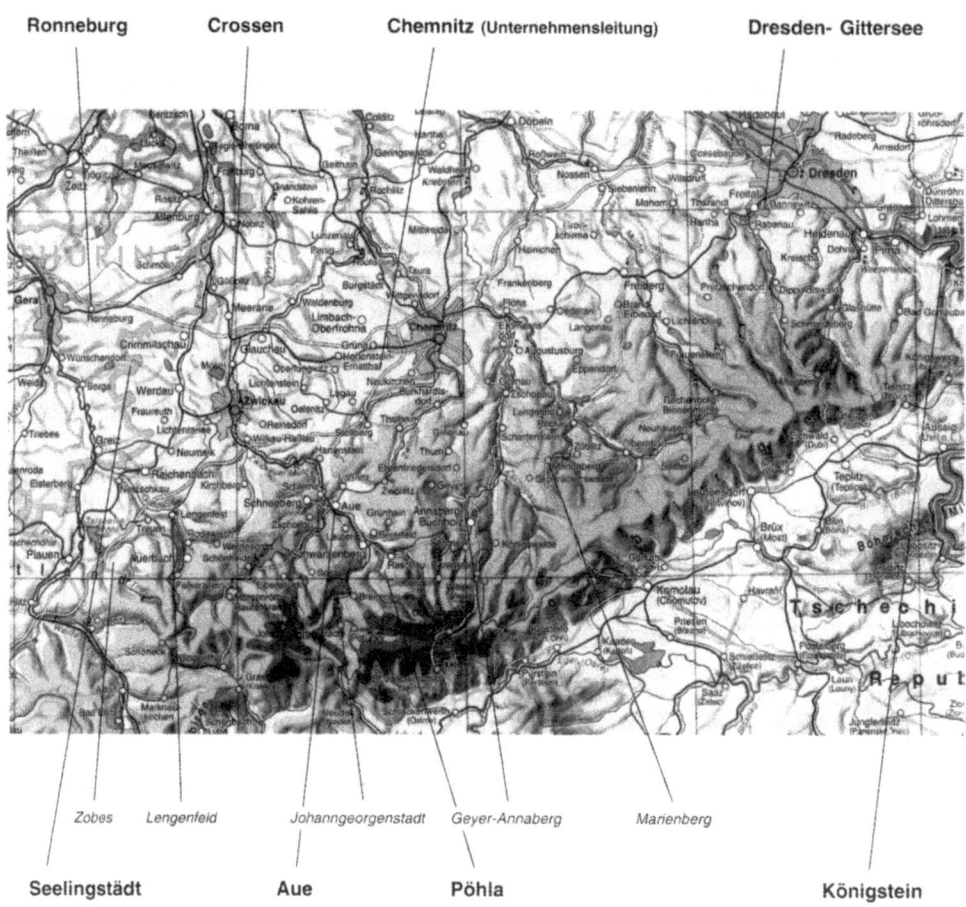

Legende zu Abbildung 2:
(1) Fahrtrasse ins Tagebautiefste
(2) Innenkippe
(3) Innenkippe, Schmirchauer Balkon
(4) Einbau Gessenhalde

Wismut – die letzten Jahre des ostdeutschen Uranbergbaus 277

Abbildung 2: Tagebau Lichtenberg (Stand Dezember 1994)

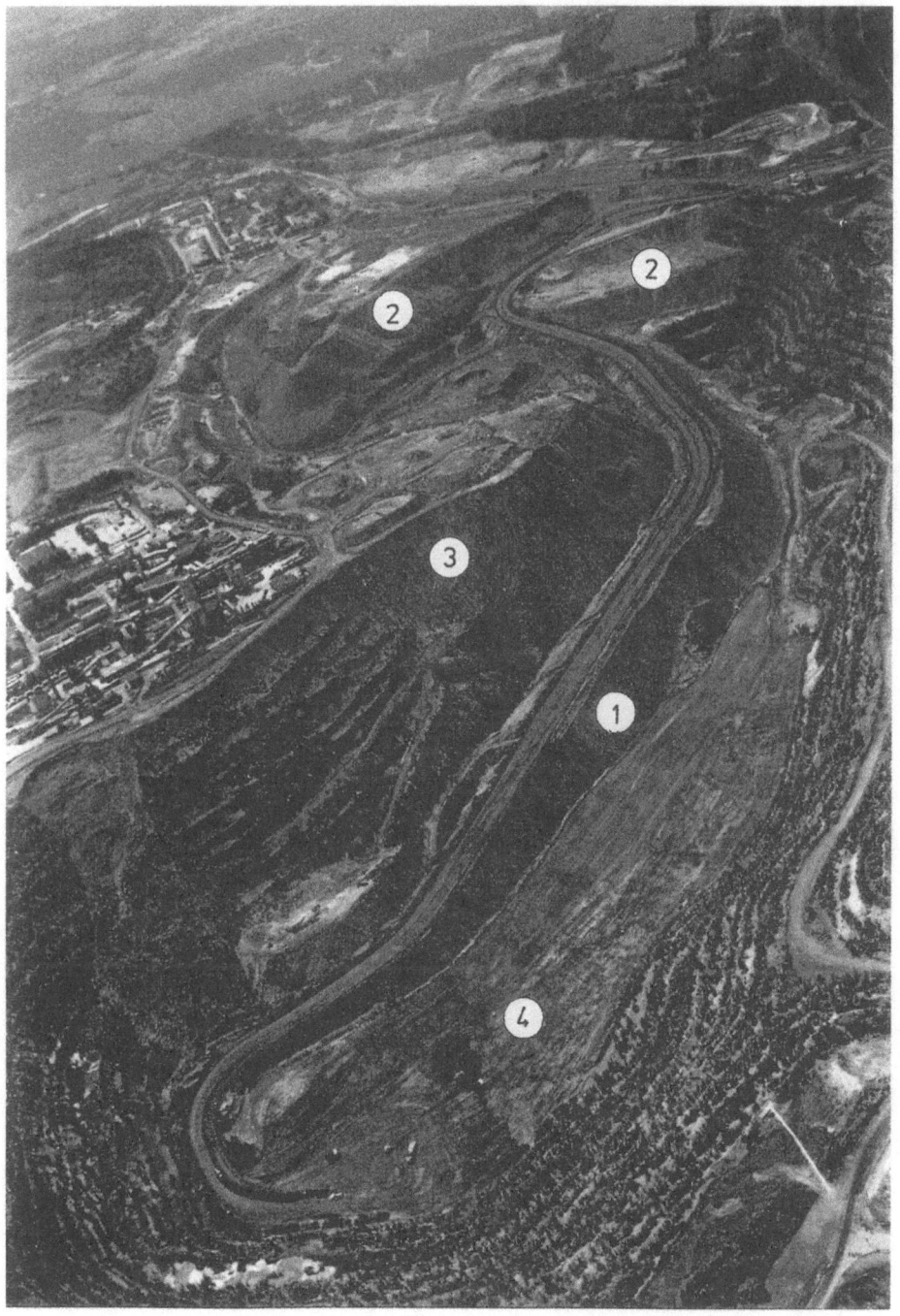

Abbildung 3: Schlammteiche Calmitsche A und B des ehemaligen Aufbereitungsbetriebes Seeligenstadt

Abbildung 4: Spitzkegelhalden im Sanierungsbetrieb Ronneburg

(1) Doppelschachtanlagen 384/384b
(2) Kegelhalden Paitzdorf
(3) Versatzwerk Paitzdorf
(4) (Verwaltungssitz des Sanierungsbetriebes Ronneburg

Tabelle : Allgemeine Angaben zu den Sanierungsbetrieben Stand 1991

	Aue	Königstein	Drosen	Ronneburg	Seelingstädt	Summe
Betriebsgröße	569,4 ha	143,4 ha	348,6 ha	1322,1 ha	1314,8 ha	3698,3 ha
Tagesschächte	8	10	9	29	0	56
Halden						
– Anzahl	20	3	3	13	9	48
– Aufstandsfläche	342,2 ha	37,9 ha	52,4 ha	552,0 ha	533,1 ha	1517,7 ha
– Volumen Mio m³	47,2	4,5	9,0	178,8	72,0	311,5
Schlammteiche						
– Anzahl	1	3	2	1	7	14
– Fläche	3,5 ha	4,6 ha	5,4 ha	3,6 ha	706,7 ha	723,8 ha
– Inhalt Mio m³	0,3	0,2	0,22	0,03	159,7	160,45
Grubengebäude						
– Ausdehnung km²	30,7	7,1	30,5	42,9	0	111,2
– offene Länge km	240	112	418	625	0	1395
Tagebaue						
– Anzahl	0	0	0	1	0	1
– Fläche	0	0	0	160 ha	0	160 ha
– Volumen Mio m³	0	0	0	84 (offen)	0	84

Zitiert nach: Bundesministerium für Wirtschaft: Wismut – Stand der Stillegung und Sanierung. BMWi-Dokumentation Nr. 335, Bonn 1993.

2. Das Tagebaurestloch bei Ronneburg (Abb. 2) wird in einen sinnvollen und stabilen endgültigen Zustand überführt. Das offene Tagebauvolumen wird deshalb mit Material der umliegenden Halden verfüllt.
3. Die großen, mit insgesamt ca. 150 Millionen Kubikmeter uran-, radium- und arsenhaltiger Feinschlämme gefüllten Absetzanlagen (Schlammteiche; s. Abb. 3) sollen teilentwässert, stabilisiert und abgedeckt werden. Anwendbare Methoden und Verfahren werden zunächst im Rahmen von Pilotprojekten untersucht.
4. Auch bei den zahlreichen Halden der Uranbergbaugebiete (s. Abb. 4) wird durch die Sanierungsarbeiten die langfristige geotechnische und geochemische Stabilität hergestellt.
5. Wesentlicher Bestandteil sind auch der Abbruch von kontaminierten Betriebsanlagen und die Sanierung der Betriebs- und Verkehrsflächen.

Seit Mitte 1990 wurde von der Wismut ein Umweltkataster erstellt, in dem die radioaktive Kontamination auf den Flächen der Wismut und den angrenzenden Flächen insgesamt auf 11.885 ha Fläche, gemessen wurde. Das Ergebnis zeigte, daß die Ortsdosisleistung bei 84,7% der untersuchten Fläche bei weniger als 200 Nano-Gray pro Stunde (nGy/h), also bei nahezu natürlichen Bedingungen lag. Auf diesen Flächen (Kategorie 1) ist jede Art von Bebauung möglich. Weitere 11,5% der Fläche gehören der Kategorie 2 an: Hier liegt die Ortsdosisleistung zwischen 200 und 500 nGy/h, mit der Folge, daß hier nur gewerbliche Bauten möglich sind, für die je nach Verwendung und Höhe der Ortsdosisleistung bestimmte Strahlenschutzmaßnahmen zu ergreifen sind. Der Kategorie 3 schließlich gehören diejenigen Flächen an, bei denen die Ortsdosisleistung über 500 nGy/h lag: Diese 3,4% der gesamten Untersuchungsfläche müssen durch Abdeckung, Bodenaustausch oder andere Maßnahmen saniert werden.

Nähere Einzelheiten zu den geplanten und derzeit durchgeführten Stillegungs- und Sanierungsarbeiten enthalten die Sanierungskonzepte der Wismut GmbH[15] und zusammenfassende diesbezügliche Veröffentlichungen.[16]

Neben den wismuteigenen Anlagen und Grundstücken gibt es eine Vielzahl von ehemaligen Betriebsflächen, die in früheren Zeiten für Explorations- und Gewinnungszwecke genutzt wurden. Sie werden heute gemeinsam mit den radiologischen Altlasten aus dem historischen Silberbergbau im Erzgebirge und aus dem Kupferschieferbergbau im Mansfelder Raum im Rahmen des Projektes „Radiologische Erfassung, Untersuchung und Bewertung bergbaulicher Altlasten" vom Bundesamt für Strahlenschutz erfaßt und bewertet.[17] Aussagen über mögliche Sanierungserfordernisse auf diesen Verdachtsflächen sind gegenwärtig noch nicht möglich.

Bei allen Stillegungs- und Sanierungsmaßnahmen wird heute Wert auf größtmögliche Transparenz gegenüber Behörden, Kommunen und der Bevölkerung vor Ort gelegt. Eine wichtige Rolle spielen in diesem Zusammenhang die jährlich erscheinenden Umweltberichte, durch die die Öffentlichkeit über die bestehenden Belastungen sowie über die durch die Stillegungs- und Sanierungsarbeiten eingetretenen Verbesserungen der Umweltsituation informiert wird.[18] Durch den offenen Dialog und die enge Zusammenarbeit insbesondere auch mit Vertretern der Kommunen ist das Ansehen der „neuen Wismut" in der Region kontinuierlich gewachsen.

Auch zur Gesundheitssituation in der Uranbergbauregion Sachsens und Thüringens besteht mittlerweile ein klares Bild. Der Hauptverband der Gewerblichen Berufsgenossenschaften teilte am 31. August 1994 in einer Pressemitteilung mit, daß bisher 5 500 Todesfälle infolge Strahlenkrebs bei Mitarbeitern der Wismut bekannt seien. Nähere Hintergrundinformationen über die Gesundheitssituation der Bevölkerung und der Bergarbeiter enthält eine Studie des Bundesumweltministeriums (Anhang, Nr. 8).

43 Jahre lang hat der ostdeutsche Uranbergbau Landschaft und Menschen im Süden der ehemaligen DDR geprägt. ‚Wismut' ist Bestandteil der deutschen Nachkriegsgeschichte, aber auch – international betrachtet – ein wesentlicher Baustein des nuklearen Wettrüstens der Supermächte. Der Name ‚Wismut' steht für viele Einzelschicksale, für Umweltbelastungen und -zerstörungen ebenso wie für beachtliche bergbau- und ingenieurtechnische Leistungen.

Die Aufarbeitung der Hinterlassenschaften des Uranbergbaus wird noch deutlich über das Jahr 2000 hinausreichen. Auf dem Gebiet der Umwelttechnologie wird dabei umfangreiches zukunftweisendes Fachwissen konzentriert. Die internationale Fachwelt blickt mit zunehmendem Interesse auf die Ergebnisse dieses weltweit einmaligen Sanierungsprojektes.

Anmerkungen

1 Vgl. Norman N. Naimark, The Russians in Germany, A. History of the Soviet Zone of Occupation 1945–1949. Cambridge/Mass. and London, 1995; Rainer Karlsch, Der Aufbau der Uranindustrien in der SBZ/DDR und CSR als Folge der sowjetischen „Uranlücke", in: Zeitschrift für Geschichtswissenschaft 44 (1996) – 1, S. 5–24.
2 Vgl. *Rainer Karlsch,* „Ein Staat im Staate", Der Uranbergbau der Wismut AG in Sachsen und Thüringen. In: Aus Politik und Zeitgeschichte, Beilage zur Wochenzeitung Das Parlament vom 03.12.1993, S. 14–23.
3 *Klaus Beyer, Mario Kaden, Erwin Raasch und Werner Schuppan,* Wismut – „Erz für den Frieden?". Marienberg 1995; *Mario Kaden,* Beiträge zur Geschichte des Landkreises Annaberg. Wismut – die „wilde" Zeit, Annaberg 1994; *Raimar Paul,* Das Wismut-Erbe. Göttingen 1991.
4 Kommission zur Erforschung der Geschichte der örtlichen Arbeiterbewegung bei der Gebietsleitung Wismut der SED, Karl-Marx-Stadt 1989; *W. Saarschmidt,* Erz für den Frieden. Zur Geschichte des Bergbaubetriebes Aue der SDAG Wismut. Aue 1984; *K. Scholz,* Wir und unser Werk. Geschichte des Bergbaubetriebes Willi Agatz der SDAG Wismut. Dresden 1984; *K. Scholz,* Zur Entwicklung der Wettbewerbs-, Aktivitäts- und Neuererbewegung in der SDAG Wismut (1956–1961). Karl-Marx-Stadt 1984; *K. Schuberg,* Bergbaubetrieb Schmirchau der SDAG Wismut. Geschichte des Betriebes. Schmirchau und Glauchau 1979 und 1984; *J. Wanry und K.H. Wieland,* Chronik der Gebietsorganisation Wismut der Freien Deutschen Jugend für die Jahre 1946–1961. Karl-Marx-Stadt 1985; *W. Wendt, H. Kromer, W. Saarschmidt und E. Vogel,* Zur Geschichte der Gebietsparteiorganisation der Wismut der SED. Karl-Marx-Stadt 1988; *H. Woiwode und K. Hirsch,* SDAG Wismut, Jugendbetrieb Königstein. Aus der Geschichte des Betriebes 1963–1980. 1981.
5 *J. Breuer,* Die Last der Wismut – eine Herausforderung für die Berufsgenossenschaften. In: Die Berufsgenossenschaften, Sankt Augustin, Nr. 9/1991.
6 Abkommen zwischen der Regierung der Union der Sozialistischen Sowjetrepubliken und der Regierung der Deutschen Demokratischen Republik über die Gründung der gemischten Sowjetisch-Deutschen Aktiengesellschaft Wismut in der DDR; unterzeichnet in Moskau am 22. August 1953 von I. Kabanow und W. Ulbricht.
7 Abkommen zwischen der Regierung der Deutschen Demokratischen Republik und der Regierung der Union der Sozialistischen Sowjetrepubliken über die Fortsetzung der gemischten Sowjetisch-Deutschen Aktiengesellschaft „Wismut", die entsprechend dem Abkommen vom 22. August 1953 gegründet wurde; unterzeichnet am 11. Dezember 1962 von B. Leuschner und M. Lessetschko.
8 *Michael Beleites,* Untergrund. Ein Konflikt mit der Stasi in der Uranprovinz. Berlin 1991.
9 *Michael Beleites,* Pechblende. Der Uranbergbau in der DDR und seine Folgen. Innerkirchliche Schrift, Berlin 1988.
10 *Michael Beleites,* Altlast Wismut. Ausnahmezustand, Umweltkatastrophe und das Sanierungsproblem im deutschen Uranbergbau. Frankfurt a.M. 1992.
11 Ebd.
12 Abkommen zwischen der Regierung der Bundesrepublik Deutschland und der Regierung der Union der Sozialistischen Sowjetrepubliken über einige überleitende Maßnahmen; unterzeichnet am 9. Oktober 1990.
13 Abkommen zwischen der Bundesrepublik Deutschland und der Regierung der Union der Sozialistischen Sowjetrepubliken über die Beendigung der Tätigkeit der Sowjetisch-Deutschen Aktiengesellschaft Wismut; unterzeichnet in Chemnitz am 16. Mai 1991 von Bundeswirtschaftsminister J. Möllemann und dem sowjetischen Atomminister Konowalow, veröffentlicht mit dem Ratifizierungsgesetz (Wismut-Gesetz), Bundesgesetzblatt II, Nr. 31 vom 17. Dezember 1991, S. 1138–1144, Bonn.
14 Antwort der Bundesregierung auf die Große Anfrage der Abgeordneten Dr. Klaus-Dieter Feige, Werner Schulz (Berlin) und der Gruppe BÜNDNIS 90/DIE GRÜNEN: „ Auswirkungen aus dem Uranbergbau und Umgang mit den Altlasten der Wismut in Ostdeutschland". Bundestagsdrucksache Nr. 12/3309 vom 24. September 1992, Bonn.

15 WISMUT GmbH (1992): Sanierungskonzept für die Sanierungsbetriebe Ronneburg, Drosen, Seelingstädt, Aue, Dresden-Gittersee und Königstein. – Chemnitz, Weiterentwickelte und überarbeitete Fassung 1995.
16 *Rimbert Gatzweiler und Diethard Mager*, Altlasten des Uranbergbaus. Der Sanierungsfall Wismut. In: Die Geowissenschaften, 11 (1993)-5-6; *Diethard Mager*, Entwicklung und Randbedingungen für die Sanierung der Altlasten im Bereich des Wismut-Geländes. In: *H. L. Jessberger*, Sicherung von Altlasten. Rotterdam 1993; *Manfred Hagen*, Stand der Wismut-Sanierung. In: Deutsches Atomforum e.V., Kernenergie für den Standort Deutschland. Bonn 1994; Bundesministerium für Wirtschaft, Wismut – Fortschritte der Stillegung und Sanierung. BMWi-Dokumentation Nr. 370, Bonn 1995; *Manfred Hagen* und *Gerhard Lange*, Der Flutungsprozeß ehemaliger Uranerzgruben in Ostdeutschland als Sanierungsschwerpunkt der Wismut GmbH, in: Erzmetall 48, 1995, S. 790–804; *Rimbert Gatzweiler* und *Manfred Hagen*, Cleaning Ex-uranium Sites in Eastern Germany, in: Nuclear Europe Worldscan, 7-8, pp. 102-103, Bern 1995; *Diethard Mager*, Five Years of Uranium Mine and Mill Decommissioning in Germany: Progress of the Wismut Environmental Remediation Project. Proceedings of the International Topical Meeting on Nuclear and Hazardous Waste Management (Spectrum '96), August 18–23, 1996, in Seattle/Washington, pp. 922–928, La Grange Park, Illinois, 1996 (hier auch weitere Hinweise auf englischsprachige Literatur).
17 Bundesamt für Strahlenschutz: Projektstatusbericht „Radiologische Erfassung, Untersuchung und Bewertung bergbaulicher Altlasten". BfS-Schriften, Salzgitter/Berlin 1993;.
18 Wismut GmbH, Ergebnisse der Sanierungstätigkeit und Umweltüberwachung. Chemnitz 1992, 1993, 1994, 1995 und 1996.

Anhang

Nr. 1

„Zu den behandelten Fragen entgegengesetzte Standpunkte"

Information des Vorstandsvorsitzenden der SDAG Wismut

Berlin, 19. April 1979

Am 17.04.1979 begannen in Berlin die Verhandlungen zwischen Regierungsdelegationen der DDR und der UdSSR unter Leitung der Genossen Kaminsky und Ossipow über die Neuregelung einiger Fragen, die sich aus der Tätigkeit der Wismut ergeben. Grundlage für das Auftreten der DDR-Delegation sind der Beschluß des P[olit]B[üros] vom 31.01.1978 sowie der darauf beruhende Brief des Genossen Stoph an Genossen Kossygin vom 19.01.1979.

In einem vorbereitenden internen Gespräch der Delegationsleiter wurde von mir Genosse Ossipow darüber informiert, daß der Auftrag der DDR-Delegation darin besteht, ab 1979 einen neuen Uranpreis nach dem RGW-Preisbildungsprinzip zu vereinbaren. Das ist die Voraussetzung, um auch andere in der Wismut anstehende Fragen gemeinsam zu entscheiden. Dieser Standpunkt wurde sowohl in internen Leitergesprächen als auch in den offiziellen Verhandlungen beider Delegationen umfassend begründet. [...]

Die in der Zeit vom 17. bis 19.04.1979 geführten Verhandlungen haben ergeben, daß zu den behandelten Fragen entgegengesetzte Standpunkte beider Delegationen bestehen und es deshalb bisher nicht möglich ist, eine gemeinsame Vereinbarung zu treffen. [...]

Im einzelnen wurden zu den verhandelten Fragen folgende Standpunkte vertreten:

1. Die DDR-Delegation unterbreitete den Vorschlag, übereinstimmend mit den RGW-Preisbildungsprinzipien ab 1979 einen neuen Preis für die Uranlieferungen an die UdSSR anzuwenden.
Dieser Standpunkt wurde vor allem damit begründet, daß die DDR für ihren Import von Rohstoffen im RGW jährlich wachsende Preise bezahlen muß, denen die Entwicklung auf den Hauptwarenmärkten zugrunde liegt. [...]
Die sowjetische Delegation erklärte in Übereinstimmung mit dem Brief des Genossen Kossygin vom 06.04.1979, daß die UdSSR die Anwendung des RGW-Preisbildungsprinzips für Uranlieferungen der DDR nicht akzeptiert – sowohl für die Jahre 1979/80 als auch für den nächsten Fünfjahrplanzeitraum. Sie ist der Auffassung, daß für Uran schon immer ein gesondertes Preisprinzip

– abweichend vom RGW – bestand nach dem Grundsatz der Deckung der Kosten der Wismut zuzüglich eines angemessenen Gewinns.
Nach Auffassung der sowjetischen Genossen habe sich dieses Prinzip bisher bewährt, und es sollte auch in Zukunft beibehalten werden.
Als Hauptargument legte die sowjetische Delegation dar, daß in den letzten 15 bis 20 Jahren, bis einschließlich 1976, die UdSSR einen höheren Uranpreis an die DDR im Vergleich zum Weltmarktpreis gezahlt hat.
Sie erklärte die Bereitschaft der UdSSR, ab 1981 einen neuen Uranpreis nach dem Prinzip der Deckung des Aufwandes der Wismut zu verhandeln.
Eine Preisänderung für 1979/80 wurde mit dem Hinweis, daß mit Regierungsprotokoll über den Fünfjahrplan der Wismut der Preis bis 1980 festgelegt sei, abgelehnt.
Die sowjetische Delegation unterbreitete im Auftrage ihrer Regierung anstelle dessen den Vorschlag, die in der Wismut auf Grund der sich objektiv verschlechternden geologischen und bergmännischen Bedingungen für den Abbau und die Verarbeitung von Uranerzen entstehenden Mehrkosten gegenüber dem Fünfjahrplan in Höhe von 203 Mio M im Jahre 1979 und 213 Mio M im Jahre 1980 allein von der UdSSR zu tragen.
Sie erklärte sich auch einverstanden, das Produktionsvolumen entsprechend den tatsächlichen Möglichkeiten für die Jahre 1979 und 1980 gegenüber dem Fünfjahrplan zu reduzieren. Sie ist einverstanden mit der beantragten Erhöhung der Mittel für Investitionen und Geologie und deren paritätische Finanzierung durch beide Seiten entsprechend den Regelungen des Abkommens über die SDAG Wismut.
Damit wären nach Auffassung der sowjetischen Genossen die in der Wismut anstehenden Fragen bis 1980 geklärt.
(Das bedeutet:
Die Einführung eines neuen Außenhandelspreises nach dem RGW-Preisbildungsprinzip entsprechend dem Vorschlag der DDR würde nach unseren Berechnungen einen Mehrerlös für die DDR im Jahre 1979 von ca. 131 Mio Rbl. erbringen;
der sowjetische Vorschlag zur Übernahme der höheren Kosten in der Wismut bedeutet bei Anwendung des gegenwärtig gültigen Koeffizienten für die Verrechnung zwischen den Staatshaushalten von 7,35 M = 1 transf. Rubel eine Zahlung an die DDR in Höhe von ca. 28 Mio Rbl.
Allein daraus ergibt sich ein unterschiedlicher Standpunkt im Umfang von mehr als 100 Mio Rbl. für das Jahr 1979.)
[...]

Quelle: SAPMO BArch, DY 30/22165, Bd. 2.

Nr. 2
„Trotz dieser Maßnahmen wird der Preis nicht gedeckt"
Information des Ministeriums für Staatssicherheit

November 1985

[...] Regierungsverhandlungen über die SDAG Wismut sind vor Beginn eines Fünfjahrplanes üblich.

Probleme und Verhandlungsgegenstand für den Zeitraum 1986–1990 wurden der sowjetischen Seite in einem Brief des Vorsitzenden des Ministerrates mitgeteilt. Es wurde vorgeschlagen, im Mai 1985 zu verhandeln.

Im August 1985 antwortete die sowjetische Seite und schlug das IV. Quartal als Verhandlungszeitraum vor.

In den bisherigen Verhandlungen stand immer die Höhe der Produktion im Vordergrund. Solche Probleme wie Investitionen, geologische Forschung und Erkundung, Preis und Bezahlung wurden von den Außenhandelsorganen erörtert.

Bisher wurden in die Sowjetunion 200000 Tonnen Uran geliefert. 40 Jahre Abbau von Uranerz haben die Lagerstätten in der DDR erschöpft.

In Aue wird in 1700 m Tiefe abgebaut. Weitere Vorkommen befinden sich in 2800 m Tiefe.

In Ronneberg sind die besten Lagerstätten abgebaut. Gegenwärtig wird an den Flanken abgebaut in 300-600 m Tiefe.

Neue Lagerstätten haben eine schlechtere Erzqualität. Der neue Betrieb Drosen steht am Anfang.

Allgemein ist festzustellen, daß das Erz insgesamt erheblich teurer geworden ist.

1979 wurde vereinbart, die Bezahlung des Erzes auf der Grundlage der RGW-Preisbildungsprinzipien durchzuführen. Das bedeutet, daß die DDR vollständig die Kosten für den Abbau trägt.

Diese Festlegung wurde in einem Protokoll, unterschrieben vom damaligen Finanzminister, festgeschrieben. Das hatte zur Folge, daß der Preis von 24 Rbl. auf rund 66 Rbl. pro Kilogramm Uran erhöht wurde. Die DDR hat dabei voll die Kosten getragen, für 1 Rbl. wurden 5,15 Mark in Ansatz gebracht. Das war günstig. Nach 1970 trat eine ständige Verteuerung der Erze ein (durch Industriepreisreform und Abbaubedingungen). Die Weltmarktpreise sind um 70 % gesunken. Die DDR mußte den Abbau subventionieren mit insgesamt 940 Mio Mark. Abzüglich einer Kursdifferenz von 750 Mio Mark blieb eine reine Subvention von 190 Mio Mark.

Die Berechnungen für den Zeitraum 1986-1990 ergaben folgendes:

Bei Beibehaltung eines Preises von rd. 66 Rbl. pro Kilogramm und steigendem Aufwand würde der Kostenzuschuß der DDR rd. 2 Mrd. Mark betragen (ohne Berücksichtigung weiterer Industriepreiserhöhungen).

Die Verhandlungen wurden mit dem Ziel geführt, daß die DDR keinen Verlust tragen will. Es wurde der sowjetischen Seite vorgeschlagen, pro Kilogramm Uran folgenden Preis zu bilden:

Außenhandelsbetrag	66 Rbl.
Produktgebundener Zuschlag	20 "
Gesellschaftliche Fonds	22 "
Insgesamt	108 Rbl. pro Kilogramm Uran.

Der Weltmarktpreis beträgt gegenwärtig 38 Rubel pro Kilogramm Uran.
Im Ergebnis der Verhandlungen wurde vereinbart:

1. Beide Seiten prüfen die Aufwendungen der Wismut zur Produktion von Uran sehr streng.
2. Der Beitrag für den gesellschaftlichen Fonds ist zu überdenken (SU will auf keinen Fall zahlen).
3. Direktlieferungen von Ausrüstungen und Material an die Wismut aus der SU zu RGW-Preisen.

Bei der Behandlung der Problematik im Politbüro gab Genosse Erich Honecker folgende Hinweise:

Der gemeinsame Betrieb Wismut kann nur auf der Grundlage der Effektivität betrieben werden. Wenn die Effektivität nicht erreicht wird, muß der Betrieb verkleinert werden. Alles, was unrentabel ist, muß man einstellen. Die Hauptfrage ist, braucht die Sowjetunion das Uran unter diesen uneffektiven Bedingungen? Wenn es genug Uran auf dem Weltmarkt gibt, muß der Abfluß von Nationaleinkommen gestoppt werden. Genosse W. Stoph wurde beauftragt, neue Entscheidungsvorschläge vorzulegen.

In der Zwischenzeit sind sowjetische Experten angereist. Sie haben den Auftrag, eine rigorose Senkung des Aufwandes in der Wismut durchzusetzen. Das Ziel besteht darin, die Subventionen von 2 Mrd. abzubauen.

Von seiten der DDR liegen bisher folgende Resultate vor, um den Aufwand zu senken. Es handelt sich um einschneidende Maßnahmen: [...]

All das führt zu einer Aufwandsreduzierung von 760 Mio. Mark. Die Produktion geht von 20000 t auf 19525 t zurück. Das bedeutet für 675 t Erlösausfall.

Trotz dieser Maßnahmen, die von der DDR-Seite aus vorgesehen sind, wird der Außenhandelspreis um 1,5 Mrd. Mark nicht gedeckt. Pro Kilogramm Uran müßten 80 Rubel aufgewendet werden. Bei einem Erlös von 60 Rubel sind 14 Rubel offen. Um diese 14 Rubel soll weiter verhandelt werden.

Sollte keine Klarheit über die 14 Rubel erreicht werden, muß die Abbaustrategie weiter geändert werden bzw. die Sowjetunion verzichtet auf den Import von Uran aus der DDR.

[...] Die Vorschläge [sowjetischer Experten zur Senkung des Aufwandes] stellen sich so dar, daß nur noch günstigste Partien abgebaut werden.

Alles macht den Eindruck, daß die sowjetische Seite aus dem gemeinsamen Betrieb im nächsten Fünfjahrplan aussteigen will und jetzt alles tut, um das, was noch günstig herauszuholen ist, herauszuholen. Auf keinen Fall sollen mehr als 66 Rubel pro Kilogramm gezahlt werden. Das hätte zur Folge, daß unsererseits Überlegungen angestellt werden müssen, unter welchen Bedingungen der Betrieb als nationales Objekt weiter arbeitet bzw. wie eine Auflösung sinnvoll erfolgen müßte.

Quelle: BStU, MfS – HA XVIII, Nr. 4730, Blatt 23-26.

Nr. 3

„... daß der ungedeckte Aufwand seitens der UdSSR finanziert wird"

Stellungnahme des MfS zur Politbüro-Vorlage über die Wismut-Regierungsverhandlungen

9. Dezember 1985

Entsprechend den Festlegungen der 1. Verhandlungsrunde der Regierungsverhandlungen zwischen der UdSSR und der DDR vom 24. Oktober 1985 und des Beschlusses des Politbüros des ZK der SED vom 28. Oktober 1985 wurde der Aufwand der SDAG Wismut für die Uranproduktion 1986/90 durch eine gemeinsame Expertengruppe überprüft. Im Ergebnis der Untersuchungen wurde die Senkung des durch den Verkauf von Uran an die UdSSR nicht gedeckten Aufwandes für die Uranproduktion von 1,988 Milliarden Mark auf 1,166 Milliarden Mark erreicht. Diese Senkung ist mit der Durchführung einer Reihe von Maßnahmen verbunden, die entscheidenden Einfluß auf die Tätigkeit der SDAG Wismut bis zum Jahr 2000 und darüber hinaus haben.

Gemäß der vorgeschlagenen Konzeption für die Weiterführung und den Abschluß der Verhandlungen wird die DDR ihren Standpunkt nochmals an die UdSSR herantragen, daß der nach Zahlung des Außenhandelspreises noch ungedeckte Aufwand der Uranproduktion seitens der UdSSR als alleiniger Abnehmer des Urans finanziert wird. Weiterhin wird die Forderung der DDR aufrechterhalten, den „Beitrag für gesellschaftliche Fonds" als Bestandteil der Kosten der Uranproduktion einzuführen und entsprechende Regelungen zu finden.

Da zu erwarten ist, daß die UdSSR die Forderungen der DDR nicht in vollem Umfang akzeptieren wird, wird von der DDR als Mindestergebnis die Festlegung angestrebt, den noch ungedeckten Aufwand für die Uranproduktion zu gleichen Teilen beiden Vertragspartnern aufzuerlegen. [...]

Quelle: Stellungnahme zur Vorlage für das Politbüro des ZK der SED zur „Direktive für die Weiterführung und den Abschluß der Regierungsverhandlungen DDR / UdSSR für den Fünfjahrplan der SDAG Wismut 1986/90", bearbeitet von HA XVIII/3, BStU, MfS – HA XVIII, Nr. 4730, Blatt 30-31.

Nr. 4

„... daß sich die Rohstoffbilanz in der DDR verschlechtert"

Bericht der Bezirksverwaltung des MfS Karl-Marx-Stadt

12. Dezember 1985

Am 10.12.1985 fand mit dem IM „Horn" im Objekt „Kiefer" in der Zeit von 17.30 bis 20.30 Uhr ein Treff statt.

Im Mittelpunkt der Treffdurchführung stand die Einschätzung des IM zu den Maßnahmen und Vorschlägen zur Senkung der Gesamtaufwendungen der SDAG Wismut. Dazu schätzte der IM ein, daß die vorliegende Ausarbeitung schwerpunktmäßig ökonomische Probleme aufzeigt, ohne daß die Interessen der DDR zur vollkommenen Erschließung der Rohstoffreserven Beachtung fanden. Außerdem blieben die Auswirkungen bei Schließung von Objekten der SDAG Wismut unbeachtet.

Im Falle der Realisierung der vorgeschlagenen Maßnahmen würde in nicht vertretbarer Weise auf wesentliche Bilanzvorräte an Uran verzichtet, obwohl bereits jetzt deutlich wird, daß der Energiebedarf, auch an Kernenergie, in der Zukunft steigt, sich jedoch die Rohstoffbilanz insgesamt in der DDR verschlechtert.

Im Jahr 2000 stünden dann nur noch ca. 20000t Bilanzerz zur Verfügung.

Bei derartigen Berechnungen sollten nicht nur die Interessen der SDAG Wismut eine Rolle spielen, sondern auch Fragen der immer komplizierter werdenden Erschließung des Hauptenergieträgers der DDR, der Braunkohle.

Die vorgesehene Abschreibung der Bilanzerze würde einen endgültigen Verzicht auf diese Uranerze bedeuten.

Nach Einschätzung des IM sollte stärker nach Methoden der Aufwandssenkung, vor allem im Bereich der Geologie, der Investitionen und Produktionskosten, gesucht werden. [...]

Außerdem sollte dazu übergegangen werden, die Leitungsstruktur in der SDAG Wismut generell zu verändern und die Doppel- bzw. sogar dreifache Besetzung einzelner Planstellen zu beseitigen. [...]

Quelle: BStU, MfS – HA XVIII, Nr. 4730, Blatt 28–29.

Nr. 5
„Nach 2000 ein Urandefizit"

Information des MfS zu Problemen bei der Nutzung von Uranressourcen der DDR

31. Dezember 1986

Die Produktion von Natururan durch die SDAG Wismut wird nach vorliegenden Berechnung in den Jahren 1986-1990 den Staatshaushalt der DDR mit Subventionen in Höhe von 2 Mrd. Mark belasten.

Diesen Berechnungen liegt der gegenwärtig geltende Preis von 66 Rubel/kg Uran zugrunde. Der UdSSR wurde im Interesse der Senkung des Aufwandes für die DDR ein neuer Preis von 108 Rubel/kg Uran vorgeschlagen.

Dazu liegen keine Ergebnisse vor.

Bis März 1986 soll eine gemeinsame deutsch-sowjetische geologische Expertengruppe unter Beachtung der gegenwärtig ausgewiesenen Bilanz- und prognostischen Vorräte an Uran und der realen Abbaubedingungen detaillierte Prüfungen und Berechnungen vornehmen.

Unabhängig von diesem Ergebnis wurden am 5.12.1985 dem Politbüro des ZK der SED Vorschläge zur Aufwandsreduzierung bei der Produktion von Natururan unterbreitet und in Verbindung mit der Schließung von 6 Bergbaubetrieben im Zeitraum 1987-1997 damit eine Größenordnung von 35-50 000 t Natururan wegen zu hohen Aufwandes unabgebaut zu lassen [sic].

Die gegenwärtig ausgewiesenen Uranvorräte (Bilanz- und prognostische Vorräte) werden in Höhe von 127000 t benannt.

Mit der dargestellten auslaufenden Produktion und den verbleibenden 2 Bergbaubetrieben (Beerwalde und Drosen) wird bis zum Jahre 2000 und darüber hinaus folgende mögliche Uranproduktion eingeschätzt:

1986 – 1990	19.500 t
1991 – 1995	ca. 15 – 17.000 t
1996 – 2000	ca. 7 – 8.000 t

Diese Einschätzung basiert darauf, daß der Aufbau neuer Bergbaubetriebe zur Erschließung erkundeter Lagerstätten nicht vorgesehen ist.

Diesen konzeptionellen Vorstellungen stehen folgende Faktoren gegenüber:

1. Intern vorgenommene Berechnungen weisen den Bedarf der DDR an Natururan für die Ausstattung der Kernkraftwerke mit Brennstoffkassetten wie folgt aus:

1986 – 1990	ca. 3.900 t	= ca. 20 % der Wismutproduktion
1991 – 1995	ca. 6.400 t	= ca. 35 % der Wismutproduktion
1996 – 2000	ca. 10.350 t	das sind bereits 30 % mehr als die in diesem Zeitraum voraussichtlich mögliche Uranproduktion der Wismut

2. Aus Abschätzungen der Ressourcenkommission der Weltenergiekonferenz zu Uranressourcen und Förderung in den RGW-Staaten und zu dem vorgesehenen KKW-Programm geht hervor, daß nach 2000 ein Urandefizit im RGW auftreten wird. Sollte diese Abschätzung näherungsweise den Tatsachen entsprechen, müßten für die Versorgung mit Kernbrennstoff neue Quellen erschlossen werden. Dabei muß davon ausgegangen werden, daß aus NATO-Staaten bzw. aus Staaten, in denen die Uranproduktion von Konzernen aus NATO-Staaten kontrolliert wird, kein Uran in die sozialistischen Staaten geliefert werden wird, da Uran ein strategisches Material ist.

Ausgehend vom Kernenergieprogramm der DDR (Beschluß des Ministerrates vom 15.12.1983) und unter Berücksichtigung des Abschnittes II, Punkt 3, des Komplexprogramms des RGW „Beschleunigte Entwicklung der Kernenergetik" werden bis zum Jahr 2000 Kernkraftwerksleistungen mit 9520 MW installiert sein.

In den Jahren 2001 bis 2010 sollen weitere 8000 MW Kernkraftwerksleistung und 7 x 500 MW Kernheizwerkskapazität installiert und betriebsbereit sein.

Dieser RGW-Konzeption liegen bis zum Jahre 2010 ein Natururanbedarf in Höhe von 65570 t und Brennstoffkosten in Höhe von ca. 40,7 Mrd. Mark (Preisbasis 1983) zugrunde.

Hinsichtlich der Uranproduktion ergibt sich aus der Kernbrennstoffsituation für die DDR, daß sie an einer schnellen Drosselung der Produktion auf ein Niveau, das dem Eigenbedarf entspricht, interessiert sein müßte. Dadurch kann mit diesen Vorräten längere Zeit der Uranbedarf der DDR gedeckt werden.

Gleichzeitig muß die Schlußfolgerung gezogen werden, daß der Abbau auch schlechterer Erzqualitäten, die weitere geologische Erkundung und die Entwicklung von Technologien zur Nutzung von Armerzen langfristig (spätestens nach 1995) an Bedeutung gewinnen wird.

In Gegenüberstellung von objektiv steigendem Energiebedarf, der Abdeckung des Energiebedarfs auch mittels Kernenergie und der sich zunehmend komplizierter gestaltenden Erschließung des Hauptenergieträgers Braunkohle in der DDR sollte im Interesse einer optimalen Nutzung der auf dem Territorium der DDR ausgewiesenen Bilanz- und prognostischen Vorräte an Natururan eine nochmalige Prüfung der erarbeiteten Vorschläge in Abstimmung mit der UdSSR erfolgen.

Als ein Lösungsweg wird von Experten die Entwicklung von Methoden zur Aufwandssenkung im Bereich der Geologie, der Investitionen und der Produktionskosten bei der SDAG Wismut empfohlen. Es sollte weiter dazu übergegangen werden, die Leitungsstruktur der SDAG Wismut generell sowie die Doppel- bzw. dreifache Besetzung einzelner Planstellen zu beseitigen.

Maßnahmen zur Senkung des Aufwandes und der Kosten werden in der

- Einführung von Kostengrenzen für notwendige Aufwendungen im Abbau und in der Aufbereitung von Uranerzen,
- Durchsetzung eines zentralisierten Abbaus in den einzelnen Bergbaubetrieben (eine Untersuchung in Thüringischen Bergbaubetrieben hat ergeben, daß von den ca. 60 Sohlen 12 Sohlen nur zu 1% im bergmännischen Umfang betrieben werden),
- Erhöhung der Qualität der Produktionsvorbereitung und -durchführung bei der Erzgewinnung vor allem einer qualifizierten Projektierung entsprechend den Vererzungsbedingungen,
- Beseitigung der Abrechnung nach m^3 (Berechnungen haben ergeben, daß im Falle eines Nichtabbaus von 1 m^3 tauben Gesteins mindestens 200,00 Mark Kosten eingespart werden können),
- Einstellung der Vermischung von Reich- und Armerzen durch die Bergbaubetriebe, die im Jahre 1984 noch 30 bis 50% in den Thüringischen Bergbaubetrieben betrugen

gesehen. [...]

Quelle: BStU, MfS – HA XVIII, Nr. 4730, Blatt 13–17.

Nr. 6

„Die Verhandlungen gestalteten sich kompliziert"

Information zu Problemen der weiteren Tätigkeit der SDAG Wismut

Berlin, 18. Februar 1986

[...] In der Zeit vom 21.10. bis 24.10.1985 und 20./21.1.1986 wurden zu Fragen der Tätigkeit der SDAG Wismut im Zeitraum 1986 bis 1990 Regierungsverhandlungen zwischen der UdSSR und der DDR durchgeführt.

Diese Verhandlungen gestalteten sich in der ersten Etappe sehr kompliziert, da seitens der DDR Neuregelungen zur weiteren Finanzierung der Tätigkeit der SDAG Wismut auf die Tagesordnung gesetzt worden waren.

Vor Aufnahme der Verhandlungen wurde berechnet, daß der Staatshaushalt der DDR bei Beibehaltung bisheriger Verfahrensweisen im Zeitraum 1986 bis 1990 zur Deckung der Differenz aus Gesamtaufwand und Erlös aus dem Verkauf des Urans an die UdSSR zum Außenhandelspreis von 65,97 Rubel pro kg Uran einseitig mit 2,838 Mrd. Mark belastet worden wäre.

Nach Prüfung des Aufwandes der SDAG Wismut durch Experten der DDR und UdSSR, der Festlegung entsprechender aufwandssenkender Maßnahmen und dem Abschluß der Regierungsverhandlungen wurde dieser Betrag bei Beibehaltung des bisherigen Außenhandelspreises auf 1,417 Mrd. Mark gesenkt. Es wurde erreicht, daß sich die UdSSR an dem nach Zahlung des Außenhandelspreises noch verbleibenden ungedeckten Aufwand der Uranproduktion auf paritätischer Grundlage mit 50%, d.h. mit 583 Mill. Mark, beteiligt. Die verbleibende Differenz ergibt sich aus internen Umrechnungsfaktoren Mark – Rubel.

Die per 20.11.1985 von Experten der UdSSR und DDR ausgearbeiteten aufwandssenkenden Maßnahmen führen dazu, daß die Produktion der SDAG Wismut in den nächsten Jahren stark zurückgehen wird und Betriebe geschlossen werden.

Es macht sich eine Neuberechnung der Vorratsbasis der SDAG Wismut unter Berücksichtigung ökonomischer Kennziffern erforderlich.

Die zukünftige detaillierte Unterlegung und Durchsetzung der festgelegten Maßnahmen zur Aufwandssenkung erfordert in verstärktem Maße eine gute politisch-ideologische Arbeit unter den Werktätigen der SDAG Wismut und die Schaffung von Voraussetzungen der reibungslosen Übernahme des Teiles der freigesetzten Angehörigen und Produktionskapazitäten der SDAG Wismut in andere Bereiche der Volkswirtschaft der DDR.

Für die Lösung dieser Aufgaben wäre zweckmäßigerweise eine zentrale Entscheidung herbeizuführen. [...]

Quelle: Information zum Schreiben der BV Karl-Marx-Stadt vom 28.01.1986 zu Problemen der weiteren Tätigkeit der SDAG Wismut, BStU, MfS – HA XVIII, Nr. 4730, Blatt 1–2.

Nr. 7

Freiwerdende Kapazitäten

Vorlage des Vorsitzenden der Staatlichen Plankommission für das Politbüro

14. Mai 1989

[...] Entsprechend den vom Politbüro des ZK der SED am 23.08.1988 zur Entwicklung der SDAG Wismut beschlossenen Maßnahmen und der auf dieser Grundlage durch den Genossen Schürer mit dem Stellvertreter des Vorsitzenden des Ministerrates, Genossen Beloussow, am 16.09.1988 getroffenen Vereinbarung wurden durch eine Arbeitsgruppe Vorschläge zur Profilierung der SDAG Wismut für den Zeitraum 1990/95 erarbeitet. [...]

Grundlage der Arbeit der Arbeitsgruppe waren die beschlossenen und mit der sowjetischen Seite vereinbarten Prämissen:

- gemeinsame Weiterführung der Wismut als Sowjetisch-Deutsches Unternehmen auf der Grundlage der gültigen Regierungsabkommen bis zum Jahre 2000,
- Einschränkung der Uranproduktion im Hinblick auf die strategische Lage und den verminderten Bedarf der UdSSR sowie der zu erreichenden Ökonomie durch die Stillegung unrentabler Produktionsstätten. Voraussetzung dabei ist die vollständige Deckung des Bedarfs der DDR an Kernbrennstoffen durch die UdSSR.
- entschiedene Senkung des Aufwandes durch konsequente Intensivierung und Rationalisierung des gesamten Reproduktionsprozesses mit dem Ziel der Beseitigung bzw. des weitestgehenden Abbaus der Subventionen beider Seiten,
- Freisetzung von mindestens 10000 Arbeitskräften für die Entwicklung des Werkzeug- und Verarbeitungsmaschinenbaus sowie des Nahrungs- und Genußmittelmaschinenbaus.

Die Arbeitsgruppe unterbreitet zusammenfassend folgende Schlußfolgerungen und Vorschläge:

1. Entwicklung der Uranproduktion und der Uranressourcen
   Für das Jahr 1990 wird ausgehend vom Vorschlag des sowjetischen Aktionärs [...] eine Verminderung der Produktion um 700 t = 18,4% gegenüber der Jahresscheibe 1990 des Fünfjahrplanes 1986/90 vorgesehen.
   Für den Zeitraum 1991/95 wird eine Uranproduktion von ca. 10000 t vorgeschlagen, womit gegenüber dem voraussichtlichen Umfang der Lieferungen 1986/90 eine Reduzierung um 47% wirksam wird. Auch ohne eine Umprofilierung wäre aus geologischen Gründen ein Rückgang der Produktion von rd. 19000 t auf ca. 15000 t erforderlich gewesen.
   Dieser Konzeption liegt zugrunde, die Abbauarbeiten sowie die Investitions- und geologischen Arbeiten in den Bergbaubetrieben auf die ökonomisch vertretbaren Vorräte zu konzentrieren und die Produktion in solchen Feldesteilen bzw. Betrieben mit wesentlich überhöhten Aufwendungen zu beenden.
   Diese Abbaukonzeption ist damit verbunden, daß 17,6% der erkundeten Uranressourcen der DDR als nicht gewinnbar abgeschrieben werden müssen. Der spezifische Aufwand für die Nutzung dieser Vorräte läge erheblich über dem gegenwärtigen Aufwandsniveau und würde hohe Preisstützungen erfordern.
   Weitere 50% der Ressourcen, die im wesentlichen außerhalb der zur Zeit im Abbau befindlichen Lagerstätten liegen, können aus ökonomischen Gründen in den nächsten Jahren nicht in die Gewinnung einbezogen werden. Ihr späterer Abbau würde den Neuaufschluß dieser Lagerstätten erfordern.
   Nach den vorliegenden prognostischen Berechnungen der SDAG Wismut wäre bei dieser Abbaukonzeption in den Jahren 1996 bis 2000 eine Produktion von ca. 5500 t möglich. Die Höhe der Produktion danach ist abhängig vom erwähnten Neuaufschluß und dem zu diesem Zeitpunkt vertretbaren volkswirtschaftlichen Aufwand für die Urangewinnung.
   [...]

3. Ökonomische Wirkungen für den Staatshaushalt
Mit den Profilierungsmaßnahmen der Uranproduktion wird das Ziel der maximalen Senkung des Aufwandes für die Gewinnung und Aufbereitung von Uran gestellt. Durch Intensivierung und Rationalisierung der Produktion und Konzentration auf den kostengünstigen Abbau wird der spezifische Aufwand pro kg Uran
von 385 M 1989
auf 361 M 1995 = 93,8 %
gesenkt.
Der durchschnittliche Aufwand für den Zeitraum 1991/95 beläuft sich nach dem gegenwärtigen Arbeitsstand auf 370 M/kg.
Da eingeschätzt werden muß, daß eine Erhöhung des derzeitigen Außenhandelspreises von 340 M/kg Uran, der rd. dem Dreifachen des gegenwärtigen Weltmarktpreises entspricht, nicht durchgesetzt werden kann, muß weiter daran gearbeitet werden, den Aufwand zu senken, um die staatlichen Zuschüsse beider Seiten weiter zu reduzieren mit dem Ziel, sie vollständig zu beseitigen.
Nach dem gegenwärtigen Stand der Berechnungen ergibt sich für den Zeitraum 1991/95 noch die Notwendigkeit eines Finanzierungsbeitrages der Seiten zur Sicherung der Rentabilität im Umfang von ca. 300 Mio M – darunter DDR-Anteil 150 Mio M.
Im Zeitraum 1986/90 beträgt der Finanzierungsbeitrag der Haushalte beider Seiten insgesamt ca. 880 Mio M – darunter für die DDR 440 Mio M.
Ohne die vorgeschlagene Umprofilierung würde sich der spezifische Aufwand für die Gewinnung des Urans weiter erhöhen und der Zuschuß aus dem Staatshaushalt für die SDAG Wismut für 1991-95 auf ca. 900 Mio M steigen.
Für die Liquidation, Verwahrung und Wiederurbarmachung der stillgelegten Betriebe und Anlagen entstehen im Zeitraum bis 1995 Aufwendungen in Höhe von 180 Mio M. Aus heutiger Sicht können für diese Arbeiten nach 1995 weitere Aufwendungen von ca. 400 Mio M anfallen, insbesondere für die Beseitigung bzw. Abdeckung der Halden und der industriellen Absetzanlage des Aufbereitungsbetriebes Crossen.
Zusammenfassend ergeben sich für den Staatshaushalt im Zeitraum 1991/95 gegenüber dem derzeitigen Fünfjahrplan nach den ersten Berechnungen folgende Veränderungen:

Verminderung der Subventionen durch Produktions- und Aufwandssenkung	ca. 290 Mio M
Anteil des Staatshaushaltes an zusätzlichem Nettogewinn aus Nutzen des Arbeitskräftepotentials für die Volkswirtschaft der DDR	ca. 300 Mio M
abzüglich Belastung durch Liquidation und Verwahrung von Betriebsstätten (paritätischer Anteil von 50 %)	ca. 90 Mio M
abzüglich Belastung durch arbeitsrechtliche und soziale Lösungen im Zusammenhang mit der Umprofilierung der Arbeitskräfte	ca. 77 Mio M
Verbesserung	ca. 423 Mio M

[...]
4. Konsequenzen für die Zahlungsbilanz
Durch den Rückgang der Uranproduktion ergibt sich für den Zeitraum 1991/95 bei Beibehaltung des derzeitig gültigen Außenhandelspreises eine Verminderung der Exporteinnahmen aus der UdSSR von 1.800 Mio M VGW [Valutagegenwert].
Durch den Einsatz der freizusetzenden Kapazitäten für den Maschinenbau der DDR werden demgegenüber folgende Effekte wirksam:

Verbesserung Saldo NSW   302 Mio VM   = zu Inland-M berechnet 1,3 Mrd. M
Export in das SW   560 Mio M VGW

Dabei ist das entscheidende Problem, daß die freiwerdenden Kapazitäten und Arbeitskräfte genutzt werden zur bedeutenden Steigerung der für den Absatz in die UdSSR, in das NSW und für das Inland dringend benötigten Werkzeugmaschinen und anderen Maschinenbauerzeugnissen in hoher Produktivität.

Quelle: SAPMO BArch, DY 30/41768, Bd. 2.

Nr. 8

„Gesundheitssituation in der Bergbauregion Sachsens und Thüringens"

Ergebnisse einer im Auftrag des Bundesumweltministeriums durchgeführten Vorstudie

[...] Die Ergebnisse der stichprobenartigen Vorstudie über die gesundheitlichen Risiken der Bevölkerung, die an sehr kleinen Fallzahlen gewonnen wurden und daher letztlich erste Hinweise geben, lassen sich wie folgt zusammenfassen:

- Bei wesentlichen Gesundheitsdaten bestehen für die Uranbergbaugebiete von Sachsen und Thüringen keine Unterschiede zu Vergleichsregionen.
- Die Säuglings- und Gesamtsterblichkeit liegen in diesem Gebiet Sachsens und Thüringens tendenziell sogar niedriger als in vielen anderen Landesteilen. Ebenso sind die Krankenhausaufnahmeraten wegen Fehlbildung bei Kindern und Säuglingen geringer als in vergleichbaren anderen Gebieten. Chromosomen-Anomalien blieben unauffällig.
- Mit den angewandten ökologischen Analyseverfahren konnten keine direkten Verbindungen zwischen Radonbelastung der allgemeinen Bevölkerung und dem Risiko, an Krebs zu erkranken, nachgewiesen werden.
- Allerdings wurde bei Männern in einigen Orten der Wismut-Region ein erhöhtes Erkrankungsrisiko für Krebserkrankungen insgesamt festgestellt. Besonders betroffene Orte sind Eibenstock, Schlema, Schneeberg, Zwickau, Aue und Johanngeorgenstadt. Alle Orte weisen einen hohen Anteil von Beschäftigten der Wismut auf.

- Ein weiterer auffälliger Befund ist, daß in den Orten Schlema und Schneeberg mit verschiedenen Untersuchungsansätzen auch bei Frauen ein erhöhtes Lungenkrebsrisiko – im Vergleich zu denen für diese Region typisch niedrigen Werten – feststellbar war.

Daten über das Gesundheitsrisiko der Bergbauarbeiter der Wismut

Die Personalarchive der Wismut weisen von 1946 bis zur Gegenwart einen Personalbestand von 400000 bis 500000 Beschäftigten aus, von denen mehr als die Hälfte unter Tage beschäftigt war. Die Strahlenbelastung der Beschäftigten läßt sich mit unterschiedlicher Zuverlässigkeit und Genauigkeit aus deren Einsatzarten und -zeiten unter Tage abschätzen. Nach Schätzungen von Experten war die Strahlen- und Staubbelastung vor allem vor 1955 extrem hoch, danach wurden verbesserte Methoden der Belüftung eingeführt. Von 1947 bis 1990 wurde bei mehr als 7000 Wismut-Beschäftigten Lungenkrebs als Berufskrankheit anerkannt. Die Anerkennungsfälle konzentrieren sich fast ausschließlich in den Jahren vor 1960. Allerdings gibt diese Dokumentation der Berufskrankheit kein vollständiges Bild der Lungenkrebserkrankungen der Wismut-Beschäftigten.

Durch eine orientierende Fallsuche bei männlichen Lungenkrebsfällen im Krebsregister der ehemaligen DDR wurde festgestellt, in welchem Umfang diese Personen zu den Wismut-Beschäftigten gehörten. Nur etwa 49% der Krebsregisterfälle von Wismut-Beschäftigten fanden sich unter den dokumentierten Berufskrankheiten der Wismut wieder. Das heißt, daß vermutlich nur etwa die Hälfte der registrierten Lungenkrebsfälle der Wismut-Beschäftigten als Berufskrankheit anerkannt wurde. Neben dem Lungenkrebs ist die Staublungenerkrankung (Silikose) die wichtigste Erkrankungsform der Uranbergarbeiter. Die Gesundheitsarchive der Wismut weisen 15000 anerkannte Silikosefälle auf, von denen bislang 9500 verstorben sind.

Mit den bei der Wismut AG vorliegenden Daten der Strahlenschutzüberwachung der ehemaligen Bergarbeiter sowie der Aufzeichnung der Gesundheitsüberwachung der Beschäftigten eröffnet sich die bislang in Deutschland einzigartige Möglichkeit, ungeklärte Fragen über das Risiko von Lungenkrebserkrankungen durch das Einatmen von Radon und dessen Folgeprodukten zu untersuchen.

Ausblick

Sowohl der Forschungsnehmer als auch die Strahlenschutzkommission, die als wissenschaftlicher Beirat diese epidemiologischen Untersuchungen betreut, weisen darauf hin, daß eine abschließende Bewertung dieser Ergebnisse jedoch weitere detaillierte Untersuchungen erfordert. Die Ergebnisse haben lediglich orientierenden Charakter. [...]

Quelle: Umwelt Nr. 2/1993, S. 79.

Biographische Notizen

zusammengestellt von Günther Buch

Im folgenden werden kurze biographische Angaben zu Personen des öffentlichen Lebens in der ehemaligen DDR gemacht, die in diesem Band erwähnt werden. Ein Verzeichnis der dabei verwendeten Abkürzungen ist angefügt.

Otto Arndt
19.7.1920–3.2.1992 (geb. in Aschersleben als Sohn eines Eisenbahners).
Mittelschule. Mittlere Reife. Bauschlosser. Kriegsdienst. 1942/43 Obergefreiter in einem Kampfgeschwader d. Luftwaffe. Nach 1945 Arbeiter b. der Reichsbahn. Ausbildung als Reichsbahninspektor. 1945 KPD. Verschiedene Funktionen i. Reichsbahnamt Aschersleben. 1951 Vizepräs. d. Rbd Dresden. 1952 Vizepräs. Rbd Halle. 1960–61 Besuch der PHSch der SED. 1961–64 Präs. d. Rbd Berlin. März 1964–70 stellv. Minister, Dez. 1970–Nov. 89 Minister f. Verkehrswesen. Nachfolger v. Erwin Kramer. 1971–75 Kand., 1975–89 Mitgl. des ZK der SED. 1976–89 Abgeordneter d. VK.

Gerhard Beil
Geb. 28.5.1926 in Leipzig-Volkmarsdorf als Sohn eines Tischlers.
Industriekaufmann. 1944 NSDAP. Nach 1945 Stahlbauschlosser. 1951–54 Studium an der Hochschule f. Ökonomie in Berlin. 1953 SED. 1956 Dipl. Wirtschaftler. Mitarbeiter im Staatssekretariat f. örtl. Wirtschaft. 1958–61 Mitarbeiter der Kammer für Außenhandel in Österreich. 1961–65 Leiter des Bereichs Westeuropa im MAI. Seit März 1965 stellv. Minister für Außenhandel u. Innerdeutschen Handel. 1969–86 Staatssekr. und 1. stellv. Minister im Ministerium für Außenwirtschaft bzw. Außenhandel. 1976–81 Kand., 1981–89 Mitgl. des ZK der SED. Seit 21.12.1977 Mitgl. des MR des DDR. März 1986–März 90 Minister für Außenhandel der DDR. Nachfolger von Horst Sölle. Beraterverträge in Österreich und Deutschland. Verschiedene Ermittlungsverfahren. Dr. rer. pol.

Gerhard Briksa
Geb. 18.11.1924 in Berlin als Sohn eines Kaufmanns.
Angestellter. Kriegsdienst. Offizier in einem Artillerieregiment. Bis 1949 sowj. Kriegsgefangenschaft. Danach Wirtschafts- u. SED-Funktionär, u. a. 1. Sekr. der SED-KL Weißwasser. 1962–72 Leiter der Abt. Leicht- u. Lebensmittelindustrie beim ZK der SED. 1972–89 Minister für Handel und Versorgung. Nachfolger von G. Sieber.

Horst Dohlus
Geb. 30.5.1925 in Plauen/Vogtl.
1939–43 Friseurlehre. Soldat, Kriegsgefangenschaft. 1946 KPD. 1947 Bergarbeiter b. d. Wismut-AG. BPO-Sekr. 1949 Besuch d. Landesparteischule d. SED. 1950 Objekt-Parteileiter i. Oberschlema. 1950–54 Abg. d. VK. 1950–63 Kandidat, 1963–89 Mitgl. d. ZK d. SED. 1951 Besuch d. Verwaltungsschule Mitweida. Danach 1951–53 1. bzw. 2. Sekr. d. Gebietsparteileitung Wismut d. SED. 1954 Studium i.d. SU. 1956–58 Sekr. d. Kombinatsparteileitung „Schwarze Pumpe" d. SED in Hoyerswerda. 1958–60 2. Sek. d. SED-BL Cottbus. 1960 Leiter d. Abt. Parteiorgane beim ZK d. SED. 1964 Leiter d. Kommission f. Partei-u. Organisationsfragen beim Politbüro. Seit Juni 1971 Mitglied d. Sekretariats, Okt. 1973–Nov. 89 Sekr. d. ZK d. SED. Seit Mai 1976 Kand., Mai 1980–Nov. 89 Mitglied d. Politbüros. Nov. 1971–Nov. 89 erneut Abg. d. VK. Jan. 1990 aus d. SED/PDS ausgeschlossen. 13.11.1995 Anklage wegen der Tötungen a.d. Grenze (27. Große Strafkammer LG Berlin).

Arno Donda
Geb. 28.4.1930 in Berlin als Sohn eines Arbeiters.
1947–50 Lehrling im Statistischen Zentralamt. 1947 SED. 1949 Abitur. 1950–54 Studium an der Hochschule für Ökonomie in Berlin. Dipl.-Wirtschaftler. 1957 Dr. rer.oec. 1962 Habil. Lehrtätigkeit an der Hochschule f. Ökonomie. Direktor des Instituts f. Statistik. Juli 1963–Okt. 90 Leiter der Staatl. Zentralverw. für Statistik der DDR. Nachfolger von Heinz Rauch. 1979 korr. Mitgl. ADW. 1990–91 Präsident des gemeinsamen Amtes f. Statistik der neuen Bundesländer.

Werner Eberlein
Geb. 9.11.1919 i. Berlin als Sohn des kommunistischen Spitzenfunktionärs Hugo E. (i.d. SU verschollen).
1933 Emigration mit den Eltern in die SU. Elektrikerlehre in einem Sägewerk. 1948 Rückkehr nach Deutschland. Journalist. Zeitw. Ltr. d. Wirtschaftsred. beim ND. Seit 1959 Mitgl. d. Agitationskomm. b. Politbüro, Dolmetscher f. russ. Sprache u. 1964–83 stellv. Ltr. d. Abt. Parteiorgane beim ZK. 1971–81 Mitgl. d. ZRK d. SED. 1981–89 Mitgl. d. ZK d. SED. Juni 1983–Nov. 89 1. Sekretär d. SED-BL Magdeburg. Nov. 1985–Juni 1986 Kand., Juni 1986–Nov. 89 Vollmitgl. d. Politbüros d. ZK d. SED. Juni 1986–Jan. 90 Abg. d. VK. Nov. 1989–Dez. 89 Vors. d. ZPKK d. SED.

Günter Grohmann
Geb. 29.1.1933 in Berlin.
Lehre als Junghelfer d. Reichsbahn. 2 Jahre FDJ-Sekr. der Rbd Berlin. Studium an der ABF und HU Ost-Berlin. 1956–59 Sektorenleiter Agitprop. Rbd Berlin. Aspirant u. Lehrer am Institut für Gesellschaftswiss. u. PHSch. Leiter der Pol. Abt. Rbd Berlin. 1967–73 Ltr. der Abt. Agitprop., 1973–76 stellv. Ltr., 1982–89 Ltr. der Politverw. d. Reichsbahn. 1982–89 stellv. Minister für Verkehrswesen.

Karl Grünheid
Geb. 20.7.1931 in Berlin als Sohn eines Maurers.
Abitur. Maurer in Berlin. 1952–56 Studium a.d. HS f. Ökonomie Berlin. Diplom-Wirtschaftler. 1953 SED. 1956–58 i. Ministerium f. Schwermaschinenbau tätig. 1958 Planungsltr., 1959–61 1. stellv. Hauptdir., 1961–63 Generaldir. VVB Ausrüstungen f. Schwerindustrie u. Getriebebau i. Magdeburg. 1961 Dr.rer.oec. 1963–67 1. stellv. Vors. d. SPK u. Mitgl. d. MR. 1968–71 Generaldir. VVB Industrieanlagenmontagen u. Stahlbau bzw. VEB

Biographische Notizen

Metalleichtbaukombinat i. Leipzig. Sept. 1969 Prof. f. sozial. Betriebswirtschaft an d. HS f. Bauwesen i. Leipzig. Sept. 1969 ao. Mitgl. d. Forschungsrates. 1971–83 Staatssekr. i.d. SPK. Ltr. d. Bereiches Außenwirtschaft. Stellv. Vors. d. parität. Regierungskommission f. ökon. u. wiss.-techn. Zusammenarbeit DDR–UdSSR. Dez. 1983–Nov. 89 Minister f. Glasu. Keramikind. d. DDR. Nachf. v. Werner Greiner-Petter. Nov. 1989–Jan. 90 Minister f. Maschinenbau. Jan. 1990–März 90 Vors. d. Wirtschaftskomitees d. DDR.

Walter Halbritter
Geb. 17.11.1927 in Hoym, Kr. Aschersleben.
Volksschule. 1942–44 Verwaltungslehrling. 1946 SED. 1946–50 Sachbearbeiter b. RdK Ballenstedt. 1950–51 Besuch der DASR. 1951–54 Abteilungsltr. im Finanzministerium. 1954–61 Sektorenltr. in der Abt. Planung u. Finanzen b. ZK der SED. 1961–63 stellv. Finanzminister der DDR. 1963–65 stellv. Vors. der SPK u. Vors. des Komitees f. Arbeit u. Löhne. 1965–89 Leiter d. Amtes für Preise beim MR. 1967–89 Mitgl. des ZK der SED. 1967–73 Kand. des Politbüros. 1967–89 Mitgl. des Präsidiums des MR u. 1967–März 90 Abgeordneter d. VK. Dez. 1989–Febr. 90 Berater von Ministerpräs. Hans Modrow in Fragen des „Runden Tisches". i.R.

Ernst Höfner
Geb. 1.10.1929 in Berlin.
Industriekaufmann. Im Finanzwesen der DDR tätig. In den 60er Jahren Ltr. der Abt. Grundsatz u. Perspektivplan im MdF. 1970–76 stellv. Finanzminister der DDR. Febr. 1976–Jan. 79 1. Sekr. der SED-KL Zentrale Bank- u. Finanzorgane. Jan. 1979–Juni 81 1. Sekr. der SED-KL Staatl. Plankommission. Juni 1981–März 90 Minister der Finanzen der DDR. Nachfolger von Werner Schmieder. Mitgl. des Präsidiums der MR.

Erich Honecker
25.8.1912–29.5.1994 (geb. i. Neunkirchen/Saar als Sohn eines Bergarbeiters).
Dachdeckerlehre i. Wiebelskirchen. 1922–26 Mitgl. d. komm. Kinderbewegung d. Jung-Spartakusbundes u. d. Roten Jungpioniere. 1926 KJV. 1929 KPD. 1930 Teilnahme an einem Jugendkursus d. Leninschule Moskau. 1931 Sekr. d. KJV i. Saargebiet. 1933 Ltr. d. KJV i. Ruhrgebiet. 1934 Ltr. d. KJV i. Hessen, Baden-Württemberg u. d. Pfalz. 1935 Ltr. d. KJV i. Berlin. Mitgl. d. ZK d. KJV. Dez. 1935 verhaftet. 1937 vom VGH zu 10 Jahren Zuchthaus verurteilt. 1945 aus dem Zuchthaus Brandenburg befreit. 1945 erneut Mitgl. d. KPD. Jugendsekr. d. ZK d. KPD. Mitgl. d. ZK. Ltr. d. Organisationskomitees d. FDJ. Mai 1946–Mai 1955 1. Vors. d. FDJ i.d. SBZ/DDR. 1946–89 ununterbrochen Mitgl. d. PV bzw. d. ZK d. SED. 1949–Nov. 89 Abg. d. VK. 1950–58 Kand. d. Politbüros d. ZK d. SED. 1956 Sekr. d. Sicherheitskommission d. ZK d. SED. 1956–57 zur Schulung i.d. SU. Danach mit militär. u. Abwehraufgaben im ZK d. SED beauftragt. 1958–71 Sekr. f. Sicherheit d. ZK d. SED. Juli 1958–Okt. 89 Mitgl. d. Politbüros d. ZK d. SED. 1960–71 Sekr., 1971–89 Vors. d. Nat. Verteidigungsrates. Seit 1971 1. Sekr., 1976–Okt. 89 Generalsekr. d. ZK d. SED. Nachf. v. Walter Ulbricht. Seit 1971 Mitgl., 1976–Okt. 89 Vors. d. Staatsrates d. DDR. 18.10.1989 auf d. 9. Tagung d. ZK von allen Ämtern zurückgetreten. 8.12.1989 Ermittlungsverfahren des Generalstaatsanwalts d. DDR wegen Amtsmißbrauchs u. Korruption. 3.12.1989 Ausschluß aus d. SED. 29.–30.1.1990 i. U-Haft. Jan. 1990–April 90 i.d. Hoffnungsthaler Anstalten i. Lobethal. April 1990–März 91 i. sowjetischen Spital i. Beelitz. März 1991–Jan. 92 i. Moskau. Vorübergehendes Asyl i.d. chilenischen Botschaft i. Moskau. 29.7.92 Rückkehr nach Deutschland. Verhaftung u. Anklage wegen d. Todesschüsse a.d. Mauer. 13.1.1993 Einstellung d. Verfahrens aus Gesundheitsgründen. 13.1.1993 Übersiedlung nach Chile. In zweiter Ehe mit Edith Baumann, in dritter Ehe mit Margot Feist verheiratet.

Werner Jarowinsky
25.4.1927–22.10.1990 (geb. i. Leningrad, Vater i.d. Emigration verstorben).
1941–43 Lehre als Industriekfm. Soldat. 1945 Mitgl. d. KPD. Jugendfunktionär i. Zeitz. Angehöriger der VP. 1945–47 Besuch d. ABF Halle/S. Abitur. 1948–51 Studium der Wirtschafts- u. Rechtswiss. a.d. Humboldt-Uni. u. a.d. Uni. Halle/S. 1956 Dr. rer. oec. Doz. u. Institutsdir. a.d. Humboldt-Uni. Seit 1956 Mitarbeiter und Abtltr., Hauptabtltr. i. Min. f. Handel u. Versorgung. Seit 1959 stellv. Min., 1961–63 Staatssekr. u. 1. stellv. Min. f. Handel u. Versorgung. Seit Jan. 1963 Mitgl. d. ZK u. Kand. d. Politbüros d. ZK d. SED. 1963–Jan. 90 Abg. d. VK. Nov. 1963–89 Sekr. d. ZK d. SED (f. Handel u. Versorgung u. später zusätzlich für Kirchenfragen). 1971–89 Vors. d. Ausschusses f. Handel u. Versorgung d. VK. Mai 1984–Dez. 89 Vollmitgl. d. Politbüros d. ZK d. SED. 21.1.1990 aus d. SED/PDS ausgeschlossen.

Wolfgang Junker
23.2.1929–9.4.1990 (geb. in Quedlinburg als Sohn eines Arbeiters u. nachmaligen VP-Angehörigen).
In Warnstedt bei Quedlinburg aufgewachsen. Bis 1945 Besuch der Volks- u. Mittelschule. 1945–48 Maurerlehre u. Tätigkeit als Maurer. 1949–52 Besuch der Ingenieurschule Osterwieck/Blankenburg. 1951 SED. 1951 Bauingenieur. 1951–52 Bauleiter in der Stalinallee in Ost-Berlin. 1953–55 Techn. Leiter des Baustabes des MdI. 1955 Direktor des VEB Bagger- u. Förderarbeiten in Ost-Berlin. 1958–61 Direktor des VEB Industriebau Brandenburg. 1961–63 stellv. Minister bzw. Staatssekr., Febr. 1963–Nov. 89 Minister f. Bauwesen. Nachfolger von Ernst Scholz. 1968 Mitglied der DBA. 1967–71 Kand., 1971–89 Mitgl. des ZK der SED. Seit 1973 Vors. der Ständigen Kommission Bauwesen im RGW. 1976–89 Abg. der VK. Jan.–Febr. 1990 in U-Haft. April 1990 Selbstmord.

Horst Kaminsky
Geb. 20.3.1927 in Markranstädt b. Leipzig.
1944 NSDAP. Industriekaufmann. Dipl.Wirtschaftler. Hauptbuchhalter. 1953–54 Werkltr. VEB Askania in Teltow. Danach in einer VVB, im Ministerium f. Allgemeinen Maschinenbau, der SPK u. VWR tätig. 1964–74 Staatssekr. u. 1. stellv. Minister d. Finanzen. 1974–90 Präsident der Staatsbank der DDR. Nachfolger v. Margarete Wittkowski. Mitgl. d. Ministerrates. Vors. d. Vorstandes der SDAG Wismut.

Herta König
Geb. 1.8.1929.
Mitarbeiterin d. Finanzministeriums d. DDR. 1968–90 stellv. Finanzminister d. DDR. Für Devisen u. geheimzuhaltende Geldabflüsse zuständig. 1994 i. einer Steuerberatungskanzlei tätig. 6. April 1996 vom LG Berlin wegen Veruntreuung angeklagt, 24.6. Freispruch.

Egon Krenz
Geb. 19.3.1937 i. Kolberg als Sohn eines Schneiders.
1953 FDJ. 1955 SED. 1953–57 Inst. f. Lehrerbildung i. Putbus. Staatsexamen. 1957–59 Militärdienst i.d. NVA. 1959–60 2. bzw. 1. Sekr. d. FDJ-KL Bergen. 1960–61 1. Sekr. d. FDJ-BL Rostock. 1961–64 Sekr. d. Zentralrates d. FDJ. 1964–67 Besuch d. PHSch. d. KPdSU. Dipl.-Gewi. 1967–74 erneut Sekr. d. ZR d. FDJ. 1971–74 Vors. d. Pionierorg. „E. Thälmann". Seit 1969 Mitgl. d. Nationalrates d. NF. 1971–73 Kand., 1973–89 Mitgl. d. ZK d. SED. 1971–90 Abg. d. VK. 1971–81 Mitgl. d. Präs. d. VK. 1971–76 Vors. d. FDJ-Fraktion i.d. VK. Seit 1974 1. Sekr. d. Zentralrates d. FDJ. 1976–83 Kandidat, 1983 Vollmitglied d. PB sowie Sekretär d. ZK d. SED (zuständig f. Sicherheit, Kaderfragen). Seit

Biographische Notizen 301

1981 Mitgl., 1984–89 stellv. Vors. d. Staatsrates. 18.10.1989–3.12.89 Generalsekr. d. ZK d. SED. 24.10.1989–6.12.89 Vors. d. Staatsrates sowie Vors. d. NVR. Nachf. v. Erich Honekker. 21.1.1990 aus d. SED/PDS ausgeschlossen. 1991 vorübergehend Umschüler bei einem Finanzmakler. Schriftstellerische Betätigung. 13.11.1995 Anklage wegen d. Tötungen a.d. Grenze (27. Strafkammer d. LG Berlin).

Werner Krolikowski
Geb. 12.3.1928 i. Oels/Schlesien als Sohn eines Arbeiters.
1942–44 Lehre. 1945–46 Arbeiter. 1946–50 Mitarbeiter bzw. Abt.-Ltr. d. RdK Malchin. 1946 SED. 1950–52 Ltr. d. Abt. Agitation i.d. Landesleitung Mecklenburg d. SED u. 1. Sekr. d. SED-KL Ribnitz-Damgarten. Wegen grober Verletzung d. Parteistatuts Dez. 1952 abgesetzt. 1954–58 1. Sekr. d. SED-KL Greifswald. 1958–60 Sekr. f. Agitation u. Propaganda d. SED-BL Rostock. Abg. d. Bezirkstages Rostock. Mai 1960–Okt. 73 1. Sekr. d. SED-BL Dresden. 1963–Dez. 89 Vollmitgl. d. ZK d. SED. Okt. 1963–Nov. 89 Abg. d. VK. Juni 1971–Nov. 89 Mitgl. d. Politbüros d. ZK d. SED. 1973–1976 Sekr. f. Wirtschaft d. ZK d. SED. Nachf. v. Günter Mittag. 1976–89 1. stellv. Vors. d. MR. Nachf. v. Günter Mittag. Dez. 1988–Nov. 89 Sekr. f. Landw. d. ZK d. SED. Dez. 1988–Nov. 89 Mitgl. d. Staatsrates. 3.12.1989 Ausschluß aus d. SED. 8.12.1989 Einleitung eines Ermittlungsverfahrens wegen Amtsmißbrauchs u. Korruption. Mai 1990 Anklage u. vorübergehende Festnahme. 1991 Prozeß aus Gesundheitsgründen ausgesetzt (LG Berlin).

Bruno Leuschner
12.8.1910–10.2.1965 (geb. i. Berlin als Sohn eines Schuhmachers).
1925–28 kfm. Lehre. Abendkurse a.d. Humboldt- u. Lessinghochschule i. Berlin. Kfm. Angestellter. Mitgl. d. Arbeitersportbewegung. 1931 Mitgl. d. KPD. Nach 1933 ill. Tätigkeit f. d. KPD. 1936–45 i. versch. Zuchthäusern u. i.d. KZ Sachsenhausen u. Mauthausen inhaftiert. 1945 erneut Mitgl. d. KPD. Ltr. d. Abt. Wirtschaft i. ZK d. KPD bzw. i. PV d. SED. 1947 Ltr. d. Abt. Planung i.d. DWK. 1948 Ltr. d. Hauptverwaltung Planung i.d. Zentralverwaltung f. Wirtschaft u. stellv. Vors. d. DWK. 1949 Staatssekr. im Min. f. Planung. Seit 1949 Abg. d. VK. Seit 1950 Mitgl. d. ZK d. SED. 1950–52 stellv. Vors., 1952–61 Vors. d. Staatl. Plankommission d. DDR. 1953–58 Kand. d. Politbüros d. ZK d. SED. Seit 1955 stellv. Vors. d. Ministerrates d. DDR. Seit d. V. Parteitag (Juli 1958) Vollmitgl. d. Politbüros d. ZK d. SED. Sept. 1960–Nov. 1963 Mitgl. d. Staatsrates d. DDR. Seit Juli 1961 i. seiner Funktion als Stellv. d. Vors. d. Ministerrates m. d. Koordinierung d. wirtschaftlichen Grundaufgaben i. Präs. d. Ministerrates beauftragt. Vertreter d. DDR i. Exekutivkomitee d. RGW.

Felix Meier
Geb. 20.8.1936 i. Lieskau, Saalkreis, als Sohn eines Arbeiters.
Oberschule. Abitur. 1954–60 Studium a.d. TH Dresden. Dipl-Ing. f. Schwachstromtechnik. 1960–62 Entwicklungs-Ing. VEB Funkmechanik Leipzig. 1962–67 MA, Dir. f. Technik, Dir. f. Plandurchführung i. VEB Nachrichten- u. Meßtechnik Leipzig. 1963 SED. 1967–78 Werkdir. VEB Funkwerk Köpenick. 1978–79 Sekr. d. SED-KL Berlin-Lichtenberg. Febr. 1979–Okt. 82 Sekr. f. Wirtschaftspolitik d. SED-BL Berlin. Nachf. v. Karl-Heinz Nadler. Juni 1981–90 Mitgl. d. StVV Berlin u. d. VK. Okt. 1982–Nov. 89 Minister f. Elektrotechnik u. Elektronik d. DDR. Nachf. v. Otfried Steger. Danach Prokurist b. Elektro-Consult.

Erich Mielke
Geb. 28.12.1907 i. Berlin als Sohn eines Stellmachers.
Gymnasium o. Abschluß. Lehre als Speditionskaufmann. 1921 KJV. 1925 KPD. Verschiedene Funktionen i. Parteiapp. Expedient i. einer Berliner Firma. 1928–31 Reporter d. „Roten

Fahne". Aug. 1931 a.d. Ermordung d. Polizeihauptleute Anlauf u. Lenk auf d. Bülowplatz i. Berlin beteiligt. Anschließend Flucht i. Ausland. Aufenthalt i.d. SU. 1934/35 Besuch d. Lenin-Schule i. Moskau. 1936–39 Teilnehmer a. span. Bürgerkrieg. Anschließend i.d. SU. 1945 Rückkehr nach Deutschland. 1946–49 Vizepräsident d. Zentralverw. für Inneres d. SBZ. 1950–53 u. 1955–57 Staatssekretär i. MfS. 1950–Dez. 89 Mitglied d. ZK d. SED. 1953–55 stellv. Staatssekretär f. Staatssicherheit i. MdI. Nov. 1957–Nov. 89 Minister f. Staatssicherheit. Nachf. v. Erich Wollweber. 1958–Nov. 89 Abgeordneter d. VK. Generalleutnant, Generaloberst, 1980 Armeegeneral. Vors. d. Sportver. „Dynamo". Seit Juni 1971 Kandidat, Mai 1976–Nov. 89 Mitgl. d. Politbüros. 3.12.1989 Ausschluß aus d. SED. 7.12.1989 Ermittlungsverf. wegen Amtsmißbrauchs, Korruption u. pers. Bereicherung. U-Haft. März bis Juli 1990 auf freiem Fuß. Juli 1990 f. haftfähig erklärt u. erneut in U-Haft. 12.11.1992 gemeinsam mit E. Honecker u. 4 weiteren Beschuldigten v. LG Berlin wegen d. Todesschüsse a.d. Mauer angeklagt. 13.11.1992 Verfahren vorläufig eingestellt. Sept. 1994 Wiederaufnahme d. Verfahrens. Nov. 1994 vom LG erneut eingestellt aus Gesundheitsgründen. Urteil des LG im Dez. 1995 vom BGH aufgehoben, Fall an LG zurückverwiesen. 26.10.1993 v. LG Berlin wegen gemeinschaftlichen Mordes i. 2 Fällen zu 6 Jahren Freiheitsstrafe verurteilt. 28.7.1995 v. LG Berlin a.d. Haft entlassen, da 2/3 d. Haft verbüßt.

Günter Mittag
8.10.1926–18.3.1994 (geb. in Stettin-Scheune).
Volks- u. Mittelschule. 1943 Luftwaffenhelfer. Eisenbahner (nichttechn. Rb-Inspektor). 1946 SED. Funktionär d. IG-Eisenbahn. Seit 1951 Mitarbeiter des ZK der SED. 1953–58 Ltr. d. Abt. Verkehr u. Verbindungswesen beim ZK der SED. 1958 Promotion HfV. 1958–61 Sekr. d. Wirtschaftskommission beim Politbüro. 1958–62 Kand., 1962–89 Mitgl. d. ZK der SED. 1961–62 stellv. Vors. u. Sekr. d. VWR der DDR. 1962–73 und 1976–Okt. 89 Sekr. f. Wirtschaft d. ZK der SED. 1973–76 1. stellv. Vors. des MR der DDR. 1963–66 Kand., 1966–Okt. 89 Mitgl. d. Politbüros. 1963–Okt. 89 Abg. d. VK. 1963–71 u. 1979–84 Mitgl. u. 1984–89 stellv. Vors. des Staatsrates. 1963–89 Vors. des Ausschusses f. Industrie, Bauwesen u. Verkehr d. VK. 23.11.1989 aus der SED ausgeschlossen. 3.12.1989 Verhaftung wegen Schädigung des Volkseigentums, der Volkswirtschaft und Amtsmißbrauchs. August 1990 wegen schwerer Erkrankung aus der Haft entlassen.

Hans Modrow
Geb. 27.1.1928 i. Jasenitz Krs. Ueckermünde, als Sohn eines Arbeiters.
1942–45 Schlosserlehre, Kriegsdienst u. Gefangenschaft. 1949 FDJ u. SED. 1953–61 1. Sekr. d. FDJ-BL Berlin. 1953–71 Mitglied d. StVV Ost-Berlin. 1954–57 Fernstudent d. PHSch d. SED. Dipl.-Gesellschaftswiss. 1958–67 Kandidat, 1967–89 Mitgl. d. ZK d. SED. 1958–Okt. 90 Berl. Vertreter bzw. Abg. d. VK. 1961–67 1. Sekr. d. SED-KL Berlin-Köpenick. 1966 Promotion a.d. HU Berlin. 1967–71 Sekr. f. Agit. u. Prop. d. SED-BL Berlin. 1971–73 Ltr. d. Abt. Agit. i. ZK d. SED. Seit 1972 Vors. d. Freundschaftsgr. DDR–Japan d. VK. Okt. 1973–Nov. 89 1. Sekr. d. SED BL Dresden. 8.11.1989–3.12.89 Mitgl. d. Politbüros. 13.11.1989–März 90 Vors. d. MR d. DDR. Nachf. von Willi Stoph. Dez. 1989 stellv. Vors., seit Febr. 90 Ehrenvors. d. PDS. 1990–94 MdB. 27.5.1993 v. LG Dresden wegen Wahlfälschung i. 3 Fällen verwarnt und zu einer Geldstrafe verurteilt. Nov. 1994 BGH bestätigt Schuldspruch, verweist d. Urteil aber wegen unangemessener Strafzumessung u. Rechtsfehler a.d. Gericht zurück. 9.8.1995 v. LG Dresden wegen Anstiftung zur Wahlfälschung in 4 Fällen zu einer Freiheitsstrafe von 9 Monaten auf Bewährung verurteilt. Nov. 1996 Anklage wegen Meineides vor dem LG Dresden.

Biographische Notizen

Karl Nendel
Wirtschaftsfunktionär. 1965 Ltr. der Abt. Elektronik im Volkswirtschaftsrat. 1965–67 stellv. Minister, Juli 1967–89 Staatssekr. im Ministerium f. Elektrotechnik u. Elektronik. 1976–89 Mitgl. der SED-BL Berlin.

Alfred Neumann
Geb. 15.12.1909 i. Berlin als Sohn eines Arbeiters.
1919 Mitgl. d. Arbeiterturnvereins „Fichte". Tischlerlehre. Anschl. als Tischler tätig. 1929 Mitgl. d. KPD. Sportwart d. Kampfgemeinschaft f. rote Sporteinheit. Nach 1933 illegale Tätigkeit f. diese Kampfgemeinschaft. Anfang 1934 Mitgl. d. Landesltg. Berlin-Brandenburg d. Kampfgemeinschaft f. rote Sporteinheit. Ende 1934 Emigration i.d. SU. Dort als Sportlehrer tätig. 1938–39 Teilnehmer a. span. Bürgerkrieg. 1939–40 Haft (Straflager) i. Frankreich. 23.4.1941 Rückkehr nach Deutschland. Verhaftung. 1942 vom VGH zu 8 Jahren Zuchthaus verurteilt. Häftling i. Zuchthaus Brandenburg. 1945 Mitgl. d. KPD. 1946 Sekr. d. SED-KL Berlin-Neukölln. 1950 Referent f. Kommunalpolitik b. d. SED-Landesltg. Berlin. 1951–53 stellv. OB v. Ost-Berlin. 1953–57 1. Sekr. d. SED-BL Berlin. 1954–Nov. 89 Mitgl. d. ZK d. SED u. Abg. d. VK. 1954–58 Kand., Febr. 1958–Nov. 89 Mitgl. d. Politbüros d. ZK d. SED. 1961–65 Min. u. Vors. d. Volkswirtschaftsrates d. DDR. Seit 4.7.1962 Mitgl. d. Präs. d. Ministerrates. März 1965–68 stellv. Vors., Juni 1968–Nov. 89 1. stellv. Vors. d. Ministerrates. 1965–68 Min. f. Materialwirtschaft. Jan. 1990 aus d. SED/PDS ausgeschlossen.

Hans Reichelt
Geb. 30.3.1925 i. Proskau, Krs. Oppeln (Oberschlesien).
Besuch d. Volksschule i. Proskau u. Oberschule i. Oppeln. 1943 NSDAP. Kriegsdienst. 1944 sowj. Kriegsgefangenschaft. Besuch einer Antifaschule i.d. SU. 1949 Mitgl. d. DBD. Ltr. d. Abt. Organisation u. Schulung i. Parteivorstand d. DBD. Seit 1951 Mitgl. d. Parteivorstandes, seit 1953 Mitgl. d. Sekr. d. Parteivorstandes, seit 1955 Mitgl. d. Präs. d. Parteivorstandes d. DBD. 1950–März 90 Abg. d. VK. 1971–76 stellv. Vors. d. Geschäftsordnungsausschusses. 1953–55 zunächst kurze Zeit Min., dann Staatssekretär i. Min. f. Land- u. Forstwirtschaft. 1954 Besuch d. Zentralschule f. Landwirtschaft d. ZK d. SED. März 1955–Febr. 63 erneut Min. f. Land- u. Forstwirtschaft d. DDR. 1956–63 stellv. Vors. d. Beirats f. LPG b. MR d. DDR. 1963–71 stellv. Vors. d. LWR bzw. RLN. 1966–72 Vors. d. Staatl. Komitees f. Meliorationen. 1971/72 stellv. Min. f. Land-, Forst- u. Nahrungsgüterwirtschaft. 1972 Promotion. März 1972–Nov. 89 Stellv. d. Vors. d. MR u. März 1972–Jan. 90 Min. f. Umweltschutz u. Wasserwirtschaft. Nachf. v. W. Titel. Vors. d. DDR-Sektion d. Wirtschaftsausschusses DDR/MVR. Seit Okt. 1972 Vizepräs. d. KB d. DDR. Jan. 1990 aus allen Parteiämtern d. DBD ausgeschieden.

Günter Schabowski
Geb. 4.1.1929 in Anklam als Sohn eines Klempners.
Abitur. Nach 1945 Volontär u. Hilfsredakteur der „Freien Gewerkschaft". 1950 FDJ. 1952 SED. 1948–1967 Mitarbeiter des Zentralorgans d. FDGB „Tribüne", 1953–1967 stellv. Chefred. 1962 Diplomjournalist KMU Leipzig. 1967–68 Besuch d. PHSch d. KPdSU i. Moskau. 1968–78 stellv. Chefred., 1978–85 Chefred. d. Zentralorgans d. SED „Neues Deutschland". April 1981–Dez. 89 Mitglied d. ZK d. SED u. 1981–84 Kandidat d. Politbüros. Juni 1981–Jan. 90 Abg. d. VK. Mai 1984–Dez. 89 Vollmitgl. d. Politbüros. Nov. 1985–Nov. 89 1. Sekr. der SED-BL Berlin. Nachf. v. Konrad Naumann. April 1986–Dez. 89 zusätzlich Sekr. d. ZK d. SED. 21.1.1990 Ausschluß aus der SED/PDS. Seit 1992 i. Rotenburg a.d. Fulda i. Logoprint-Verlag tätig. 13.11.1995 Anklage wegen der Tötungen a.d. innerdeutschen Grenze (27. Große Strafkammer LG Berlin).

Alexander Schalck-Golodkowski
Geb. 3.7.1932 i. Berlin als Sohn eines Droschkenfahrers.
Mittl. Reife. 1947–48 Volontär i.d. Kinowerkstatt Hoppstock i. Berlin. Danach Lehrling bzw. Arbeitsvorbereiter i.d. Elektrowerkstatt Eisler und EAW Berlin. 1952 Sachbearbeiter DIA Elektrotechnik Berlin. 1952–54 Hauptreferent i. MAI. 1954–56 Studium a.d. HS f. Außenhandel. Diplomwirtschaftler. 1956–62 Hauptreferent, AL, Brigadeleiter bzw. HV-Ltr. i. MAI. 1955 SED. 2. Sekr. d. GO der SED a.d. HS f. Außenhandel. Ab 1959 Mitgl. d. ZPL der SED i. MAI. Seit 1962 1. Sekr. d. PO d. SED i. Außenhandel. Seit 1966 Ltr. d. Bereichs Kommerzielle Koordinierung i. MAI sowie stellv. Minister. Seit 1966 Angehöriger d. MfS. Seit 1975 Oberst. 1975 Staatssekretär. 1972 Doppel-Promotion zum Dr. jur. 1986–89 Mitgl. d. ZK d. SED. 2.11.1989 Erlaß eines Haftbefehls d. DDR. 6.12.1989 Übertritt nach West-Berlin. Bis 9.1.1990 i. U-Haft. Seitdem am Tegernsee ansässig. Wirtsch. Beratertätigkeit. Mehrfach angeklagt wegen Steuerhinterziehung, Untreue, Verstoß gegen d. Alliierte Militärgesetz.

Fritz Schenk
Geb. 10.3.1930 i. Helbra.
Ausbildung u. Studium in der graphischen Industrie. Betriebsleiter i. „Meißener Druckhaus". 1952–57 Sekretär u. Büroltr. des stellv. Ministerpräs. Bruno Leuschner. Sept. 1957 Flucht in die Bundesrepublik. Freischaffender Publizist. 1968–71 Abtltr. Öffentlichkeitsarbeit d. Gesamtdtsch. Instituts i. Bonn. 1962–67 Sachverständiger i. Forschungsbeirat d. Bundesreg. f. Fragen d. Wiedervereinigung. 1971–88 Co-Moderator, zuletzt Redaktionsltr. d. „ZDF Magazin" i. Mainz. 1988–93 Chef v. Dienst d. Chefred. d. ZDF.

Gerhard Schürer
Geb. 14.4.1921 i. Zwickau/Sa. als Sohn eines Arbeiters.
1936–39 Maschinenschlosserlehre. Kriegsdienst. 1942 Uffz. Flugzeugführerschule Pilsen. 1945–47 als Schlosser, Kraftfahrer u. Sachbearbeiter tätig. 1947–51 i.d. sächs. Landesregierung tätig. 1948 SED. 1951 Abtltr. i.d. SPK. 1952 Besuch d. Landesparteischule Meckl. 1953–62 MA d. ZK d. SED. 1955–58 Studium a.d. PHSch d. KPdSU. Diplom-Gewi. 1960–62 Mitgl. d. Wirtschaftskommission b. Politbüro d. ZK d. SED. 1962–65 stellv. Vors., 1. stellv. Vors., seit Dez. 1965 Vors. d. SPK und Mitgl. d. Präs. d. MR. 1963–89 Mitgl. d. ZK d. SED. Seit 1967 stellv. Vors. d. MR. 1967–90 Abg. d. VK. Vors. d. Parit. Regierungskomm. f. wirtsch. u. wiss.-techn. Zusammenarbeit DDR–UdSSR. 1973–89 Kand. d. Politbüros d. ZK d. SED. 19.11.1989 Wiederwahl zum Vors. d. SPK. 11.1.1990 Versetzung i.d. Ruhestand. 20.1.1990 Ausschluß aus d. SED/PDS.

Fritz Selbmann
29.9.1899–26.1.1975 (geb. i. Lauterbach/Hessen als Sohn eines Kupferschmieds).
1915–17 Bergarbeiter i. Bochum u. Bottrop. Teilnehmer am 1. Weltkrieg. 1920 Mitgl. d. USPD. 1922 Mitgl. d. KPD. 1923 i. französ. Schutzhaft. 1924 Gefängnisstrafe wegen Landfriedensbruchs. 1925 Sekr. d. RFB u. Mitgl. d. Bezirksleitung der KPD i. Ruhrgebiet. 1928 Abg. d. Rhein. Provinziallandtages. 1930 Bezirksltr. d. KPD i. Oberschlesien u. Abg. d. Preuß. Landtages. 1931–33 Bezirksltr. d. KPD i. Sachsen. 1932–1933 MdR. 1934–45 inhaftiert (Zuchthaus, KZ Sachsenhausen u. Flossenbürg). 1945 Präs. d. Landesarbeitsamtes u. Vizepräs. d. Landesverwaltung Sachsen. 1946 Abg. d. Sächs. Landtages. 1946 Min. f. Wirtschaft u. Wirtschafsplanung d. Landes Sachsen. 1948–49 stellv. Vors. d. DWK. 1949–55 Min. f. Industrie, Min. f. Schwerindustrie u. Min. f. Berg- u. Hüttenwesen. 1950–63 Abg. d. VK. 1954–58 Mitgl. d. ZK d. SED. Nov. 1956–Sept. 1958 stellv. Vors. d. Ministerrates der DDR (zugleich Vors. d. Kommission f. Industrie u. Verkehr b. Präs. d. Ministerrates). 1953–

Biographische Notizen

61 stellv. Vors. d. Staatl. Plankommission (Ltr. d. Abt. Bilanzierung u. Verteilung d. Produktionsmittel). Auf d. 25. Tagung d. ZK d. SED wegen „Managertums" u. indirekter Unterstützung d. Fraktion „Schirdewan und Wollweber" scharf kritisiert. März 1959 Selbstkritik geübt u. seine Abweichungen widerrufen. 1961–64 stellv. Vors. d. Volkswirtschaftsrates bzw. Vors. d. Komm. f. Wiss.-Techn. Dienste b. d. Plankommission. Danach freiberufl. Schriftsteller. Seit Mai 1969 Vizepräs. d. DSV.

Günther Sieber
Geb. 11.3.1930 i. Ilmenau als Sohn eines Maschinenschlossers.
Lehre als Waldfacharbeiter. 1944–47 Waldarbeiter. 1946–48 BGL-Vors. Ab 1947 Jugendsekr. d. FDGB-Landesvorstandes Thüringen. 1947–48 Forstanwärter. 1948–49 Hauptsachbearb. i.d. DWK. 1948 SED. 1949–51 Referent i. Min. f. Planung. 1949–50 Bes. d. Verwaltungsakad. Forst-Zinna. 1951–52 Hauptref. i.d. SPK. 1953 Bes. d. PHSch d. SED. 1954–62 1. Sekr. d. Parteiorg./KL d. SED i.d. SPK. 1962–63 stellv. Vors. d. Zentr. Kommission f. Staatl. Kontrolle. 1963–67 Mitgl. d. ZRK d. SED. 1963–65 1. stellv. Vors. d. Komitees d. ABI. März 1965–Nov. 72 Min. f. Handel u. Versorgung. 1967 Studium a. Zentralinst. f. sozial. Wirtschaftsführung b. ZK d. SED. 1973–80 Botschafter d. DDR i.d. VR Polen. Dez. 1980–Nov. 89 Ltr. d. Abt. Internat. Verbindungen i. ZK d. SED. 1976–81 Kand., April 1981–Dez. 89 Mitgl. d. ZK d. SED. 1981–März 90 Abg. d. VK. Mitgl. d. Ausschusses f. Auswärtige Angel. 8.11.1989–3.12.89 Kandidat d. Politbüros u. Sekretär d. ZK d. SED.

Horst Sölle
Geb. 3.6.1924 in Leipzig als Sohn eines Stellmachers.
Volksschule. 1940–42 kfm. Lehre. 1942–45 Soldat. 1944 Uffz. i. einem Gren.Rgt. Sowj. Kriegsgef. 1945 SPD. 1946 SED. 1945–46 Gepäckarbeiter Hauptbahnhof Leipzig. 1946 Vorbereitungslehrgang f. Hochschulstudium. 1947–50 Studium d. Wirtschaftswiss. Uni Leipzig. Diplomwirtschaftler. 1950–52 Org.-Instrukteur i. MfV. 1952–62 Instrukteur, Sektorenltr. Außenhandel u. Abtltr. Handel, Versorgung u. Außenhandel i. ZK d. SED. 1962–65 Staatssekr. u. 1. stellv. Min., März 1965–Mai 86 Minister f. Außenhandel u. Innerdtsch. Handel. 1967 Studium a. Zentralinst. f. sozial. Wirtschaftsführung b. ZK d. SED. 1963–76 Kand., Mai 1976–Dez. 89 Vollmitgl. d. ZK d. SED. Seit 3.11.1976 Mitgl. d. Präs. d. MR. Mai 1986–Nov. 89 stellv. Vors. d. MR. 3.11.1988–Nov. 89 als Nachf. v. Günther Kleiber ständiger Vertreter d. DDR i. RGW.

Albert Stief
Geb. 19.3.1920 in St. Ingbert/Saar als Sohn eines Arbeiters.
Volksschule. 1934–38 Maschinenbauerlehre. Kriegsdienst. Ab 1943 sowj. Kriegsgefangenschaft. NKFD. 1945 KPD. Abteilungsltr. in der Landesregierung Sachsen. 1949–52 Sekr. der SED-KL Hoyerwerda u. Kreisrat b. Rat des Kreises. 1951–53 Studium in der SU. 1953–69 1. Sekr. der SED-BL Cottbus. 1960–63 Kand., 1963–89 Mitgl. des ZK der SED. 1963–90 Abgeordneter d. VK. 1962–65 Fernstudium, Hochschule f. Ökonomie Berlin. Dr. rer.oec. 1970–71 stellv. Minister f. die Anleitung u. Kontrolle d. Bezirks- u. Kreisräte. 1972–77 Staatssekr., 1977–Nov. 89 Vors. d. Komitees der ABI u. Mitgl. des Ministerrates. Nachfolger v. Heinz Matthes.

Willi Stoph
Geb. 9.7.1914 in Berlin als Sohn eines Arbeiters.
Volksschule. 1928–31 Maurerlehre in Berlin. Anschließend als Maurer u. Bauleiter in Berlin tätig. 1928 KJV. 1931 KPD. 1935–37 Militärdienst. Während des 2. Weltkrieges erneut Soldat, zuletzt Stabsgefreiter der Wehrmacht. 1945 KPD. 1945–47 Ltr. der Abt. Baustoffin-

dustrie u. Bauwirtschaft, 1947–48 Ltr. der Hauptabt. Grundstoffindustrie in der Zentralverw. für Industrie der SBZ. 1948–50 Ltr. der Abt. Wirtschaftpolitik b. Parteivorstand bzw. ZK der SED. 1950–89 Ageordneter d. VK. 1950–89 Mitgl. d. ZK der SED. 1950–53 Mitgl. des Sekretariats des ZK der SED. 1951–52 Ltr. des Büros f. Wirtschaftsfragen beim Ministerpräsidenten der DDR. 1952–55 Minister des Innern. Juli 1953–Nov. 89 Mitgl. des Politbüros. Seit 1954 stellv. Vors. des Ministerrates. 1956–60 Minister f. Nationale Verteidigung. 1956 Generaloberst, 1959 Armeegeneral. Im Juli 1960 mit der Koordinierung u. Kontrolle der Durchführung d. Beschlüsse des ZK der SED u. des Ministerrates beauftragt. 1962–64 1. stellv. Vors., Sept. 1964–Okt. 73 Vors. des Ministerrates sowie stellv. Vors. des Staatsrates. Okt. 1973–Okt. 76 Vors. des Staatsrates der DDR. Nachfolger von Walter Ulbricht. Okt. 1976–Nov. 89 erneut Vors. des Ministerrates sowie stellv. Vors. des Staatsrates. Nachfolger von Horst Sindermann. Dez. 1989 Ausschluß aus der SED u. Einleitung eines Ermittlungsverfahrens wegen Amtsmißbrauch u. Korruption. Verhaftung. Febr. 1990 aus der Haft entlassen. Mai 1991 erneut in U-Haft. Anklage wegen gemeinschaftlich begangenen Totschlags vor dem LG Berlin. Aug. 1992 Haftverschonung. 14.11.1992 Verfahren aus Gesundheitsgründen eingestellt.

Gerhard Tautenhahn
Geb. 2.12.1929 in Vielau als Sohn eines Kupferschmiedes.
Techn. Zeichner. 1945 KPD. 1952–54 Studium an einer Fachschule. Ingenieur. Zeitweise Mitarbeiter der Wirtschaftskommission beim Politbüro. 1964–86 Leiter der Abt. Maschinenbau beim ZK der SED. 1981–89 Mitgl. des ZK der SED. März 1986–Nov. 89 Minister für Allgem. Maschinenbau, Landmaschinen- u. Fahrzeugbau. Nachfolger von Günter Kleiber.

Harry Tisch
Geb. 28.3.1927–18.6.1995 (geb. in Heinrichswalde, Krs. Ueckermünde, als Sohn eines Arbeiters).
1941–43 Lehre als Bauschlosser. Bis 1948 als Schlosser tätig. 1945 KPD. 1946 SED. 1948–53 hauptamtl. Gewerkschaftsfunktionär. 1950–52 MdL Meckl. 1953–55 Besuch d. PHSch d. SED. Diplom-Gewi. 1955–59 Sekr. f. Wirtschaft d. SED-BL Rostock. 1959–61 Vors. d. RdB Rostock. 1961–75 1. Sekr. d. SED-BL Rostock. 1963–Dez. 89 Mitgl. d. ZK d. SED. 1963–Nov. 89 Abg. d. VK. 1971–75 Kand., 1975–Nov. 89 Mitgl. d. Politbüros d. ZK d. SED. 1975 i.d. Bundesvorstand d. FDGB kooptiert u. zum Vors. gewählt. Nov. 1989 zurückgetreten. 1975–Nov. 89 Mitgl. d. Staatsrates. Seit 1975 Mitgl. d. Präs. d. Nationalrates d. NF. Seit 1975 Mitgl. d. Generalrates u. d. Büros d. WGB. 3.12.1989 Ausschluß aus d. SED. Verhaftung wegen Amtsmißbrauchs. Febr. 1990 Haftentlassung aus gesundheitl. Gründen. 20.7.1990 erneut verhaftet wegen Untreue zum Nachteil gesellschaftlichen Eigentums. 6.6.1991 vom LG Berlin wegen Untreue in 5 Fällen zu 28 Mon. Haft verurteilt, U-Haft angerechnet und Reststrafe zur Bewährung erlassen.

Udo-Dieter Wange
Geb. 31.10.1928.
Verwaltungsangestellter. 1945 KPD. 1953–55 Staatssekr. für die Verwaltung der Staatsreserve. 1955–65 Gruppenleiter bzw. stellv. Vors. des Staatlichen Vertragsgerichts der DDR. 1965 Leiter der Hauptabt. Materialwirtschaft u. Außenhandel im Volkswirtschaftsrat. 1966–67 stellv. Minister, 1967–71 Staatssekr. im Ministerium f. bezirksgeleitete Industrie u. Lebensmittelindustrie. 1972–74 stellv. Vors. der SPK. 1974–89 Minister f. bezirksgeleitete Industrie u. Lebensmittelindustrie. Nachfolger von Erhard Krack. 1981–86 Kand., 1986–89 Mitgl. des ZK der SED.

Biographische Notizen 307

Herbert Weiz
Geb. 27.6.1924 in Cumbach b. Ernstroda über Gotha.
Volksschule. 1938–41 kfm. Lehre. 1942 NSDAP. Kriegsdienst u. sowj. Gefangenschaft. 1945 KPD. 1946 SED. 1946–51 Studium d. Wirtschaftswiss. FSU Jena. 1952–54 Werkltr. VEB „Optima" Büromaschinenwerk Erfurt. 1951–55 Fernstudium TH Dresden. Ing.oec. 1954 Ltr. d. HV Leichtmaschinenbau i. Min. f. Maschinenbau. 1955–61 1. stellv. Werkltr. i. VEB Carl Zeiss Jena. 1958–89 Mitgl. d. ZK d. SED. 1962 Dr.rer.oec. 1962–67 Staatssekr. f. Forschung u. Technik d. DDR. Verantwortlicher d. Reg. d. DDR f. d. Forschungsrat. Okt. 1963–März 90 Abg. d. VK. Juli 1967–Nov. 89 stellv. Vors. d. Ministerrates. Febr. 1974– Okt. 89 Minister f. Wiss. u. Technik d. DDR. Nachf. f. Günter Prey. Stellv. Vors. d. DDR-Teils.

Verzeichnis der in den biographischen Notizen verwendeten Abküzungen

a.	auf
ABF	Arbeiter- und Bauern-Fakultät
Abg.	Abgeordneter
ABI	Arbeiter- und Bauern-Inspektion
Abt.	Abteilung
Abtltr., AL	Abteilungsleiter
ADGB	Allgemeiner Deutscher Gewerkschaftsbund
AdK	Akademie der Künste
AdL	Akademie der Landwirtschaftswissenschaften
ADMW	Allgemeiner Deutscher Motorsportverband
ADN	Allgemeiner Deutscher Nachrichtendienst
AdW	Akademie der Wissenschaften
AeO	Arbeitsgemeinschaft ehemaliger Offiziere
AfG	Akademie für Gesellschaftswissenschaften
AG	Amtsgericht, Aktiengesellschaft
AGL	Abteilungsgewerkschaftsleitung
Agit.	Agitation
agr. (Dr.)	Agrarwissenschaft, Landwirtschaftswissenschaft
AHU	Außenhandelsunternehmen
amt.	amtierend
Antifa	Antifaschismus, antifaschistisch
ao	außerordentlich
Art.	Artillerie
ASMW	Amt für Standardisierung, Meßwesen und Warenprüfung
ASP	Altsozialistische Partei
Aspir.	Aspirant, Aspirantur (etwa: Promotionsstipendium)
ASR	Akademie für Staats- und Rechtswissenschaft
Ass.	Assistent
ASV	Armee-Sportvereinigung
Ausw.	Auswärtige
Ausz.	Auszeichnung(en)
BDA	Bund Deutscher Architekten
BDO	Bund Deutscher Offiziere (in der SU)
BdVP	Bezirksbehörde der Volkspolizei
Ber.	Bereich

BG	Bezirksgericht
BGH	Bundesgerichtshof
BGL	Betriebsgewerkschaftsleitung
BHG	Bäuerliche Handels-Genossenschaft
BKW	Braunkohlenwerk
BL	Bezirksleitung
Bln	Berlin bzw. Berliner
BLWR	Bezirkslandwirtschaftsrat
BMK	Bau- und Montagekombinat
BPK	Bezirksplankommission
BPKK	Bezirksparteikontrollkommission
BPO	Betriebsparteiorganisation
BPS	Bezirksparteischule
BR	Bundesrepublik
BRK	Bezirksrevisionskommission
BT	Bezirkstag
BV	Bundesvorstand/Bezirksvorstand/Bezirksverwaltung
Btl.	Bataillon
BVG	Berliner Verkehrsgesellschaft
BWR	Bezirkswirtschaftsrat
BZ	Berliner Zeitung (Ostberlin)
CDA	Christlich-Demokratische Arbeitnehmerorganisation
CDU	Christlich-Demokratische Union
CFK	Christliche Friedenskonferenz
CSPD	Christlich-Soziale Partei Deutschlands (eine Vorgängerin der DSU)
CSR	Tschechoslowakische Republik (Ceskoslovenská Republika)
CSSR	Tschechoslowakische Sozialistische Republik (seit 11.7.1960)
DAG	Deutsche Agrarwissenschaftliche Gesellschaft
DAK	Deutsche Akademie der Künste
DAL	Deutsche Akademie der Landwirtschaftswissenschaften
DAMW	Deutsches Amt für Material- und Warenprüfung
DASR	Deutsche Akademie für Staats- und Rechtswissenschaften "Walter Ulbricht" in Potsdam-Babelsberg
DAW	Deutsche Akademie der Wissenschaften
DBA	Deutsche Bauakademie
DBD	Demokratische Bauernpartei Deutschlands
DBV	Deutscher Boxverband
DDP	Deutsche Demokratische Partei
DDR	Deutsche Demokratische Republik
DEFA	Deutsche Film AG, jetzt: Deutsche Filmgesellschaft mbH
DFF	Deutscher Fernsehfunk
DFD	Demokratischer Frauenbund Deutschlands
DGB	Deutscher Gewerkschaftsbund
DHfK	Deutsche Hochschule für Körperkultur (in Leipzig)
DHZ	Deutsche Handelszentrale
DIA	Deutscher Innen- und Außenhandel
Diamat	Dialektischer Materialismus
DIB	Deutsche Investitionsbank
Dipl.-Ing. oec.	Diplom-Ingenierökonom
Dipl.-Gewi.	Diplom-Gesellschaftswissenschaftler
Dipl.-Mil.	Diplom-Militärwissenschaftler
Dipl.-rer.mil.	
Dir.	Direktor
Div.	Division
DKB	Deutscher Kulturbund
DNB	Deutsche Notenbank

DNVP	Deutschnationale Volkspartei
Doz.	Dozent
DR	Deutsche Reichsbahn
DRK	Deutsches Rotes Kreuz
Dr. sc.	Doktor der Wissenschaften (etwa: Habilitation)
DSF	Deutsch-Sowjetische Freundschaft, Gesellschaft für
DSG	Deutsche Saatzucht-Gesellschaft
DSU	Deutsche Schiffahrts- und Umschlagsbetriebe, Deutsche Soziale Union
DSV	Deutscher Schriftstellerverband
DTSB	Deutscher Turn- und Sportbund
DVP	Deutsche Volkspartei, Deutsche Volkspolizei
DWK	Deutsche Wirtschaftskommission
EAW	Elektroapparate-Werk in Berlin-Treptow
EK	Eisernes Kreuz
EKD	Evangelische Kirche in Deutschland
EKO	Eisenhüttenkombinat Ost
EKU	Evangelische Kirche der Union
em.	emeritiert
EMA	Ernst-Moritz-Arndt-Universität Greifswald
Entw.	Entwicklung
EOS	Erweiterte Oberschule
Evang. luth.	Evangelisch-lutherisch
f.	für
FDGB	Freier Deutscher Gewerkschaftsbund
FDJ	Freie Deutsche Jugend
FIR	Fedération Internationale de Résistance
Fortb.	Fortbildung
FS	Fachschule
FSU	Friedrich-Schiller-Universität
GdA	Gewerkschaftsbund der Angestellten
Ges.	Gesellschaft, gesellschaftlich
Gewi.	Gesellschaftswissenschaften
GHG	Großhandels-Gesellschaft
GL	Gebietsleitung
GO	Grundorganisation
Gren.	Grenadier
GST	Gesellschaft für Sport und Technik
HA	Hauptabteilung, Hauptausschuß
HAB	Hochschule für Architektur und Bauwesen Weimar
Habil.	Habilitation
HJ	Hitler-Jugend
HO	Handelsorganisation
HfÖ	Hochschule für Ökonomie Ostberlin
HfP	Hochschule für Politik
HfV	Hochschule für Verkehrswesen
HS	Hochschule
HU	Humboldt-Universität Ostberlin
HV	Hauptverwaltung, Handelsvertretung, Hauptvorstand
HVA	Hauptverwaltung für Aufklärung
HVDVP	Hauptverwaltung Deutsche Volkspolizei
IAH	Internationale Arbeiterhilfe
IDFF	Internationale Demokratische Frauenförderung
IfG	Institut für Gesellschaftswissenschaften

IG	Industriegewerkschaft
IHK	Industrie- und Handelskammer
IHS	Ingenieur-Hochschule
ill.	illegal
IM	Inoffizieller Mitarbeiter (des MfS oder der Kripo)
IML	Institut für Marxismus-Leninismus
Ind.	Industrie
Ing.	Ingenieur
IOJ	Internationale Organisation der Journalisten
IPG	Interparlamentarische Gruppe
IPW	Institut für Internationale Politik und Wirtschaft
JD	Justizdienst
Kand.	Kandidat
KAP	Kooperative Abteilung Planzenproduktion
KB	Kulturbund
Kdr.	Kommandeur
KdT	Kammer der Technik
KfA	Kammer für Außenhandel
Kfm.	Kaufmann
KG	Kammergericht
KGB	Russisches Komitee für Staatssicherheit
KJV	Kommunistischer Jugendverband
Kl.	Klasse
KL	Kreisleitung
KLWR	Kreislandwirtschaftsrat (seit 1968: RLN)
KMU	Karl-Marx-Universität (in Leipzig)
Koll.	Kollektiv-Auszeichnung
Koll. d. RA.	Kollegium der Rechtsanwälte
komm.	kommissarisch, kommunistisch, Kommission
Komintern	Kommunistische Internationale
Konf.	Konferenz
KPC	Kommunistische Partei der Tschechoslowakei
KPD	Kommunistische Partei Deutschlands
KPdSU	Kommunistische Partei der Sowjetunion
KPF	Kommunistische Partei Frankreichs
KPKK	Kreisparteikontrollkommission
KPO	Kommunistische Partei-Opposition
KPÖ	Kommunistische Partei Österreichs
Krs.	Kreis
KS	Kreissekretär
KT	Kreistag
KV	Kreisverband
KVP	Kasernierte Volkspolizei
KWI	Kaiser-Wilhelm-Institut (seit 1948: Max-Planck-Gesellschaft) zur Förderung der Wissenschaften
KWU	Kommunales Wirtschaftsunternehmen
KZ	Konzentrationslager
L.	Lebenslauf
LA	Lehrauftrag
Landw.	Landwirtschaft, landwirtschaftlich
LB	Landesbezirk
LDPD	Liberal-Demokratische Partei Deutschlands
LG	Landgericht
LL	Linke Liste
LPG	Landwirtschaftliche Produktionsgenossenschaft

Biographische Notizen

LPKK	Landesparteikontrollkommission
LSK	Luftstreitkräfte
lt.	leitend
Ltg.	Leitung
Ltn.	Leutnant
Ltr.	Leiter
LV	Luftverteidigung, Landesvorstand
LVZ	Leipziger Volkszeitung
LWR	Landwirtschaftsrat beim Ministerrat
MA	Mitarbeiter
MAI	Ministerium für Außenhandel und Innerdeutschen Handel
MAS	Maschinen-Ausleih-Station
MdB	Mitglied des Bundestages
MdF	Ministerium der Finanzen
MdI	Ministerium des Innern
MdJ	Ministerium der Justiz
MdL	Mitglied des Landtages
MdR	Mitglied des Reichstages
MdV	Mitglied der Volkskammer
MfA	Ministerium für Außenwirtschaft/Außenhandel
MfAA	Ministerium für Auswärtige Angelegenheiten
MfK	Ministerium für Kultur
MfNV	Ministerium für Nationale Verteidigung
MfS	Ministerium für Staatssicherheit
MLU	Martin-Luther-Universität (Halle-Wittenberg)
mot.	motorisiert
MPF	Ministerium für Post- und Fernmeldewesen
MR	Ministerrat
MSD	Motorisierte Schützendivision
MVR	Mongolische Volksrepublik
MTS	Maschinen-Traktoren-Station
Nachf.	Nachfolger
Nat. Front	Nationale Front des demokratischen Deutschland
Nat. Pr.	Nationalpreis
Nat. Rat	Nationalrat (der Nationalen Front)
nba.	nebenamtlich
ND	"Neues Deutschland" (Zentralorgan der SED)
NDPD	Nationaldemokratische Partei Deutschlands
NF	Nationale Front, Neues Forum
NFK	Nachfolgekandidat des ZK
NKFD	Nationalkomitee "Freies Deutschland"
NOK	Nationales Olympisches Komitee
NS	Nationalsozialismus
NSDAP	Nationalsozialistische Deutsche Arbeiterpartei
NSLB	Nationalsozialistischer Lehrerbund
NVA	Nationale Volksarmee
NVR	Nationaler Verteidigungsrat
NWDR	Nordwestdeutscher Rundfunk
OB	Oberbürgermeister
OdF	Opfer des Faschismus
ökon.	ökonomisch
Öst.	Österreich bzw. österreichisch
ÖVW	Örtliche Versorgungswirtschaft
OG	Oberstes Gericht
OLG	Oberlandesgericht

OMR	Obermedizinalrat
opp.	oppositionell
Org.	Organisation
OS	Oberschule
PB	Politbüro
PDS	Partei des demokratischen Sozialismus
PEN	PEN-Club, Abkürzung für Klub der "poets, playwriters, editors, essayists, novelists"
PG	Parteigenosse
PGH	Produktionsgenossenschaft des Handwerks
PHSch	Parteihochschule "Karl Marx" der SED Ostberlin, Parteihochschule der KPdSU Moskau
PHV	Politische Hauptverwaltung
Pi.	Pionier
PK	Politkultur
Po.	Pommern
PO	Parteiorganisation
POS	Polytechnische Oberschule
Pr.	Preis
Präs.	Präsident, Präsidium
Priv.	Privat
Prof.	Professor
Prof. m. LA	Professor mit Lehrauftrag
Prof. m. v. LA	Professor mit vollem Lehrauftrag
prol.	proletarisch
Prop.	Propaganda
prov.	provisorisch
PV	Parteivorstand, Parteivorsitzender
Pz.	Panzer
RA	Rechtsanwalt
RAD	Reichsarbeitsdienst
RAW	Reichsbahnausbesserungswerk
RB	Reichsbahn
Rba.	Reichsbahnamt
RBD/Rbd.	Reichsbahndirektion
RdB	Rat des Bezirks
RdK	Rat des Kreises
Red.	Redakteur, Redaktion
Res.	Reserve
RFB	Roter Frontkämpferbund
RGO	Revolutionäre Gewerkschaftsopposition
Rgt.	Regiment
RGW	Rat für gegenseitige Wirtschaftshilfe = COMECON (Council for Mutual Economic Aid)
RH	Rote Hilfe
RLN	Rat für Landwirtschaft und Nahrungsgüterwirtschaft
S	Sicherheit
SA	Sturm-Abteilung (der NSDAP)
Sa.	Sachsen
SAG (SDAG)	Sowjetische (bzw. Sowjetisch-Deutsche) Aktiengesellschaft
SAJ	Sozialistische Arbeiterjugend
SAP	Sozialistische Arbeiterpartei
SBZ	Sowjetische Besatzungszone
SED	Sozialistische Einheitspartei Deutschlands
Sekr.	Sekretär, Sekretariat
SHF	Staatssekretariat für Hoch- und Fachschulwesen
SMAD	Sowjetische Militäradministration in Deutschland

sozial.	sozialistisch
sowj.	sowjetisch
span.	spanisch
SPD	Sozialdemokratische Partei Deutschlands
SPF	Sozialdemokratische Partei Frankreichs
SPK	Staatliche Plankommission
SPÖ	Sozialistische Partei Österreichs
SS	Schutzstaffel (der NSDAP)
SSD	Staatssicherheitsdienst
St. Ausschuß	Ständiger Ausschuß (der Volkskammer)
StBL	Stadtbezirksleitung
StL	Stadtleitung
StPKK	Stadtparteikontrollkommission
StVV	Stadtverordnetenversammlung
SU	Sowjetunion
SV	Sportverein
SVK	Sozialversicherungskasse
SVZ	Schweriner Volkszeitung
TAN	Technisch begründete Arbeitsnorm
TH	Technische Hochschule
THC	Technische Hochschule für Chemie (Leuna/Merseburg)
UdSSR	Union der Sozialistischen Sowjetrepubliken
Uffz.	Unteroffizier
UGL	Universitäts-Gewerkschaftsleitung
U-Haft	Untersuchungshaft
UPL	Universitätsparteileitung
USPD	Unabhängige Sozialdemokratische Partei Deutschlands
VAR	Vereinigte Arabische Republik
VBKD	Verband Bildender Künstler Deutschlands
VBV	Verwaltung, Banken, Versicherungen (Gewerkschaft)
VdgB	Vereinigung der gegenseitigen Bauernhilfe
VdJ	Verband der Journalisten
VDJ	Verband der Deutschen Journalisten
VDK	Verband Deutscher Kommunisten und Musikwissenschaftler - oder: Verband Deutscher Konsumgenossenschaften
VDP	Verband der Deutschen Presse
VDR	Volksdemokratische Republik
VEAB	Volkseigener Erfassungs- und Aufkaufbetrieb
VEB	Volkseigener Betrieb
VEG	Volkseigenes Gut
VELK	Vereinigte Evangelische Lutherische Kirche
Vertr.	Vertreter
VGH	Volksgerichtshof
VK	Volkskammer
VKSK	Verband der Kleingärtner, Siedler und Kleintierzüchter
Vlg.	Verlag
VM	Volksmarine
VOB	Vereinigung organisationseigener Betriebe
Vors.	Vorsitzender
VP	Volkspolizei
VR	Volksrepublik
VVB	Vereinigung volkseigener Betriebe
VVEAB	Vereinigung volkseigener Erfassungs- und Aufkaufbetriebe
VVN	Vereinigung der Verfolgten des Naziregimes
VVO	Vaterländischer Verdienstorden

VVW	Vereinigung Volkseigener Warenhäuser
VWR	Volkswirtschaftsrat
w.	-wesen (z. B. Verkehrswesen)
WBDJ	Weltbund der Demokratischen Jugend
WGB	Weltgewerkschaftsbund
WMW	Werkzeugmaschinenwerke
WPU	Wilhelm-Pieck-Universität Rostock
Z.	Zuchthaus
ZdA	Zentralverband der Angestellten
Zentrag	Zentrale Druckerei-, Einkaufs- und Revisionsgesellschaft mbH
ZfK	Zentralinstitut für Kernforschung in Rossendorf bei Dresden
ZI	Zentralinstitut
ZK	Zentralkomitee
ZKSK	Zentrale Kommission für Staatliche Kontrolle
ZPKK	Zentrale Parteikontrollkommission
ZPL	Zentrale Parteileitung
ZR	Zentralrat
ZRK	Zentrale Revisionskommission
Ztschr.	Zeitschrift
ZV	Zentralvorstand, Zivilverteidigung

Bildquellenverzeichnis

Bildagentur Jürgens Ost + Europa-Photo, Berlin: 53, 54, 103 (unten), 105 (unten), 131, 133, 134, 173, 174, 175, 218, 220, 265, 266

Bundesarchiv: 52, 103 (oben), 104, 105 (oben), 106 (oben), 108, 217, 219, 264

Bundesbildstelle, Bonn: 106 (unten), 109, 222 (Foto: Lehnartz), 263 (oben) (Foto: Lehnartz)

Deutsches Historisches Museum, Berlin: 136, 221 (unten)

Klaus Krakat, Berlin: 176

Hendrik Pastor, Berlin: 107, 221 (oben), 263 (unten)

Sabine Porscha, Berlin: 132

Die Autorin und die Autoren dieses Bandes

Günther Buch, Dipl.pol., Jahrgang 1928, langjähriger Referent im Untersuchungsausschuß Freiheitlicher Juristen und des Document Center, Berlin; bis 1991 Referatsleiter und stellv. Abteilungsleiter im Gesamtdeutschen Institut, bis 1993 Leiter einer Außenstelle des Bundesarchivs in Berlin; zahlreiche Veröffentlichungen, u.a. „SBZ-Biographie" und „Namen und Daten wichtiger Personen der DDR".

Hannsjörg F. Buck, Dr. rer.pol., Dipl.Vw., Jahrgang 1934, wissenschaftlicher Referent im Bundesarchiv (Bonn), zahlreiche Veröffentlichungen zu Wirtschafts-, Finanz- und Umweltpolitik, Vergleich alternativer Wirtschaftssysteme, Transformation zentralgelenkter Staatswirtschaften in Marktwirtschaften.

Gernot Karl Gutmann, Dr. rer.pol., Dr. hc., Jahrgang 1929, bis 1995 o. Professor an der Universität zu Köln (Wirtschafts- und Sozialwissenschaftliche Fakultät; 1982/ 1983 Dekan, 1983 – 1985 Rektor), bis 1993 Geschäftsführender Vorstand der Forschungsstelle für gesamtdeutsche wirtschaftliche und soziale Fragen in Berlin; 1987 – 90 Vorsitzender der Gesellschaft für Wirtschafts- und Sozialwissenschaften – Verein für Socialpolitik; Mitglied der Deutschen UNESCO-Kommission 1988 – 92; 1991 – 93 Gründungsdekan der Wirtschaftswissenschaftlichen Fakultät der Universität Leipzig; zahlreiche Veröffentlichungen, insbesondere über Soziale Marktwirtschaft und wirtschaftlichen Systemvergleich.

Maria Haendcke-Hoppe-Arndt, Dipl.Vw., Jahrgang 1937, Wissenschaftliche Mitarbeiterin bei der Abteilung Bildung und Forschung beim Bundesbeauftragten für die Unterlagen des Staatssicherheitsdienstes der ehemaligen DDR. Bis 1993 wissenschaftliche Mitarbeiterin und Geschäftsführerin der Forschungsstelle für gesamtdeutsche wirtschaftliche und soziale Fragen; zahlreiche Publikationen zur DDR-Wirtschaft, Außenwirtschaft und zum Innerdeutschen Handel.

Klaus Krakat, Dr., Jahrgang 1936, Referent im Bundesministerium des Innern, bis 1993 wissenschaftlicher Referent und Geschäftsführer in der Forschungsstelle für gesamtdeutsche wirtschaftliche und soziale Fragen; zahlreiche Veröffentlichungen über DDR-Industrie, Technologie und Wirtschaftstransformation und Strukturanpassung.

Diethard Mager, Dr. rer.nat., Jahrgang 1954, Referatsleiter für Bergbausicherheit im Bundeswirtschaftsministerium, vorher im Geschäftsbereich des Bundesministeriums für Wirtschaft auf den Gebieten Rohstoffwirtschaft, Entsorgung radioaktiver Abfälle und Uranbergbausanierung tätig, Lehrbeauftragter an der Universität Erlangen-Nürnberg; zahlreiche Veröffentlichungen zu geologischen Themen und zur Uranbergbaustillegung.

Gernot Schneider, Dr. oec., Jahrgang 1940, Professor für wirtschaftswissenschaftliche Aspekte des Design an der Kunsthochschule Berlin-Weißensee. Bis 1990 zahlreiche Veröffentlichungen zu verschiedenen Aspekten des DDR-Wirtschaftssystems.

Rosemarie Schneider, Dipl.Wirtschaftl., Jahrgang 1939, Referentin im Bundesministerium des Innern, bis 1993 wissenschaftliche Mitarbeiterin der Forschungsstelle für gesamtdeutsche wirtschaftliche und soziale Fragen, Berlin; Veröffentlichungen zu Verkehrsproblemen der DDR und zu Transformationsaspekten.

MIX
Papier aus verantwortungsvollen Quellen
Paper from responsible sources
FSC® C105338

If you have any concerns about our products,
you can contact us on
ProductSafety@springernature.com

In case Publisher is established outside the EU,
the EU authorized representative is:
**Springer Nature Customer Service Center GmbH
Europaplatz 3, 69115 Heidelberg, Germany**

Printed by Libri Plureos GmbH
in Hamburg, Germany